□ 中国高等职业技术教育研究会推荐

高职高专机电类专业“十三五”实践性教材

电气控制线路故障分析与处理

(第二版)

主　编　张桂金

副主编　姚海军

西安电子科技大学出版社

内 容 简 介

本教材针对高职高专学生的学习特点，在内容选择上结合企业岗位需求，突出实际应用，重点培养学生的动手能力。

本教材的主要内容包括电气控制线路常用低压电器、三相异步电动机常见电气控制线路分析与故障处理、常用机床电气控制线路分析与故障处理、起重设备的电气控制线路分析与故障处理、电气控制线路的设计和典型机床电气控制线路实训六大部分。

为使学生更好地学习和应用电气控制线路，本教材中不仅列举了大量的工程实例，还结合作者多年的企业工作经验，总结了从业人员在实际工作中常见的电气控制线路故障现象、产生故障的可能原因及对应的处理方法，特别是实训部分，借助模拟机床电气控制技能培训与考核装置，通过对典型机床电气控制线路的分析与操作，能够使学生将所学的基本理论和基本操作方法与生产实际紧密结合，进而使学生具备电气控制线路的分析、故障处理及简单的电气控制线路设计等能力。

本教材主要适用于高职高专学校电气自动化、机电一体化、生产过程自动化、自动化设备及应用技术等专业，也可作为企业电工培训教材使用。

★本书配有电子教案，需要者可登录出版社网站，免费下载。

图书在版编目(CIP)数据

电气控制线路故障分析与处理/张桂金主编. —2版.
—西安：西安电子科技大学出版社，2013.10(2022.1重印)
高职高专机电类专业“十三五”实践性教材
ISBN 978-7-5606-3203-2

Ⅰ. ① 电… Ⅱ. ① 张… Ⅲ. ① 电气控制—控制电路—故障检测—高等职业教育—教材
② 电气控制—控制电路—故障修复—高等职业教育—教材 Ⅳ. ① TM571.2

中国版本图书馆 CIP 数据核字(2013)第 231259 号

策　　划　毛红兵
责任编辑　雷鸿俊　毛红兵
出版发行　西安电子科技大学出版社（西安市太白南路2号）
电　　话　(029)88242885　88201467　邮　　编　710071
网　　址　www.xduph.com　电子邮箱　xdupfxb001@163.com
经　　销　新华书店
印刷单位　广东虎彩云印刷有限公司
版　　次　2013年10月第2版　2022年1月第4次印刷
开　　本　787毫米×1092毫米　1/16　印张 18
字　　数　426千字
定　　价　33.00元
ISBN 978 – 7 – 5606 – 3203 – 2 / TM
XDUP 3495002-4

＊＊＊ 如有印装问题可调换 ＊＊＊

前　言

“电气控制线路故障分析与处理”是电气自动化技术专业的专业核心课程，目的是培养学生的电气识图、安装、调试、故障处理能力及简单电气控制线路的设计能力。

本书是在2009年第一版的基础上修订而成的。本次修订的总体目标是：根据“电气控制线路故障分析与处理”课程的教学要求，仍以“淡化理论、够用为度、培养技能、重在应用”为基本原则，在坚持并发扬第一版原有特色的基础上，对原教材做了大幅度的改动，使之更贴近教学的需要和广大使用者的需要。具体表现在以下几个方面：

(1) 从感性认识入手，加入了电器元件实物图的认识，提高学生的学习兴趣；

(2) 增加了电器元件的常用型号及含义内容，便于学生在生产实际中对电器元件的正确选型和合理使用；

(3) 增加了电气图中的位置索引，便于识图和快速查找故障；

(4) 对原教材中部分电气控制线路图做了修订，增加了标识符号，如在过电流继电器图形符号中加入“*I*>”，使识图更加简洁明了；

(5) 对理论性较强的内容进行了删减，以更好地适合高职学生的学习和使用；

(6) 根据教学效果及学生意见回馈分析，对原教材在编排顺序上做了调整，如将变频器、直流电机电气控制线路分析等内容放在附录中，作为选学内容；

(7) 为提高学生的实际操作能力，增加了典型机床电气控制线路实训环节。

本教材由西安航空职业技术学院张桂金任主编，西安航空职业技术学院姚海军任副主编。其中，项目一、三、四、五、六由张桂金编写，项目二和附录由姚海军编写。

在修订本教材前，编者进行了大量的企业调研、问卷调查并召开了座谈会，获得了许多宝贵的意见和建议，为本次修订提供了可靠的依据，在此谨向参与调研、问卷调查和座谈会的各位老师、同学表示感谢，特别要感谢西安航空职业技术学院的曹海红、党媚、张芬等老师，她们的意见和建议对本次修订起到了很大的作用。同时也对书末参考文献的作者表示感谢。

由于编者水平有限，书中不足之处在所难免，敬请读者批评指正。

编　者

2013年5月

第一版前言

本教材是应高职高专课程改革，以“淡化理论、够用为度、培养技能、重在应用”为原则而编写的，主要适用于高职高专学校电气自动化、机电一体化、计算机控制技术等专业，也可作为企业电工培训教材使用。

本教材共分五部分，其内容主要包括低压电器基础知识，基本电气控制线路、典型机床电气控制线路、起重设备电气控制线路的故障分析与处理以及电气控制线路的设计。

为了体现高职教学以就业为导向的特点，在编写的过程中，编者力求使内容通俗易懂、涉及面宽，突出实际操作技能的训练，将理论与实践有机地结合起来。本教材结合生产实际的需要，侧重于对电气控制线路的分析、检查、维修技能的培养，以提高学生在工作岗位分析和解决检修实际问题的能力为目的。

本教材是编者根据自己在企业从事多年电气现场维护的经验和数年“工厂电气控制技术”理论教学的经验，在查阅大量相关资料的基础上编写而成的。教材层次分明，简明扼要，实用性强，不仅能满足在校学生课内学习的需要，也可用于学生校外实习，或作为电气现场维护人员的参考书使用。

本教材由西安航空职业技术学院张桂金任主编。其中项目一、三、四、五由张桂金编写，项目二和附录由西安航空职业技术学院姚海军编写。

本书在编写过程中得到了学院领导和教研室同行们的大力支持和帮助，在此一并表示感谢。同时也对书末参考文献的作者表示感谢！

由于编者水平有限，书中可能还存在不足之处，敬请读者批评指正。

编　者

2009 年 4 月

目　录

电气控制线路常用低压电器

任务一　低压电器基础知识及部件维修

活动 1　低压电器基础知识

一、活动目标

(1) 理解电器及低压电器的概念。

(2) 熟悉电器的分类及其特点。

(3) 熟悉电磁式低压电器的相关知识。

二、活动内容

1. 电器及低压电器的概念

电器泛指所有用电的器具，在电气控制线路中通常指用于对电路进行接通、断开，对电路参数进行变换，以实现对电路或用电设备的控制、调节、切换、检测和保护等作用的电工装置、设备和元件。

低压电器是指在交流额定电压 1200 V 以下、直流额定电压 1500 V 及以下的电路中主要起通断、保护、控制或调节作用的电器产品。

2. 低压电器的分类

低压电器种类很多，可按其动作方式、用途及工作原理进行分类。

1) 按动作方式分类

按动作方式分，低压电器可分为手动电器和自动电器两类。

(1) 手动电器：依靠外力(如人工)直接操作才能完成接通电路或断开电路任务的电器，如刀开关、控制按钮和转换开关等。

(2) 自动电器：依靠指令或电器本身参数变化或外来信号(如电、磁、光、热等)变化就能自动完成接通电路或分断电路任务的电器，如接触器、继电器等。

2) 按用途分类

按用途分，低压电器可分为控制电器、配电电器和保护电器三类。

(1) 控制电器：主要用于电力拖动控制系统中，要求动作可靠，使用寿命长，如接触器、继电器、控制按钮、行程开关、万能转换开关等。

(2) 配电电器：主要用于电能的输送和分配，如刀开关、熔断器、低压断路器、万能转换开关等。

(3) 保护电器：主要用于低压配电系统中，对电源、线路或电动机等电力设备实现保护，如熔断器、热继电器等。

有些电器具有双重作用，如低压断路器既能控制电路的通断，又能实现短路、欠压及过载保护。

3) 按工作原理分类

按工作原理分，低压电器可分为电磁式电器和非电量控制电器两类。

(1) 电磁式电器：依据电磁力定律而动作的电器，如接触器、各种类型的电磁式继电器等。

(2) 非电量控制电器：依靠外力或某种非电物理量的变化而动作的电器，如刀开关、行程开关、控制按钮、速度继电器等。

3．低压电器的基本组成

低压电器一般由感受部分和执行部分组成。

(1) 感受(检测)部分：其功能是感受外界输入的信号，做出有规律的反应，并通过转换、放大、判断，使执行部分动作，输出相应的指令，实现控制的目的。

(2) 执行部分：其功能是根据指令执行电路的接通、断开等任务，如触点系统、灭弧系统。

对于自动控制电器来说，感受部分大都由电磁机构组成，而对于手动控制电器来说，感受部分通常是操作手柄。

4．电磁机构的作用、组成及分类

1) 作用

电磁机构的主要作用是将电磁能转换成机械能(动能)，将电磁机构中线圈的电流转换成电磁力，带动触点动作，完成通断电路的控制。

2) 组成

电磁机构主要由线圈、铁芯(静铁芯)和衔铁(动铁芯)组成，此外还有铁轭、空气隙等。

(1) 线圈的作用是通过电流并激励铁芯产生磁动势。

(2) 铁芯的作用是在磁动势的作用下产生电磁吸力以吸引衔铁。

(3) 衔铁的作用是在铁芯产生的电磁吸力作用下，带动触点产生机械位移。

由此可见，对于电磁机构的三大主要组成部分(线圈、铁芯和衔铁)来说，其中的线圈和铁芯是静止不动的，只有衔铁是可动的。

3) 分类

根据磁路形状、衔铁运动方式以及线圈接入电路的方式不同，电磁机构可分成多种形式和类型。不同形式和类型的电磁机构可构成多种类型的电磁式电器。常见的分类形式如下：

按磁路形状可分为 U 形和 E 形两类，按衔铁运动方式可分为拍合式和直动式。

(1) U形拍合式。其结构特点是：铁芯制成U形，衔铁的一端绕棱角或转轴做拍合运动。图1-1(a)所示的U形拍合式电磁机构主要用于直流电磁式电器(如直流接触器和直流继电器)中，其铁芯和衔铁均由工程软铁制成；图1-1(b)所示的U形拍合式电磁机构主要应用于交流电磁式电器中，其铁芯和衔铁均由电工钢片叠成，而衔铁绕转轴转动。

(2) E形拍合式和E形直动式。其结构特点是：铁芯和衔铁均制成E字形，线圈套装在中间铁芯柱上。为了减小交流电在铁芯和衔铁上产生的磁滞损耗和涡流损耗，铁芯和衔铁均由电工钢片叠成。这两种形式的电磁机构均用于交流电磁式电器中。图1-1(c)所示的E形拍合式电磁机构主要用于60 A及以上的交流接触器中；图1-1(d)所示的E形直动式电磁机构主要用于40 A及以下的交流接触器和交流继电器中。

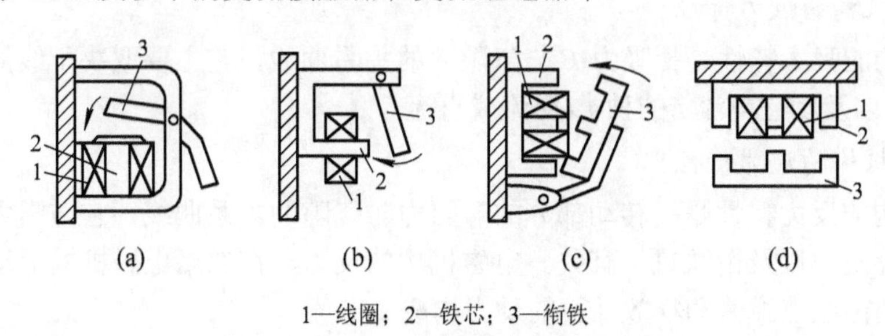

1—线圈；2—铁芯；3—衔铁

图1-1　常用电磁机构的结构形式

按线圈在电路中的接入方式分，电磁机构可分为串联电磁机构和并联电磁机构两类。

(1) 串联电磁机构。串联电磁机构的线圈是串联在电路中的，如图1-2(a)所示。这种接入方式的线圈称为电流线圈，具有这种电磁机构的电器都属于电流型电器，为了不影响电路中负载的端电压和电流，通常要求串联电磁机构的线圈匝数少，导线的截面积大，以取得较小的线圈内阻。按电路中流过电流的种类，串联电磁机构又可分为直流串联电磁机构和交流串联电磁机构。串联电磁机构的特点是：衔铁动作与否取决于线圈中电流的大小，而衔铁的动作不会引起线圈中电流的变化。

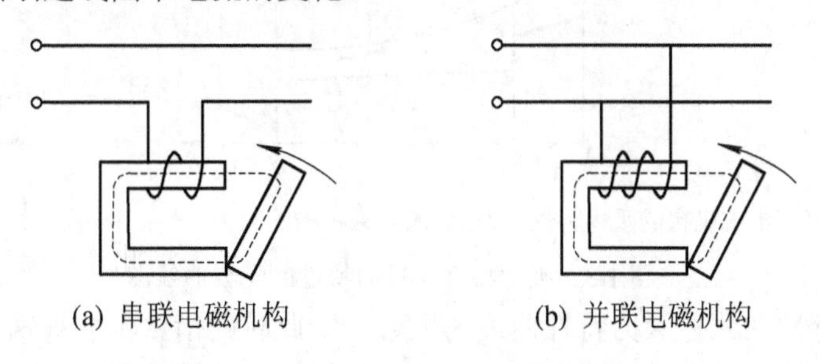

(a) 串联电磁机构　　(b) 并联电磁机构

图1-2　电磁机构中线圈接入电路的方式

(2) 并联电磁机构。并联电磁机构的线圈是并联在电路中的，如图1-2(b)所示。这种接入方式的线圈称为电压线圈，具有这种电磁机构的电器都属于电压型电器，按电路中电流的种类，并联电磁机构又可分为直流并联电磁机构和交流并联电磁机构。并联电磁机构的特点是：

① 衔铁动作与否取决于线圈两端电压的大小。

② 直流并联电磁机构衔铁的动作不会引起线圈中电流的变化，但对于交流并联电磁机

构，衔铁的动作会引起线圈阻抗的变化，从而引起线圈中电流的变化。

③ 对于 U 形电磁机构来说，衔铁打开时线圈中的电流值为衔铁闭合后线圈中电流值的 6～7 倍，而 E 形电磁机构可达 10～15 倍。通常线圈中的允许电流值是按衔铁闭合后的电流值设计的，因此线圈一旦有电而衔铁由于某种原因不能闭合或操作频繁时，极易引起线圈过热甚至烧坏，这也是交流电压型电器比直流电压型电器易损坏的原因之一。

5. 电磁机构的特性

电磁机构的工作状态常用吸力特性和反力特性来衡量，二者间的配合关系将直接影响电磁式电器的工作可靠性。

1) 电磁机构的吸力特性

电磁机构的吸力特性是指吸力 F 与气隙 δ 的关系曲线，它主要取决于线圈的连接方式(串联或并联)以及励磁电流 I 的种类(交流或直流)。

2) 电磁机构的反力特性

电磁机构的反力特性是指转动部分的静阻力与气隙的关系曲线，它与阻力的大小、作用弹簧、摩擦阻力以及衔铁重量有关。电磁机构的反力，在忽略电磁机构运动部件重力的情况下，主要由触点弹簧和释放弹簧的反力构成。

3) 电磁机构的吸力特性与反力特性的配合

电磁机构的吸力特性与反力特性配合的宗旨，是在保证铁芯和衔铁产生可靠吸合动作的前提下尽量减少铁芯和衔铁端面间的机械磨损以及触点的电磨损。因此，吸力特性曲线应在反力特性曲线的上方且彼此靠近。图 1-3 所示为吸力特性与反力特性的配合曲线图。

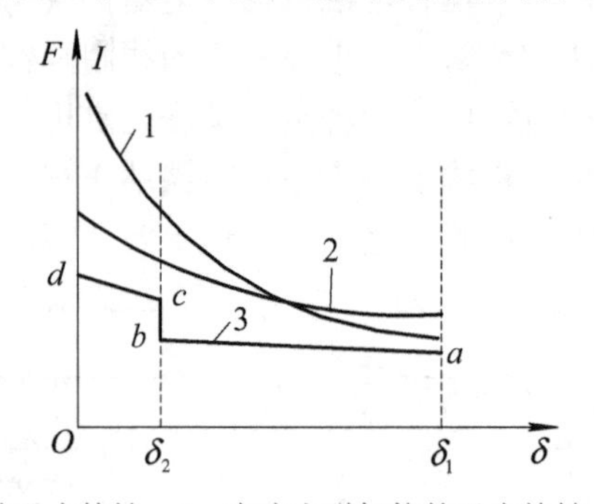

1—直流电磁机构的吸力特性；2—交流电磁机构的吸力特性；3—反力特性

图 1-3　吸力特性与反力特性的配合曲线图

如果反力特性曲线在吸力特性曲线的上方，则此时的衔铁不能被铁芯吸引，也就不能产生吸合动作，特别是交流并联电磁机构，由于衔铁无法被铁芯吸合而导致线圈严重过热乃至烧坏。如果反力过小，则反力特性曲线远离吸力特性曲线，这时衔铁虽能被铁芯吸引并产生吸合动作，但由于吸力过大，使衔铁被吸合时的运动速度过大，因而会产生很大的冲击力，使衔铁与铁芯柱端面造成严重的机械磨损。此外，过大的冲击力有可能使触点产生弹跳现象，从而导致触点熔焊或烧损，也就会引起严重的电磨损，降低触点的使用寿命。

交流电磁机构的电磁吸力是随时间变化而变化的。铁芯能否将衔铁吸住是由平均吸力的大小来决定的。通常所说的交流电磁机构的吸力，就是指它的平均吸力。

电磁机构工作时，衔铁始终受到反作用弹簧、触点弹簧等反作用力的作用。尽管电磁

吸力的平均值即平均电磁吸力大于反作用力，但当电磁吸力小于反作用力时衔铁开始释放，当电磁吸力大于反作用力时，衔铁又被吸合，如此反复，使衔铁产生振动，发出噪声。而振动会造成电磁式电器结构松散、寿命降低，同时使触点接触不良，易于熔焊和烧损。因此，必须采取措施消除电磁式电器的振动和噪声。而只有保证电磁机构中铁芯的电磁吸力在任何时候都大于衔铁的反作用力，才有可能消除振动和噪声。实现消除振动和噪声的具体措施是在铁芯端部开一个槽，在槽内嵌以铜环(称之为短路环或分磁环)，如图 1-4 所示。在铁芯柱上嵌装短路环以后，能够减小甚至消除振动和噪声。交流电磁机构在操作频繁的情况下，容易造成短路环脱落或断裂，此时也会导致电磁机构产生强烈的振动和噪音。所以，在维修电磁式电器时应检查短路环的完好情况，如发现有异常，须及时修好。

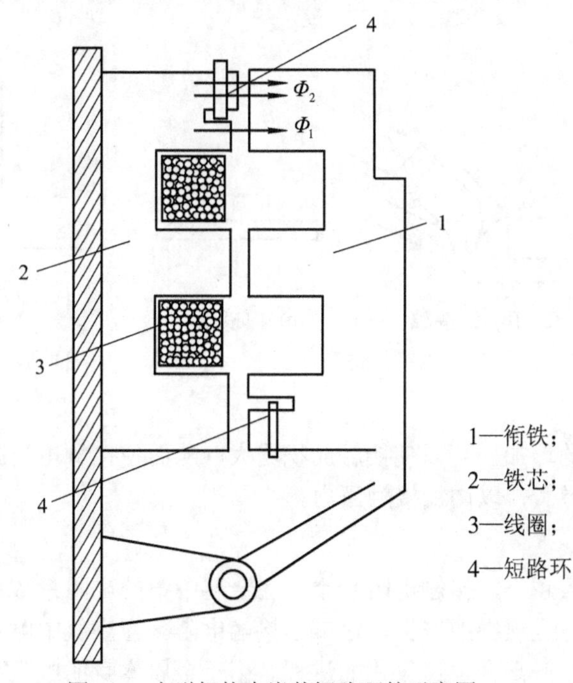

图 1-4　电磁机构中嵌装短路环的示意图

6. 电接触

电磁式电器的执行元件是触点，而电磁式电器正是通过触点的动作来接通和断开被控电路的。电接触是指触点在闭合状态下的动、静触点完全接触，而且有工作电流通过。电接触情况的好坏直接影响触点的工作可靠性和使用寿命，而影响电接触工作情况的主要因素是触点接触电阻的大小。所谓接触电阻是指动、静触点接触时在接触区域所形成的电阻。接触电阻的危害是，当接触电阻大时，造成电压损失大，铜耗增大，使触点发热而温度升高，从而使触点易产生熔焊现象，这样既影响电磁式电器工作的可靠性，又降低了触点的使用寿命。为了防止熔焊现象，就必须减小触点的接触电阻。而接触电阻通常与触点的接触形式、接触压力、材料性能、温度等因素有关，其中最重要的一个因素是触点压力。

1) 触点的接触形式

触点的接触形式有三种，即点接触、线接触和面接触，如图 1-5 所示。

(1) 点接触：由两个半球或一个半球与一个平面形触点构成，如图 1-5(a)所示。其接触区域是一个点或面积很小的面，允许通过电流很小，所以它常用于较小电流的电器中，如接触器的辅助触点和继电器的触点。

(2) 线接触：由两个圆柱面形的触点构成，也称为指形触点，如图 1-5(b)所示。其接触区域是一条直线或一条窄面，允许通过的电流较大，常用于中等容量接触器的主触点。由于这种接触形式在通断电路的过程中是滑动接触的(如图 1-6 所示)，因此在接通时，接触点按 A→B→C 的顺序变化；断开时，接触点则按 C→B→A 的顺序变化，这样能够自动清除触点表面的氧化膜，从而更好地保证触点的良好接触。

(3) 面接触：是两个平面形触点相接触，如图 1-5(c)所示。其接触区域有一定的面积，允许通过很大的电流，常用于大容量接触器的主触点。

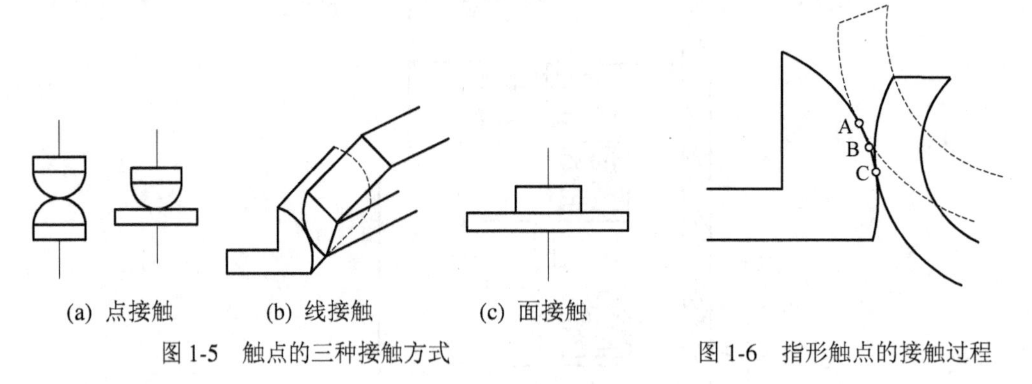

(a) 点接触　(b) 线接触　(c) 面接触

图 1-5　触点的三种接触方式

图 1-6　指形触点的接触过程

2) 接触压力

由于接触压力的增加，可以使接触面积增大，从而使接触电阻减小，为此，常在动触点上安装一个触点弹簧，以增加接触压力。

3) 材料性能

材料的电阻系数越小，接触电阻越小。在金属中银的电阻系数最小，但铜的价格低，实际中常在铜基触点上镀银或嵌银，以减小接触电阻。在空气中触点表面被氧化而形成表面膜电阻，触点温度升高会加速氧化的进程。由于金属本身的电阻系数一般比金属氧化物的电阻系数小，因此一旦金属表面生成氧化物，会使接触电阻增大，严重时会使触点间形成绝缘而导致电路不通。银的氧化物电阻系数与纯银的电阻系数较接近，因此，在小容量的电器中常采用银或镀银触点。

4) 指形触点

在大容量电器中，可采用具有滑动作用的指形触点，因为它能在闭合过程中磨去氧化膜，从而使清洁的金属接触面良好接触，以增强触点的导电性。

5) 触点尘垢的清除

触点上的尘垢也会影响其导电性，当触点表面聚集了尘垢以后，需用无水乙醇或四氯化碳揩拭干净。如果触点表面被电弧烧灼而出现烟熏状，也可采用上述方法进行处理。

7. 电弧

1) 电弧的产生

(1) 电弧是在触点分断电流或电路的瞬间，由于电场的存在，使触点表面的自由电子大量溢出而产生的。触点的断开过程是逐步进行的，开始时接触面积逐渐减小，接触电阻

随之增加，温升随之升高。

(2) 电弧产生的条件是，当触点所断开的电路电压在 10～20 V 范围，电流在 80～100 mA 范围时，触点间即可产生电弧。

2) 电弧的特点

电弧的主要特点是外部有白炽弧光，内部有很高的温度和密度很大的电流。

3) 电弧的危害

电弧的危害主要有两方面：

(1) 烧蚀触点，降低电器寿命和电器工作的可靠性。

(2) 使分断时间延长，严重时引起火灾或其他事故。

因此，在电路中应采取适当的措施熄灭电弧。

4) 灭弧的措施

常见的灭弧措施如下：

(1) 电动力灭弧。桥式触点在分断电路时本身就具有电动力吹弧功能，不用任何附加装置便可迅速灭弧。

(2) 磁吹式灭弧。在触点电路中串入吹弧线圈，电弧被吹离触点，引进灭弧罩，使电弧熄灭。

(3) 灭弧栅灭弧。灭弧栅是组铜垫片，彼此绝缘。当电弧进入栅片时被分割成一段段的短弧，进而使电弧熄灭。

三、活动回顾与拓展

(1) 对于常用低压电器进行分类。

(2) 观察触点的各种状态，并用万用表测量各种状态。

(3) 查找相关资料，了解开距、初压力、超行程和终压力的含义及各自的作用。

活动 2　低压电器各组成部件的常见故障及维修

一、活动目标

(1) 熟练掌握电磁机构各主要部件的常见故障现象及维修方法。

(2) 熟练掌握触点的常见故障现象、产生故障的可能原因及维修方法。

二、活动内容

1. 电磁机构各主要部件的故障现象及维修方法

由于铁芯和衔铁的端面接触不良或衔铁歪斜、短路环损坏、电压太低等，都会使衔铁噪声大，甚至造成线圈过热或烧毁。

1) 线圈

线圈的常见故障现象是线圈过热而烧毁。其可能的故障原因是：

(1) 线圈绝缘损坏，或受机械损伤造成匝间短路或接地而引起。

(2) 电源电压过低。

(3) 铁芯和衔铁接触不紧密

故障的处理方法分别是：

(1) 线圈若因短路烧毁，则需更换。如果线圈短路的匝数不多，短路点又在接近线圈的端头处，其余部分均完好，这时可将损坏的几圈拆去。

(2) 将电源电压调到合适值。

(3) 检查铁芯和衔铁接触不紧密的原因并予以处理。

2) 衔铁

(1) 故障现象：衔铁噪声大。其可能的故障原因是：铁芯和衔铁之间的接触面不平整、有油污、铁芯歪斜或松动以及短路环断裂等。处理的方法是：拆下线圈，检查铁芯和衔铁之间的接触面是否平整，有无油污。若不平整应锉平或磨平；若有油污应清洗。若铁芯歪斜或松动，应校正或紧固，并检查短路环有无断裂。短路环断裂应按原尺寸用铜块制好换上，或将粗铜丝做成方截面，再按原尺寸制好，并在接口处用气焊修平即可。

(2) 故障现象：衔铁吸不上。其可能的故障原因是：线圈引出线连接处脱落、活动部分被卡住、铁芯和衔铁之间有异物以及电源电压过低等。处理方法是：当线圈接通电源后，衔铁不能被铁芯吸合，此时应立即切断电源，以免线圈被烧毁。若线圈通电后无振动和噪声，则应检查线圈引出线连接处有无脱落，用万用表检查是否断线或烧毁；通电后如有振动和噪声，应检查活动部分是否被卡住，铁芯和衔铁之间是否有异物，电源电压是否过低等。

2. 触点的故障检修及调整

触点常见的故障有触点过热、触点磨损、触点熔焊等。具体的检修步骤如下：

(1) 打开电磁式电器的外盖，检查触点表面的氧化情况及有无污垢。由于银触点的氧化层的导电率和纯银接近，因此银触点被氧化时可不做处理；而对于铜触点的氧化层，则需用小刀轻轻地刮去。如触点沾有污垢，要用汽油清洗干净。

(2) 观察触点表面有无灼伤烧毛，如有烧毛现象，要用小刀或整形锉整修。整修时不必将触点表面整修得过分光滑，因为过分光滑会使触点接触面减小；也不允许用纱布或砂纸打磨修整触点的毛面。

(3) 检查触点的熔焊情况。若有熔焊，则应更换触点。如因触点容量不够而产生熔焊，应更换较大容量的电器。

(4) 检查触点的磨损情况。若触点磨损到原厚度的 1/3～1/2 就应更换触点。

(5) 检查触点的机械损伤或弹簧变形。机械损伤或弹簧变形均有可能造成压力不够。此时需调整弹簧压力，使触点接触良好。可用纸条测试触点压力：将一条比触点稍宽的纸条放在动静触点之间，若纸条很容易拉出，说明触点的压力不够，经调整还达不到要求，则应更换弹簧。用纸条测定压力需凭经验，一般小容量的电器稍用力纸条便可拉出；较大容量的电器，纸条拉出后有撕裂现象，出现这种现象说明触点压力比较合适。若纸条被拉断，说明触点压力太大。

三、活动回顾与拓展

(1) 结合实物认识常用的手动低压电器和自动低压电器，并观察它们的动作过程，分

析它们各自的动作特点。

(2) 对比完好的低压电器元件和已出现故障的低压电器元件，并探讨低压电器的电磁机构和触点的常见故障现象及处理方法。

(3) 辨析常见低压电器元件的电磁机构及触点，观察它们之间的动作情况。

(4) 简述电磁机构各主要部件的常见故障现象、产生故障的原因及维修方法(最好用表描述)。

(5) 触点的一般故障有触点过热、磨损、熔焊等，叙述其检修顺序和方法。

任务二　开关电器与指示灯的认识及维修

活动 1　刀开关的认识及维修

一、活动目标

(1) 熟悉刀开关的用途、结构、原理、图形符号和文字符号。

(2) 熟悉刀开关的常用型号及含义。

(3) 熟练掌握刀开关的拆装及维修方法。

二、活动内容

1. 刀开关的用途

刀开关即刀形隔离开关，是手动电器中最简单而使用最广泛的一种低压电器。刀开关又称闸刀开关或隔离开关。刀开关在电路中的用途有：

(1) 接通电源，以确保电路和设备正常运行。

(2) 隔离电源，以确保电路和设备的安全检修。

(3) 分断负载，刀开关可不频繁地接通和分断容量较小的低压电路或直接启动小容量电动机。

2. 刀开关的类型、型号及含义

1) 刀开关的类型

常见的刀开关有以下类型：

(1) HD 型单投刀开关；

(2) HS 型双投刀开关；

(3) HR 型熔断器式刀开关；

(4) HZ 型组合开关；

(5) HK 型闸刀开关；

(6) HY 型倒顺开关。

2) 刀开关的型号及含义

刀开关的型号及含义如下：

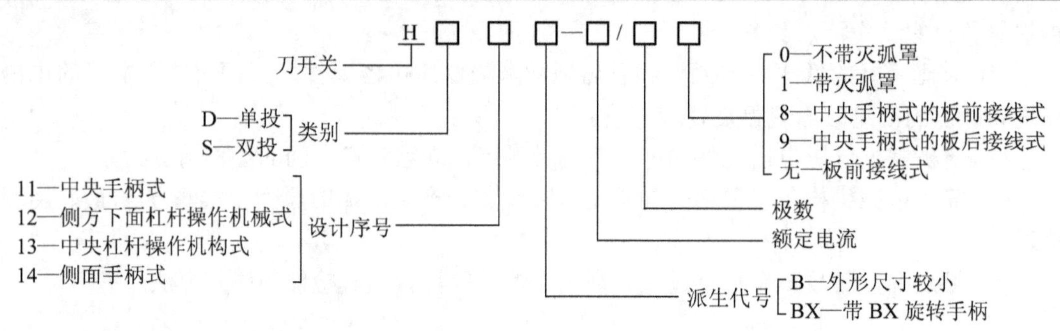

3. 刀开关的图形符号及文字符号

刀开关的图形符号及文字符号如图 1-7 所示。

QS 或 QS QS

(a) 单极　(b) 双极　(c) 三极

图 1-7　刀开关的图形符号及文字符号

4. 单极刀开关

1) 单极刀开关的结构

单极刀开关的典型结构如图 1-8 所示，它由手柄、触刀、静插座、铰链支座和底板组成。

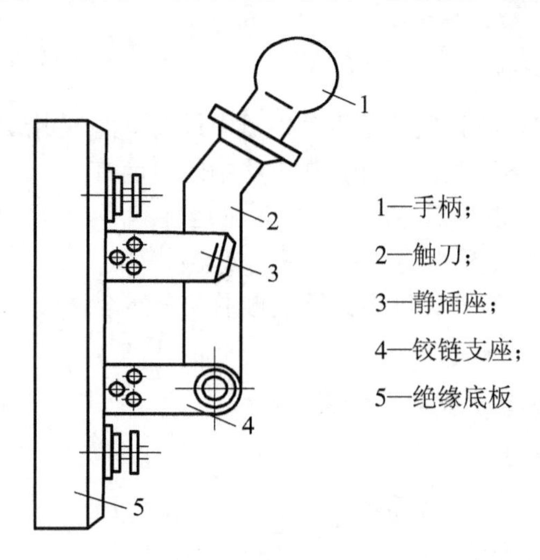

图 1-8　单极刀开关结构图

2) 单极刀开关的用途

HD 系列刀开关、HS 系列刀开关主要用作交流 380 V、50 Hz 电网中隔离电源或电流转换，是电网中必不可少的电器元件，常用于各种低压配电柜、配电箱和照明箱中。在低压电气控制线路中，电源之后的开关电器依次是刀开关(低压断路器)、熔断器、接触器等其他电器元件，这样，当刀开关以下的某电器元件或线路出现故障时，可通过刀开关切断电源，以便对其下设的设备、电器元件进行故障处理或更换。

HS 刀形转换开关主要用于转换电源，即当一路电源出现故障或进行检修而需由另一路电源供电时，就由 HS 型转换开关进行转换。当转换开关处于中间位置时，可以起隔离作用。

5. 刀开关的扩展

为了使用方便和减小体积，可在刀开关上安装熔丝或熔断器，组成兼有通断电路和保护作用的开关电器，即通常所说的三极刀开关，简称刀开关或隔离开关。图 1-9 为隔离开关的结构图。

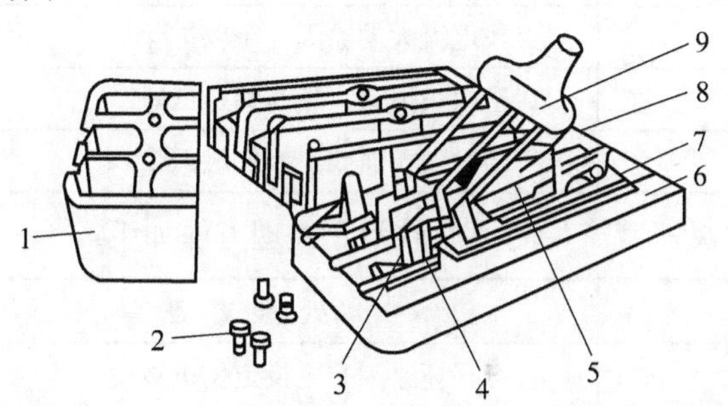

1—胶盖；2—胶盖固定螺钉；
3—进线座；4—静插座；
5—熔丝；6—瓷底板；
7—出线座；8—动触刀；
9—瓷柄

图 1-9　隔离开关结构图

熔断器式刀开关即熔断器式隔离开关，是以熔断体或带有熔断体的载熔件作为动触点的一种隔离开关。其常用的型号有 HR3、HR5、HR6 系列。其中，HR5 和 HR6 系列主要用于交流额定电压 660 V(45～62 Hz)，额定发热电流至 630 A 的具有高短路电流的配电电路和电动机电路中，用作电源开关、隔离开关、应急开关以及电路保护等，但一般不用作单台电动机直接开关。

HR5、HR6 系列熔断器式隔离开关中的熔断器为 NT 型低压高分断熔断器。HR5、HR6 系列若配有熔断撞击器的熔断体，当某相熔体熔断时，撞击器便弹出使辅助开关发出信号，以实现断相保护。

6. 刀开关的选用原则

刀开关主要根据电源种类、电压等级、电动机容量、所需极数及使用场合来选用。选用原则如下：

(1) 刀开关的额定电压应等于或大于所控电路的额定电压。

(2) 刀开关的额定电流应等于(在开启和通风良好的场合)或稍大于(在封闭的开关柜内或散热条件较差的工作场合，一般选 1.15 倍)所控电路的工作电流。

(3) 在开关柜内使用还应考虑操作方式，如杠杆操作机构、旋转式操作机构等。

(4) 当用刀开关控制电动机时，其额定电流应等于或大于电动机额定电流的 3 倍。

7. 刀开关使用时的注意事项

(1) 安装刀开关时，手柄要向上，不得倒装或平装。如果倒装，拉闸后手柄可能因自重下落引起误合闸而造成人身或设备事故。

(2) 接线时，应将电源线接在上端，负载线接在下端，以确保安全。

8. 刀开关的常见故障现象及处理方法

(1) 故障现象：动静触点烧坏或闸刀短路。其产生的可能原因及处理方法如下：

产生的可能原因	处 理 方 法
开关容量太小	更换大容量开关
拉闸或合闸时动作太慢	改善操作方法
金属异物落入开关内引起相间短路	清除开关内异物

(2) 故障现象：触刀过热甚至烧坏。其产生的可能原因及处理方法如下：

产生的可能原因	处 理 方 法
电路电流过大	查找电流大的原因并予以排除
触刀和静触座接触歪扭	纠正歪扭现象，使其接触良好
触刀表面被电弧烧毛	清洁触刀表面或更换触触刀

(3) 故障现象：开关手柄转动失灵。其产生的可能原因及处理方法如下：

产生的可能原因	处 理 方 法
定位机械损坏	检查损坏原因并更换定位机械
触刀转动铰链过松	上紧触刀转动铰链

三、活动回顾与拓展

(1) 根据刀开关的安装检修要求，安装刀开关。
(2) 探讨刀开关出现的可能故障现象及处理方法。

活动 2　控制电器的认识、拆装及维修

一、活动目标

(1) 熟悉各种控制电器的结构、工作原理、图形符号、文字符号及用途。
(2) 熟练掌握各种控制电器的安装、维护及检修方法。
(3) 熟悉各种控制电器的型号及含义。

二、活动内容

1. 控制按钮

1) 控制按钮的用途

控制按钮是一种手动且一般可以自动复位的低压电器。控制按钮通常用来接通或断开5 A以下的小电流控制电路。它不直接控制主电路，而是在交流50 Hz或60 Hz、电压至500 V或直流电压至440 V的控制电路中发出短时操作信号，以控制接触器、继电器，再由它们去控制主电路。

2) 控制按钮的结构

控制按钮一般由按钮帽、复位弹簧、桥式动触点和静触点以及外壳等组成。控制按钮实物图如图 1-10 所示，工作原理图如图 1-11 所示。

图 1-10　控制按钮实物图

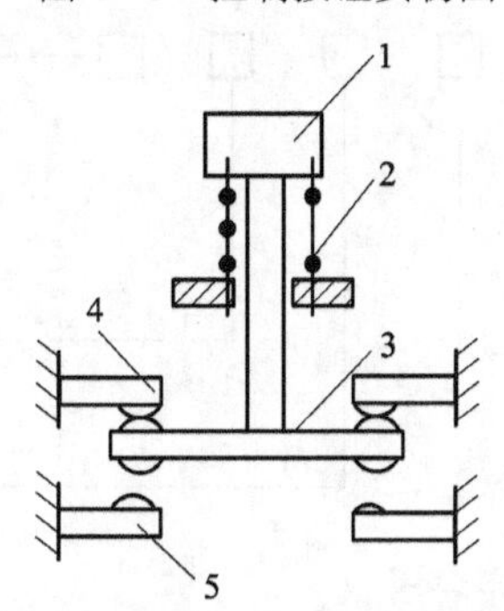

1—按钮帽；2—复位弹簧；3—桥式动触点；4、5—静触点

图 1-11　控制按钮工作原理图

3) 控制按钮的工作原理

在图 1-11 中，当用手指按下按钮帽 1 时，复位弹簧 2 被压缩，同时动触桥上的动触点 3 由于机械动作先与一对静触点 4 断开，再与另一对静触点 5 接通；而当手松开时，按钮帽 1 在复位弹簧 2 的作用下，恢复到未受手压的原始状态，此时动触桥上的动触点 3 又由于机械动作而与静触点 5 断开，然后与静触点 4 接通。由此可见，当按下按钮时，动断触点(由 3 和 4 组成)先断开，动合触点(由 3 和 5 组成)后闭合。

4) 控制按钮的结构形式及常见类型

(1) 控制按钮的结构形式。控制按钮的结构形式有多种，适用于不同的场合：紧急式控制按钮上装有蘑菇形按钮帽，用来进行紧急操作；指示灯式控制按钮是在透明的按钮盒内装有信号灯，用作信号显示；钥匙式控制按钮需用钥匙插入方可旋转操作，目的是为了安全，等等。

(2) 控制按钮的常见类型。根据控制按钮的触点结构、触点数量及用途不同，可将控制按钮分为停止、启动、复合三种类型。

① 停止按钮：用一对动断触点控制，如图 1-11 中的 3 和 4 组成的图示位置的一对动断触点。

② 启动按钮：用一对动合触点控制，如图 1-11 中的 3 和 5 组成的图示位置的一对动断触点。

③ 复合按钮：用一对动合触点和一对动断触点控制，如图 1-11 中的 3 和 5 组成的图示位置的一对动合触点以及 3 和 4 组成的图示位置的一对动断触点。

(3) 控制按钮的颜色标志及功能。为了区分各个控制按钮的作用，避免误操作，通常将控制按钮的按钮帽做成不同的颜色，按钮帽的颜色一般有红、绿、黑、黄、蓝、白等。一般要求用绿色按钮帽的控制按钮表示启动按钮，红色按钮帽的控制按钮表示停止按钮，黑色按钮帽的控制按钮表示点动按钮，蓝色按钮帽的控制按钮表示复合按钮等。

5) 控制按钮的型号及含义

控制按钮的型号及含义如下：

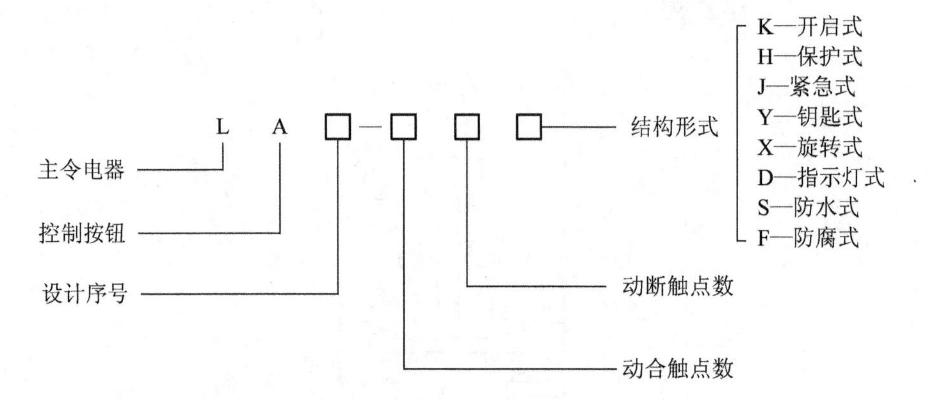

6) 控制按钮的图形符号及文字符号

控制按钮的图形符号及文字符号如图 1-12 所示。

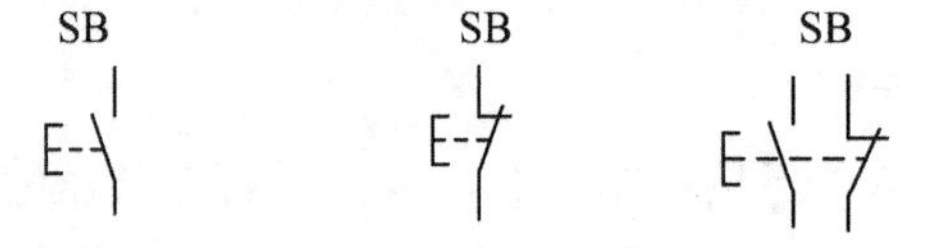

(a) 动合触点　(b) 动断触点　(c) 复合触点

图 1-12　控制按钮的图形符号及文字符号

7) 控制按钮的选用原则

(1) 根据使用场合选择按钮的类别和型号。

(2) 根据控制电路的需要，确定按钮的触点对数及触点形式。常用控制按钮的规格一般为交流额定电压 380 V，额定电流 5 A。控制按钮可以做成单式(一对动合触点或一对动断触点)和复合按钮(一对动合触点和一对动断触点)。

(3) 根据工作状态指示和动作情况要求选择按钮和指示灯的颜色，由于带指示灯的按钮因灯泡发热，长期使用易使塑料灯罩变形，应适当降低灯泡端电压。

(4) 对于工作环境灰尘较多的场合，不宜选用 LA18 和 LA19 型按钮。

(5) 在高温场合，塑料按钮易变形老化而引起接线螺钉间相碰短路，此时应加装紧固圈和套管。

8) 控制按钮的常见故障现象及处理方法

(1) 故障现象：按下启动按钮时有触电感觉。其产生的可能原因及处理方法如下：

产生的可能原因	处 理 方 法
按钮的防护金属外壳与连接导线接触	检查按钮内连接导线并处理
按钮帽的缝隙间充满铁屑，使其与导电部分形成通路	清扫按钮及触点

(2) 故障现象：停止按钮失灵，不能断开电路。其产生的可能原因及处理方法如下：

产生的可能原因	处 理 方 法
接线错误	更改接线
接线头松动或搭接在一起	检查停止按钮处连接线，必要时重新接线
铁尘过多或油污使停止按钮两动断触点形成短路	清扫按钮
复位弹簧失效，使触点接触不良	更换弹簧或更换按钮
胶木烧焦短路	更换按钮

(3) 故障现象：按下停止按钮，再按启动按钮，被控电器不动作。其产生的可能原因及处理方法如下：

产生的可能原因	处 理 方 法
被控电器有故障	检查被控电器并处理
停止按钮的复位弹簧损坏	更换复位弹簧
按钮接触不良	清洗按钮触点

2. 行程开关

1) 行程开关的用途

行程开关是依据生产机械的行程发出命令，从而实现行程控制或实现限位保护的一种控制电器。行程开关主要应用于各类机床和起重机械中，以控制这些机械的行程。行程开关又称限位开关。

2) 行程开关的结构

各种行程开关的结构基本相同，大都由推杆、触点系统和外壳等部件组成。行程开关的两种常见类型——单轮旋转式(自动复位)和双轮旋转式(不能自动复位)的实物图如图1-13所示。

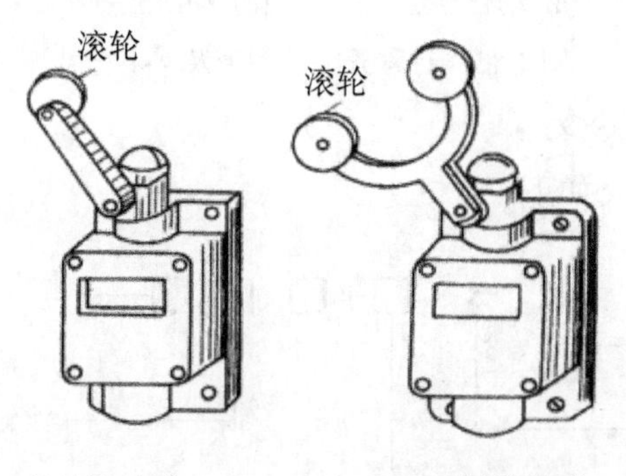

(a) 单轮旋转式　　(b) 双轮旋转式

图1-13　行程开关实物图

3) 行程开关的工作原理

行程开关的工作原理图如图 1-14 所示。行程开关的工作原理与控制按钮类似，只是触点的动作不是靠手指的按动，而是利用某运动机构上的挡铁碰压到行程开关的滚轮上，使传动杠杆连同转轴一起转动，凸轮撞动撞块而使动断触点断开，动合触点闭合，以此来通断电路，实现控制的目的。在图 1-14 所示的原理图中，当推杆 1 受到运动机构上的挡铁碰压并使推杆 1 达到一定行程后，触桥中心点(图中黑圆点“·”)过死点 O'' 以使桥式动触点 3 在弹簧 2 的作用下迅速从一个位置跳到另一个位置，完成接触状态转换，使动断触点先断开(如图 1-14 图示位置的动触点 3 和静触点 4 断开)，动合触点后闭合(如图 1-14 图示位置的动触点 3 和静触点 5 闭合)。在上述动作的整个过程中触点的闭合与分断速度不取决于推杆行进速度，而由弹簧刚度和结构决定。各种结构的行程开关的触点动作原理基本类似，只是推杆部件的机构方式有所不同。普通行程开关允许操作频率为 1200～2400 次每小时，机电寿命约为 1×10^6～2×10^6 次。

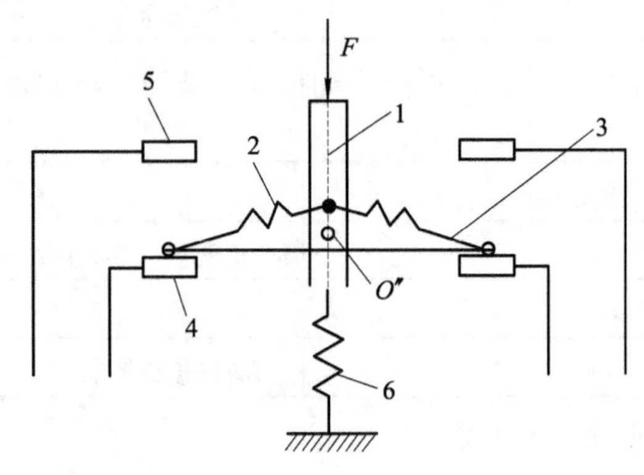

1—推杆；2—弹簧；3—桥式动触点；4、5—静触点；6—复位弹簧

图 1-14　行程开关工作原理图

4) 行程开关的图形符号及文字符号

行程开关的图形符号及文字符号如图 1-15 所示。

(a) 动合触点　　(b) 动断触点

图 1-15　行程开关的图形及文字符号

5) 行程开关的型号及含义

行程开关的型号及含义如下：

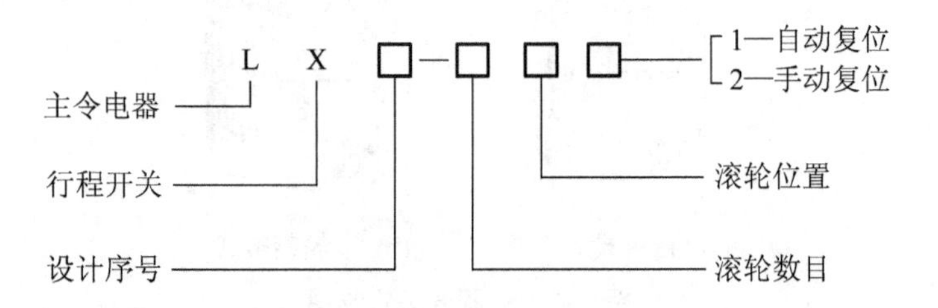

6) 行程开关的选用原则、安装及日常维护

(1) 根据安装环境选择防护形式，即选择开启式还是防护式。

(2) 根据控制回路的电压和电流选择采用何种行程开关。

(3) 根据机械与行程开关及位移关系选择合适的头部结构形式。

(4) 根据机械位置对开关的要求及触点数目的要求来选择型号。

(5) 位置开关安装时位置要准确，否则不能达到位置和限位控制的目的。

(6) 应定期检查位置开关，以免触点接触不良而达不到行程和限位控制的目的。

7) 行程开关的常见故障现象及处理方法

(1) 故障现象：挡铁碰撞开关，触点不动作。其产生的可能原因及处理方法如下：

产生的可能原因	处 理 方 法
开关位置安装不当	调整开关到合适位置
触点接触不良	清洗触点
触点连接线脱落	紧固触点连接线

(2) 故障现象：位置开关复位后，动断触点不能闭合。其产生的可能原因及处理方法如下：

产生的可能原因	处 理 方 法
触杆被杂物卡住	清理卡住触杆的杂物
动触点脱落	重新调整动触点
弹簧弹力减退或被卡住	更换弹簧或清理卡住物
触点偏斜	调整触点到合适位置

(3) 故障现象：杠杆偏转后触点未动。其产生的可能原因及处理方法如下：

产生的可能原因	处 理 方 法
行程开关位置太低	将行程开关上调到合适位置
机械卡阻	打开后盖清扫开关，处理卡阻物

3. 主令控制器

1) 主令控制器的用途

主令控制器主要用于电气传动装置中按一定顺序分合触点，以达到发布命令或控制其他线路联锁、转换的目的。主令控制器又称主令开关。

2) 主令控制器的结构及特点

主令控制器主要由凸轮块、触点、操作手柄、弹簧、接线柱等组成。按结构形式可分为凸轮调整式和凸轮非调整式两种。主令控制器的特点是：操作比较轻便，每小时允许通电次数较多，触点为双断点桥式结构。

3) 主令控制器的工作原理

主令控制器是靠凸轮来控制触点系统的闭合的。图 1-16 所示为主令控制器的工作原理图，图中，1 和 6 是固定于方轴上的凸轮块；4 是接线柱，由它连向被操作的电路；静触点 3 由桥式动触点 2 来闭合与断开；动触点 2 固定于能绕轴 8 转动的支杆 5 上。当操作者用手柄转动凸轮块 6 的方轴使凸轮块达到推压小轮 7 带动支杆 5 向外张开时，将被操作的电路断电，在其他情况下(凸轮块离开推压轮)触点是闭合的。凸轮数量的多少取决于控制线路的要求。根据每块凸轮块的形状不同，可使触点按一定的顺序闭合与断开。这样只要安装一层层不同形状的凸轮块即可实现控制电路按顺序接通或断开。

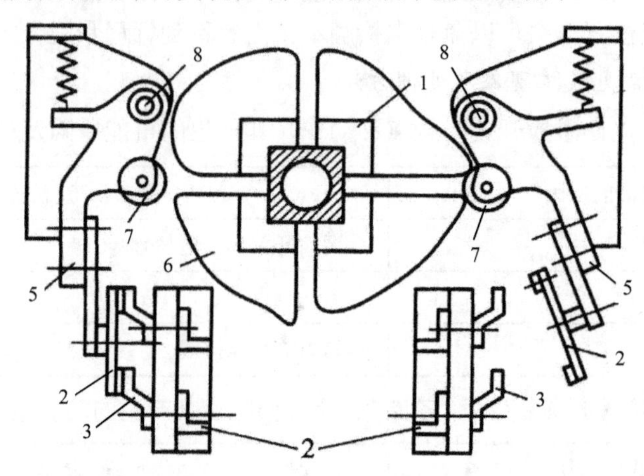

1、6—凸轮块；2—动触点； 3—静触点；4—接线柱；5—支杆；7—小轮；8—转动轴

图 1-16　主令控制器的工作原理

4) 主令控制器的图形符号及文字符号

主令控制器的图形符号及文字符号如图 1-17(a)所示。图形符号中每一横线表示一路触点，而竖的虚线表示手柄位置。虚线上的黑点“·”表示该位置上方的一路触点接通。触点通断也可用通断表来表示，如图 1-17(b)所示，表中的“×”表示触点闭合，空白表示触点断开。例如，当主令控制器的手柄置于“Ⅰ”位时，触点“2”、“4”接通，其他触点断开；当手柄置于“Ⅱ”位时，触点“1”、“3”、“5”、“6”接通，其他触点断开等。

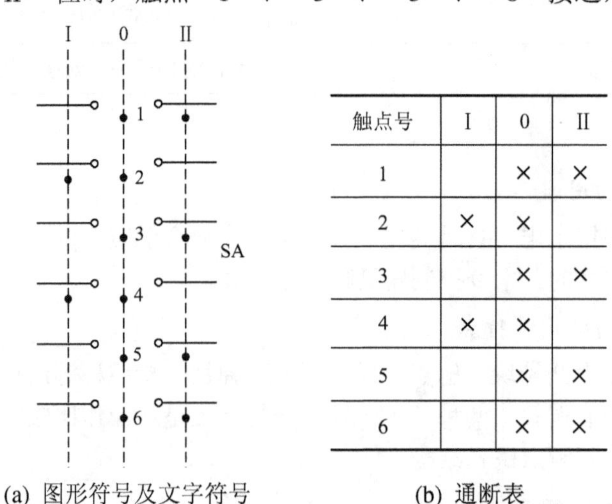

触点号	Ⅰ	0	Ⅱ
1		×	×
2	×	×	
3		×	×
4	×	×	
5		×	×
6		×	×

(a) 图形符号及文字符号　　　　(b) 通断表

图 1-17　主令控制的图形符号及文字符号与通断表

5) 主令控制器的常用型号

主令控制器的常用型号有 LK4、LK5、LK17 及 LK18 系列。其中，LK4 系列属于调整式主令控制器，即闭合顺序可根据不同要求进行任意调节。

6) 主令控制器的常见故障现象及处理方法

(1) 故障现象：触点过热或烧毁。其产生的可能原因及处理方法如下：

产生的可能原因	处 理 方 法
电路电流过大	选用较大容量的主令控制器
触点压力不足	调整或更换触点弹簧
触点表面有油污	清洗触点油污
触点超行程过大	更换触点

(2) 故障现象：手柄转动失灵。其产生的可能原因及处理方法如下：

产生的可能原因	处 理 方 法
定位机构损坏	修理或更换定位机构
静触点的固定螺钉松脱	紧固静触点的固定螺钉
控制器落入杂物	清除控制器上的杂物

4. 万能转换开关

1) 万能转换开关的用途

万能转换开关主要用于各种控制线路的转换以及电压表、电流表的换向测量控制，在操作不太频繁的情况下，也可用作小容量电动机的启动、调速、反向及制动控制。由于这种开关的触点挡数多，换接的线路多，能控制多个回路，用途广泛，故称万能转换开关。

2) 万能转换开关的结构

万能转换开关实物图如图 1-18 所示。它由操作机构、面板、手柄及触点座等部件组成，用螺栓组装成为整体。

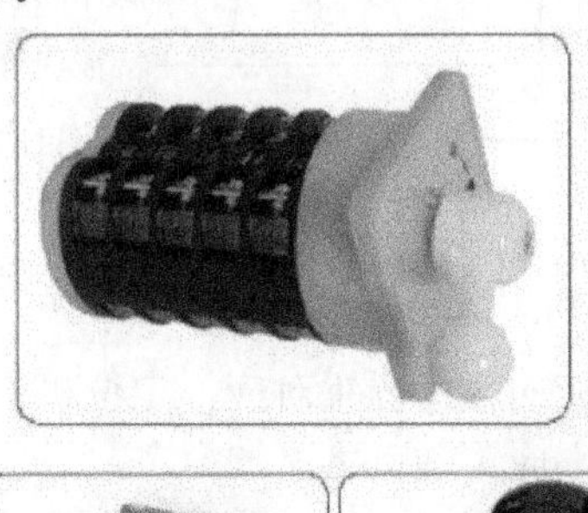

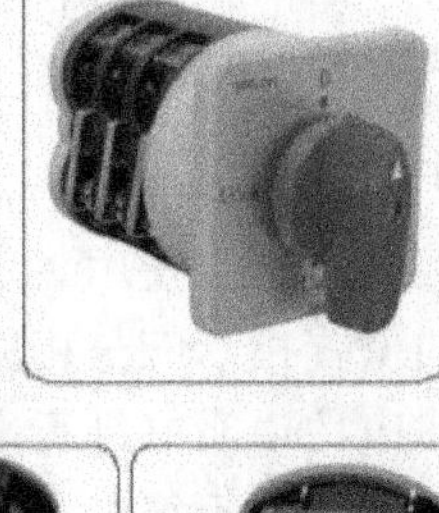

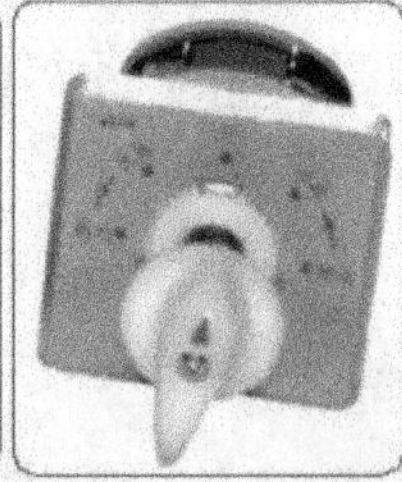

图 1-18　万能转换开关实物图

3) 万能转换开关的工作原理

万能转换开关的工作原理图如图 1-19 所示，触点的分断与闭合由凸轮进行控制，由于每层凸轮可做成不同的形状，因此当用手柄将开关转到不同位置时，通过凸轮的作用，可以使各对触点按需要的规律接通和分断，以适应不同的线路需要。其具体工作原理与前述的主令控制器类似，此处不再赘述。

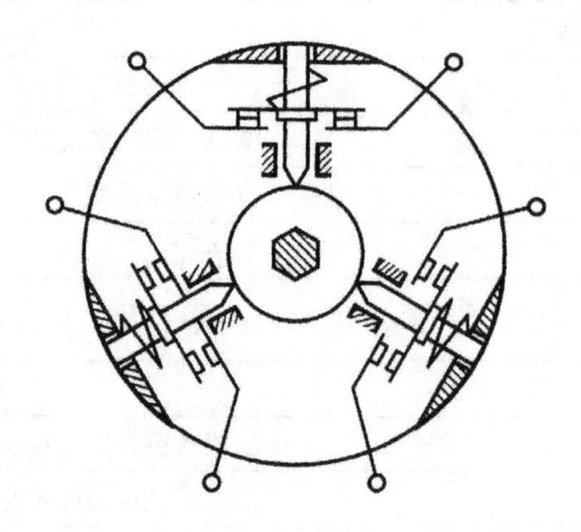

图 1-19　万能转换开关工作原理图

4) 万能转换开关的图形符号及文字符号

万能转换开关的操作手柄在不同位置时的触点分合状态的表示方法和主令控制器相同，可参见图 1-17。

5) 万能转换开关的型号及含义

万能转换开关的型号及含义如下：

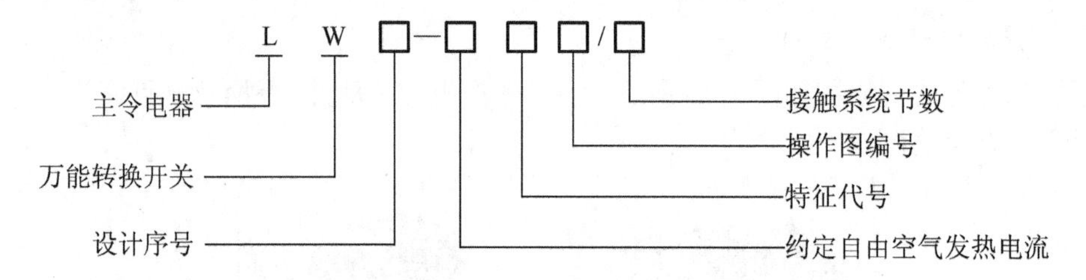

6) 万能转换开关的使用注意事项

(1) 转换开关应与熔断器配合使用。

(2) 转换开关手柄的位置指示应与相应的触片位置对应，定位机构应可靠。

(3) 转换开关的接线应按说明书进行，应正确可靠。

(4) 转换是以角度区别的，不得任意更改。

(5) 转换开关组装时触片的装置难以掌握，一般不宜拆开，如果必须拆开，则应做好详细记录并画图表示，以免装错。

三、活动回顾与拓展

(1) 结合实物认识控制按钮、行程开关、主令控制器及万能转换开关的结构并加以区别。

(2) 观察控制按钮、行程开关、主令控制器及万能转换开关的结构，并注意各自的动作情况；熟记各主要零部件的名称；认识触点的通断状态，测量触点的通断。

(3) 对控制按钮、行程开关、主令控制器及万能转换开关按要求进行安装与检修，并结合已熟悉的各类主令电器的常见故障现象对其进行探讨和处理。

活动 3　指示灯的认识、拆装及维修

一、活动目标

(1) 熟悉指示灯的用途、结构原理、符号、常用型号及注意事项。

(2) 熟练掌握指示灯的安装及维修方法。

二、活动内容

1. 指示灯的用途

指示灯是一种用来反映电气线路运行状态的电器。常用的指示灯有指示信号灯、预告信号灯、故障信号灯等。用不同的颜色表示不同的状态：红色表示运行，红闪为运行故障显示；绿色为电源指示，绿闪为电源故障显示；黄色表示过程或故障预警信号。

2. 指示灯的结构

早期的指示灯由钨丝、氖泡构成，如 XD 系列的指示灯；而新型的指示灯以半导体 LED 作光源，如 AD11、AD16 系列的指示灯。LED 指示灯的分压形式有变压器、电容和电阻三种。

3. 指示灯实物图

指示灯实物图如图 1-20 所示。

图 1-20　指示灯实物图

4. 指示灯的图形符号及文字符号

指示灯的图形符号及文字符号如图 1-21 所示。

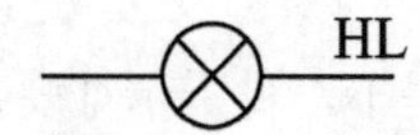

图 1-21　指示灯的图形符号及文字符号

5. 指示灯的使用注意事项

(1) 指示灯通常安装在面板上，安装时要求布置整齐、排列合理，可以根据电动机控制按钮或负载动作情况及先后顺序，从上到下或从左到右排列。

(2) 指示灯的安装须牢固，且要求安装指示灯的金属板必须可靠接地。

(3) 指示灯的灯罩必须保持干净，以确保观察的方便及正确。

6. 指示灯的常见故障现象及处理方法

(1) 故障现象：指示灯不亮。其产生的可能原因及处理方法如下：

产生的可能原因	处 理 方 法
灯丝断	更换灯丝
LED 管被击穿	更换 LED 管
灯丝变压器绕组烧断	修理绕组或更换灯丝变压器

(2) 故障现象：指示灯变暗。其产生的可能原因及处理方法如下：

产生的可能原因	处 理 方 法
指示电源电压下降	检查灯头间电压，恢复到正常值
灯丝阻抗变大	更换灯头
灯丝变压器绕组部分短路	更换灯丝变压器或修理绕组
灯罩被污染	清理或更换灯罩

(3) 故障现象：指示过亮。其产生的可能原因及处理方法如下：

产生的可能原因	处 理 方 法
指示电源电压上升	检查灯头间电压
灯丝或 LED 管短路	更换灯头
灯丝变压器绕组部分短路	更换灯丝变压器或修理绕组
灯罩破损或褪色	更换灯罩

三、活动回顾与拓展

(1) 认识各种颜色的指示灯，熟悉其名称、型号及适用场合。

(2) 打开常见指示灯的外壳，观察结构和动作过程，熟悉各主要零部件的名称，测量灯头的电阻，以判断其是否完好。

(3) 指示灯的安装及检修。

① 在领会指示灯安装要领的前提下，将指示灯安装在面板上。

② 结合指示灯实物，探讨指示灯的常见故障及处理方法，并将故障指示灯与完好的指示灯加以比较。

任务三　熔断器的认识及维修

活动 1　熔断器的认识

一、活动目标

(1) 熟悉熔断器的用途、结构及工作原理。

(2) 熟悉熔断器的图形符号、文字符号、常用型号及注意事项。

(3) 熟悉熔断器的主要技术参数及类型。

二、活动内容

1. 熔断器的用途

熔断器是一种过电流保护电器，在低压配电系统中应用广泛。熔断器在照明电路中起过载保护和短路保护的作用，在电动机控制电路中只起短路保护作用。

2. 熔断器的结构及特点

1) 熔断器的结构

熔断器由绝缘底座(又称支持件或熔断管)、触点、熔体等组成。熔体俗称保险丝，是熔断器的主要工作部件，常做成丝状、栅状或片状。熔体材料具有熔点低、特性稳定、易于熔断的特点。一般采用铅锡合金、镀银铜片以及锌、银等金属材料。

2) 熔断器的特点

当通过熔断器熔体的电流超过规定值后，将以其自身产生的热量短时间内使熔体熔化，从而使其所保护的电路断开。因此，熔断器具有结构简单、使用方便、可靠性高、价格低廉等特点。

3. 熔断器的工作原理

熔断器串入被保护电路中，在正常情况下，熔体相当于一根导线，这是因为在正常工作时，流过熔体的电流小于或等于熔断器的额定电流，此时熔体发热温度尚未达到熔体的熔点，所以熔体不会熔断，电路保持接通而正常运行；当被保护电路的电流超过熔体的规定值并达到额定电流的 1.3～2 倍时，经过一定时间后，由熔体自身产生的热量将熔体熔断，使电路断开，起到过电流保护的作用。

注意：在熔体熔断切断电路的过程中会产生电弧，为了安全有效地熄灭电弧，一般将熔体安装在熔断器壳体内，并采取灭弧措施，快速熄灭电弧。

4. 熔断器的反时限保护特性

熔断器产生的热量与电流的平方和电流通过的时间之积成正比，因此，电流越大，熔体熔断时间越短，这称为“熔断器的反时限保护特性”，又称安秒特性。

熔断器对于过载反应不如短路灵敏，不宜用于过载保护，主要用于短路保护。

5. 熔断器的型号及含义

熔断器的型号及含义如下：

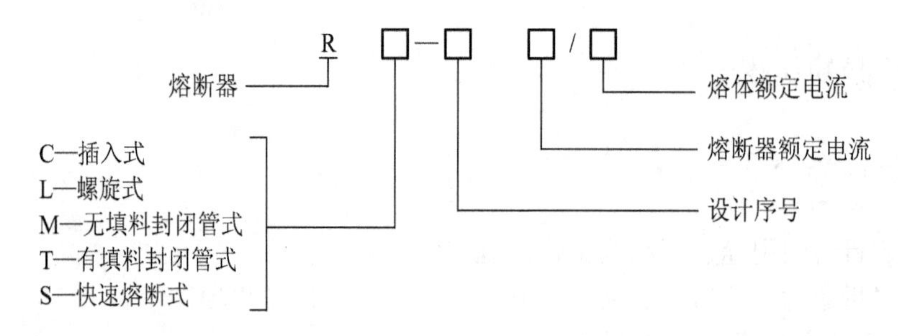

6. 熔断器的图形符号及文字符号

熔断器的图形符号及文字符号如图 1-22 所示。

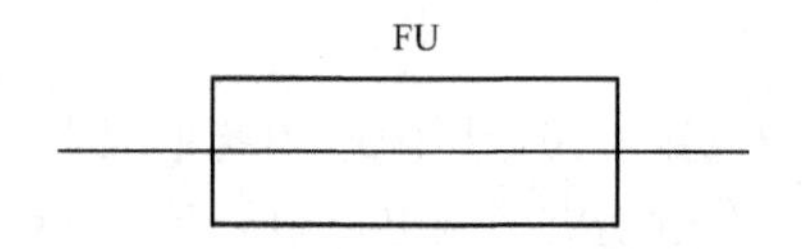

图 1-22　熔断器的图形符号及文字符号

7. 熔断器的主要技术参数

1) 额定电压

熔断器的额定电压是指熔断器长期工作时和分断后能够承受的电压，它取决于线路的额定电压，其值一般应等于或大于电气设备或线路的额定电压。

2) 额定电流

熔断器的额定电流是指熔断器长期工作时，各部件温升不超过规定值时所能承受的电流。熔断器的额定电流等级比较少，而熔体的额定电流等级比较多，即在一个额定电流等级的熔断管内可以分装不同额定电流等级的熔体，但熔体的额定电流最大不超过熔断管的额定电流。

3) 极限分断能力

熔断器的极限分断能力是指熔断器在规定的额定电压和功率因数(或时间常数)的条件下，能分断的最大短路电流值。在电路中出现的最大电流值一般是指短路电流值。所以，极限分断能力也反映了熔断器分断短路电流的能力。

8. 熔断器的常见类型

1) 瓷插式熔断器

常用的瓷插式熔断器为 RC1 系列，主要用于交流 50 Hz、额定电压 380 V 及以下的电路末端，作为供配电系统导线及电气设备(如电动机、负荷开关)的短路保护，也可作为照明等电路的保护。RC1 系列瓷插式熔断器的技术数据如表 1-2 所示，实物图如图 1-23(a)所示。

表 1-2　RC1 系列瓷插式熔断器的技术数据

型　号	熔断器额定电流/A	熔体额定电流/A	型　号	熔断器额定电流/A	熔体额定电流/A
RC1—10	10	1，4，6，10			
RC1—15	15	6，10，15	RC1—100	100	80，100
RC1—30	30	20，25，30	RC1—200	200	120，150，200

2) 螺旋式熔断器 RL1

常用的螺旋式熔断器为 RL1 系列，在熔断管内装有石英砂，将熔体置于其中，当熔体熔断时，电弧喷向石英砂及其缝隙，可迅速降温而熄灭电弧。为了便于监视，熔断器一端装有指示弹球，不同的颜色表示不同的熔体电流，熔体熔断时，指示弹球弹出，表示熔体已熔断。螺旋式熔断器的额定电流为 5～200 A，主要用于短路电流大的分支电路或有易燃气体的场所。RL1 系列螺旋式熔断器的技术数据如表 1-3 所示，实物图如图 1-23(b)所示。

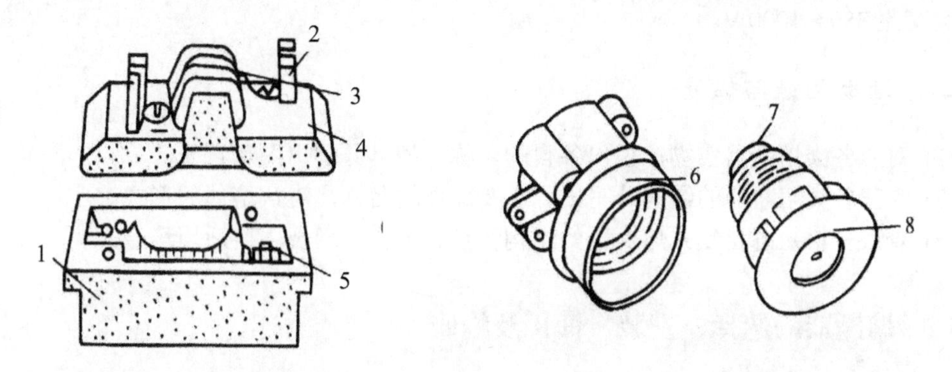

1—瓷底座；2—动触点；3—熔体；4—瓷插件；5—静触点；6—瓷帽；7—熔芯；8—底座

(a) 瓷插式熔断器　　(b) 螺旋式熔断器

图 1-23　两种常见熔断器实物图

表 1-3　RL1 系列螺旋式熔断器的技术数据

型　号	熔断器额定电流/A	熔体额定电流/A	型　号	熔断器额定电流/A	熔体额定电流/A
RL1—15	15	2，4，6，10，15	RL1—100	100	60，80，100
RL1—60	60	20，25，30，35，40，50，60	RL1—200	200	100，125，150，200

3) 封闭式熔断器

封闭式熔断器用于负载电流较大的电力网络或配电系统中。熔体利用封闭式结构，防止电弧飞出，便于灭弧。封闭式熔断器有以下两种常见类型。

(1) 有填料封闭管式熔断器 RT。有填料封闭管式熔断器是一种有限流作用的熔断器，由填有石英砂的瓷熔管、触点和镀银铜栅状熔体构成，主要用于短路电流大的电路或有易燃气体的场所。

(2) 无填料封闭管式熔断器 RM。无填料封闭管式熔断器的熔丝管是由纤维物制成的，熔体为变截面的锌合金片，主要用于经常连续过载和短路的负载电路中，对负载实现过载和短路保护。

4) 快速熔断器

快速熔断器是一种快速动作型的熔断器，由熔断管、触点、底座、动作指示器和熔体构成。熔体为银质窄截面或网状形式，只能一次性使用，不能自行更换。由于快速熔断器具有快速动作性，故常用于过载能力差的半导体元器件的保护。常用的半导体保护性熔断器有 NGT 型和 RS0、RS3 系列快速熔断器，以及 RLS21、RLS22 型螺旋式快速熔断器。

5) NT 型低压高分断能力熔断器

NT 型低压高分断能力熔断器具有体积小、重量轻、功耗小、分断能力强、限流特性好、周期性负载特性稳定等特点。该熔断器广泛用于额定电压至 660 V，交流额定频率 50 Hz，额定电流至 1000 A 的电器中，作为工矿企业电气设备过载和短路保护。

NT 型低压高分断能力熔断器能可靠地保护半导体器件的晶闸管及其成套装置。其电压等级为交流 380～1000 V。

三、活动回顾与拓展

(1) 对照各类熔断器实物，说出各自的名称、型号并画出图形符号。
(2) 观察各类熔断器的结构，写出各主要部件的名称，辨认熔体的形式。
(3) 查找资料熟悉自复式熔断器的结构特点、工作原理及主要适用场合。

活动 2　熔断器的选择、安装、使用及维修

一、活动目标

(1) 熟悉熔断器选用、维护时的注意事项。
(2) 掌握熔断器的常见故障及处理方法。

二、活动内容

1. 熔断器的选用原则

熔断器的选择主要是根据熔断器的类型、额定电压、额定电流以及熔体额定电流等来进行的。选择时要遵循如下原则：

1) 选择类型应满足线路、使用场合及安装条件的要求

主要根据负载的过载特性和短路电流的大小来选择熔断器的类型。电网配电一般用管式熔断器；电动机保护一般用螺旋式熔断器；照明电路一般用 RC1 系列瓷插式熔断器；半导体元件的保护一般采用快速熔断器。

2) 合理选择熔断器所装熔体额定电流以满足设备不同情况的要求

各种电气设备都具有一定的过载能力，允许在一定条件下较长时间运行。当负载超过允许值时，就要求熔体在一定时间内熔断，而在预启动时虽然电流很大，但要求熔体在短

时间启动过程中不熔断，所以要求该类设备的保护特性要适应设备运行的需要，要求熔断器在电动机启动时不熔断，在短路电流作用下和超过允许过负荷电流时能可靠熔断，起到保护作用。如果熔体额定电流选择过大，则负载在短路或长期过负荷时不能及时熔断；如果选择过小，则可能在正常负载电流作用下被熔断，影响正常运行。为保证设备正常运行，必须根据负载性质合理地选择熔体额定电流。具体要求如下。

(1) 照明、电阻炉等没有冲击电流的负载，应使熔体额定电流大于或等于被保护负载的工作电流。

(2) 熔断器的额定电流根据被保护的电路(支路)及设备的额定负载电流选择。熔断器的额定电流应等于或大于所装熔体的额定电流。

各类电动机熔体额定电流的选择规则如下：

① 单台直接启动电动机：熔体额定电流 = 电动机额定电流的 1.5～2.5 倍。

② 多台直接启动电动机：总保护熔体额定电流 = 各台电动机额定电流之和的 1.5～2.5 倍。

③ 降压启动电动机：熔体额定电流 = 电动机额定电流的 1.5～2 倍。

④ 绕线转子异步电动机：熔体额定电流= 电动机额定电流的 1.2～1.5 倍。

(3) 配电变压器低压侧：熔体额定电流=变压器二次侧额定电流的 1.0～1.5 倍。

(4) 并联电容器组：熔体额定电流=电容器组额定电流的 1.3～1.8 倍。

(5) 电焊机：熔体额定电流=负荷电流的 1.5～2.5 倍。

(6) 电子整流元件：熔体额定电流≥整流元件额定电流的 1.57 倍。

3) 熔断器额定电压的选择

熔断器的额定电压应适应线路的电压等级，且必须高于或等于熔断器工作点的电压。

4) 熔断器的保护特性

熔断器的保护特性应与被保护对象的过载特性相适应，考虑到可能出现的短路电流，可选用相应分断能力的熔断器。

5) 熔断器熔体的选择

应按要求选用合适的熔体，不能随意加大熔体或用其他导体代替熔体。

6) 熔断器的上、下级配合

熔断器的选择需考虑电路中其他配电电器、控制电器之间的选择性配合等要求。为使两级保护相互配合良好，两级熔体额定电流的比值应不小于 1.6∶1，或对于同一个过载或短路电路，上一级熔断器的熔断时间至少是下一级的 3 倍。为此，应使上一级(供电干线)熔断器熔体的额定电流比下一级(供电支线)大 1～2 个级差。

2. 熔断器的安装规则

(1) 安装前要检查熔断器的型号、额定电流、额定电压、额定分断能力等参数是否符合规定要求。

(2) 安装时应使熔断器与底座触刀接触良好，避免因接触不良而造成温升过高，以致引起熔断器误动作和损伤周围的电器元件。

(3) 安装螺旋式熔断器时，应将电源进线接在瓷座的下接线端子上，出线接在螺纹壳的上接线端子上。

(4) 安装熔体时，熔丝应沿螺栓顺时针方向弯过来，压在垫圈下，以保证接触良好，同时不能使熔丝受到机械损伤，以免减小熔丝的截面积，产生局部发热而造成误动作。

(5) 熔断器安装位置及相互间距离应便于更换熔体。有熔断指示的熔芯，指示器的方向应装在便于观察的一侧。在运行中应注意经常检查熔断器的指示器，以便及时发现电路单相运行情况。若发现瓷底座有沥青类物质流出，表明熔断器接触不良、温升过高，应及时处理。

(6) 熔断器安装完毕后，应用万用表电阻挡的通断挡检测是否安装良好。

3. 更换熔断器熔体时的注意事项

(1) 更换熔体时，必须切断电源，防止触电，并按原规格更换；安装熔丝时，不能碰伤，也不要拧得太紧。

(2) 更换新熔体时，要检查熔体的额定值是否与被保护设备或线路相匹配。熔断器熔断时应更换同一型号规格的熔断器。

(3) 工业用熔断器应由专职人员更换，更换时应切断电源，用万用表检查更换熔体后的熔断器各部分是否接触良好。

(4) 安装新熔体前，要找出熔体熔断的原因，未确定熔断原因时不要拆换熔体。

(5) 更换新熔体时，要检查熔断管内部的烧伤情况，如有严重烧伤，应同时更换熔管。瓷熔管损坏时，不允许用其他材质管代替；更换填料式熔断器的熔体时，要注意填充填料。

4. 熔断器巡视检查

(1) 检查熔管有无破损变形现象，瓷绝缘部分有无闪烁放电痕迹。

(2) 检查有熔断信号指示器的熔断器，指示器是否保持正常状态。

(3) 熔断器的熔体熔断后，须先查明原因，排除故障。具体的故障特点分析如下：

① 由过负荷引起熔体熔断的特点是：熔断器的响声较小，熔丝熔断部位较短，熔管内没有烧焦的痕迹，也没有大量的熔体蒸发物附着在管壁上，且变截面熔体在截面倾斜处熔断，就可判断有过载保护动作。

② 由短路引起的熔断器的熔体熔断的特点是：熔丝爆熔或熔断部位很长，变截面熔体大，截面部位被熔化。

(4) 使用时应经常清除熔断器表面的尘埃，在定期检修设备时，若发现熔断器损坏，应及时更换。

(5) 熔断器插入与拔出时，须用规定的把手，不能直接操作或用不合适的工具插入或拔出。

(6) 检查熔断器和熔体额定值与被保护设备是否相匹配。

(7) 检查熔断器各接触点是否完好且紧密接触，有无过热现象。

(8) 检测熔断器的熔体是否熔断，具体的方法是，将万用表打在电阻挡的通断挡，同时将万用表的两个表笔接触熔体两端，若万用表的读数为无穷大，表明熔体已熔断。

5. 熔断器使用维护

(1) 熔体熔断时，要认真分析熔断的原因，常见的可能原因有：

① 短路故障或过载运行而被正常熔断。

② 熔体使用过久，使之因受热氧化或在运行中温度过高，导致熔体特性变化而熔断。

③ 安装熔体时造成机械损伤，使熔体截面积变小而在运行中引起熔断。

(2) 熔断器应与配电装置同时进行维修。维修时的具体要求如下：

① 清扫熔断器上的灰尘，检查接触点的接触情况。

② 检查熔断器外观(取下熔断器管)有无损伤、变形，瓷件有无放电闪烁痕迹。

③ 检查熔断器、熔体与被保护电路或设备是否匹配，如有问题应及时处理。

④ 在检查 TN 接地系统中的 N 线时，注意在设备的接地保护线上不允许使用熔断器。

⑤ 检查维护熔断器时，要按安全规程要求切断电源，不允许通电摘取熔断器管。

6. 熔断器的常见故障现象及处理方法

(1) 故障现象：电动机启动瞬间，熔体熔断。其产生的可能原因及处理方法如下：

产生的可能原因	处理方法
熔体电流等级或规格选择太小	更换较大电流等级的熔体
电动机侧短路或接地	检查短路或接地故障并予以排除
熔体安装时被损伤	更换熔体

(2) 故障现象：熔丝未熔断但电路不通。其产生的可能原因及处理方法如下：

产生的可能原因	处理方法
熔体两端或接线端接触不良	清扫并旋紧接线端
熔断器的螺帽盖未拧紧	拧紧熔断器的螺帽盖

(3) 故障现象：熔断器过热。其产生的可能原因及处理方法如下：

产生的可能原因	处理方法
导线与刀开关、熔断器接线端压接不实，使导线表面氧化、接触不良	处理表面的氧化物，并将相关电器的接线压实
铝导线直接接在铜接线端上，由于电化腐蚀现象，铝导线也易被腐蚀，使接触电阻增大，出现过热现象	采取相关措施，禁止直接将铝导线压在铜导线上

三、活动回顾与拓展

(1) 根据熔断器的安装规则，在对应控制板上安装常用熔断器。

(2) 对常见熔断器进行检测和维修，并探讨可能出现的故障及维修方法。

任务四　接触器的认识及维修

活动 1　接触器的认识

一、活动目标

(1) 熟悉接触器的用途、类型、结构及工作原理。

(2) 熟练掌握接触器图形符号、文字符号及常用型号。

二、活动内容

1. 接触器的用途

接触器主要用来接通和断开大电流(某些型号可达 800 A)电路，它的主要控制对象是电动机。在实际的电气应用中，由于接触器的型号很多，电流范围广(在 5～1000 A)，所以用途相当广泛，如电热器、电焊机、电炉变压器等也常用接触器控制。

2. 接触器的特点及类型

1) 接触器的特点

接触器不仅是一种能频繁操作的自动电器，而且还具有控制容量大、低电压释放保护、寿命长、能远距离控制等优点。

2) 接触器的类型

根据流过接触器主触点的电流种类，可将接触器分为交流接触器和直流接触器两种类型。本书以交流接触器为例进行讲解。

3. 交流接触器

1) 交流接触器的组成

交流接触器实物图如图 1-24 所示。交流接触器由触点系统、电磁机构和灭弧装置组成。各部分的特点、功能如下：

图 1-24　交流接触器实物图

(1) 触点系统。交流接触器的触点由银钨合金制成，具有良好的导电性和耐高温烧蚀性。交流接触器一般采用双断点桥式触点，即两个触点串联在同一电路中，同时接通或断开。接触器的触点有主触点和辅助触点之分。主触点一般只有动合触点，用以通断大电流的主电路；而辅助触点有动合和动断触点之分，用以通断小电流的控制电路。

(2) 电磁机构。电磁机构用以控制触点的闭合或断开。交流接触器一般采用衔铁绕轴转动的拍合式电磁机构或衔铁做直线运动的电磁机构。由于交流接触器的线圈通交流电，在铁芯中存在磁滞和涡流损耗，会引起铁芯发热。为了减少涡流损耗和磁滞损耗，以免铁芯发热严重，铁芯通常由硅钢片叠铆而成。同时，为了减小机械振动和噪音，在静铁芯极面上装有分磁环(短路环)，参见图 1-4。

(3) 灭弧装置。交流接触器分断大电流电路时，通常会在动、静触点之间产生很强的电弧，从而损伤触点。因此，交流接触器加装有灭弧装置。

对较小容量(10 A 以下)的交流接触器，通常采用双断点桥式或电动力灭弧；而对较大容量(20 A 以上)的交流接触器，通常采用灭弧栅灭弧。

(4) 其他部分。交流接触器的其他部分有底座、反力弹簧、缓冲弹簧、触点压力弹簧、传动机构和接线柱等。反力弹簧的作用是当线圈断电时，使主触点和辅助动合触点迅速断

开；缓冲弹簧的作用是缓冲衔铁在被铁芯吸合时对静铁芯和外壳的冲击力；触点压力弹簧的作用是增加动、静触点之间的压力，增大接触面积以降低接触电阻，避免触点由于接触不良而过热灼伤，并有减振作用。

2) 交流接触器的工作原理

交流接触器的工作原理图如图 1-25 所示。

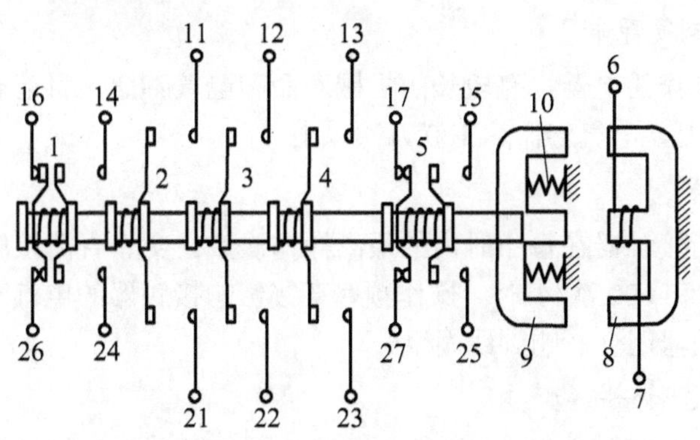

图 1-25　交流接触器的工作原理图

当接触器的线圈 6、7 间通入交流电流以后，会使静铁芯 8 产生很强的磁动势，进而产生磁场和电磁力，当该电磁力大于反力弹簧 10 上的弹力时，铁芯 8 将衔铁 9 吸合。一方面，衔铁 9 的移动带动了固定在衔铁 9 上的传动杆的移动，从而使固定在传动杆上的动触桥 2、3、4 上的动触点分别与接线柱 11 和 21、12 和 22、13 和 23 上的静触点闭合，接通主电路；另一方面，辅助动断触点(16 和 1、26 和 1 以及 17 和 5、27 和 5)首先断开，然后辅助动合触点(1 和 14、1 和 24 以及 5 和 15、5 和 25)分别闭合。当吸引线圈断电或外加电压过低时，在反力弹簧 10 的作用下衔铁 9 被铁芯 8 释放，主触点断开，切断主电路；辅助动合触点首先断开，随后辅助动断触点恢复闭合。图中，11～17 和 21～27 为各触点的接线柱。

4. 接触器的型号及含义

接触器的型号及含义如下：

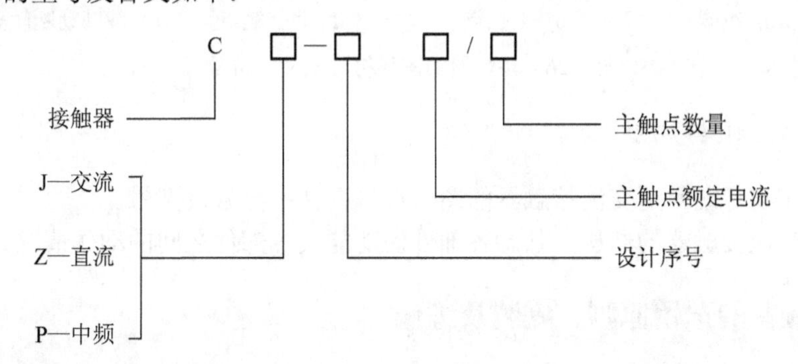

5. 接触器的主要技术参数

1) 额定电压

接触器铭牌上标注的额定电压，是指主触点正常工作时的额定电压。交流接触器常用的额定电压等级有 127 V、220 V、380 V、660 V；直流接触器常用的额定电压等级有 110 V、

220 V、440 V、660 V。

2) 额定电流

接触器铭牌上标注的额定电流，是指主触点的额定电流。交、直流接触器常用的额定电流等级有 10 A、20 A、40 A、60 A、100 A、150 A、250 A、400 A、600 A。若改变使用条件，额定电流也要随之改变。

3) 机械寿命与电气寿命

接触器是频繁操作的电器，有较长的机械寿命和电气寿命，目前有些接触器的机械寿命已达 1000 万次以上，电气寿命达 100 万次以上。

4) 额定操作频率

额定操作频率指接触器在每小时内的最高操作次数。交、直流接触器的额定操作频率分别为 1200 次/小时和 600 次/小时。操作频率直接影响接触器的电气寿命及灭弧室的工作条件，对于交流接触器还会影响到线圈温升。

5) 主触点的接通和分断能力

主触点的接通和分断能力指主触点在规定的条件下能可靠地接通和分断的电流值。要求在该电流值下，接通时主触点不出现熔焊现象，分断时不产生长时间的燃弧现象。接触器的使用类别不同，对主触点的接通和分断能力的要求也不同。

6) 额定绝缘电压

额定绝缘电压是指接触器绝缘等级对应的最高电压。低压电器的绝缘电压一般为 500 V。但根据需要，交流电路可提高到 1140 V，直流电路可达 1000 V。

6. 接触器的图形符号及文字符号

接触器的图形符号及文字符号如图 1-26 所示。

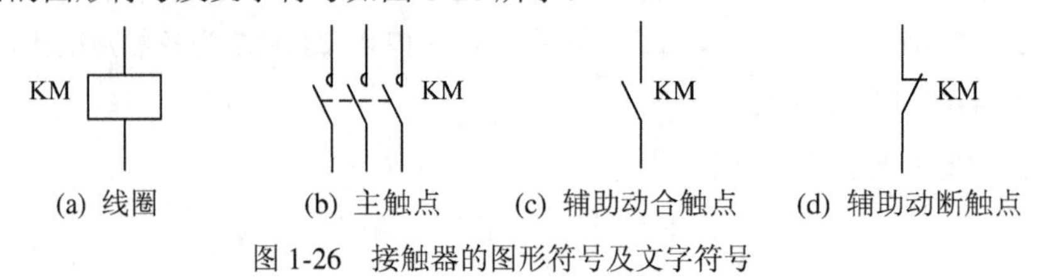

图 1-26 接触器的图形符号及文字符号

三、活动回顾与拓展

(1) 根据实物掌握常用交流接触器的图形符号、文字符号及型号。
(2) 观察交流接触器的结构，熟悉各部件的功能及各部件之间的动作情况。

活动 2 接触器的选用原则、安装及维修

一、活动目标

(1) 熟悉接触器的选用规则、安装注意事项及安装方法。
(2) 熟练掌握接触器的日常维修及故障处理方法。

二、活动内容

1. 交流接触器的使用类别

交流接触器的使用类别是指接触器所带负载性质及工作条件。根据接触器的使用类别不同对接触器主触点的接通和分断能力的要求也不一样。

接触器的使用类别代号通常标注在接触器的铭牌上或产品手册中。每种类别的接触器都具有一定的接通和分断能力。例如，AC—1 类允许接通和分断 2 倍的额定电流，AC—2 类允许接通和分断 4 倍的额定电流，AC—3 类允许接通 8～10 倍的额定电流和分断 6～8 倍的额定电流，AC—4 类允许接通 10～12 倍的额定电流和分断 8～10 倍的额定电流等，常见的交流接触器使用类别及典型用途如表 1-4 所示。

表 1-4　常见的交流接触器使用类别及典型用途

使用类别代号	典 型 用 途
AC—1	无感或微感负载、电阻炉
AC—2	绕线转子感应电动机的启动、分断
AC—3	笼型感应电动机的启动、运转中分断
AC—4	笼型感应电动机的启动、反接制动或反向运转、点动
AC—5a	放电灯的通断
AC—5b	白炽灯的通断
AC—6a	变压器的通断
AC—6b	电容器组的通断
AC—7a	家用电器和类似用途的低压感性负载
AC—7b	家用的电动机负载
AC—8a	具有手动复位过载脱扣器的密封制冷压缩机的电动机控制
AC—8b	具有自动复位过载脱扣器的密封制冷压缩机的电动机控制

2. 接触器的选用原则

选择接触器时应从其工作条件出发，主要考虑以下因素：

1) 接触器的类型选择

由于接触器有交、直流之分，因此控制交流负载应选用交流接触器，控制直流负载应选用直流接触器。

2) 接触器主触点额定电压的选择

主触点的额定工作电压应大于或等于负载电路的额定电压。

3) 接触器主触点额定电流的选择

主触点的额定工作电流应大于或等于负载电路的额定电流，如果用来控制的电动机需要频繁启动、正反转或反接制动，应将接触器主触点的额定电流降低一个等级使用。在低压电器控制系统中，380 V 的三相异步电动机是主要的控制对象，如果知道了电动机的额定功率，如 3 kW，则控制该电动机所使用接触器的额定电流的数值大约是 6 A。

4) 接触器线圈额定电压的选择

(1) 交流接触器线圈额定电压的选择。如果控制线路比较简单，所用接触器数量较少，则交流接触器线圈的额定电压一般直接选用 380 V 或 220 V；如果控制线路比较复杂，使用的电器又比较多，为确保安全，线圈的额定电压可适当选小点。例如，交流接触器线圈电压可选择 127 V、36 V 等，这时需要附加一个控制变压器。

(2) 直流接触器吸引线圈电压的选择。直流接触器线圈的额定电压应根据控制电路的情况而定。同一系列、同一容量等级的接触器，其线圈的额定电压有几种，在具体选择时，应尽量使线圈的额定电压与直流控制电路的电压一致。

一般地，直流接触器的线圈通的是直流电，交流接触器的线圈通的是交流电。但有时为了提高接触器的最大操作频率，交流接触器也有采用直流线圈的。

3. 交流接触器的安装

(1) 安装前应将铁芯端面的防锈油擦净，再检查接触器的外观是否完好，是否有灰尘、油污以及各接线端子的螺钉是否完好无缺，触点架、动静触点是否同时动作等。

(2) 检查接触器的线圈电压是否符合控制电压的要求，接触器的额定电压应不低于负载的额定电压，触点的额定电流应不低于负载的额定电流。

(3) 安装接触器时，底面与安装面在垂直方向上的倾斜度应小于 5°，且应防止小螺钉、螺母、垫片、线头掉入接触器内。

4. 接触器的日常检查与维修

定期检查接触器的运行情况，进行必要的维修是保证其运行可靠、延长寿命的重要措施。检查、维修时应先断开电源，再按下列步骤进行。

1) 外观检查

(1) 清除灰尘，交流接触器的触点不能涂油，防止短路时触点烧弧，烧坏灭弧装置。可用棉布蘸少量汽油擦去油污，然后用干净棉布擦干。

(2) 定期检查接触器的零部件，要求可动部分动作灵活，紧固件无松动。已损坏的零件应及时修理或更换。

(3) 检查外部有无灰尘，使用环境是否有导电粉尘及过大的振动，通风是否良好。

(4) 检查负载电流是否在接触器的额定值以内。

(5) 检查出线的连接点有无过热现象，拧紧所有压接导线的螺丝，防止松动脱落、引起连接部分发热。

(6) 检查接触器的振动情况，拧紧各螺栓。

(7) 监听接触器有无放电声等异常声响。

(8) 检查分合信号指示是否与接触器工作状态相符。

(9) 可通过调节触点弹簧来检查三相电是否平衡。用 500 V 兆欧表测量两相间的绝缘电阻应不低于 10 MΩ。

(10) 检查绝缘杆有无裂损现象。

(11) 对于金属外壳接触器，还应检查接地是否良好。

2) 触点系统的检查与维修

(1) 检查动静触点是否对准，三相是否同时闭合，并调节触点弹簧使三相一致。

(2) 摇测相间绝缘电阻值。使用 500 V 摇表检测，其相间阻值不应低于 10 MΩ。

(3) 检查触点磨损情况，触点磨损厚度超过 1 mm 或严重烧损、开焊脱落时应更换新件。轻微烧损或接触面发毛、变黑不影响使用，可不处理；若影响接触，可用小锉磨平打光。

(4) 经维修或更换触点后应注意触点开距、超行程现象。触点超行程会影响触点的终压力。

(5) 检查辅助触点动作是否灵活，静触点是否有松动或脱落现象，触点开距和行程是否符合要求。可用万用表测量接触的电阻，发现接触不良且不易修复时，要更换新触点。

(6) 对于银或者银基合金触点，表面因电弧作用而生成黑色氧化膜时，不必锉去，因为这种氧化膜的导电性很好，若锉去反而会缩短触点的使用寿命。

(7) 若触点凹凸不平，可用细锉修平打光，不可用砂布打磨，以防砂粒嵌入触点，影响正常工作。

(8) 修理辅助触点时，可用电工刀背仔细刮修，不可用锉刀修理，因为辅助触点质软层薄，用锉刀修理会大大缩短触点的使用寿命。

(9) 检查接触器是否吸合良好，触点有无打火及过大的振动声，断一相电源后是否回到正常位置。

3) 线圈检查

(1) 检查线圈额定电压是否符合要求。交流接触器的线圈在电源电压为线圈额定电压的 85%～105%时，应能可靠工作。

(2) 检查线圈有无过热，线圈过热反映在外表层老化、变色；如果线圈温度超过 65℃，则说明线圈过热，有可能发生匝间短路，此时可测其阻值和同类线圈比较，不能修复则应更换。

(3) 检查引线和插接件有无开焊或将要断开的情况。

(4) 检查线圈骨架有无裂纹、磨损或固定不正常的情况，如发现应及早固定或更换。

4) 铁芯的检查与维修

(1) 用棉纱蘸汽油擦拭端面，除去油污或灰尘等。

(2) 检查各缓冲件是否齐全，位置是否正确。

(3) 检查铆钉有无断裂，铁芯端面有无松散的情况。

(4) 检查短路环有无脱落或断裂，特别要注意隐裂。如有断裂或造成严重噪声，应更换短路环或铁芯。

(5) 检查电磁铁吸合是否良好，有无错位现象。

5) 灭弧罩的检查与维修

(1) 检查灭弧罩是否松动，罩内有无被电弧烧烟现象，若灭弧罩内有电弧烧烟现象，可用小刀和布条除去黑烟及金属熔粒。

(2) 取下灭弧罩，用毛刷清除罩内脱落物或金属颗粒。若发现灭弧罩有裂损，应及时予以更换。

(3) 在去掉灭弧罩的情况下，不能使用接触器，以免在触点分断时造成相间短路。

(4) 陶土制成的灭弧罩易碎，避免因碰撞而损坏，要及时清除灭弧室内的炭化物。

(5) 对于栅片灭弧罩，应注意栅片是否完整或烧损变形、严重松脱、位置变化等，若不易修复则应更换。

5．交流接触器的常见故障现象及处理方法

(1) 故障现象：电磁铁噪声大。其产生的可能原因及处理方法如下：

产生的可能原因	处 理 方 法
电源电压过低	调整电源电压到合适值
弹簧反作用力过大	调整弹簧压力
短路环断裂(交流)	更换短路环
铁芯端面有污垢	清刷铁芯端面
磁系统歪斜，使铁芯不能吸平	调整机械部分
铁芯端面过度磨损	更换铁芯

(2) 故障现象：线圈过热或烧损。其产生的可能原因及处理方法如下：

产生的可能原因	处 理 方 法
电源的电压过高或过低	调整电源电压到合适值
线圈的额定电压与电源电压不符	更换线圈或接触器
操作频率过高	选择合适的接触器
线圈由于机械损伤或附有导电灰尘而匝间短路	排除短路故障，更换线圈并保持清洁
环境温度过高	改变安装位置或采取降温措施
空气潮湿或含腐蚀性气体	采取防潮、防腐蚀措施
交流铁芯极面不平	清除极面或调整铁芯

(3) 故障现象：接触器不释放或释放缓慢。其产生的可能原因及处理方法如下：

产生的可能原因	处 理 方 法
触点弹簧压力过小	调整触点弹簧压力
触点熔焊	排除熔焊故障，更换触点
机械可动部分被卡住，转轴生锈或歪斜	排除卡住现象，修理受损零件
反力弹簧损坏	更换反力弹簧
铁芯端面有油污或灰尘附着	清理铁芯端面
铁芯剩磁过大	退磁或更换铁芯
安装位置不正确	重新安装到合适位置
线圈电压不足	调整线圈电压到规定值
E 形铁芯寿命到期，剩磁增大	更换 E 形铁芯

(4) 故障现象：触点烧伤或熔焊。其产生的可能原因及处理方法如下：

产生的可能原因	处 理 方 法
某相触点接触不良或连接螺钉松脱，使电动机缺相运行，发出嗡嗡声	立即停车检修
触点压力过小	调整触点弹簧压力
触点表面有金属颗粒等异物	清理触点表面的金属颗粒及杂物
操作频率过高，或工作电压过大，断开容量不够	更换为容量较大的接触器
长期过载使用	更换合适的接触器
触点的断开能力不够	更换接触器
环境温度过高或散热不好	降低接触器容量的使用
触点的超行程过小	调整超行程或更换触点
负载侧短路，触点的断开容量不够大	改用容量较大的电器

(5) 故障现象：吸不上或吸不足(即触点已闭合而铁芯尚未完全吸合)。其产生的可能原因及处理方法如下：

产生的可能原因	处 理 方 法
电源电压过低或波动太大	调高电源电压到合适值
线圈断线，配线错误及触点接触不良	更换线圈，检查线路，修理控制触点
线圈的额定电压与使用条件不符	更换线圈
衔铁或机械可动部分被卡住	消除卡住物
触点弹簧压力过大	按要求调整触点压力到合适值

(6) 故障现象：相间短路。其产生的可能原因及处理方法如下：

产生的可能原因	处 理 方 法
可逆转的接触器联锁不可靠，导致两个接触器同时投入运行而造成相间短路	检查电气联锁与机械联锁，处理相间短路障
接触器动作过快，发生电弧短路	更换动作时间较长的接触器
尘埃或油污使绝缘变坏	经常清理使其保持清洁
零件损坏	更换损坏零件

(7) 故障现象：通电后不能闭合。其产生的可能原因及处理方法如下：

产生的可能原因	处 理 方 法
线圈断电或烧坏	修理或更换线圈
动铁芯或机械部分被卡住	调整零件位置，消除卡住现象
转轴生锈或歪斜	除锈，涂润滑油或更换零件
操作回路电源容量不足	增加电源容量到合适值
弹簧压力过大	调整弹簧压力到合适值

(8) 故障现象：灭弧罩碎裂。其产生的可能原因及处理方法如下：

产生的可能原因	处 理 方 法
原有接触器的灭弧罩损坏或丢失	应及时更换或加装灭弧罩

三、活动回顾与拓展

(1) 对常见接触器进行安装。
(2) 对常见接触器进行检测和维修，并探讨出现可能的故障及处理方法。
(3) 查找相关资料，了解直流接触器的相关知识。

任务五　继电器的认识及维修

活动 1　继电器的认识

一、活动目标

(1) 熟悉继电器的用途、类型、结构及工作原理。
(2) 熟悉继电器的图形符号和文字符号。

二、活动内容

1. 继电器概述

1) 继电器的用途

继电器一般用于控制系统，在电路中主要起着自动调节、安全保护、转换电路或控制其他电器的作用。它是用较小的电流去控制较大电流电路的一种“自动开关”。其实质是一种传递信号的电器。

2) 继电器的特点

(1) 根据电量(电压、电流)与非电量(温度、时间、速度、压力等)的变化达到某一规(整)定值时，便接通或断开小电流(一般小于 5 A)的控制电路，以完成控制或保护电器的任务。

(2) 不能直接接通主电路，而是通过接触器或其他电器对主电路进行控制。

(3) 因继电器的触点容量小，通断的电流也小，所以继电器不安装灭弧装置，而且触点通常接在控制电路中。

3) 继电器的分类

(1) 按输入信号不同可分为电气量继电器(如电流继电器、电压继电器等)及非电气量继电器(如时间继电器、热继电器及速度继电器)两大类。

(2) 按工作原理可分为电磁式继电器、感应式继电器、电子式继电器等。

2. 电磁式继电器

1) 电磁式继电器的结构

图 1-27 是电磁式继电器的典型结构图，它由铁芯、衔铁、线圈、反力弹簧和触点等部件组成。在该电磁系统中，铁芯 6 和铁轭为一体，减少了非工作气隙；极靴 7 为一圆环，

套在铁芯端部；衔铁 5 制成板状，绕棱角(或转轴)转动。线圈不通电时，衔铁靠反力弹簧 1 的作用而打开；衔铁上垫有非磁性垫片 4。

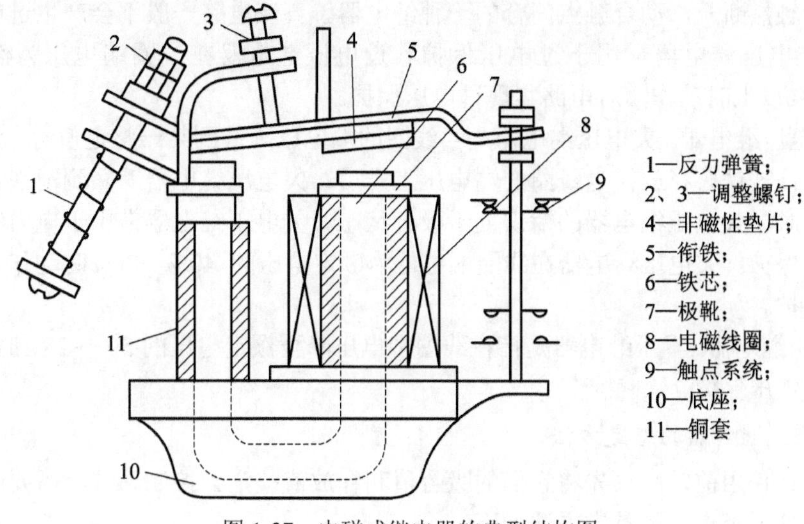

图 1-27　电磁式继电器的典型结构图

2) 电磁式继电器的分类

根据电流性质，电磁式继电器有交流和直流之分，它们是在电磁式继电器的铁芯上装设不同线圈后构成的。而直流电磁式继电器再加装铜套 11 后可构成电磁式时间继电器，且只能直流断电延时动作。

根据电气量，电磁式继电器可分为电磁式电流继电器和电磁式电压继电器。

(1) 电磁式电流继电器。根据流过线圈电流的大小而动作的继电器称为电流继电器。电磁式电流继电器的线圈串联在被控制的电路中，按用途可分为过电流继电器和欠电流继电器。

① 过电流继电器。过电流继电器是指流过线圈的电流高于某一整定值时动作的继电器。过电流继电器的动断触点串联在接触器的线圈电路中，动合触点一般用作过电流继电器的自锁电路或接通指示灯电路。过电流继电器在电路正常工作时衔铁不被铁芯吸合，只有当电流超过某一整定值时衔铁才被铁芯吸合(动作)，使得它的动断触点断开，切断接触器线圈电路，使接触器的主触点断开所控制的主电路，进而使所控制的设备脱离电源，起到过电流保护作用。同时过电流继电器的动合触点闭合以实现自锁或接通指示灯电路，指示出现过电流情况。过电流继电器整定值的整定范围为 110%～350%倍额定电流。

② 欠电流继电器。欠电流继电器是指流过线圈的电流低于某一整定值时动作的继电器。欠电流继电器的动合触点串联在接触器的线圈电路中。当电路正常工作时，衔铁是被铁芯吸合的，只有当电流降低到某一整定值时，继电器释放，输出信号去控制接触器断电，从而使所控制的设备脱离电源，起到欠电流保护作用。欠电流继电器主要用于直流电动机和电磁吸盘的失磁保护。欠电流继电器的吸引电流为线圈额定电流的 30%～65%，释放电流为线圈额定电流的 10%～20%。

(2) 电磁式电压继电器。根据线圈两端电压大小而动作的继电器称为电压继电器。电磁式电压继电器的线圈并联在被控制的电路中，按用途电压继电器可分为过电压继电器、欠电压继电器和零压继电器。

① 过电压继电器。过电压继电器是指在额定电压下继电器不动作，即衔铁不被铁芯吸合，而当线圈的端电压高于额定电压，达到某一整定值时，继电器动作，衔铁被铁芯吸合，同时使动断触点断开，动合触点闭合的一种继电器。直流电路一般不会产生过电压，因此只有交流过电压继电器，用于过电压保护。过电压继电器在线圈端电压为额定电压的110%～120%以上时动作，对电路实现过电压保护。

② 欠电压继电器。欠电压继电器是当线圈的端电压降低到某一整定值时，欠电压继电器动作即衔铁被铁芯释放；当线圈的端电压上升后，欠电压继电器返回到衔铁吸合状态。在额定电压时，欠电压继电器的衔铁处于吸合状态。欠电压继电器常用于电力线路的欠电压和失电压保护。欠电压继电器在线圈端电压为额定电压的 40%～70%时动作，对电路实现欠电压保护。

③ 零压继电器。零压继电器是指在线圈端电压降至额定电压的 5%～25%时衔铁动作，对电路实现零压保护。

3) 电磁式继电器的整定方法

继电器在使用前，应预先将它们的吸合值和释放值整定到控制系统所需要的值。对图 1-27 所示电磁式继电器的整定方法如下：

(1) 调节调整螺钉 2 上的螺母可以改变反力弹簧 1 的松紧度，从而调节吸合电流(或电压)。反力弹簧调得越紧，吸合电流(或电压)就越大。

(2) 调节调整螺钉 3 可以改变初始气隙的大小，从而调节吸合电流(或电压)。气隙越大，吸合电流(或电压)就越大。

(3) 非磁性垫片的厚度可以调节释放电流(或电压)。非磁性垫片越厚，释放电流(或电压)就越大。

注意：电磁式继电器在选用时应使继电器线圈端电压或流过线圈的电流满足控制线路的要求，同时还应根据控制要求来区别选择过电流继电器、欠电流继电器、过电压继电器、欠电压继电器、零压继电器等，同时要注意交流与直流之分。

4) 电磁式继电器的图形符号及文字符号

电磁式继电器的图形符号及文字符号如图 1-28 所示。

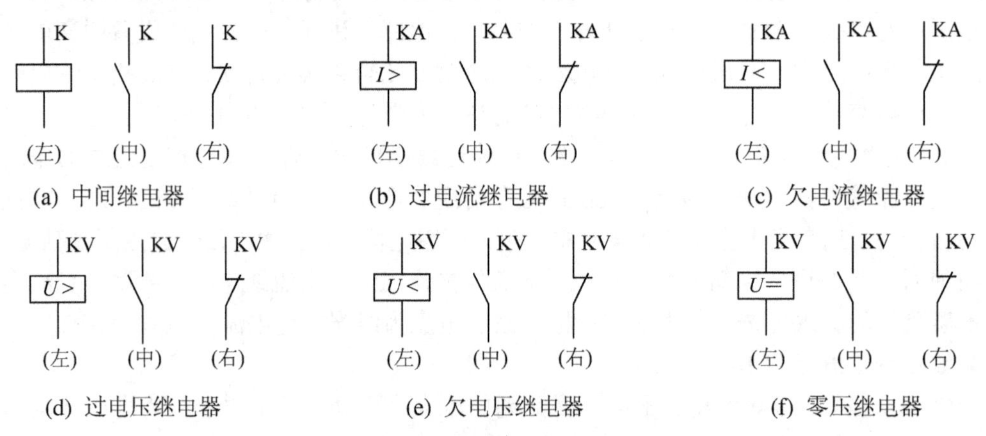

(左)—线圈；(中)—动合触点；(右)—动断触点

图 1-28　电磁式继电器的图形符号及文字符号

5) 电磁式继电器的型号及含义

电磁式继电器的型号及含义如下：

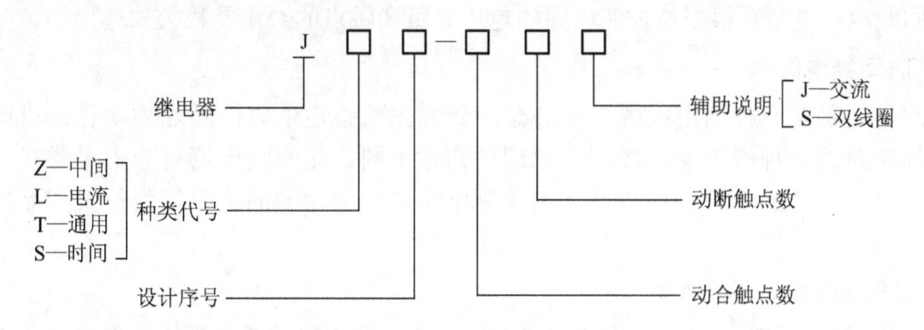

6) 电磁式继电器的主要技术参数

(1) 额定工作电压：是指继电器正常工作时线圈所需要的电压。根据继电器的型号不同，可以是交流电压，也可以是直流电压。

(2) 直流电阻：是指继电器线圈的直流电阻，可以通过万用表测量。

(3) 吸合电流：是指继电器能够产生吸合动作时的最小电流。在正常使用时，给定的电流必须略大于吸合电流，这样继电器才能稳定工作。而对于线圈所加的工作电压，一般不能超过额定工作电压的 1.5 倍，否则会产生较大的电流而烧毁线圈。

(4) 释放电流：是指继电器产生释放动作时的最大电流。当继电器吸合状态的电流减小到一定程度时，继电器就会恢复到未通电的释放状态。这时的电流远远小于吸合电流。

(5) 触点切换电压和电流：是指继电器允许加载的电压和电流。它决定了继电器能控制电压和电流的大小，使用时不能超过此值，否则很容易损坏继电器的触点。

7) 电磁式继电器与接触器的区别

(1) 电磁式继电器的触点容量小，触点额定电流小于 5 A，所以一般用于小电流的控制电路中，不需加灭弧装置。

(2) 接触器主触点的容量大，主触点额定电流一般大于 5 A，所以一般用于大电流的主电路中，需加灭弧装置。

(3) 各种电磁式继电器可以在对应的电量(如电流、电压)或非电量(如速度、温度)作用下动作，而接触器一般只能对电压的变化做出反应。

3. 中间继电器

中间继电器实质是一种电压继电器，即在结构上与电压继电器类似，所以又称为电磁式中间继电器。但中间继电器的触点数多(可达 6 对或 8 对)，触点容量大(额定电流 5～10 A)，动作灵敏。中间继电器实物图如图 1-29 所示，文字符号和图形符号参见图 1-28(a)。中间继电器的主要用途是当其他继电器的触点数量或触点容量不够时，可借助中间继电器来增加它们的触点数量或扩大它们的触点容量，起到中间转换的作用。有些中间继电器还有延时功能，但中间继电器没有弹簧调节装置。

图 1-29　中间继电器实物图

新型中间继电器触点闭合过程中，动、静触点间有一段滑擦和滚压过程，可以有效地清除触点表面的各种生成膜及尘埃，从而减小接触电阻，提高接触的可靠性。

中间继电器主要是根据被控制电路的电压等级和触点的数量及种类来选用的。

4．时间继电器

时间继电器是一种利用线圈通电并延时到预先的整定值时，触点才动作，以接通和断开被控电路的一种继电器。按工作原理与构造不同，时间继电器可分为电磁式、空气阻尼式、电子式和晶体管式等类型。在控制电路中应用较多的是空气阻尼式和晶体管式时间继电器。

1) 空气阻尼式时间继电器

(1) 空气阻尼式时间继电器的结构与工作原理。空气阻尼式时间继电器的常用型号有JS7—A和JS16系列。图1-30是JS7—A系列时间继电器的实物图及外形结构图。

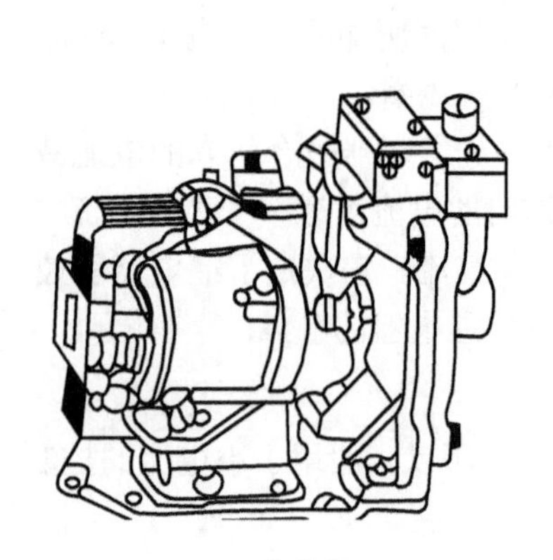

(a) 实物图

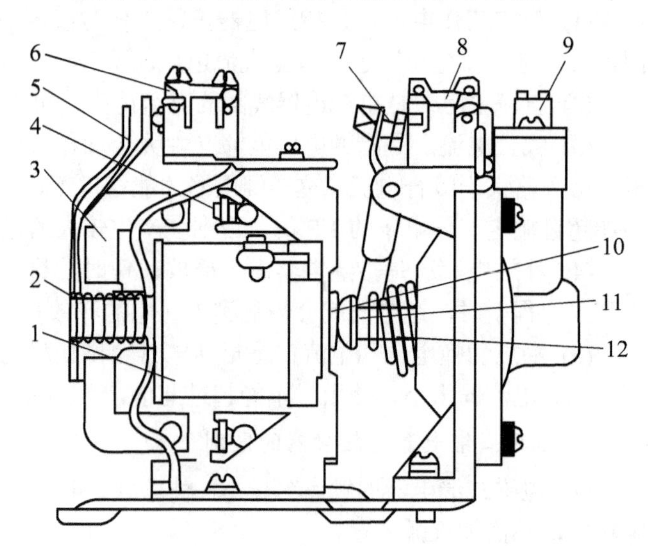

1—线圈；2—反作用弹簧；3—衔铁；4—铁芯；5—弹簧片；6、8—微动开关；7—杠杆；9—调节弹簧；10—推杆；11—活塞杆；12—宝塔弹簧

(b) 外形结构图

图1-30　JS7—A系列时间继电器的实物图及外形结构图

空气阻尼式时间继电器主要由电磁机构、延时机构和触点系统三部分组成，它是利用空气阻尼作用获得延时的，有通电延时和断电延时两种类型。对于通电延时型时间继电器(如图1-31(a)所示)，当线圈1通电后，铁芯2吸合衔铁3(推板5使微动开关16立即动作)，活塞杆6在塔形弹簧8的作用下，带动活塞12及橡皮膜10向上移动，由于橡皮膜下方气室空气稀薄，形成负压，因此活塞杆6不能迅速上移。当空气由进气孔14进入时，活塞杆6才逐渐上移。移到最上端时，杠杆7才使微动开关15动作。延时时间是从吸引线圈1通电时刻起到微动开关15动作时为止的这段时间。通过调节螺杆13可调节进气孔14的大小，也就调节了延时时间。

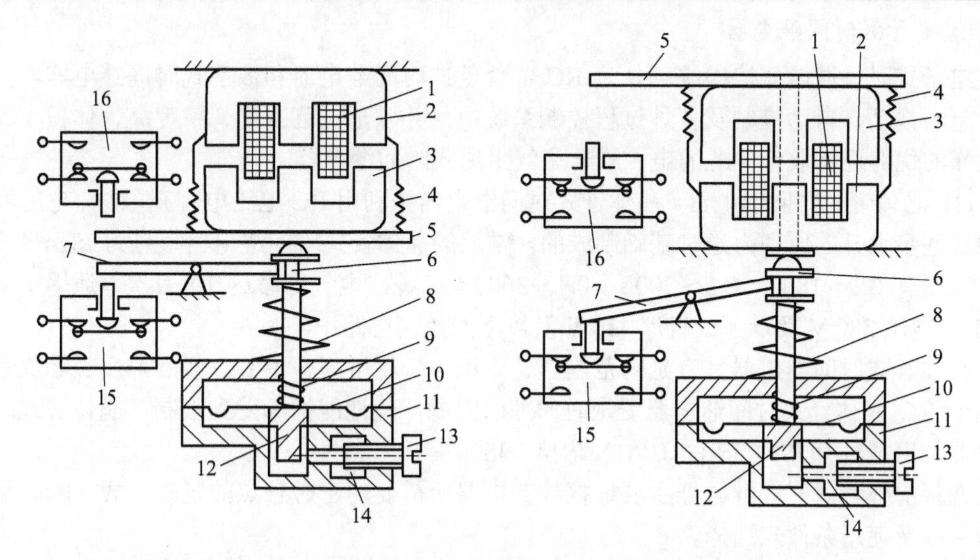

1—线圈；2—铁芯；3—衔铁；4—复位弹簧；5—推板；6—活塞杆；7—杠杆；

8—塔形弹簧；9—弱弹簧；10—橡皮膜；11—空气室壁；12—活塞；

13—调节螺杆；14—进气孔；15、16—微动开关

(a) 通电延时型　　(b) 断电延时型

图 1-31　空气阻尼式时间继电器工作原理图

当线圈 1 断电时，衔铁 3 在复位弹簧 4 的作用下将活塞 12 推向最下端。因活塞往下推时，橡皮膜下方气室内的空气都通过橡皮膜 10、弱弹簧 9 和活塞 12 肩部所形成的单向阀，经上气室缝隙顺利排掉，因此延时与不延时的微动开关 15 与 16 都能迅速复位。将图 1-31(a)通电延时型时间继电器的电磁机构翻转 180°后安装，可得到如图 1-31(b)所示的断电延时型时间继电器。它的工作原理与通电延时型相似，微动开关 15 是在线圈断电后延时动作的。

(2) 空气阻尼式时间继电器的特点。其优点是结构简单、寿命长、价格低廉，还附有不延时的触点，因此应用较为广泛；缺点是准确度低、延时误差大(±10%～±20%)，因此在要求延时精度高的场合不宜采用。

国产空气阻尼式时间继电器型号为 JS7 系列和 JS7—A 系列，A 为改型产品，体积小。

时间继电器的图形符号及文字符号如图 1-32 所示。

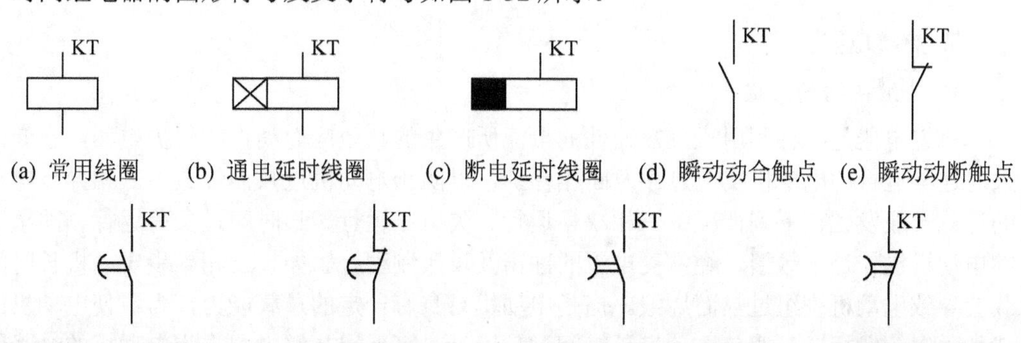

(a) 常用线圈　(b) 通电延时线圈　(c) 断电延时线圈　(d) 瞬动动合触点　(e) 瞬动动断触点

(f) 通电延时动合触点　(g) 通电延时动断触点　(h) 断电延时动合触点　(i) 断电延时动断触点

图 1-32 时间继电器的图形符号及文字符号

2) 电子式时间继电器

电子式时间继电器按构成可分为 RC 晶体管式时间继电器和数字式时间继电器，主要用于电力拖动、自动控制及各种过程控制系统中，并以延时范围宽、精度高、体积小、工作可靠的优势逐步取代传统的电磁式、空气阻尼式时间继电器。

(1) 晶体管式时间继电器。晶体管式时间继电器是利用 RC 电路电容充电时，电容器上的电压逐步上升的原理为延时基础制成的。常用的晶体管式时间继电器型号为 JS14 系列，延时范围有 0.1～180 s、0.1～300 s、0.1～3600 s 三种，电气寿命达 10 万次，适用于交流 50 Hz、电压 380 V 及以下或直流 110 V 及以下的控制电路中。

晶体管式时间继电器具有延时范围广、体积小、精度高、调节方便及寿命长等优点。但由于 RC 晶体管式时间继电器受延时原理的限制，使性能指标受到限制。晶体管式时间继电器常用型号有 JSJ、JSB、JJSB、JS14、JS20 等。

选择晶体管式时间继电器主要根据控制电路所需要的延时触点的延时方式、瞬时触点的数目以及使用条件来选择。

(2) 数字式时间继电器。随着半导体技术，特别是集成电路技术的进一步发展，采用新延时技术的数字式时间继电器，其性能指标得到大幅度的提高。目前最先进的数字式时间继电器内部装有微处理器。

数字式时间继电器的常用型号有 DH48S、DH14S、DH11S、JSS1、JS14S 等。其中，JS14S 系列与 JS14、JSP、JS20 系列时间继电器兼容，取代方便。DH48S 系列数字式时间继电器采用引进技术及制造工艺，替代进口产品，延时范围为 0.01 s～99h99 min，任意预置。

3) 时间继电器的型号及含义

时间继电器的型号及含义如下：

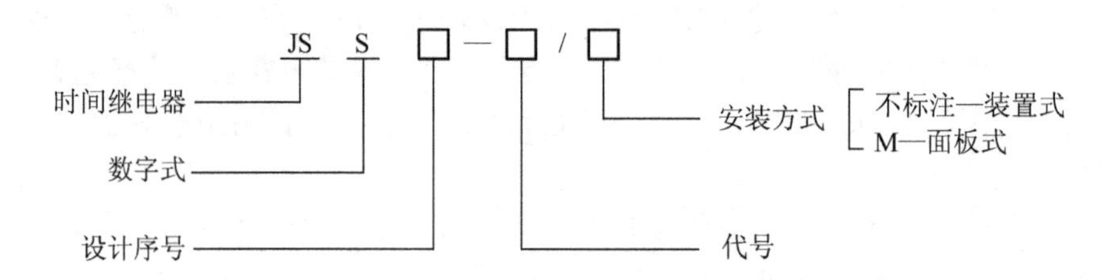

5. 热继电器

1) 热继电器的用途

热继电器是一种利用流过热元件的电流所产生的热效应而动作的保护电器，它专门用来对连续运行的电动机实现过载及断相保护，以防止电动机过热而烧毁。三相异步电动机的过载一般发生在下列情况：三相缺相运行、欠电压运行、长时间过负荷运行、间歇运行的电动机操作过于频繁、经常受电流的冲击及反接制动等。如果三相异步电动机长时间过载会导致电动机绕组过热而烧毁。但是电动机自身有一定的过载能力，为了使电动机的过载能力得到发挥，又避免电动机长时间过载运行，可采用热继电器作为电动机的过载保护元件。

热继电器的保护特性是指热继电器中通过的过载电流和热继电器触点动作的时间关

系。电动机的过载特性是指电动机允许的过载电流和允许的过载时间的关系。为了满足电动机的过载特性，又能起到过载保护作用，要求热继电器的保护特性与电动机的过载特性相配合，二者的配合曲线图如图 1-33 所示。由图可知，热继电器的保护特性曲线应位于过载特性曲线的下方，并靠近电动机的过载特性。这样，当发生过载时，由于热继电器的动作时间小于电动机最大的允许过载运行时间，在电动机未过热时，热继电器动作，切断电动机电源，达到保护电动机的目的。

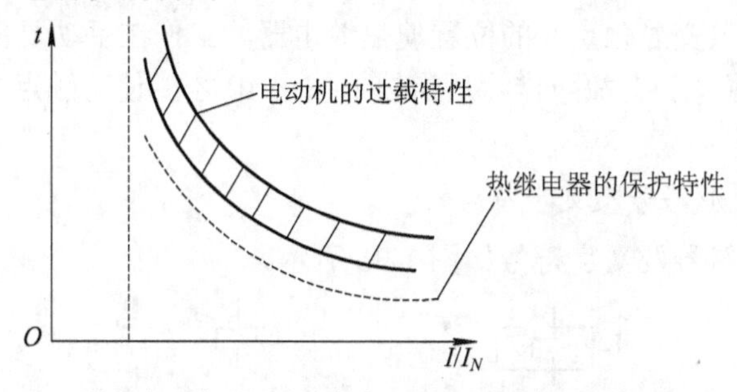

I—热继电器实际通过的电流；I_N—热继电器的额定电流

图 1-33　电动机的过载特性和热继电器的保护特性及其配合曲线图

2) 热继电器的结构和工作原理

热继电器的结构形式较多，最常见的是双金属片式结构，其实物图如图 1-34 所示，工作原理图如图 1-35 所示。这种结构的热继电器主要由热元件、双金属片和触点组成。双金属片 2 是采用两种不同线膨胀系数的金属片，通过机械碾压在一起而制成的，它的一端固定在推杆 1 上，另一端为自由端。由于两种金属的线膨胀系数不同，所以当双金属片的温度升高时，就会弯曲。热元件 3 串接在电动机定子绕组中，电动机定子绕组的电流即为流过热元件的电流。当电动机正常运行时，热元件产生的热量虽能使双金属片 2 弯曲，但不足以使继电器动作；当电动机过载时，热元件产生的热量增大，使双金属片 2 弯曲位移量增大，经过一定时间后，双金属片 2 弯曲推动导板 4，并通过补偿双金属片 5 与推杆 11 使动触点 7 与静触点 6 分开，动触点 7 与静触点 6 为热继电器串接在接触器线圈电路中的一对动断触点，该动断触点断开后使接触器线圈断电，接触器的辅助动合触点断开电动机负载电路，保护了电动机等负载。

图 1-34　热继电器实物图

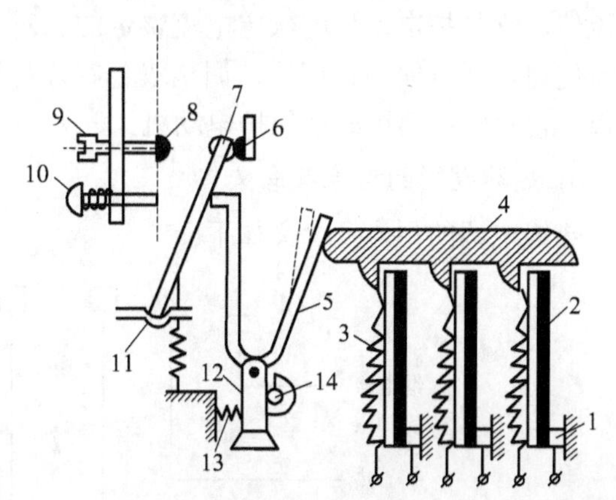

图 1-35　双金属片式热继电器的工作原理图

补偿双金属片 5 可以在规定的温度范围(−30～+40℃)内补偿环境温度对热继电器的影

响。如果环境温度升高，双金属片向左弯曲程度加大，同时补偿双金属片 5 也向左弯曲，使导板 4 与补偿双金属片 5 之间距离保持不变，故继电器特性不受环境温度升高的影响，反之亦然。有时也可采用欠补偿，使双金属片 5 向左弯曲的距离小于双金属片 2 因环境温度升高向左弯曲变动的值，从而使热继电器动作变快，更好地保护电动机。

调节旋钮 14 是一个偏心轮，它与支撑件 12、压簧 13 构成一个杠杆，转动偏心轮 14，即可改变补偿双金属片 5 与导板 4 间的距离，从而达到调节整定动作值的目的。此外，通过调节复位螺钉 9 来改变静触点 8 的位置使热继电器能工作在手动复位和自动复位两种工作状态。调试手动复位时，在故障排除后需按下按钮 10 才能使动触点 7 恢复到与静触点 6 相接触的位置。

3) 热继电器的图形符号及文字符号

热继电器的图形符号及文字符号如图 1-36 所示。

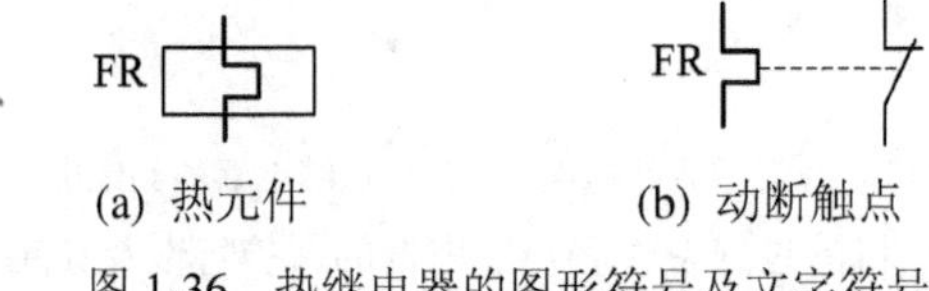

图 1-36　热继电器的图形符号及文字符号

4) 带断相保护的热继电器

前面所讲的双金属片式热继电器适用于三相同时出现过载电流的情况。若三相中有一相断线而出现过载电流，而断线那一相的双金属片不弯曲导致热继电器不能及时动作，甚至不动作，此种情况下就不能起到保护作用。为此常采用带断相保护的热继电器，具体的工作原理可参阅相关资料。

5) 热继电器的主要技术参数

(1) 热继电器的额定电流：指热继电器中可以安装的热元件的最大整定电流值，应按照被保护电动机额定电流的 1.1～1.5 倍选取热元件的额定电流。

(2) 热元件的额定电流：是指热元件的最大整定电流值。对于过载能力差的电动机可将热元件固定值调整为电动机额定电流的 0.6～0.8 倍。

(3) 热继电器的整定电流：指热元件能够长时间通过而不致引起热继电器动作的最大电流值，它是按电动机的额定电流整定的。对于某一热元件的热继电器，可手动调节整定电流旋钮，通过偏心轮机构，调整双金属片与导板的距离，能在一定范围内调节电流的整定值，使热继电器更好地保护电动机。

6) 热继电器的型号及含义

热继电器的型号及含义如下：

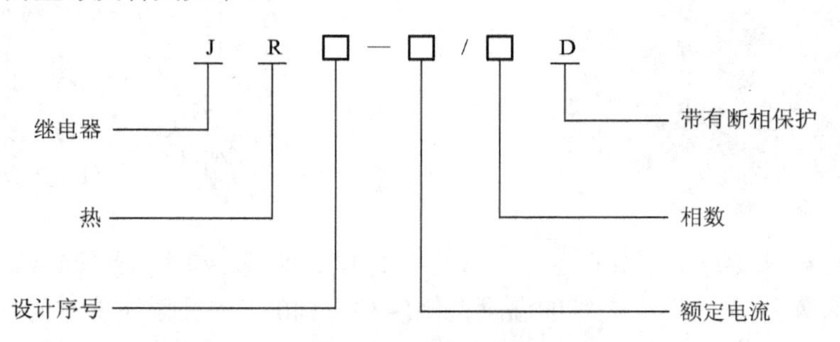

7) 热继电器接入电动机定子电路的方式

三相交流电动机的过载保护大多数采用三相式热继电器。由于热继电器有带断相保护和不带断相保护两种，根据电动机绕组的接法，这两种类型的热继电器接入电动机定子电路的方式也不尽相同。

当电动机定子绕组为星形连接时，带断相保护和不带断相保护的热继电器均可按图1-37(a)所示接在电路中。采用这种电路接入方式，在发生三相均匀过载、非均匀过载以及发生一相断线事故时，流过电动机绕组的电流即为流过热继电器热元件的电流，因此热继电器可以如实反映电动机的过载情况。

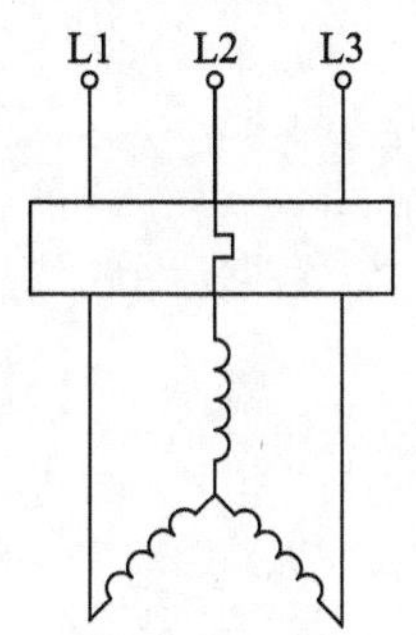

(a) 星形连接带断相式和不带断相式

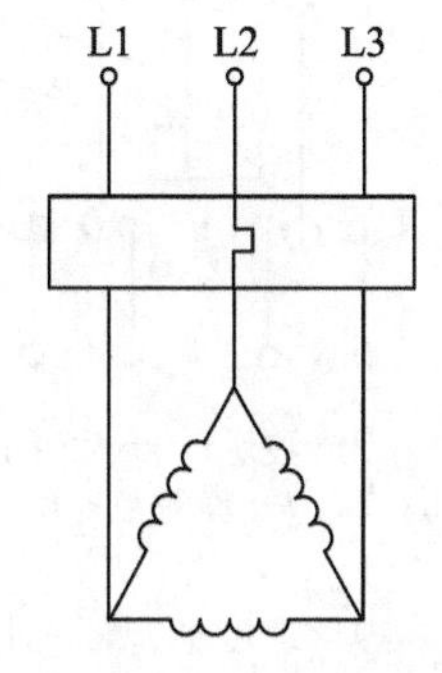

(b) 三角形连接带断相式

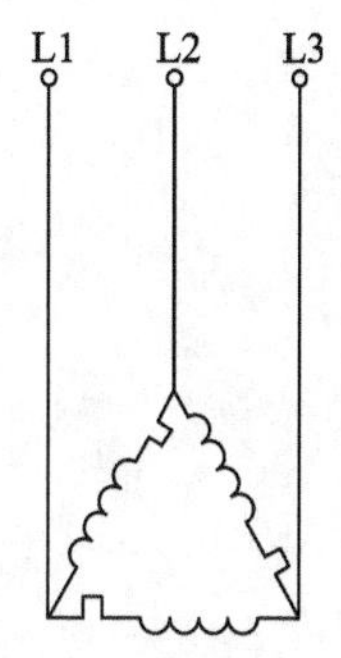

(c) 三角形连接不带断相式

图 1-37　热继电器接入电路的方式

当电动机定子绕组为三角形连接时，如果采用断相式热继电器，可以采用图 1-37(b)所示的接线形式。若采用普通热继电器，为了进行断相保护，必须将三个发热元件串联在电动机的每相定子绕组上，如图 1-37(c)所示。

6．速度继电器

1) 速度继电器的用途

速度继电器是用于自动检测电动机转速与转向变化的一种继电器，主要用于三相笼型异步电动机的反接制动控制，因此又称反接制动继电器。速度继电器实物图如图 1-38 所示。

图 1-38　速度继电器实物图

2) 速度继电器的基本结构及工作原理

速度继电器主要由定子、转子和触点三部分组成。定子是一个笼型空心圆环，转子是一个圆柱形永久磁铁，其工作原理图如图 1-39 所示。转子轴与电动机的轴相连接，而定子空套在转子上。

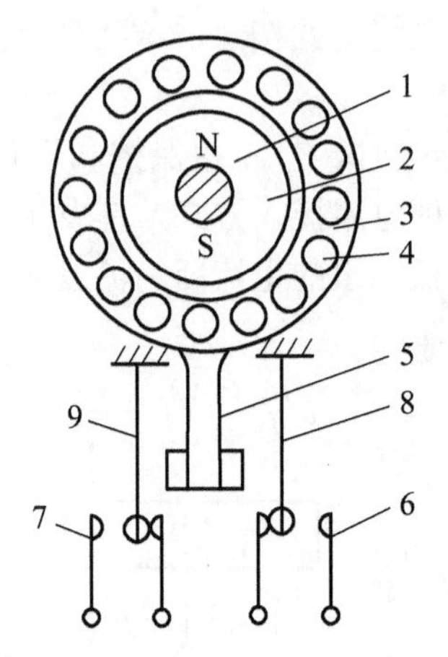

1—转轴；2—转子；3—定子；4—绕组；
5—摆锤；6、7—静触点；8、9—动触点

图 1-39　速度继电器工作原理图

当电动机转动时，速度继电器的转子(永久磁铁)随之转动，在空间产生旋转磁场，切割定子绕组，并在定子绕组中产生感应电流，该电流又与旋转的转子磁场作用，产生转矩，使定子随转子转动方向而旋转，此时和定子装在一起的摆锤推动动触点动作，使动断触点断开，动合触点闭合。当电动机转速低于某一值时，定子产生的转矩减小，使动触点复位。

一般速度继电器转轴在 120 r/min 左右即能动作，在 100 r/min 以下触点复位，转速在 3000～3600 r/min 以下能可靠工作。JY1 型和 JFZ0 型速度继电器的技术数据如表 1-5 所示。

表 1-5　JY1 型和 JFZ0 型速度继电器技术数据

型号	触点容量		触点数量		额定工作转速	允许操作频率
	额定电压/V	额定电流/A	正转时动作	反转时动作	r/min	次/h
JY1 JFZ0	380	2	1 组转换触点	1 组转换触点	100～3600 300～3600	<30

3) 速度继电器的图形符号及文字符号

速度继电器的图形符号及文字符号如图 1-40 所示。

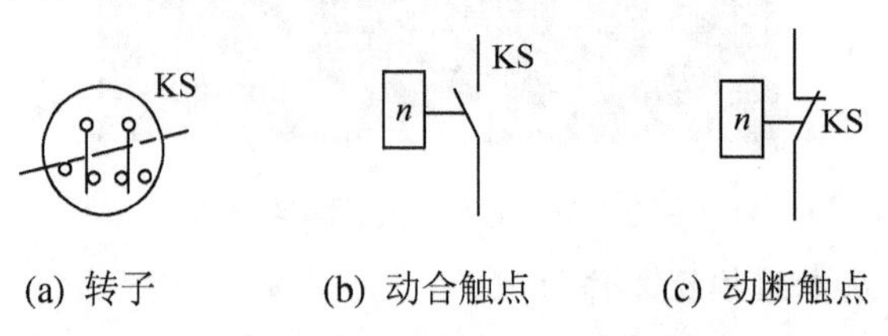

(a) 转子　　(b) 动合触点　　(c) 动断触点

图 1-40　速度继电器的图形符号及文字符号

4) 速度继电器的型号及含义

速度继电器的型号及含义如下：

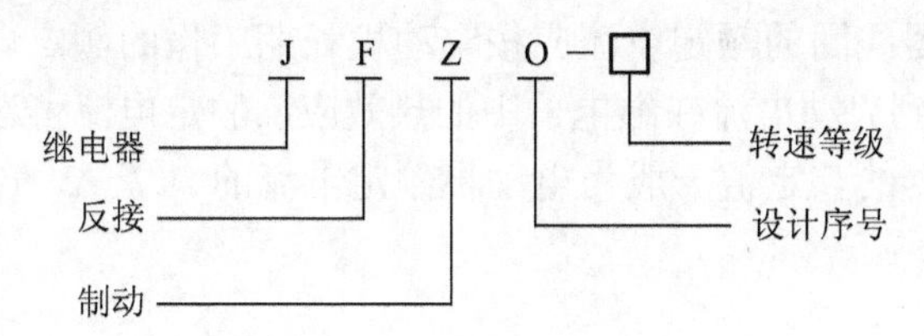

三、活动回顾与拓展

(1) 根据实物熟悉继电器的图形符号和文字符号。

(2) 观察各种继电器的结构，熟悉各部件的功能及各部件之间的动作情况。

活动 2　继电器的使用及维修

一、活动目标

(1) 熟悉继电器的测试方法。

(2) 熟悉继电器的选用原则、安装时的注意事项及安装方法。

(3) 熟练掌握继电器的日常维修及故障处理方法。

二、活动内容

1. 继电器测试

1) 测量触点的电阻值

用万用表的电阻挡测量动断触点的电阻，其阻值应为 0(用更加精确的方式可测得触点阻值在 100 MΩ 以内)；而动合触点的阻值为无穷大。由此可以区别出动断触点与动合触点。

2) 测量线圈的电阻值

可用万用表的 $R\times10\ \Omega$ 挡测量继电器线圈的阻值，从而判断该线圈是否存在匝间短路或开路现象。

3) 测量吸合电压和吸合电流

用可调的稳压电源电流表检测。向继电器输入一组电压，且在供电回路中串入电流表进行监测；慢慢调高电源电压，听到继电器吸合声时，记下该吸合电压和吸合电流的值。为准确起见，可以多测量几次以求平均值。

4) 测量释放电压和释放电流

用与 3)同样的方法连续测量，当继电器发生吸合后，再逐渐降低供电电压，当听到继电器再次发出释放声音时，记下此时的电压和电流值，亦可多测几次以取得平均的释放电压和释放电流。一般情况下，继电器的释放电压约为吸合电压的 10%～50%；如果释放电压太小(小于 10% 的吸合电压)，则不能使用，因为这会影响电路的稳定性和工作的可靠性。

2. 电流继电器的选用原则及使用注意事项

1) 选用原则

(1) 过电流继电器线圈的额定电流应按电动机长期工作的额定电流来选择，对于频繁启动的电动机，考虑到启动电流在继电器中的热效应，额定电流可选大一级。

(2) 过电流继电器的整定值一般为电动机额定电流的 1.7～2 倍，频繁启动场合可取 2.25～2.5 倍。

2) 使用注意事项

(1) 安装前先检查额定电流及整定值是否与实际要求相符。

(2) 安装后应在触点不通电的情况下，使吸引线圈通电操作几次，检查继电器动作是否可靠。

(3) 定期检查各部件有无松动或损坏现象，并保持触点的清洁和可靠。

3. 电压继电器的选用原则及使用注意事项

1) 选用原则

电压继电器线圈的额定电压按其所在电路的额定电压来选择。

2) 使用注意事项

(1) 安装前先检查额定电压是否与实际要求相符。

(2) 安装后应在触点不通电的情况下，使线圈通电操作几次，检查继电器动作是否可靠。

(3) 定期检查各部件有无松动或损坏现象，并保持触点的清洁和可靠。

4. 时间继电器的选用原则及使用注意事项

1) 选用原则

(1) 类型选择：凡是对延时要求较低、电源电压波动大的场合，可选用价格较低的电磁式或空气阻尼式时间继电器，如 JS7—A 系列时间继电器；对于要求延时范围大、延时准确度较高的场合，应选用电动式或电子式时间继电器，如 JS11、JS20 或 7PR 系列的时间继电器。

(2) 延时方式的选择：时间继电器有通电延时和断电延时两种，应根据控制线路的要求来选择哪一种方式的时间继电器。

(3) 线圈电压的选择：根据控制线路电压来选择时间继电器线圈的电压。

2) 使用注意事项

(1) JS7—A 系列时间继电器由于无刻度，因此不能准确地调整延时时间。

(2) JS11—□1 系列通电延时时间继电器必须在分断离合器电磁铁线圈电源时才能调节延时值；而 JS11—□2 系列断电延时时间继电器必须在接通离合器电磁铁线圈电源时才能调节延时值。(注：□表示延时代号，一般以秒为单位)

5. 热继电器的选用原则及使用注意事项

1) 选用原则

(1) 选用热继电器作为电动机的过载保护时，应使电动机在短时过载时和启动瞬间不

受影响。

(2) 热继电器类型的选择：一般轻载启动、短时工作的情况下可以选用两相结构的热继电器；对于电网均衡性较差的电动机，宜选用三相结构的热继电器。定子绕组为三角形连接时，宜采用带断相保护的三个热元件的热继电器作过载的断相保护。

(3) 热继电器的额定电流选择：热继电器的额定电流应大于电动机的额定电流。

(4) 热元件的整定电流选择：一般将整定电流调整到等于电动机的额定电流，但对于过载能力较差的电动机，所配用的热元件的整定值调整为电动机的额定电流的60%～80%；对启动时间较长、拖动冲击性负载或不允许停车的电动机，热元件的整定电流应调节到电动机额定电流的1.1～1.15倍。

(5) 当电动机启动时间过长或频繁操作时，会引起热继电器误动作或烧坏电器，在这种情况下一般不用热继电器作过载保护。

(6) 对于工作时间短、间隙时间长的电动机，以及虽长期工作，但过载可能性小的电动机(如风机电动机)，可不装设过载保护。

(7) 双金属片式热继电器一般用于轻载、不频繁启动电动机的过载保护；对于重载、频繁启动的电动机，则可用过电流继电器(延时动作型的)作它的过载保护和短路保护。因为热元件受热变形需要时间，故热继电器不能作短路保护用。

(8) 热继电器有手动复位和自动复位两种方式。对于重要设备，宜采用手动复位方式；如果热继电器和接触器的安装地点远离操作地点，且从工艺上又易于发现过载情况，宜采用自动复位方式。

2) 使用注意事项

(1) 热继电器必须按照产品说明书规定的方式安装。

(2) 当与其他电器安装在一起时，应将热继电器安装在其他电器的下方，以免受其他电器发热的影响而使热继电器误动作。

(3) 热继电器由于热惯性，当电路短路时不能立即动作而使电路断开，因此不能用做短路保护。

(4) 在电动机启动或过载时，热继电器不应动作，以避免电动机不必要的停转。

(5) 当热继电器的断相保护功能不能满足运行需要时，应增设断相保护器。

(6) 热继电器主要用做过负荷或断相保护，电流大于20 A时宜采用经电流互感器的接线方式。

(7) 运行中应保证热继电器安装位置的周围环境温度不超过室温，以免引起误动作。

(8) 使用中应定期除去尘埃和污垢，若双金属片出现锈斑，可用棉布蘸上汽油轻轻揩拭，切忌用砂纸打磨。

(9) 当主电路发生短路事故后，应检查发热元件和双金属片是否已经发生永久性变形；在做调整时，绝不允许弯折双金属片。

6. 速度继电器的选用原则及使用、安装注意事项

1) 选用原则

速度继电器主要根据电动机的额定转速来选择。

2) 使用注意事项

(1) 定期检查速度继电器的转子、联轴器与电动机轴(或传动轴)的转动是否同步。

(2) 定期检查速度继电器的触点切换动作是否正常。

3) 安装注意事项

(1) 速度继电器的转轴应与电动机同轴连接。

(2) 速度继电器安装接线时，正反向的触点不能接错，否则不能起到反接制动时接通和断开反向电源的作用。

7. 继电器的常见故障现象及处理方法

1) 空气阻尼式时间继电器的常见故障现象及处理方法

(1) 故障现象：延时触点不动作。其产生的可能原因及处理方法如下：

产生的可能原因	处 理 方 法
线圈断线	更换线圈
电源电压低于线圈额定电压过多	更换线圈或调高电源电压到合适值

(2) 故障现象：延时时间缩短。其产生的可能原因及处理方法如下：

产生的可能原因	处 理 方 法
空气阻尼式时间继电器气室装配不严，漏气	修理或更换气室
空气阻尼式时间继电器气室橡皮膜损坏或老化	更换橡皮薄膜

(3) 故障现象：延时时间变长。其产生的可能原因及处理方法如下：

产生的可能原因	处 理 方 法
空气阻尼式时间继电器的气室内有灰尘，使气囊阻塞	清除气室内灰尘，使气道畅通
电动式时间继电器的传动机构缺润滑油	加入适量润滑油

2) 热继电器的常见故障及处理方法

(1) 故障现象：电动机烧坏，热继电器不动作。其产生的可能原因及处理方法如下：

产生的可能原因	处 理 方 法
热继电器的额定电流值与电动机的额定电流值不符	按电动机的容量来选用热继电器(不可按接触器的容量来选用热继电器)
整定值偏大	合理调整整定值
触点接触不良	清除触点表面灰尘或氧化物
热元件烧断或脱焊	更换热元件或热继电器
动作机构卡住	进行维修调整
导板脱出	重新放入，并试验动作是否灵活

(2) 故障现象：热继电器动作太快。其产生的可能原因及处理方法如下：

产生的可能原因	处 理 方 法
整定值偏小	合理调整整定值，若相差太大无法调整，则选用符合要求的热继电器
电动机启动时间过长	按启动时间要求，选择具有合适的可返回时间的热继电器或在启动过程中将热继电器短接
连接导线太细	选用标准导线
操作频率过高	更换热继电器或限定操作频率
强烈的冲击振动	应选用带防冲击振动的热继电器或采取防振措施
可逆运转及密接通断	改用其他保护方式
安装热继电器与电动机处环境温度差太大	按两地温度相差的情况配置合适的热继电器

(3) 故障现象：动作不稳定，时快时慢。其产生的可能原因及处理方法如下：

产生的可能原因	处 理 方 法
内部机构松动	将松动部件紧固
在检修中弯折了双金属片	用大电流预试几次，或将双金属片拆下进行热处理(约240 ℃)
电源电压波动大，或接线螺钉未拧紧，各次试验冷却时间不等	检查电源电压，或拧紧接线螺钉，各次试验后冷却时间要足够(不少于20 min)

(4) 故障现象：热元件烧断。其产生的可能原因及处理方法如下：

产生的可能原因	处 理 方 法
负载侧短路，电流过大	排除电路故障，更换热元件
操作频率过高	减少操作次数，合理选用热继电器

(5) 故障现象：主电路不通。其产生的可能原因及处理方法如下：

产生的可能原因	处 理 方 法
热元件烧毁	更换新的热元件
接线松脱	紧固接线

(6) 故障现象：控制电路不通。其产生的可能原因及处理方法如下：

产生的可能原因	处 理 方 法
触点烧损或触片弹性消失	修理触点
调整旋钮调到了不合适位置	重新调整旋钮

(7) 故障现象：热继电器误动作。其产生的可能原因及处理方法如下：

产生的可能原因	处 理 方 法
整定电流偏小，以至未出现过载就动作	合理选用热继电器，并合理调整整定电流值
电动机启动时间过长，引起热继电器在电动机启动过程中就动作	将热继电器在启动时短接
设备操作频率过高或点动控制，使热继电器经常受到启动电流的冲击而动作	改变操作方法或改用过电流继电器
使用场合有强烈的冲击振动，使热继电器操作机构松动而脱扣	改善使用环境
连接导线太细，电阻增大	按要求使用连接导线

3) 速度继电器的常见故障及处理方法

故障现象：制动时速度继电器失效，电动机不能实现制动。其产生的可能原因及处理方法如下：

产生的可能原因	处 理 方 法
速度继电器胶木摆杆断裂	更换胶木摆杆
速度继电器动合触点接触不良	清洗触点表面油污
弹性动触片断裂或失去弹性	更换弹性动触片

三、活动回顾与拓展

(1) 按照热继电器的安装注意事项安装热继电器。
(2) 对常见的各种继电器进行检测，并探讨其可能出现的故障及维修方法。
(3) 简述热继电器的使用及安装注意事项。
(4) 简述热继电器的常见故障现象和处理方法。

任务六 低压断路器的认识及维修

活动 1 低压断路器的认识

一、活动目标

(1) 熟悉低压断路器的用途、结构及工作原理。
(2) 熟悉低压断路器的常用型号、图形符号及文字符号。
(3) 熟悉低压断路器的主要技术参数和典型产品系列。

二、活动内容

1. 低压断路器的用途

低压断路器又称自动空气开关，其功能相当于熔断器、刀开关、欠压继电器、热继电

器及过电流继电器等的组合，是一种既有手动开关功能，又能自动实现失压、欠压、过载和短路保护的电器。低压断路器主要用于低压动力线路中分配电能，不频繁地启动三相异步电动机，对电源线路及电动机等实现保护，当它们发生严重过载、短路及欠压等故障时能自动切断电路，而且在分断故障电流后一般不需要变更零部件。

2. 低压断路器的结构及工作原理

低压断路器的实物图如图 1-41 所示。低压断路器一般由触点系统、灭弧装置、各种可供选择的脱扣器(自动开关的主要保护装置)与操作机构等几部分构成。主触点由耐弧合金制成，采用灭弧栅片灭弧；操作机构较复杂，是实现断路器闭合、断开的机构，其通断可用操作手柄操作，也可用电磁机构操作。通常电力拖动控制系统中的断路器采用手动操作机构，低压配电系统中的断路器采用电磁操作机构和电动机操作机构。

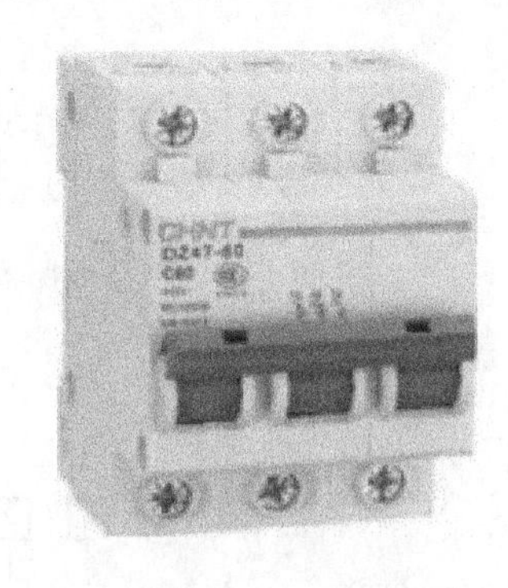

图 1-41　低压断路器实物图

低压断路器的工作原理图如图 1-42 所示。

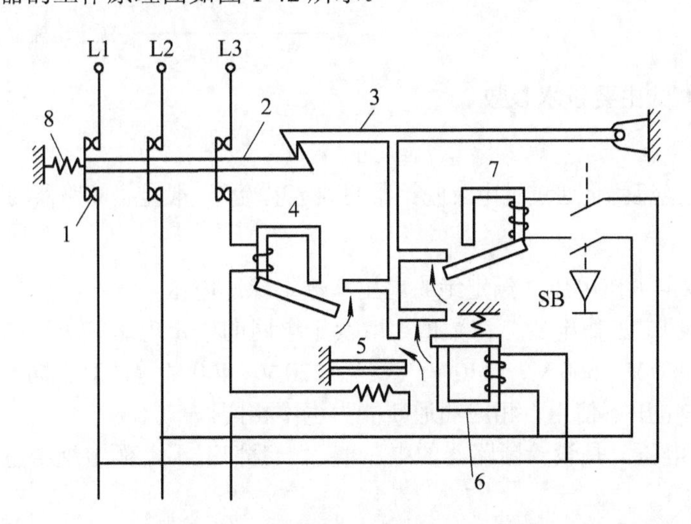

1—触点；2—传动杆；3—锁扣；4—过电流脱扣器；
5—过载脱扣器；6—失压脱扣器；7—分励脱扣器；8—分闸弹簧

图 1-42　低压断路器工作原理图

断路器的触点 1 是靠操作机构手动或电动合闸的，并由自动脱扣机构将触点 1 锁在合闸位置上，如果电路发生故障，自动脱扣机构在相关脱扣器的推动下动作，使传动杆 2 与锁扣 3 之间的钩子脱开，于是触点 1 在分闸弹簧 8 的作用下迅速分断，过电流脱扣器 4 的线圈和过载脱扣器 5 的线圈与主电路串联，当电路发生短路或严重过载时，过电流脱扣器 4 的衔铁被吸合，使自动脱扣机构动作；当电路过载时，过载脱扣器 5 的热元件产生的热量增加，使双金属片向上弯曲，推动自动脱扣机构动作；失压脱扣器 6 的线圈与主电路并联，当电路失压时，失压脱扣器 6 的衔铁释放，也使自动脱扣机构动作；分励脱扣器 7 则作为远距离分断电路使用，根据操作人员的命令或其他信号使线圈通电，从而使断路器跳闸。

3．低压断路器的图形符号及文字符号

低压断路器的图形符号及文字符号如图 1-43 所示。

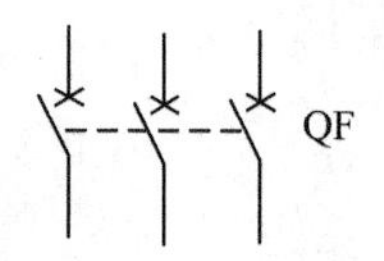

图 1-43　低压断路器的图形符号及文字符号

4．低压断路器的型号及含义

低压断路器的型号及含义如下：

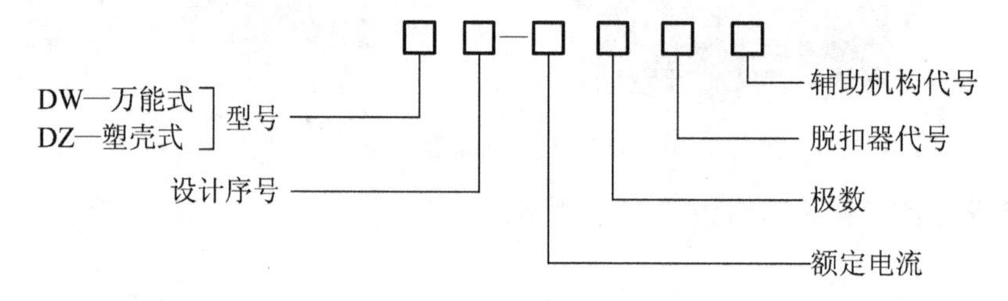

5．低压断路器的主要技术参数

1) 额定电流

断路器的额定电流就是通过过电流脱扣器的额定电流，一般是指断路器的额定持续电流。

2) 额定电压

额定电压分额定工作电压、额定绝缘电压和额定脉冲电压。

(1) 断路器的额定工作电压，在数值上取决于电网的额定电压等级，国家电网标准规定为交流 220 V、380 V、660 V、1140 V 及直流 220 V、400 V 等。对于同一断路器可以规定在几种额定工作电压下使用，相应的通断能力也不相同。

(2) 额定绝缘电压，是设计断路器的电压值。一般情况下，额定绝缘电压就是断路器的最大额定工作电压。

(3) 由于开关电器工作时要承受系统中所发生的过电压，因此开关电器(包括断路器)的额定电压参数中给定了额定脉冲耐压值，其数值应大于或等于系统中出现的最大过电压峰值。额定绝缘电压和额定脉冲电压共同决定了开关电器的绝缘水平。

3) 通断能力

通断能力指在一定的试验条件下，自动开关能够接通和分断的预期电流值。常以最大通断电流表示断路器的极限通断能力。

4) 分断时间

分断时间指从开关电器的断开时间开始到燃弧时间结束为止的时间间隔。

6. 低压断路器的保护特性

低压断路器的保护特性主要是指其过载和过电流保护特性，即断路器的动作时间与过载和过电流脱扣器的动作电流的关系特性。为了能起到良好的保护作用，断路器的保护特性应与保护对象的允许发热特性匹配，即断路器的保护特性应位于保护对象的允许发热特性之下，如图 1-44 所示。其中，曲线 1 为保护对象的发热特性，曲线 2 为低压断路器的保护特性。

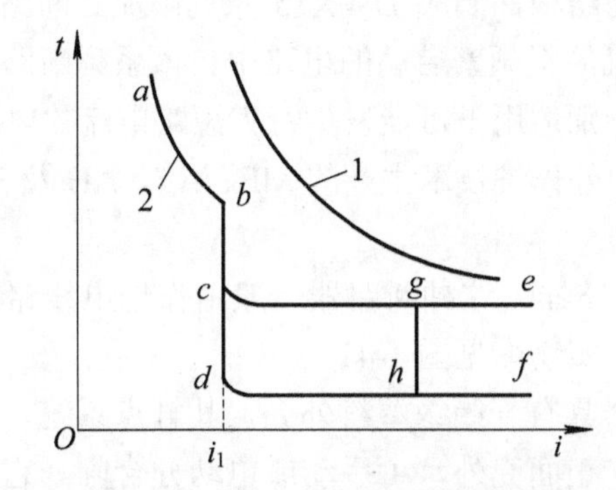

1—保护对象的发热特性；2—低压断路器的保护特性

图 1-44　低压断路器的保护特性曲线图

为了充分利用电气设备的过载能力，尽可能缩小事故范围，低压断路器的保护特性必须具有选择性，即它应当是分段的。保护特性的 *ab* 段是过载保护部分，它是反时限的，即动作电流的大小与动作时间的长短成反比，*df* 段是瞬时动作部分，只要故障电流超过 i_1 时，过电流脱扣器便瞬时动作，切除故障电路；*ce* 段是定时限延时动作部分，只要故障电流超过 i_1 时，过电流脱扣器经过一定的延时后即动作，切除故障电路。根据需要，断路器保护特性可以是两段式的，如 *abdf* 式(即过载长延时和短路瞬时动作)和 *abce* 式(即过载长延时和短路短延时动作)。为了获得更完整的选择性和上、下级开关间的协调配合，还可以有三段式的保护特性，即 *abcghf* 式的保护特性，过载长延时、短路短延时和特大短路瞬时动作。

7. 低压断路器的分类及常见系列

1) 低压断路的分类方法

(1) 按操作方式低压断路器可分为电动操作、储能操作和手动操作三类。

(2) 按结构低压断路器可分为框架式和塑壳式(又称塑料外壳式或装置式)两类。

(3) 按使用类别低压断路器可分为选择型和非选择型两类。

(4) 按灭弧介质低压断路器可分为油浸式、真空式和空气式三类。

(5) 按安装方式低压断路器可分为插入式、固定式和抽屉式三类。

2) 低压断路器的常见系列

(1) 框架式低压断路器。框架式(又称万能式)低压断路器主要用于容量在 40～100 kW 电动机电路的不频繁全压启动电路，可起到短路、过载及失压保护的作用。其额定电压一般为 380 V，额定电流有 200～4000 A 若干种。其操作方式有手动、杠杆、电磁铁和电动机操作四种。常见的框架式低压断路器是 DW 系列。

① DW10 系列断路器。它适用于交流 50 Hz，额定电压为交流 380 V 及以下和直流电压 440 V 及以下的配电电路中，以及在正常工作条件下的不频繁转换电路中，作为过负荷、短路及失压保护。由于其技术指标较低，现已被逐渐淘汰。

② DW15 系列断路器。它是更新换代产品，适用于交流 50 Hz，其额定电压为交流 380 V，额定电流为 200～4000 A，极限分断能力均比 DW10 系列大一位。它分选择型和非选择型两种产品，选择型(具有三段特性)的采用半导体脱扣器。在 DW15 系列断路器的结构基础上，适当改变触点的结构，制成 DWX15 系列限流式断路器，在正常情况下，它可适用于不频繁通断及电动机的不频繁启动的电路中。该系列断路器具有快速断开和限制短路电流上升的特点，因此特别适用于可能发生特大短路电流的电路中。

除此之外，还有引进国外先进技术生产的 ME、AE、AH 及 3WE 等系列的具有高分断能力的框架式断路器。

(2) 塑料外壳式低压断路器。这种断路器一般用作配电线路的保护开关以及电动机和照明线路的控制开关等。其实物图见图 1-41。

塑料外壳式低压断路器具有一绝缘塑料外壳，其触点系统、灭弧室及脱扣器等均安装于外壳内，而手动扳把露在正面壳外，可手动或电动分合闸。它有较高的分断能力和动稳定性以及比较完善的选择性保护功能。

① LS 系列塑壳式低压断路器：电流的额定值为 3～1600 A，其特点是体积小、易于安装、性能好、可靠性高、容量大。

② MEC 系列塑壳式低压断路器：电流的额定值为 3～1600 A，其额定工作电压为 600 V AC(50/60 Hz)，额定绝缘电压为 690 V AC(50/60 Hz)。

目前国产的塑壳式断路器有 DZ5、DZ10、DZ12、DZ15、DZX10、DZX19、DZ20、DM1、SM1、CCM1、RMM1、HSM1、HM3、TM30、CM1 等系列的产品。其中，DZX10 和 DZX19 系列为限流式断路器，二者均是利用短路电流通过结构特殊的触点回路时，产生的巨大电动斥力实现迅速分断来达到限流的目的，它能在 4～5 ms 内使短路电流不再上升，8～10 ms 内可全部分断电路。

(3) 智能型万能式低压断路器。智能型万能式低压断路器是在万能式低压断路器的基础上增设了智能型控制器，使其功能更加现代化，既能实现自动控制，又能实现智能控制。

目前常见的智能型万能式断路器有 CB11(DW48)、F、CW1、JXW1、MA40(DW40)、MA40B(MA45)、NA1、SHTW1(DW45)、YSA1 等系列。

三、活动回顾与拓展

(1) 熟悉低压断路器的常用型号、图形符号及文字符号。

(2) 观察低压断路器的结构，熟悉各部件的功能及各部件之间的动作情况。

活动 2　低压断路器的使用及维修

一、活动目标

(1) 熟悉常用低压断路器的选择、安装及使用注意事项。

(2) 熟练掌握低压断路器的日常维修及故障处理方法。

二、活动内容

1. 低压断路器的选用原则

(1) 断路器的额定电压应大于或等于所控电路或设备的额定电压。对于配电电路应注意区别是电源端保护还是负载保护，电源端电压应比负载端电压高出 5%左右。

(2) 断路器的额定电流大于或等于所控电路计算负载电流。

(3) 断路器的过载脱扣整定电流与所控制的电动机的额定电流或负载额定电流一致。

(4) 断路器的额定短路通断能力大于或等于所控电路中可能出现的最大短路电流。

(5) 断路器的欠电压脱扣器额定电压等于所控电路额定电压。

(6) 断路器的类型应根据所控电路的额定电流及保护的要求来选用。

(7) 断路器热脱扣器的整定电流等于所控制负载的额定电流。

2. 低压断路器的安装使用注意事项

(1) 应将低压断路器脱扣器工作面的防锈油脂擦干净；各脱扣器的动作值一经调整好，不允许随意变动，以免影响动作值。

(2) 安装低压断路器时，应垂直于配电板安装，电源引线应接到上端，负载引线应接到下端。

(3) 低压断路器用作电源开关或电动机控制开关时，在电源进线侧必须加装熔断器或刀开关等，以形成明显的断开点。

(4) 运行中应保证灭弧罩完好无损，严禁无灭弧罩使用或使用破损的灭弧罩。

(5) 如果分断的是短路电流，应及时检查触点系统，若发现电灼烧痕，应及时修理或更换。

(6) 框架式断路器的结构较复杂，除要求接线正确外，机械传动机构也应灵活可靠。运行中可在转动部分涂少许机油，脱扣器线圈铁芯吸合不好时，可在它的下面垫以薄片，以减小衔铁与铁芯的距离而使引力增大。

(7) 低压断路器上的积灰应定期清除，并定期检查各脱扣器动作值，给操作机构加合适的润滑剂。

(8) 断路器的整定电流分为过负荷和短路两种，运行时应按周期核校整定电流值。

(9) 开关投入使用前应将各电磁铁工作面的防锈油漆擦干净，以免影响开关的动作值。

3. 低压断路器的常见故障现象及处理方法

(1) 故障现象：手动操作断路器不能闭合。其产生的可能原因及处理方法如下：

产生的可能原因	处 理 方 法
欠电压脱扣器无电压或线圈损坏	检查线路，施加电压或更换线圈
储能弹簧变形，导致闭合力减小	更换储能弹簧
反作用弹簧力过大	重新调整弹簧反力
机构不能复位再扣	调整再扣接触面至规定值

(2) 故障现象：电动操作断路器不能闭合。其产生的可能原因及处理方法如下：

产生的可能原因	处 理 方 法
操作电源电压不符	调整电源电压到合适值
电源容量不够	增大操作电源容量
电磁铁拉杆行程不够	重新调整或更换拉杆
电动机操作定位开关变位	重新调整
控制器中整流管或电容器损坏	更换损坏元件

(3) 故障现象：有一相触点不能闭合。其产生的可能原因及处理方法如下：

产生的可能原因	处 理 方 法
断路器的一相连杆断裂	更换连杆
限流断路器拆开机构的可拆连杆之间的角度变大	调整至原技术条件规定值

(4) 故障现象：分离脱扣器不能使断路器断开。其产生的可能原因及处理方法如下：

产生的可能原因	处 理 方 法
线圈短路	更换线圈
电源电压太低	调整电源电压到合适值
脱扣接触面太大	重新调整
螺丝松动	拧紧

(5) 故障现象：欠电压脱扣器不能使断路器分断。其产生的可能原因及处理方法如下：

产生的可能原因	处 理 方 法
反力弹簧弹性变小	更换或调整弹簧
如为储能释放，则储能弹簧弹性变小或断裂	调整或更换储能弹簧
机构卡死	消除卡死原因(如生锈)

(6) 故障现象：启动电动机时电动机立即断开。其产生的可能原因及处理方法如下：

产生的可能原因	处 理 方 法
过电流脱扣器瞬动整定值太小	调整瞬动整定值
脱扣器某些零件损坏，如半导体器件、橡皮膜损坏	更换脱扣器或更换损坏零部件
脱扣器反力弹簧断裂或脱落	更换弹簧或重新装上

(7) 故障现象：断路器闭合后经一定时间自行断开。其产生的可能原因及处理方法如下：

产生的可能原因	处 理 方 法
过电流脱扣器长延时整定值不对	重新调整到合适的整定值
热元件或半导体延时电路元件变化	重新调整延时电路元件

(8) 故障现象：断路器温升过高。其产生的可能原因及处理方法如下：

产生的可能原因	处 理 方 法
触点压力过低	调整触点压力或更换弹簧
触点表面磨损或接触不良	更换触点或清理接触面
两个导电零件连接螺钉松动	拧紧螺钉
触点表面油污氧化	清除油污或氧化层

(9) 故障现象：欠电压脱扣器噪声大。其产生的可能原因及处理方法如下：

产生的可能原因	处 理 方 法
反作用弹簧反力太大	重新调整弹簧
铁芯工作面有油污	清除油污
短路环断裂	更换衔铁或铁芯

(10) 故障现象：辅助开关不通。其产生的可能原因及处理方法如下：

产生的可能原因	处 理 方 法
辅助开关的动触桥卡死或脱落	拨正或重新装好动触桥
辅助开关传动杆断裂或滚轮脱落	更换传动杆或更换辅助开关
触点接触不良	调整触点，清理氧化膜

(11) 故障现象：带半导体脱扣器的断路器无动作。其产生的可能原因及处理方法如下：

产生的可能原因	处 理 方 法
半导体脱扣器元件损坏	更换损坏的元件
外界电磁干扰	消除外界干扰，予以隔离或更换线路

(12) 故障现象：漏电断路器经常自行断开。其产生的可能原因及处理方法如下：

产生的可能原因	处 理 方 法
漏电动作电流变化	送制造厂重新校正
线路漏电	找出原因，若属导线绝缘损坏，则应更换

(13) 故障现象：漏电断路器不能闭合。其产生的可能原因及处理方法如下：

产生的可能原因	处 理 方 法
操作机构损坏	修理操作机构
线路某处漏电或接地	消除漏电处或接地处故障

三、活动回顾与拓展

(1) 根据低压断路器的安装注意事项安装低压断路器。

(2) 对常见的各种低压断路器进行检测和维修，并探讨其可能出现的故障及维修方法。

(3) 简述低压断路器的常见故障现象和处理方法。

习　题

1. 判断题(在你认为正确说法的题后括号内打“√”，错误说法的题后括号内打“×”)

(1) 在电磁机构的组成中，线圈和静铁芯是不动的，只有衔铁是可动的。　(　)

(2) 行程开关、限位开关、终端开关属同一性质的开关。　(　)

(3) 万能转换开关本身带有各种保护。　(　)

(4) 万能转换开关的工作原理与主令开关基本相同。　(　)

(5) 熔断器的保护特性是反时限的。　(　)

(6) 熔断器在电动机电路中既能实现短路保护，又能实现过载保护。　(　)

(7) 一只额定电压为 220 V 的交流接触器在 220 V AC 和 220 V DC 的电源上均可用。
(　)

(8) 交流接触器通电后如果铁芯吸合受阻，将导致线圈烧毁。　(　)

(9) 交流接触器铁芯端面嵌有短路铜环的目的是保证动、静铁芯吸合严密，不产生振动与噪声。　(　)

(10) 直流接触器比交流接触器更适用于频繁操作的场合。　(　)

(11) 热继电器的保护特性是反时限的。　(　)

(12) 一定规格的热继电器，所装热元件规格可能是不同的。　(　)

(13) 无断相保护装置的热继电器不能对电动机的断相提供保护。　(　)

(14) 热继电器的额定电流就是其触点的额定电流。　(　)

(15) 低压断路器又称为自动空气开关。　(　)

(16) 低压断路器只有失压保护的功能。　(　)

2. 单项选择题(将你认为正确选项的题号字母写在题后的括号内)

(1) 电磁机构的吸力特性与反力特性的配合关系是(　　)。

A. 反力特性曲线应在吸力特性曲线的下方且彼此靠近

B. 反力特性曲线应在吸力特性曲线的上方且彼此靠近

C. 反力特性曲线应在远离吸力特性曲线的下方

D. 反力特性曲线应在远离吸力特性曲线的上方

(2) 关于接触电阻，下列说法中不正确的是(　　)。

A. 由于接触电阻的存在，会导致电压损失

B. 由于接触电阻的存在，触点的温度降低

C. 由于接触电阻的存在，触点容易产生熔焊现象

D. 由于接触电阻的存在，触点工作不可靠

(3) 为了减小接触电阻，下列做法中不正确的是(　　)。

A. 在静铁芯的端面上嵌短路铜环　　B. 加一个触点弹簧

C. 保持触点接触清洁　　D. 在触点上镶一块纯银块

(4) 由于电弧的存在，将导致(　　)。

A. 电路的分断时间加长　　B. 电路的分断时间缩短

C. 电路的分断时间不变　　D. 分断能力提高

(5) CJ40—160 型交流接触器在 380 V 时的额定电流为(　　)。

A. 160 A　　B. 40 A　　C. 100 A　　D. 80 A

(6) 交流接触器在不同的额定电压下，额定电流(　　)。

A. 相同　　B. 不相同　　C. 与电压无关　　D. 与电压成正比

(7) 熔断器的额定电流与熔体的额定电流(　　)。

A. 相同　　B. 不相同

(8) 电压继电器的线圈与电流继电器的线圈相比，具有的特点是(　　)。

A. 电压继电器的线圈与被测电路串联

B. 电压继电器的线圈匝数多、导线细、电阻大

C. 电压继电器的线圈匝数少、导线粗、电阻小

D. 电压继电器的线圈匝数少、导线粗、电阻大

(9) 断电延时型时间继电器的动合触点在线圈断电时为(　　)。

A. 延时闭合的动合触点　　B. 瞬动动合触点

C. 瞬时闭合延时断开的动合触点　　D. 延时闭合瞬时断开的动合触点

(10) 在延时精度要求不高、电源电压波动较大的场合，应选用(　　)。

A. 空气阻尼式时间继电器　　B. 晶体管式时间继电器

C. 电子式时间继电器　　D. 上述三种都不合适

(11) 通电延时型时间继电器的动作情况是(　　)。

A. 线圈通电时触点延时动作，断电时触点瞬时动作

B. 线圈通电时触点瞬时动作，断电时触点延时动作

C. 线圈通电时触点不动作，断电时触点瞬时动作

D. 线圈通电时触点不动作，断电时触点延时动作

(12) 低压断路器的两段式保护特性是指(　　)。

A. 过载延时和特大短路时瞬时动作

B. 过载延时和短路延时动作

C. 短路短延时和特大短路的瞬时动作

D. 过载延时、短路短延时和特大短路瞬时动作

3. 问答题

(1) 电器及低压电器的概念各是什么？低压电器分为哪几类？

(2) 为什么交流电压型电器比直流电压型电器容易损坏？

(3) 刀开关的作用是什么？常用的刀开关有哪些类型？

(4) 刀开关的常见故障及处理方法有哪些？

(5) 简述主令控制器及万能转换开关的工作原理及结构。

(6) 指示灯属于哪种电器？其作用是什么？

(7) 指示灯的各种颜色所表示的状态是什么？

(8) 熔断器的基本结构及工作原理各是什么？

(9) 熔断器的选择依据是什么？

(10) 熔断器安装、更换时的要求及注意事项各是什么？

(11) 接触器的结构及工作原理各是什么？

(12) 接触器选用的主要依据有哪几个方面？

(13) 接触器更换与日常维护的内容有哪些？

(14) 接触器的常见故障有哪些？其产生的可能原因和处理方法各是什么？

(15) 电磁式继电器的结构及工作原理各是什么？

(16) 空气阻尼式时间继电器的结构及工作原理各是什么？

(17) 空气阻尼式时间继电器的常见故障有哪些？其产生的可能原因和处理方法各是什么？

(18) 双金属片式热继电器的结构和工作原理各是什么？

(19) 热继电器选用的主要依据有哪几个方面？

(20) 热继电器的常见故障现象有哪些？其产生的可能原因和处理方法各是什么？

(21) 速度继电器的动作值和复位值分别是多大？

(22) 低压断路器的结构及工作原理各是什么？

(23) 低压断路器选用的主要依据有哪几个方面？

(24) 低压断路器的常见故障现象有哪些？其产生的可能原因和处理方法各是什么？

三相异步电动机常见电气控制线路分析与故障处理

任务一　电气控制线路图的绘制原则及识图方法

活动1　电气控制线路图

一、活动目标

(1) 理解图形符号及文字符号的意义。

(2) 理解图幅区的含义。

(3) 熟悉电气控制原理图、电器元件布置图及电气安装接线图的绘制原则。

二、活动内容

1. 图形符号和文字符号

电气图形符号和文字符号有各自的国家标准。电气图形符号是绘制各类电气图的依据，是电气技术的工程语言。通过项目一的学习，我们已经熟悉了几种常用低压电器元件的图形符号和文字符号。下面给出图形符号和文字符号的基本概念。

常见的一些图形符号和文字符号请见书末附录二和附录三。

1) 图形符号

图形符号是根据 GB4728《电气图形符号》规定的。一个电气系统或一种电气装置通常是由多种电器元件组成的，在主要以简图形式表达的电气控制线路图中，常将各种电器元件的外形结构用一种简单的符号来表示，这种符号就叫做电器元件的图形符号。

2) 文字符号

文字符号是根据 GB7159—1987《电气技术中的文字制定通则》规定的。在同一个系统或者同一个电气控制线路图上有可能多处用到同一种电器元件，而仅用图形符号来表示这种元器件是不能清楚地表达各自所处的位置、所起的作用的(例如在某一系统中使用了两个继电器)，为此还必须在该图形符号旁标注不同的文字符号(通常用两个或一个大写的汉语拼音字母表示)以区别其名称、功能、状态、特征及安装位置等。这样，图形符号和文字符号相结合，能清楚地表达电器元件的具体用途。例如，KM1 表示电动机正转用接触器，KM2 表示电动机反转用接触器，C 表示电容器类，“F”表示保护器件类，FU 表示熔断器，

YB 表示电磁制动器，等等。

2. 电气控制线路图及其绘制原则

电气控制线路图是联系电气设计、生产、维修人员的工程语言，它是用电气图形符号及文字符号按生产机械的电气控制线路的结构、原理将电动机、电器、仪表等设备、电器元件及其连接表述出来，便于电气系统的安装、调试、使用和维护的一种图纸。

电气控制线路图一般有三种：电气控制原理图、电器元件布置图和电气安装接线图。在图上用不同的图形符号表示各种电器元件，用不同的文字符号表示电器元件的名称、序号和电气设备或线路的功能、状况以及特征等；同时，还要标上表示相关导线的线号与接点编号等。各种图纸有不同的用途和规定的画法，下面分别加以说明。

1) 电气控制原理图

电气控制原理图是根据简单、清晰的原则，采用图形符号和文字符号表示电路各电器元件连接关系和电气工作原理的图。它是将所有的电器元件的导电部件和接线端点按其控制的逻辑关系绘制出来的，而不按照电器元件的实际布置位置来绘制，也不反映电器元件的大小。其作用是便于阅读与分析电气控制线路，详细了解工作原理，指导系统或设备的安装、调试与维修。电气控制原理图是识图的重点和难点，也是电气控制线路图中最重要的种类之一。

电气控制原理图一般包括主电路、控制电路和辅助电路。主电路是设备的驱动电路，是指从电源到电动机大电流所通过的路径；控制电路是由继电器和接触器的线圈、继电器的触点、接触器的辅助触点、按钮、控制变压器等电器元件组成的逻辑电路，实现所要求的控制功能；辅助电路包括照明电路、信号电路及保护电路等。

电气控制原理图的绘制原则如下：

(1) 主电路、控制电路及辅助电路应分区绘制，主电路用垂直线绘制在图的左侧，控制电路用垂直线绘制在图的右侧，辅助电路用垂直线绘制在控制电路的右侧，有时也绘制在主电路与控制电路之间，一般控制电路中的能耗元件画在电路的最下端。

(2) 在电气控制原理图中，应表示出控制系统内的所有电动机、电器元件和其他设备或元件的导电部件、连接导线。

(3) 电气控制原理图中各电器元件不画实际的外形图，而采用国家规定的统一标准的图形符号和文字符号绘制(见书末附录二和附录三)。

(4) 电气控制原理图中，各个电器元件和部件在控制线路中的位置，应根据便于阅读的原则安排。同一电器元件的各个部件可以不画在一起。例如，接触器、继电器的线圈和触点可以不画在一起。

(5) 电气控制原理图中的电器元件和设备的可动部分，都按未通电和没有外力作用时的开闭状态绘制。在不同的工作阶段，各个电器的动作不同，触点时闭时开，而在电气控制原理图中只能表示出一种情况。因此，规定所有电器的触点均表示在原始情况下的位置，即在没有通电或没有发生机械动作时的位置。例如，继电器、接触器的触点按吸引线圈不通电状态绘制；主令控制器、万能转换开关按手柄处于零位时的状态绘制；按钮、行程开关的触点按不受外力作用时的状态绘制等。

(6) 电气控制原理图的绘制应布局合理、排列均匀，为了便于看图，可以水平布置，也可以垂直布置，并尽可能地减少线条和避免线条交叉。

(7) 电气控制原理图是按动作先后自上而下、从左到右的顺序绘制的，识图也遵循此顺序。电路垂直布置时，类似元器件或部件应横向对齐；水平布置时，类似元器件或部件应纵向对齐。例如，如果线路图采用垂直布置，接触器的线圈应横向对齐。

(8) 电气控制原理图中，有直接电联系的交叉导线的连接点(即导线交叉处)要用黑圆点表示；无直接电联系的交叉导线，连接点或交叉点不能画黑圆点。

(9) 主电路习惯用粗实线绘制（形象地表示流过大电流），控制电路用细实线绘制（形象地表示流过小电流）。也可不作区分。

2) 电器元件布置图

电器元件布置图及电气安装接线图设计的目的是为了满足电气控制设备的安装、调试、使用和维修等要求。在完成电气控制原理图的设计或熟悉电气控制原理图及电器元件的选择之后，就可以进行电器元件布置图和电气安装接线图的设计或绘制了。

电器元件布置图主要表明电气设备上所有电器元件的实际位置，为电气设备的安装及维修提供必要的资料。电器元件布置图可根据电气设备的复杂程度集中绘制，也可分开绘制。图中各电器代号应与有关图纸和电器清单上的元器件代号一致，但不需标注尺寸。通常电器元件布置图与电气安装接线图组合在一起，既可起到电气安装接线图的作用，又能清晰表示出各电器元件的布置情况。

为了顺利地安装、接线、检查、调试和排除故障，必须认真阅读原理图，明确电器元件的数目、种类和规格；看懂原理图中各电器元件之间的控制关系及连接顺序；分析线路的控制动作，以便确定检查线路的步骤和方法。

电器元件布置图的绘制原则如下：

(1) 在绘制电器元件布置图之前，应对电器元件各自安装的位置划分组件。根据生产机械的工作原理和控制要求，将控制系统划分为几个组成部分——称为部件；而每一部件又可划分为若干组件。在同一组件内，电器元件的布置应满足以下要求：

① 体积大的和较重的电器元件应安装在电器板的下部，以降低柜体重心；发热元件应安装在电器板的上面。

② 强电与弱电分开走线，应注意弱电屏蔽和防止外界干扰。

③ 需要经常维护、检修、调整的电器元件安装的位置不宜过高或过低。

④ 电器元件的布置应考虑整齐、美观、对称。结构和外形尺寸类似的电器元件应安装在一起，以利于加工、安装和配线。

⑤ 电器元件布置不宜过密，要留有一定的间距。若采用板前走线配线方法，应适当加大各排电器元件的间距，以利于布线和维护。

⑥ 将散热器件及发热元件置于风道中，以保证得到良好的散热条件。而熔断器应置于风道外，以避免改变其工件特性。

(2) 在电器元件布置图中，还要根据该部件进出线的数量和采用导线的规格，选择进出线方式及适当的接线端子板或接插件，按一定顺序在电器元件布置图中标出进出线的接线号。为便于施工和以后的扩容，在电器元件的布置图中还应留有 10%以上的备用面积及线槽位置。

(3) 绘制电器元件布置图时，电动机要和被拖动的机械设备画在一起。操作手柄应画在便于操作的地方，行程开关应画在获取信息的地方。

3) 电气安装接线图

电气安装接线图主要是为电气设备的安装配线、线路检查以及检修电气故障服务的。它用规定的图形符号及连线，表示出各电气设备、电器元件之间的实际接线情况。它不但要画出控制柜内部的电器连接，还要画出柜外电器的连接。电气安装接线图中的回路标号是电气设备之间、电器元件之间、导线与导线之间的连接标记，它不仅要把同一电器的各个部件画在一起，而且各个部件的布置要尽可能符合该电器的实际情况，但对比例和尺寸没有严格要求。它的图形符号、文字符号和数字符号应与原理图中的标号一致。

电气安装接线图是根据电气控制原理图和电器元件布置图进行绘制的。按照电器元件布置最合理、连接导线最经济等原则来绘制。为安装电气设备、电器元件间的配线及电气故障的检修等提供依据。

在绘制电气安装接线图时，应遵循以下原则：

(1) 在接线图中，各电器元件均按其在安装底板中的相应位置绘出。各电器元件按实际外形尺寸以统一比例绘制。

(2) 电器元件按外形绘制，并与电器元件布置图一致，偏差不能太大。绘制电气安装接线图时，一个元件的所有部件绘在一起，并用点画线框起来，表示它们是安装在同一安装底板上的。

(3) 电器元件之间的接线可直接连接，也可采用单线表示法绘制，实际含有几根线可从电器元件上标注的接线回路标号数看出来。当电器元件数量较多和接线较复杂时，也可不画各元件间的连线，但是在各元件的接线端子及回路标号处应标注另一元件的文字符号，以便识别，方便接线。

(4) 接线图中应标出配线用的各种导线的型号、规格、截面积及颜色等。另外，还应标明穿管的种类、内径、长度及接线根数、接线编号。

(5) 接线图中所有电器元件的图形符号、文字符号和各接线端子的编号必须与电气控制原理图中的一致，且符合国标规定。

(6) 电气安装接线图统一采用细实线。成束的接线可以用一条实线表示。接线较少时，可直接画出各电器元件间的接线方式；接线较多时，为了简化图形，可不画出各电器元件间的接线，而接线方式用符号标注在电器元件的接线端，并标明接线的线号和走向。

(7) 安装底板内外电器元件之间的连线需通过接线端子板才能连接，并且安装底板上有几条接到外电路的引线，端子板上就应绘出几个接线的接点。

4) 电器元件布置图及电气安装接线图绘制举例

在此以 C620—1 型车床为例。

(1) 根据各电器元件的安装位置不同进行划分。本例中的 SB1、SB2、照明灯 EL 及电动机 M 等安装在电气配电箱或电气控制柜外，其余各电器均安装在电气配电箱内或柜内。

(2) 根据各电器的实际外形尺寸确定位置。如果采用线槽布线，还应画出线槽的位置。

(3) 选择进出线方式，标出接线端子。例如，可根据图 2-1 所示的 C620—1 型车床电气控制原理图，设计并绘制出电器元件布置，如图 2-2 所示。在完成电器元件布置图的基础上，结合电气控制原理图和电器元件布置图绘制出 C620—1 型车床电气安装接线图，如图 2-3 所示。

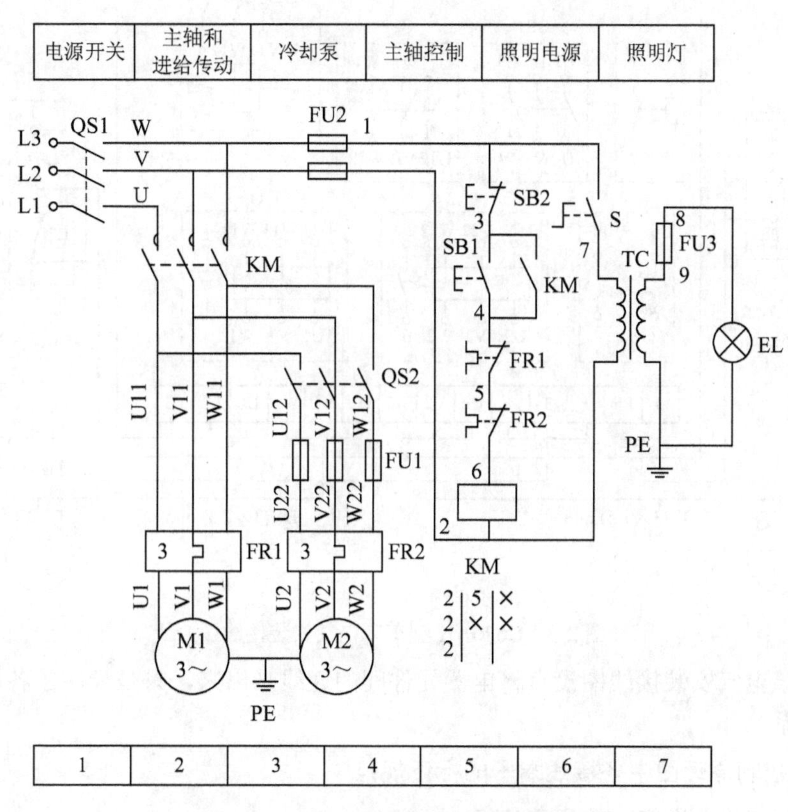

图 2-1　C620—1 型车床电气控制原理图

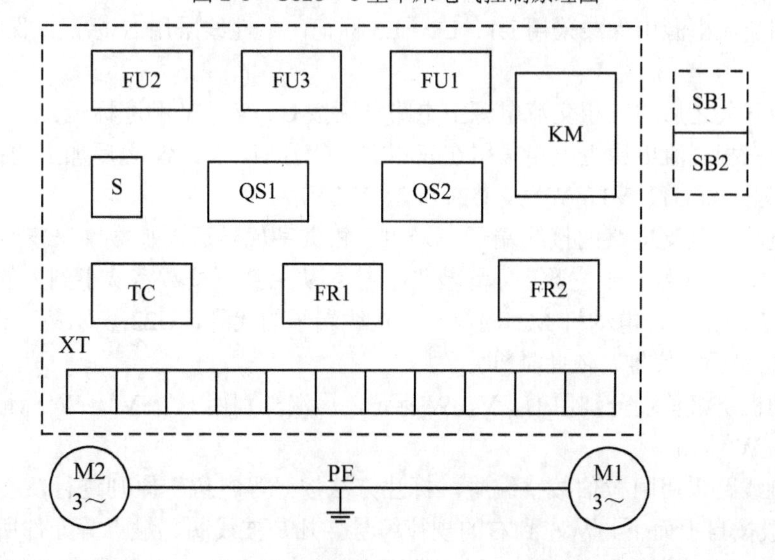

图 2-2　C620—1 型车床电器元件布置图

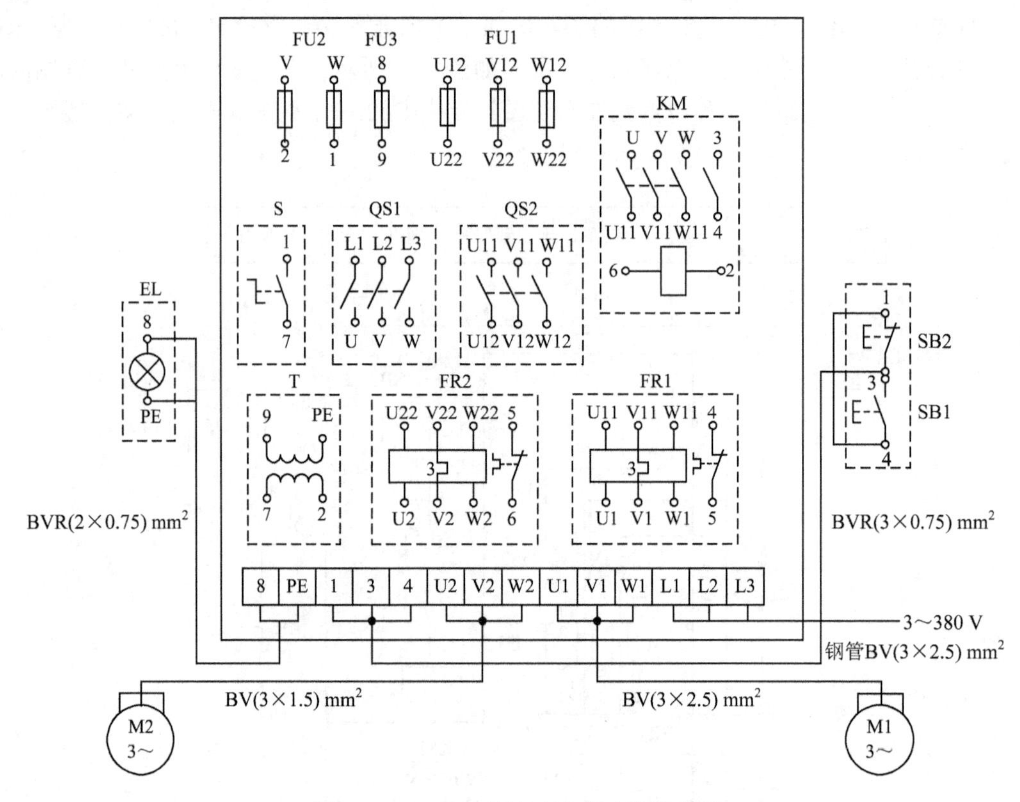

图 2-3　C620—1 型车床电气安装接线图

注意：该电气安装接线图没有将电器元件间的连线画出来，只是表明了各电器元件之间的连接关系。

3. 电气控制原理图中各接线端子的标记规范

线路采用字母、数字、符号及其组合标记。

(1) 三相交流电源引入线采用 L1、L2、L3 标记，中性线采用 N 标记，保护线采用 PE 标记。

(2) 电源开关之后的三相交流电源主电路分别按 U、V、W 顺序标记。

(3) 分级三相交流电源主电路采用在三相文字代号 U、V、W 之后加上阿拉伯数字 1、2、3 等来标记，如 U1、V1、W1 及 U2、V2、W2 等。

(4) 各电动机分支电路的接线端子，采用三相文字代号后面加数字来表示，数字中的个位数表示电动机代号，十位数表示该支路各接点从上到下按数字从小到大的顺序标记代号，如 U11 表示第一台电动机 M1 的第一个接线端子的代号，U22 表示第二台电动机 M2 的第二个接线端子的代号，依此类推。

(5) 电动机绕组首端分别用 U、V、W 标记，尾端分别用 U′、V′、W′标记，双绕组的用 U″、V″、W″标记。

(6) 控制线路采用阿拉伯数字编号，标注方法按“等电位”原则进行，在垂直绘制的电路中，一般按自上而下、从左到右的规律编号。凡是被线圈、触点等元件所间隔的接线端点，都应标以不同的编号，如图 2-4 中控制按钮 SB1 和 SB3 之间的数字 2 表示三层含义，

分别是控制按钮 SB1 的出线端子号、连接控制按钮 SB1 和 SB3 的这一段导线的导线号及控制按钮 SB3 的进线端子号。

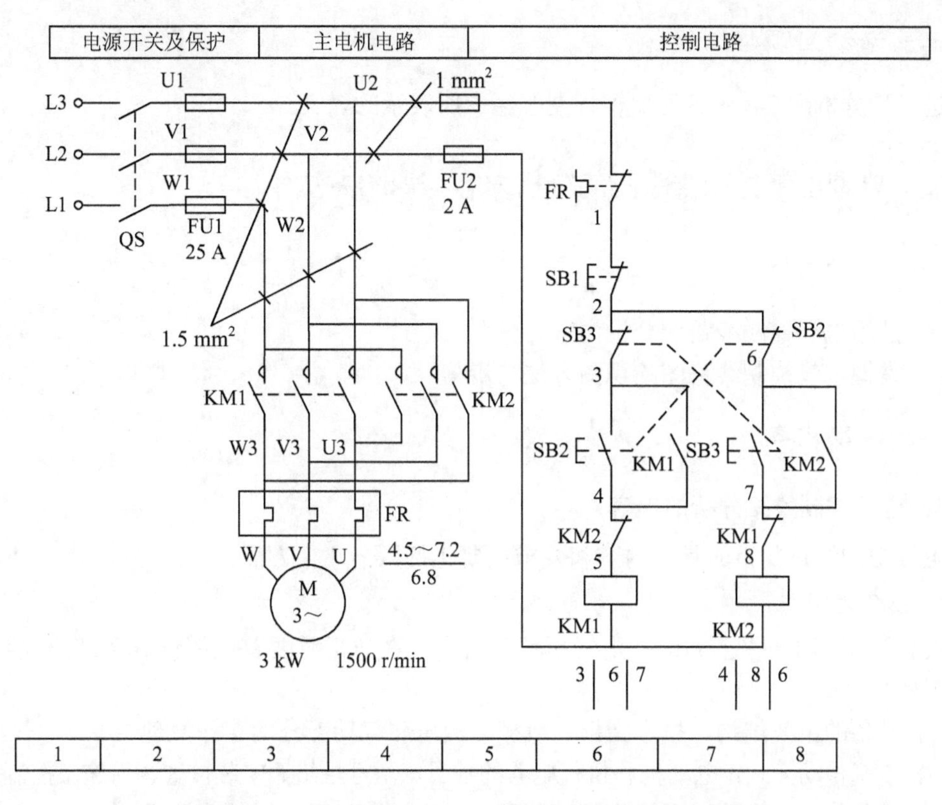

图 2-4　三相笼型异步电动机可逆运行电气控制原理图

4. 图幅分区及符号位置索引

对于较复杂的电气控制原理图，为了便于确定图上的内容，同时也为了分析故障时查找图中各元器件的位置，常将图幅进行分区。图幅分区的方法如下(以图 2-4 为例说明)：

(1) 在电气控制原理图的上方标“电源开关及保护”等字样(见图 2-4)是图幅分区的说明文字，表明它对应的下方元件或电路的功能，使电气人员能清楚地知道某个元件或某部分电路的功能，便于理解全电路的工作原理。而在电气控制原理图的下方，将图按回路分成若干图区，从左到右用阿拉伯数字编号，这一系列数字编号(如图 2-4 中最下面的 1～8)通常称为图幅区号或回路号。在本书中，用【】表示图幅区号或回路号。结合上述内容，在较复杂的电气控制原理图中，为了检索电气线路，方便阅读、分析和查找故障点等，就可用 SB1(1—2)【6】来表示控制按钮 SB1 的准确位置，其中 1 和 2 分别表示控制按钮 SB1 的进线端子号是 1，出线端子号是 2，而 6 表示控制按钮 SB1 在图幅区或回路 6 中。

(2) 在电气控制原理图的下方，附图表示接触器和继电器的线圈及触点的从属关系。在接触器和继电器线圈的下方给出相应的文字符号，文字符号的下方要标注其触点的位置索引代码，对未使用的触点用“×”表示，有时也可省略。例如，在图 2-4 中，接触器 KM1 线圈下方的 3|6|7 是接触器 KM1 相应触点的位置索引。对于接触器来说，位置索引左栏中的数字 3 表示主触点所在的图幅区号，中栏中的数字 6 表示辅助动合触点所在的图幅区号，

右栏中的数字 7 表示辅助动断触点所在的图幅区号。对于继电器，左栏中的数字表示动合触点所在的图幅区号，右栏中的数字表示动断触点所在的图幅区号。

三、活动回顾与拓展

进一步分析图 2-4 中各元器件在图幅区中所表示的含义。

活动 2　典型电气控制线路图的分析内容与识图方法

一、活动目标

(1) 熟悉电气控制线路的分析内容。
(2) 掌握电气控制线路图的识图方法与步骤。

二、活动内容

1. 电气控制线路分析的内容

电气控制线路分析的具体内容和要求主要包括以下几个方面。

1) 设备说明书

设备说明书由机械(液压)与电气两部分组成。在分析时要首先阅读这两部分说明书，了解下述内容：

(1) 设备的主要结构，技术指标，机械、液压和气动部分的工作原理。

(2) 电气传动方式，电动机和执行电器的数目、型号规格、安装位置、用途及控制要求。

(3) 设备的使用方法，各操作手柄、开关、旋钮和指示装置的布置及其作用。

(4) 与机械和液压部分直接关联的电器(行程开关、电磁阀、电磁离合器和压力继电器等)位置、工作状态及作用。

2) 电气控制原理图

电气控制原理图是控制线路分析的重点。在分析电气控制原理图时，必须和其他技术资料结合起来阅读。

3) 电气设备总装接线图

阅读分析总装接线图，能够了解系统的组成分布状况、各部分的连接方式、主要电器的元件布置和安装要求，以及导线和穿线管的型号规格等。

4) 电器元件布置图与电气安装接线图

电器元件布置图与电气安装接线图是制造、安装、调试和维护电气设备必须具备的技术资料。在调试和检修中可通过电器元件布置图和电气安装接线图方便地找到各电器元件及其测试点，进行必要的调试、检修和维护保养。

2. 电气控制原理图的识图方法与步骤

识图就是分析图的过程，在仔细阅读了设备说明书，熟悉了电气控制线路的总体结构、电动机和电器元件的分布状况及控制要求等内容之后，便可以阅读分析电气控制原理图了。具体的分析步骤如下：

1) 解读主电路图

从主电路入手，根据每台电动机的控制要求去分析它们的控制内容。控制内容包括启动、方向控制、调速和制动等。

2) 解读控制电路图

根据主电路中各电动机的控制要求，逐一找出控制电路中的控制环节，利用学过的基本典型环节，按功能不同划分成若干个局部控制线路来进行分析。

分析控制电路最基本的方法是查线读图法。

3) 解读辅助电路图

辅助电路包括电源显示、工作状态显示、照明和故障报警等部分，它们大多由控制电路中的元件来控制，因此在分析时，还要倒过来对照控制电路进行分析。

4) 分析联锁与保护环节

在机床的操作中，对于安全性和可靠性的要求很高，要实现这些要求，除了合理地选择电力拖动和控制方案以外，在控制线路中还设置了一系列电气保护和必要的电气联锁。因此这个环节是必不可少的。

5) 总体检查

经过“化整为零”，逐步分析了每一个局部电路的工作原理以及各部分之间的控制关系之后，还必须用“集零为整”的方法，检查整个控制线路，看是否有遗漏。特别要从整体角度去进一步检查和理解各控制环节之间的联系，理解电路中每个元器件所起的作用。

三、活动回顾与拓展

(1) 图幅区和位置索引的意义何在?

(2) 深刻理解电气控制原理图阅读分析的方法与步骤。

任务二　电气控制柜的安装、调试及故障处理

活动 1　电气控制柜的安装、配线与线路调试

一、活动目标

(1) 熟悉生产机械设备对电气控制线路的基本要求。

(2) 熟悉电气控制线路的安装、配线步骤及注意事项。

(3) 掌握电气控制线路的调试方法和步骤。

二、活动内容

1. 生产机械设备对电气控制线路的基本要求

(1) 电气控制线路的设计必须符合生产机械设备和生产工艺的要求。

(2) 既要求电气控制线路的动作顺序和安装位置合理，又要求电器元件动作准确，且

当个别电器元件或导线损坏时，不应影响整个电气控制线路的正常运行，还应使安装位置既紧凑又留有余地。

(3) 为防止电气控制线路出现故障时造成人身和设备伤害，要求电气控制线路各环节之间应具有必要的机械、电气等保护联锁。

(4) 在保证电气控制线路安全、可靠运行的前提下，要求电气控制线路设计简单，采用标准的电器元件，电器元件的数量和型号选择合理，容量适当；导线截面积的选择合理；布线经济合理，便于维护和检修。

2. 电气控制柜的安装步骤及注意事项

电气控制柜的安装步骤和方法取决于生产机械设备的结构特点、运动方式、操作要求和电气控制线路的情况。对控制线路较简单的生产机械设备，可直接用生产机械设备的机身作为电气控制柜(箱或板)，而对控制线路较复杂的生产机械设备，常把电气控制线路的相关电器元件及连线安装在独立的电气控制柜内。

1) 电气控制柜安装前的准备工作

(1) 熟悉生产机械设备的电气控制原理图，了解以下几个方面的内容：

① 生产机械设备的主要结构和运动形式。

② 电气控制原理图的基本构成部分，各部分又有哪几个控制环节以及各部分、各环节之间的相互关系。

③ 电器元件的种类、数量、规格以及各电器元件之间的连接和控制关系等。

④ 电气控制线路的动作顺序。

(2) 为安装接线及维护检修方便，应对电气控制原理图标注线号。标注时，将主电路和控制电路分开，各自从电源端开始，且各相线分开，顺次标注到负荷端，做到每段导线均有标号，一线一号，不许重复。

(3) 检查电器元件。在安装前，对所使用的电气设备和电器元件逐一进行检查，确保安装质量，检查内容包括：

① 依据电器元件明细表，检查各电气设备和电器元件的数量、规格是否符合设计要求，如电动机的台数、容量，电器元件的电压等级和电源容量，时间继电器的类型，热继电器的额定电流等。若不符合要求，应更换或调整。

② 检查各电器元件的外观是否完好，各接线端子及紧固件有无短缺、生锈等，特别是电器元件中触点的质量，比如触点是否光滑，接触面是否良好等。

③ 检查时间继电器的延时动作、延时范围及整定机构的功能是否符合要求。

④ 检查各操作机构和复位机构转动是否灵活。

⑤ 用兆欧表检查电器元件及电气设备的绝缘电阻是否符合要求，用万用表或电桥检查接触器、继电器等电器元件的线圈以及电动机等电气设备的通断情况。

(4) 根据电动机的额定功率、控制线路的电流容量、控制回路的子回路数及配线方式选择导线，包括导线的类型、绝缘等级、截面积和颜色等。

(5) 根据电器元件布置图和电气安装接线图，对电器元件在电气控制柜、配电板或其他安装底板上进行布局。布局的原则是：连接导线最短，导线交叉最少。为便于接线和维修，控制柜所有的进出线要经过接线端子板连接，接线端子板安装在柜内的最下面或侧面，

接线端子的节数和规格应根据进出线的根数及流过的电流容量进行选配组装，且根据连接导线的线号进行编号。

(6) 准备好安装工具和检查仪表等。

2) 电气控制柜的安装配线

(1) 制作安装底板。根据电器元件布置图及电气安装接线图，安装底板有柜内电器板(配电盘)、床头操作显示面板和刀架操作板，对于柜内电器板，可采用 4 mm 的钢板或其他绝缘板作为底板。

(2) 安装电器元件。根据安装尺寸先钻孔，后固定电器元件。

(3) 按以下要求对电气控制柜内部进行配线：

① 配线之前应熟悉电气控制原理图、电器元件布置图和电气安装接线图，确保配线的速度和质量。

② 根据负荷的大小、配线方式及回路的不同，选择导线的规格、型号，并考虑导线的走向。

③ 先对主电路进行配线，然后对控制电路进行配线。

④ 配线时，做到横平竖直、交叉少、转弯成直角、成束的导线用线束固定、导线端部套有标注线号的套管、与接线端子相连接的导线头弯成羊角圈等。

⑤ 导线的敷设不应妨碍其他电器元件的维修或拆卸。

⑥ 配线完毕后，须根据相关图纸再次进行检查，在确保无误的情况下，方可将各种紧固件压紧。

(4) 配线方式。电气控制柜的内部配线方式有明配线、暗配线和线槽配线等。明配线和线槽配线综合的方法应用较多，而暗配线方法较少采用。

① 明配线：又称板前配线。这种配线方式适用于电器元件少，电气控制线路比较简单的电气设备。该配线方式的导线走向较清晰，对于安全维修及故障的检查较方便。采用明配线时应注意如下事项：

- 连接导线优先选用 BV 型的单股塑料硬线；
- 导线和接线端子必须保持可靠的电气连接，当不同截面的导线连接在同一接线端子时，大截面在上，且每个接线端子原则上不应超过两根导线。

② 暗配线：又称板后配线。这种配线方式的面板整齐美观，配线速度快。采用暗配线时应注意如下事项：

- 电器元件的安装孔、导线的穿线孔位置应准确，孔的大小应合适；
- 板前与电器元件的连接线应接触可靠，穿板的大小应与板面垂直；
- 为便于检查和维修，配电盘固定时，应使安装电器元件的一面朝向控制柜的门，板与安装面要留有适当的余地。

③ 线槽配线：这种配线方式综合了明配线和暗配线的优点，适用于电器元件较多，电气控制线路较复杂的电气设备。这种配线方式不仅安装、检查维修方便，而且整个面板整齐美观。采用线槽配线时应注意如下事项：

- 槽内配线时，线槽装线不能超过线槽容积的 70%，以便安装和维修；
- 线槽外部的配线，对装在可拆卸门上的电气接线必须采用互联端子板或连接器，它们必须牢固地固定在框架、控制箱或门上；

• 由外部控制线路、信号电路进入控制箱内的导线超过 10 根时，必须接到端子板或连接器上进行过渡，动力线路和测量线路的导线可以直接接到电器的端子上。

(5) 电气控制柜柜外配线方式及注意事项。当设备底座用作导线通道时，不必再加预防措施，但必须能防止液体、铁屑和灰尘的侵入。移动部件或可调整部件上的导线必须用软线；运动的导线必须支撑牢固，使得在接线上不致产生机械拉力，也不会出现急剧的弯曲，不同电路的导线可以穿在同一管内或处于同一电缆中，如果它们的工作电压不同，则所用导线的绝缘等级必须满足最高一级电压的要求。

一般柜外配线采用线管配线，要求具有适用于一定的机械压力和不宜遭受机械损伤、耐潮、耐腐蚀的环境。线管配线有以下两种配线方式：

① 金属软管配线：金属软管配线方式适合于对生产机械本身所属的各种电器或设备之间的连接方式。根据穿管导线的总截面确定软管的规格，软管的两端有保证连接的接头；在敷设时，中间部分采用合适的管卡加以固定；禁止使用已经受损或有缺陷的软管。

② 铁管配线，铁管配线应注意如下事项：

• 铁管类型和管径应根据使用场合、导线截面积和导线根数来选择，且管内应留有40%的余地。

• 敷设线管时，应尽量使距离最短，弯曲最少，必须弯曲时，弯曲半径应大于管径的4～6 倍。弯曲后不应有裂痕，如管路引出地面，离地面高度应在 0.2 m 以上。

• 对同一电压等级或同一回路的导线可穿在同一线管内，管内的导线不准有接头，也不准有绝缘破损之后修补的导线。

• 在敷设线管时，首先要清除管内的杂物和水分；明面敷设的线管须做到横平竖直，必要时可采用管卡支持。线管穿线时，可采用直径 1.2 mm 的钢丝作引线。

• 铁管配线须有可靠接地和接零的保护措施。

(6) 导线标志，包括导线的颜色、线号、截面等。

① 导线颜色标志：保护导线采用黄绿双色；动力电路的中性线和中间线采用浅蓝色；交、直流动力线路采用黑色；交流控制线路采用红色；直流控制线路采用蓝色，等等。

② 导线线号标志：导线的线号标志必须与电气控制原理图和电气安装接线图相符合，且将标明该导线线号的套管套在每一根连接导线靠近端子处。

(7) 导线的选择。控制线路中的导线截面应按规定的截面流量来选择。考虑到机械强度需要，对于低压电控设备的控制导线，通常采用 1.5 mm^2 或 2.5 mm^2 的导线。所采用的导线截面不应小于 0.75 mm^2 的单芯铜绝缘线。对于电流很小的线路(如信号电路)，导线最小截面不得小于 0.2 mm^2。

(8) 导线的连接。

① 导线在连接时：电器板、控制板、机床电气的部件进出线必须通过接线端子，端子规格按电流大小和端子上进出线数选用(一般一个端子接一根导线，最多不超过两根。若将2～3 根导线压入同一接线端子内，可看做一根导线，但应考虑其载流量)。电器柜(箱)与被控设备或电气柜(箱)之间应采用多孔接插件，以便拆装和搬运。导线的接头除必须采用焊接方法外，都应当采用冷压接线头。当电气设备在运行时承受的振动很大时，是不允许采用焊接方式的。

② 导线连接的要求与方法如下：

· 必须熟悉电器元件之间连接走向和路径，所有导线的连接必须牢固，不得有松动；

· 根据导线连接的走向和路径及连接点之间的长度，选择合适的导线长度，并将导线的转弯处弯成 90° 角；

· 剥去导线端子处的绝缘层，套上导线的标志套管，将剥除绝缘层的导线弯成羊角圈，按电气安装接线图套入接线端子上的压紧螺钉并拧紧；

· 所有导线连接完毕之后进行检查整理，做到横平竖直，导线之间没有交叉、重叠且互相平行。

③ 接线：根据接线的要求，先接控制柜内的主电路、控制电路，再接柜外的其他电路和设备，包括床头操作显示面板、刀架拖动操作板、电动机和刀架快速按钮等。特殊的、需外接的导线接到接线端子排上，引入车床的导线需用金属管保护。

3. 电气控制线路的调试方法

电气控制线路的调试是生产机械设备在正式投入运行之前的必经步骤。具体要求如下：

1) 调试前的准备工作

调试前必须熟悉各电气设备和整个电气控制线路的功能。

2) 调试前的检查工作

调试前应检查以下几方面内容：

(1) 根据电气控制原理图、电器元件布置图和电气安装接线图检查各电器元件的安装位置是否正确，外观有无损伤；触点接触是否良好；配线导线的规格、颜色选择是否符合要求；柜内和柜外的接线是否正确、接线的各种具体要求是否达到；电动机有无卡阻现象；各种操作、复位机构动作是否灵活；保护电器的整定值是否符合要求；各种指标和信号装置是否按要求发出指定信号等。

(2) 用兆欧表的 500～1000 V 检查低压交直流电动机和连接导线的绝缘电阻，应分别符合各自绝缘电阻值的要求，如连接导线的绝缘电阻大于 7 MΩ，电动机的绝缘电阻大于 0.5 MΩ 等。

(3) 在其他操作人员和技术人员的配合下，检查各电器元件的动作是否符合设计和生产工艺要求。

(4) 检查各主令电器(如控制按钮、行程开关等电器元件)是否处在原始位置，调速装置的手柄是否处在最低速位置等。

3) 调试注意事项

(1) 调试人员在调试前应熟悉生产机械设备的结构、操作规程和电气控制线路的工作要求。

(2) 通电时，先接通主电源；断电时，顺序恰好相反。

(3) 通电后，注意观察各种生产机械设备、电器元件等的动作情况，随时做好停车准备，以防意外事故发生。如有异常，应立即停车，待原因查明并处理后方可继续通电，未查明原因不能强行送电。

4) 调试步骤及方法

(1) 空操作试车。断开主电路，接通电源开关，使控制电路空操作，检查控制电路的工作情况，如控制按钮对继电器、接触器等自动电器的控制作用，自锁、联锁环节的功能能否实现，急停器件的动作是否灵活、可靠及行程开关的控制作用是否符合要求，时间继电器的延时时间是否整定等。如有异常，应随时切断电源，检查原因并处理故障。

(2) 空载试车。在空操作试车成功的基础上，接通主电路即可进行空载试车。此时应首先点动检查各电动机的转向及转速是否符合电动机铭牌要求；然后调整好保护电器的整定值，检查指示信号和照明灯的完好性等。

(3) 带负荷试车。在空载试车成功之后，即可进行带负荷试车。此时，在正常的工作条件下，验证电气设备所有部件运行的正确性，特别是验证在电源中断和恢复时对人身和设备的影响。进一步观察机械设备的动作和电器元件的动作是否符合原始设计要求；调整行程开关的位置及运动部件的位置；对需要整定参数的电器元件的整定值做进一步的检查和调整。

三、活动回顾与拓展

深刻理解电气控制线路安装、柜内柜外配线及调试的要求和方法。

活动 2　典型电气控制线路的故障检查方法

一、活动目标

熟悉典型电气控制线路故障检查的方法。

二、活动内容

要熟悉和维修好各种电气控制线路，必须具备以下基本技能：

(1) 熟悉各种电器元件的结构和控制系统的组成。

(2) 掌握各种电器元件和控制系统的工作原理。

(3) 具有一定的维修经验。

本活动重点讨论继电接触式控制线路的故障检查方法。

对于各种生产机械设备进行日常维护保养的目的是为了降低电气故障率，不能排除在运行中各种可能的故障。电气控制线路引起故障的原因一方面是由于电器元件自然老化引起外，而大部分是因为忽视了对电气设备的日常维护和保养，以致出现小毛病而积成大故障，还有操作不规范、缺少元件，或因误判断、误测量而扩大事故范围，致使设备停止运行而影响生产，严重时甚至会引发事故。这些故障通常可分为以下两大类：

(1) 有明显的外部特征。例如电动机、变压器、电磁铁、接触器及继电器的线圈过热冒烟等。在排除这类故障时，不仅要更换损坏了的电动机、电器元件，而且还必须查找和处理造成故障的原因。

(2) 没有明显的外部特征。这类故障最常见的是在控制电路中由于电器元件调整不当、动作失灵、小零件损坏、导线断裂、开关击穿等原因引起的，常出现在机床电气设备中。由于没有明显的外部特征，因此需要花费较长的时间去查找故障部位，有时还需用相关测量仪表才能找出故障点，进而进行调整和修复，使电气设备恢复正常运行。

因此，必须掌握正确分析判断故障现象的方法。当发生电气故障后，不能再通电试车或盲目动手检修，而是通过观察法先了解故障成因，这是实施正确的维护、维修的必由之路。要特别重视的是：了解故障前后的操作情况和故障发生后出现的异常现象，有利于判断出故障发生的部位，进而准确地排除故障。

在生产实际中，常用以下方法进行故障检查。

1. 直观检查法

直观检查法是根据故障的外部表现来判断故障的一种检查方法。具体步骤如下：

(1) “问”：即调查故障情况，包括故障的大致位置、发生故障时的周围环境以及是否有人操作过等。

(2) “看”：即仔细观察电气设备及电器元件外部有无损坏、连线是否断线或松脱、绝缘有无明显烧焦或击穿痕迹、熔断器的熔体有无熔断、电器有无进水、行程开关位置是否正确、时间继电器的整定值是否符合要求等。

(3) 通过上述初步的外观检查后，确认故障不会再扩大，方可进行初步试车。如有严重冒火、异常气味、异常声音时，应立即停车。

(4) 若初步试车无异常情况，可继续通电试车。在试车或运行过程中用观察火花的方法，可判断以下故障：

① 如果正常紧固的连接导线与螺钉间有火花，则说明线头松动或接触不良。

② 如果三相火花都比正常大，则可能是电动机过载或机械部分卡住。

③ 接触器线圈通电后，衔铁不吸合，可按一下启动按钮，当按钮动合触点再断开时，有轻微的火花，说明电路通路，接触器本身机械部分卡住。

直观检查法的优点是简单、迅速；缺点是准确性差。在实际查找故障时，一般作为第一步，还要和其他方法配合才能有效、彻底地解决问题。

2. 通电检查法

通电检查法是指生产机械设备发生电气故障后，根据故障的性质，在条件许可的情况下，通电检查故障发生的部位和原因的一种方法。

1) 通电检查要求

在通电检查时，应预先估计到局部线路动作后可能产生的不良后果，必须注意人身和设备的安全，严格遵守安全操作规程。不得随意碰触导电部位，要尽可能切断主电路电源，只在控制电路通电的情况下进行检查；如需电动机运转，则应使电动机与机械传动部分脱开，使电动机在空载下运行，这样不但减小了试验电流，同时也避免了机械设备的运转部分发生误动作和碰撞，进而避免故障扩大。

2) 通电检查法的注意事项

通常用试电笔、校验灯、万用表、钳形电流表、兆欧表等检测工具，通过对电路进行通电时的电压及不通电时的线圈电阻、通断电阻等相关参数进行测量，依此来判断电器元件的好坏、设备的绝缘情况以及线路的通断情况。

在用仪器仪表检查故障点时，首先要保证各种检测工具的完好性和使用方法的正确性，要特别注意防止感应电、回路电及其他并联电路的影响，以免产生误判断。

3) 通电检查法的具体方法

在检查故障时，经外观检查未发现故障点，可根据故障现象，结合电路图分析可能出现的故障部位，在不扩大故障范围、不损伤电器元件和生产机械设备的前提下，进行直接通电试验，以分清故障可能是在电气部分还是在机械设备等其他部分，是电动机本身的原因还是电器元件的原因，是在主电路上还是在控制电路上等。一般情况下先检查控制电路，具体做法是：操作某个按钮或控制开关时，如果发现动作不正确，则表明该电器元件或相关电路有问题；再在该电路中进行逐项分析和检查，即可发现故障点。只有当控制电路的故障排除恢复正常后，才可接通主电路，检查控制电路对主电路的控制作用，观察主电路的工作情况是否正常。常用的方法有：

(1) 校验灯法。用校验灯检查故障的方法有两种，一种是 380 V 校验灯法(如图 2-5 所示)，另一种是降压后校验灯法(如图 2-6 所示)。对于 380 V 的控制电路，选用 220 V 的灯泡，首先将校验灯的一端接在低电位的 N 线上，再用另一端分别碰触需要判断的各点(如图 2-5 中的接点 1、2、3、4)，如果灯亮，则说明电路接通，工作正常；如果灯不亮，则说明电路有故障。对于降压后的控制电路，应选用高于电路电压的灯泡，校验灯一端应接在被测点的对应电源端(如图 2-6 中的 0 点)，再用另外一端分别碰触需要判断的各点(如图 2-6 中的接点 1、2、3、4)。

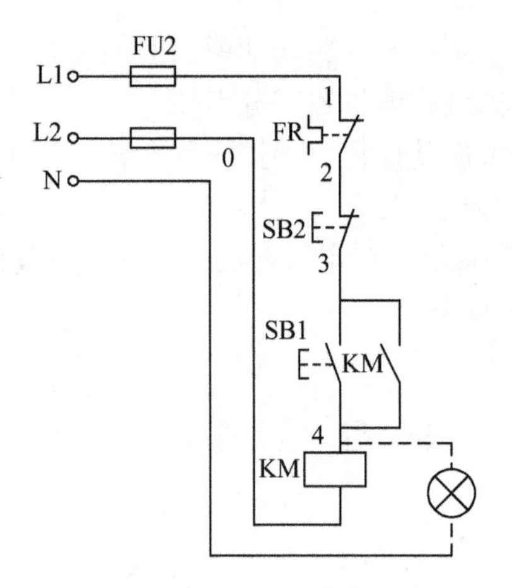

图 2-5　380 V 校验灯法

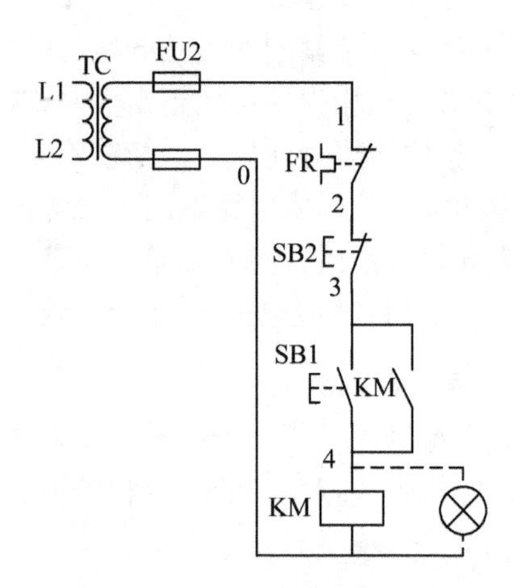

图 2-6　降压后校验灯法

(2) 试电笔法。用试电笔检查电路故障的优点是安全、灵活、方便；缺点是受电压限制，并与具体电路结构有关(如变压器输出端是否接地等)，因此测试结果不是很准确。另外，有时电器元件触点烧断，但是因有爬弧，用试电笔测试，仍然发光，而且亮度也较强，这样也会造成判断错误。用试电笔检查电路故障也有两种方法，即 380 V 电路试电笔判断法和降压后试电笔判断法，分别如图 2-7 和图 2-8 所示。

在图 2-7 中，如果按下 SB1 或 SB3 后接触器 KM 不吸合，在此情况下可以用试电笔从 1 点开始依次检测 2、3、4、5 和 6 点，观察试电笔是否发光，亮度是否相同。如果在检查过程中发现某点发光变暗，说明被测点以前的元件或导线有问题。停电后仔细检查，直到查出问题消除故障为止。但是，在检查过程中也会出现各点都亮，而且亮度都一样，接触器也没问题，但是接触器不吸合。其原因可能是启动按钮 SB1 本身触点有问题，导致电路不通；也可能是按钮 SB2 或热继电器 FR 动断触点断路，电弧将两个静触点接通或因绝缘

部分被击穿使两触点接通。针对这类情况就必须用电压表进行检查。

图 2-8 是经变压器降压后供给控制电路电源的，当变压器二次侧不接地时，如果用试电笔法测试，就不能有效地检测故障点，因此用试电笔检查这种供电线路故障是有局限性的。

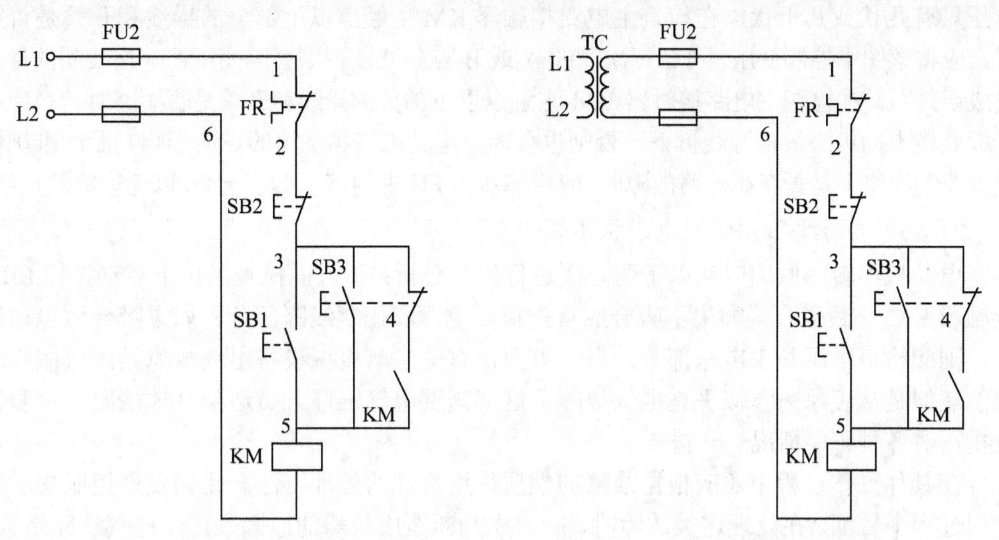

图 2-7　380 V 电路试电笔判断法　　　　图 2-8　降压后试电笔判断法

3. 断电检查法

断电检查法是将待检测的电气设备全部或部分与外部电源切断后进行检修的一种方法。采用断电检查法检修设备故障是一种常用而且比较安全的一种方法。这种方法特别适应于有明显的外表特征，容易被发现的电气故障，或者为避免故障未排除前通电试车，造成短路、漏电，再一次损坏电器元件，扩大故障、损坏设备等后果所采用的一种方法。

下面以图 2-9 为例，分析在出现故障后进行检修时应注意的问题。

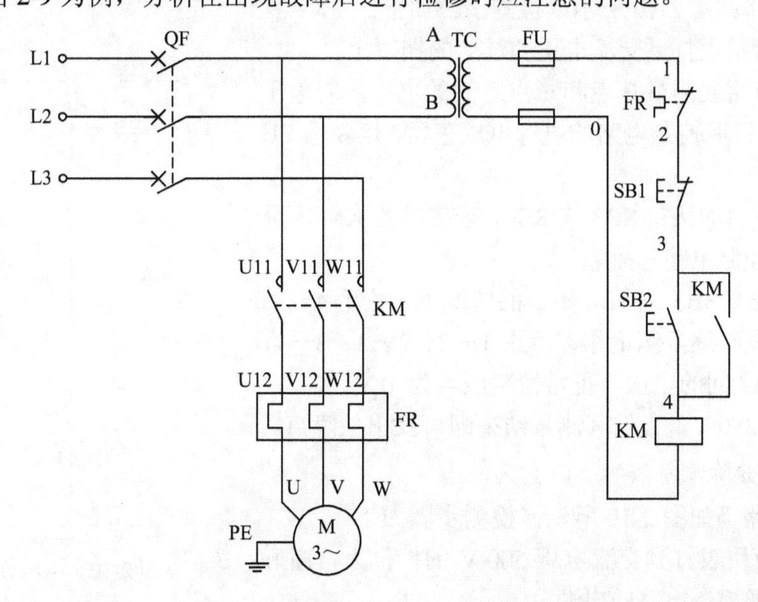

图 2-9　三相笼型异步电动机单向启、停自锁电气控制原理图

1) 发生短路故障

故障发生后，除了询问操作者短路故障的部位和现象外，更要仔细观察故障迹象。如果未发现故障部位，就要用兆欧表分步检查(不能用万用表代替兆欧表，因万用表中干电池电压只有几伏或几十伏)。在检查主电路接触器 KM 主触点以上部分的导线和开关是否短路时，应将该图中控制变压器 TC 一次侧的 A 或 B 点断开，否则会因变压器一次线圈的导通而造成误判断。在检查主电路接触器 KM 主触点以下部分的导线和开关是否短路时，也应在端子板处将电动机三根电源线拆下，否则也会因为电动机三相绕组的导通影响判断的准确性。检查控制线路中是否存在短路故障时，应将熔断器 FU 中的熔体拆下一个，以免影响测量结果。

2) 按下启动按钮 SB2 后电动机不转

电动机不转的原因应从以下两方面进行检查分析：一方面检查当按下启动按钮 SB2 后接触器 KM 是否吸合，如果不吸合应首先检查电源和控制线路部分，如果吸合而电动机不转，则应检查电源和主电路部分。另一方面，有些生产机械设备出现故障是因机械原因造成的，但是从表象来看似乎是电气故障，这就需要电气维修人员遇到具体情况一定要认真分析，对各种可能情况一一排查。

在具体操作过程中还应根据故障的性质采用合理的处理方法。比如发现控制变压器在使用过程中冒烟，在处理这类故障时，应首先判断造成故障的原因是由于电气线路造成的，还是由于控制变压器本身造成的，无论如何，对于这类故障只能采用断电检查法，而不能采用通电检查法。

4. 电压检查法

电压检查法是利用电压表或万用表的交流电压挡对线路进行通电测量的，是查找故障点的有效方法。电压检查法有电压分段测量法和电压分阶测量法两种。

1) 电压分段测量法

测量电路如图 2-10 所示，检测步骤如下：

(1) 将万用表打到交流电压 500 V 的挡位上。

(2) 用万用表测量 0 点和 1 点之间的电压，若电压为 380 V，则说明控制电路的电源电压正常，熔断器 FU 也完好。

(3) 按下启动按钮 SB3 或 SB4，若接触器 KM 不吸合，则说明控制电路有故障。

(4) 在按下 SB3 或 SB4 不放的情况下，用万用表的红、黑两根表棒逐段测量相邻两点 1－2、2－3、3－4、4－5、5－0 之间的电压，正常情况应当为 0 V、0 V、0 V、0 V 和 380 V，根据其测量结果即可找出故障点。

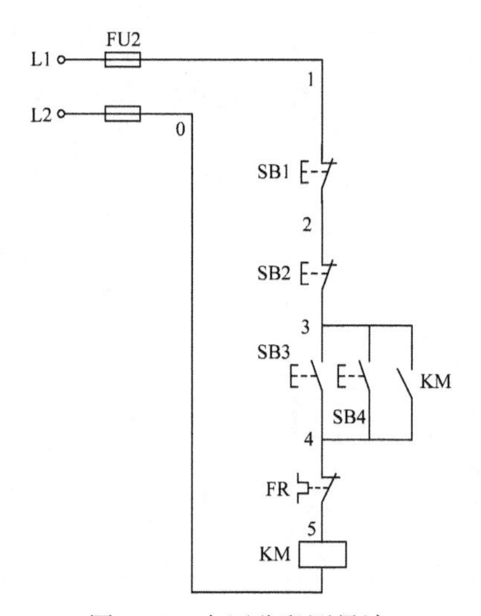

图 2-10　电压分段测量法

2) 电压分阶测量法

测量电路仍如图 2-10 所示，检测步骤如下：

(1) 将万用表打到交流电压 500 V 的挡位上，断开主电路，接通控制电路的电源。

(2) 按下启动按钮 SB3 或 SB4 时，接触器 KM 不吸合，则说明控制电路有故障。

(3) 对上述故障进行检查时，先用万用表测量 0 和 1 两点之间的电压。若电压为 380 V，则说明控制电路的电源电压正常。

(4) 按下按钮 SB3 不放，将黑表笔接到 0 点上，将红表笔依次接到 2、3、4、5 各点上，分别测量出 0—2、0—3、0—4、0—5 两点间的电压，正常情况下，均应为 380 V，根据测量结果即可找出故障点。

5. 电阻检查法

电阻检查法是利用万用表的电阻挡，对线路进行断电测量。电阻检查法有电阻分阶测量法和电阻分段测量法两种。

1) 电阻分阶测量法

电阻分阶测量法电路图如图 2-11 所示，检测步骤如下：

(1) 将万用表的转换开关置于合适的电阻挡。

(2) 测量前先断开主电路电源，接通控制电路电源。若按下启动按钮 SB2 或 SB3 时接触器 KM 不吸合，则说明控制电路有故障。

(3) 切断控制电路电源(这一点与电压分阶测量法不同)，然后按下启动按钮 SB2 不放，用万用表依次测量 0—1、0—2、0—3、0—4 各点间电阻值，正常情况下，阻值相同，且为线圈的阻值(有限值)，根据测量结果可找出故障点。

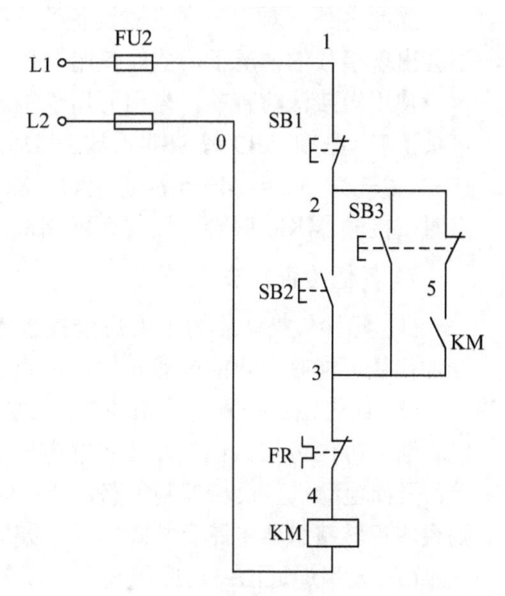

图 2-11　电阻分阶测量法

2) 电阻分段测量法

电阻分段测量法电路图如图 2-12 所示，检测步骤如下。

(1) 将万用表的转换开关置于合适的电阻挡。

(2) 切断电源后，按下启动按钮 SB2 或 SB3 不放，用万用表的红、黑两表表笔逐段测量相邻两点 1—2、2—3、3—4、4—5、5—0 之间的电阻。如果测得某两点间电阻值很大(∞)，则说明这两点间触点接触不良或导线脱落。

电阻分段测量法的优点是安全，缺点是测量电阻值不准确时容易造成判断错误，为此应注意以下几点：

(1) 用电阻分段测量法检查故障时，一定要先切断电源；

(2) 所测量电路若与其他电路并联，必须先断开并联电路，否则所测电阻值不准确；

(3) 测量高电阻电器元件时，要将万用表的电阻挡转换到适当挡位。

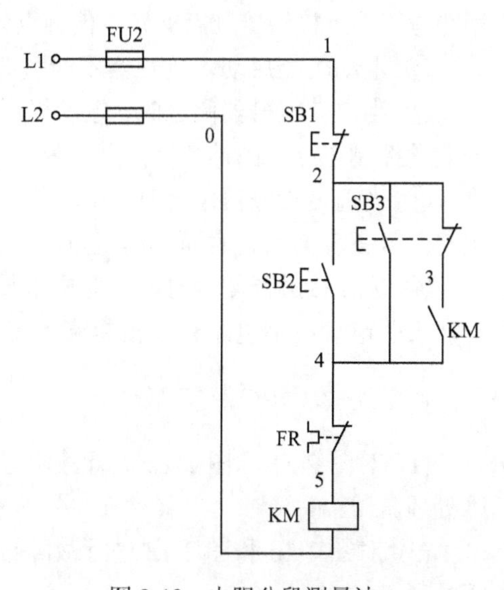

图 2-12　电阻分段测量法

6. 短接检查法

在电气控制线路的各类故障中，断路是最为常见的故障，断路包括导线断线、虚连、松动、触点接触不良、虚焊、假焊、熔断器熔体熔断等。对这类故障，除用电压法和电阻法检查外，还有一种更为简便可靠的方法，就是短接法。短接法是用一根绝缘良好的导线将所怀疑断路的部位短接起来，若电路工作恢复正常，说明该部位断路。使用短接法时要注意安全，勿触电；且该方法只适用于电压降极小的导线及电流较小的触点(5 A 以下)，否则容易出事故。对于电压降较大的电器，如电阻、线圈、绕组等断路故障不能采用短接法，否则会出现短路故障。

除此之外，对于生产机械设备的某些关键部位，必须在保证电气设备或生产机械设备不会出现事故的情况下，才能使用短接法。

使用短接法检查前，先用万用表测量图 2-10 所示 1—0 两点间的电压，若电压正常，可按下启动按钮 SB3 或 SB4 不放，然后用一根绝缘良好的导线，分别短接标号相邻的两点 1—2、2—3、3—4、4—5(注意绝对不能短接 5—0 两点，否则会造成短路)。当短接到某两点时，接触器 KM 吸合，则说明断路故障就在该两点之间。

7. 其他检查方法

(1) 元件代换法：为了缩短查找故障的时间，可以用性能、质量良好的同类型其他元器件代替可能有故障的电器元件，以确认故障是否是由此电器元件引起的。

(2) 比较法：把测得的相关电器数据，与正常时测得的数据或电器原始数据进行比较，以判断故障的方法。例如，比较继电器和接触器线圈电阻、动作时间、工作时发出的声音等；又如电动机正反转控制电路，若正转接触器不吸合，可操作反转，若反转接触器吸合，则说明正转接触器电路有故障，反之亦然。

(3) 逐步逼近法：适应于电路出现短路或接地故障。换上新的完好熔断器后，逐步将各支路一条一条地接入电路，当接到某条支路时熔断器又熔断，故障就在这条支路上。

(4) 迫使闭合法：在电动机正反转控制电路中，当按下启动按钮时，接触器不吸合，可用绝缘棒按下接触器触点支架，使触点闭合，然后快速松开。在操作过程中观察以下情况：

① 电动机能启动，接触器不能跳开，说明启动按钮接触不良。

② 当迫使接触器闭合时，电动机运转正常，松开后，电动机停转，接触器也随之跳开，一般是控制电路中的熔断器熔体熔断，启动按钮接触不良。

③ 当迫使接触器闭合时，电动机不转，但有嗡嗡的声音，松开时看到三个主触点都有火花，且亮度均匀。表面电动机过载或控制电路中的热继电器动断触点断开。

④ 迫使接触器闭合时，电动机不转，有嗡嗡声，松开时，接触器只有两个主触点有火花，表明电动机主电路有一相断路，接触器一主触点接触不良。

三、活动回顾与拓展

(1) 对图 2-11 和图 2-12 进行故障设置，并用电压分段测量法进行故障查找、诊断和故障处理。

(2) 对图 2-10 和图 2-12 进行故障设置，并用电阻分阶测量法进行故障查找、诊断和故障处理。

任务三　三相异步电动机典型控制线路分析与故障处理

活动 1　点动控制线路

一、活动目标

(1) 熟悉点动控制线路的分析方法。
(2) 能按点动控制线路的原理图接线。
(3) 掌握点动控制线路的检查和试车方法。
(4) 掌握点动控制线路故障的检查与排除方法。

二、活动内容

点动控制是指按下按钮电动机才能运转，松开按钮即停转的电路。生产机械设备有时需要作点动控制，如电动葫芦、小型起重机、横梁升降及机床辅助运动的电气控制等，当电动机安装完毕或检修完毕后，为了判断其转动方向是否正确，也常采用点动控制测试。

1. 三相笼型异步电动机单向点动控制线路分析

图 2-13 是三相笼型异步电动机点动控制线路的电气控制原理图，由主电路和控制电路两部分组成。

主电路中刀开关 QS 为电源开关，起隔离电源的作用；熔断器 FU1 对主电路大电流电路实现短路保护，主电路的通断由接触器 KM 的主触点控制。熔断器 FU2 用于控制电路中的短路保护；动合按钮 SB 控制接触器 KM 线圈的通电或断电。由于是点动控制，电动机运行时间短，有操作人员在近处监视，所以一般不设热继电器做过载保护。

电路的工作过程分析如下：首先合上电源刀开关 QS，再按下按钮 SB，接触器 KM 线圈通电，主触点闭合，电动机通电启动并进入运行状态；当松开按钮 SB 时，接触器 KM 线圈断电，KM 主触点断开，电动机 M 断电而停转。

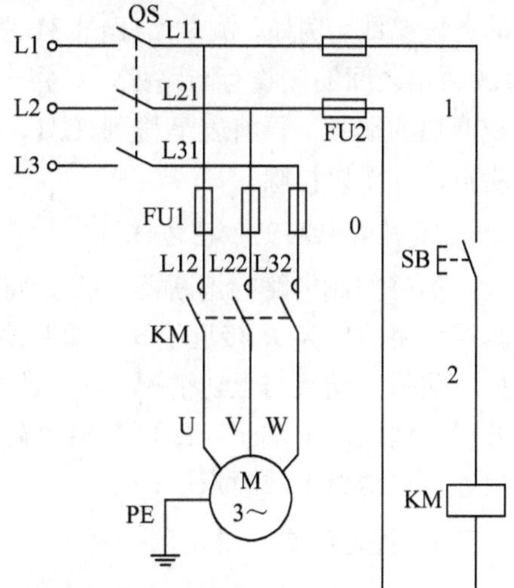

图 2-13　三相笼型异步电动机单向点动电气控制原理图

2. 按照电气控制原理图接线

在原理图上，按规定标好线号，再在试验台或控制柜按照如图 2-13 所示的原理图接线。从刀开关 QS 的下方接线端子 L11、L21、L31 开始，先接主电路，后接控制电路的连接线。主电路使用导线的横截面积应按电动机的额定工作电流适当选取。将导线先校直，剥去两端的绝缘皮，套上线号管接到对应端子上；接线时应使水平走线尽量靠近底板；中间一相线路的各段导线成一直线，左右两相导线对称，三相电源引入线直接接到刀开关 QS 的上接线端子上。电动机接线盒到安装盒上的接线端子排之间应使用护套线连接，电动机外壳接地保护线要可靠连接。

对中小功率电动机控制电路，通常使用截面积为 1.5 mm^2 左右的导线连接。将同一走向的相邻导线并成一束。对于需要用螺钉压接一端的导线，应先套好线号管，再将芯线即裸露导线按顺时针方向围成圆环，压接入端子，以免旋紧螺钉时将导线挤出，造成虚接。

3．线路检查

接线完成后到通电试车前，需要对所接线路进行检查。线路检查的目的是为了防止漏接、虚接、短路和断路。防止漏接的检查方法是对照原理图逐线进行检查，核对线号；防止虚接的方法是用手拨动导线，检查所有接线的接线端子的接触情况；用万用表检查短路和断路，具体的方法可参见下述主电路与控制电路的检查。检查时先断开刀开关 QS，摘下接触器 KM 上的灭弧罩，以便用手操作时模拟触点的分合动作，将万用表拨到 $R\times1$ 挡，然后对各电路进行检查，方法如下：

1) 主电路的检查方法

首先去掉控制电路熔断器 FU2 的熔体，以切除控制电路，再用万用表表笔分别测量刀开关 QS 下端各接点 L11～L21、L21～L31 和 L11～L31 之间的电阻值，电阻值均应为 R 接近于 ∞。但如果某次测量结果为 R 接近于 0，则说明所测量的两相之间的接线有短路情况，应仔细逐线检查。

用平口螺丝刀按压接触器 KM 的主触点架，使主触点闭合，重复上述测量，应分别测得电动机各相定子绕组的电阻值。若某次测量结果为 R 接近于 ∞，则应仔细检查所测两相的各段接线。例如，测量 L11～L31 之间电阻值 R 接近于 ∞，则说明主电路电源引入线 L1、L3 两相之间的接线有断路处。可将一支表笔接 L11 处，另一支表笔分别接 L12、U 各段导线两端的端子，再将表笔移到 L31、L32、W 各段导线两端测量，这样即可准确地查出断路点，并予以排除。

2) 控制电路的检查方法

插好控制电路的熔断器 FU2，将万用表表笔接在控制电路电源线端子 L11、L21 处，测得电阻值应为 R 接近于 ∞，即断路；按下按钮 SB，应测得接触器 KM 线圈的电阻值。如所测得的结果与上述情况不符，则将一支表笔接 L11 处，另一支表笔依次接 1 号、2 号……各段导线两端的端子，即可查出短路或断路点。移动表笔测量，逐步缩小故障范围，能够快速可靠地查出故障点。

4．通电试车

在上述检查无误后，装好接触器 KM 的灭弧罩，检查三相电源电压。清理试验板或控制柜上的线头杂物，一切就绪后，在指导老师的监护下方可通电试车，通电试车的步骤如下：

1) 空操作试车

空操作试车是指不接电动机主电路，只检查控制电路工作情况的试车方法。具体做法是：合上电源刀开关 QS，按下按钮 SB，接触器 KM 应立即动作；松开按钮 SB，接触器 KM 应立即复位。监听 KM 主触点分合的动作声音和接触器线圈运行的声音是否正常。反复试验数次，确保控制线路动作的可靠性。

2) 空载试车

切断电源后，接好电动机接线，重新通电试车。合上刀开关 QS，按下按钮 SB 后，注意观察电动机启动和运行情况，松开按钮 SB 观察电动机能否正常停车。

试车中若发现有电动机嗡嗡响，且不能启动，或接触器振动、发出噪声、主触点烧弧严重等现象，应立即断电停车。重新检查电动机接线和电源电压，必要时检查接触器的电磁机构，排除故障后再重新通电试车。

5．线路故障实例分析

(1) 故障现象：线路进行空操作试车时，按下按钮 SB 后，接触器 KM 衔铁剧烈振动，发出严重噪声。

故障现象分析：用万用表检查电路未发现异常，电源电压也正常。

故障的可能原因：控制电路的熔断器 FU2 接触不良，当接触器动作时，振动造成控制电路电源电压不稳定，时通时断，使接触器 KM 振动；或接触器电磁机构有故障而引起振动。

故障检查：先检查熔断器的接触情况，各熔断器与底座的接触和各熔断器瓷盖上的触刀与静插座的接触是否良好。可靠接触后装好熔断器并通电试验，接触器振动依旧，再将接触器拆开，检查接触器的电磁机构，观察短路环是否有断裂。

故障处理：更换短路环并装配恢复，将接触器装回线路。重新检查后试验，故障即可处理。

(2) 故障现象：电路空操作试车正常，带负荷试车时，按下按钮 SB 后，电动机嗡嗡响且不能启动。

故障现象分析：空操作试车未见电路异常，带负荷试车时接触器动作也正常，而电动机启动异常，故障现象是由缺相造成的。但因主电路、控制电路共用 L1、L2 相电源，而接触器电磁机构工作正常，表明 L1、L2 相电源正常。

故障的可能原因：线路中某一相连接线有断路点。

故障检查：用万用表检查各接线端子之间的连接线，未见异常。摘下接触器灭弧罩，发现一对主触点歪斜，接触器动作时，这一对主触点无法接通，致使电动机缺相无法启动。

故障处理：装好接触器主触点，装回灭弧罩后重新通电试车，故障排除。

三、活动回顾与拓展

(1) 按照图 2-13 所示的点动控制线路接线，并做线路检查和通电试车。

(2) 在图 2-13 试车成功的基础上，人为设置故障，进行故障分析与处理。

活动 2　三相笼型异步电动机全压启动控制线路

一、活动目标

(1) 熟悉全压启动控制线路的分析方法。

(2) 掌握自锁的作用。

(3) 能按全压启动电气控制原理图接线。

(4) 掌握全压启动控制线路的检查和试车方法。

(5) 掌握全压启动控制线路故障的检查与处理方法。

二、活动内容

1．全压启动连续运转控制线路分析

图 2-14 是三相笼型异步电动机全压或直接启动连续运转电气控制原理图。

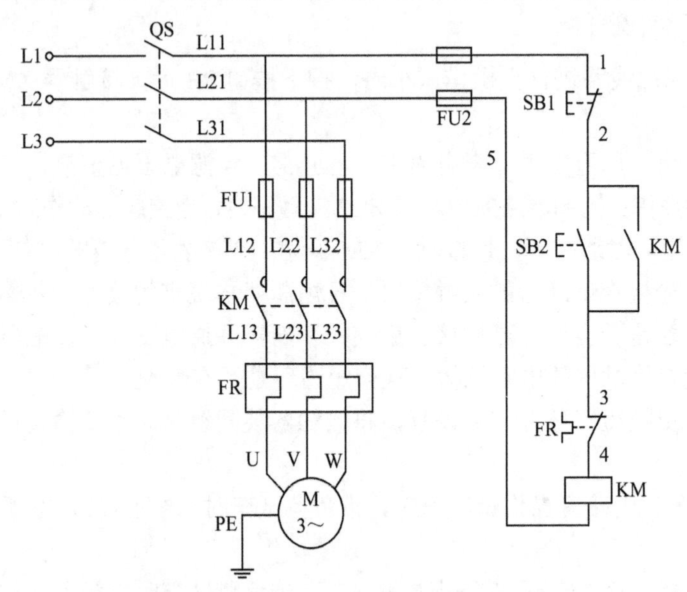

图 2-14　全压启动连续运转电气控制原理图

电路的工作过程分析如下：

(1) 电动机启动过程：合上刀开关 QS，按下启动按钮 SB2，接触器 KM 线圈通电吸合，主触点闭合，电动机接通三相电源启动。同时，与启动按钮 SB2 并联的接触器辅助动合触点 KM(2—3)闭合，使 KM 线圈经 SB2 触点与接触器 KM 自身辅助动合触点 KM(2—3)通电，当松开 SB2 时，KM 线圈仍通过自身辅助动合触点继续保持通电，从而使电动机能够连续运转。这种依靠接触器自身辅助触点保持线圈通电的电路，称为自锁电路，而该辅助动合触点 KM(2—3)称为自锁触点。自锁电路的特点是：

① 线圈一旦瞬时得电，就会持续有电。

② 线圈一旦瞬时失电，就会持续无电。

③ 具有失压保护(临时停电)的功能。

(2) 电动机停车过程：按下停止按钮 SB1，接触器 KM 线圈断电释放，KM 主触点与辅助动合触点均断开，切断电动机主电路及控制电路，电动机停止运转。

在上述电气控制线路中，各保护元件的作用如下：

① 短路保护。由熔断器 FU1、FU2 分别实现主电路与控制电路的短路保护。

② 过载保护。由热继电器 FR 实现电动机长期运行时的过载保护。

③ 欠电压和失电压保护。当电网电压消失(如电源断电或停电)后又重新恢复供电时，电动机及其拖动机构在没有重新按下启动按钮时，不能自行启动，这就构成了失压保护。

失压保护可防止在电源电压恢复时，电动机突然启动而造成设备和人身事故。当电网电压较低，达到释放电压时，接触器的衔铁释放，主触点和辅助动合触点均断开，电动机停止运行，它可以防止电动机在低压下运行，实现欠压保护。因此，该自锁电路对接触器的控制具有欠电压和失电压保护的功能。

2．按照电气控制原理图接线

在原理图上，按规定标好线号，再在试验台或控制柜上按照图 2-14 所示的原理图接线。

1) 主电路的接线

从刀开关 QS 下方接线端子 L11、L21、L31 开始。由于电动机的连续运转须考虑电动机的过载保护，因此，要确定所使用的热继电器相数。若使用普通三相式热元件的热继电器，接触器 KM 主触点的三个端子 L13、L23、L33 分别与三相热元件端子连接；若使用只有两相式热元件的热继电器，则 KM 主触点只有两个端子与热元件端子连接，而第三个端子直接经过端子排相应端子接电动机。

注意：在接线时不可将热继电器触点的接线端子当成热元件端子接入主电路，否则将烧坏热继电器的触点。

2) 控制电路的接线

在控制电路中，由于有接触器自锁触点的并联支路，因此，接线时应按下列原则进行：首先接串联支路，接好并检查无误后，再接并联支路，即将自锁触点 KM(2—3)与启动按钮 SB2 并联。

注意：在该电路中，从按钮盒中引出的 1 号、2 号、3 号三根导线，要用三芯护套线与接线端子排连接。经过接线端子排再接入控制电路；接触器 KM 自锁触点的上、下端子接线分别为 2 号和 3 号线，不能接错。

3．线路检查

接线完成后，要做常规检查，即对照原理图逐线核对检查，核对接线盒内的接线和接触器自锁触点的接线，防止错接。另外，用手拨动各接线端子处接线，排除虚接故障。接着断开 QS，摘下接触器灭弧罩，在断电的情况下，用万用表电阻挡(R×1)检查各电路，方法如下：

1) 主电路的检查

主电路的检查方法和步骤与点动控制主电路的检查相同。

2) 控制电路的检查

在正常情况下，装好熔断器 FU2 的熔体，将万用表表笔跨接在刀开关 QS 下方的端子 L11、L21 处，应测得断路。按下 SB2，应测得 KM 线圈的电阻值。检查自锁电路，松开 SB2 后，按下 KM 触点架，使辅助动合触点闭合，应能测得 KM 线圈的电阻值。检查停车控制，在按下 SB2 或按下 KM 触点架并测得 KM 线圈电阻值后，同时按下停止按钮 SB1，则应能测得控制电路由通到断。

如果按下启动按钮 SB2 或按下接触器 KM 触点架后，测得结果为断路，则应检查按钮 SB2 及 KM 自锁触点是否正常，连接线是否正确、有无虚接、漏接及脱落情况。尽可能用移动表笔缩小故障范围查找断路点。

如在上述测量中测得短路，则应首先检查不同线号的导线是否错接到同一端子上。例如，如果启动按钮 SB2 下端子引出的 3 号线错接到 KM 线圈下端的 5 号端子上，则控制电路的两相电源 L1 和 L2 不经接触器 KM 线圈而直接连通，此时只要按下按钮 SB2 即可造成短路。再如，如果停止按钮 SB1 下接线端子引出线的 2 号线错接到接触器 KM 自锁触点下接线端子 3 号，则启动按钮 SB2 被短接，不起作用。此时只要合上刀开关 QS，线路就会自行启动而造成危险。

在检查停车控制时，如果停止按钮不起作用，则应检查自锁触点静触点的连接位置和按钮盒内停止按钮 SB1 静触点的接线情况，并对错接情况予以排除。

3) 热继电器过载保护的检查

取下热继电器盖板后，按下按钮 SB2 并测得 KM 线圈阻值，用小螺钉旋具缓慢向右拨热元件自由端，在听到热继电器动断触点分断动作声音的同时，万用表应显示控制电路由通到断的指示；否则应检查热继电器的动作及连接线情况，排除故障。检查完毕后，应按下复位按钮使热继电器复位。

4．通电试车

在完成上述各项检查后，装好接触器的灭弧罩，检查三相电源。然后再将热继电器电流整定值按电动机的需要整定好，在确保安全的情况下通电试车。

1) 空操作试车

在试车时拆下电动机接线，合上刀开关 QS，按下启动按钮 SB2 后，接触器 KM 应立即通电动作，松开启动按钮 SB2，接触器 KM 能保持吸合状态；按下停止按钮 SB1，KM 应立即释放。反复操作几次，确保线路动作的可靠性。

2) 空载试车

切断电源后，接好电动机接线，合上刀开关 QS，按下启动按钮 SB2，电动机 M 立即通电启动后进入运行；松开启动按钮 SB2，电动机继续运转；按下停止按钮 SB1，电动机停转。

5．线路的常见故障现象及处理方法

(1) 故障现象：试车时，按下启动按钮 SB2 时接触器 KM 不动作，而同时按下 SB1 时 KM 动作，松开 SB1 时 KM 释放。其产生的可能原因及处理方法如下：

产生的可能原因	处 理 方 法
停止按钮 SB1 接成一个动合按钮	打开按钮盒核对接线，将 1 号、2 号线接到停止按钮动断触点接线端子上

(2) 故障现象：合上刀开关 QS(未按下 SB2)，接触器 KM 立即通电动作；按下 SB1 则 KM 释放，松开 SB1 时，KM 又通电动作。其产生的可能原因及处理方法如下：

产生的可能原因	处 理 方 法
停止按钮 SB1 下端连接的 2 号线直接接到启动按钮 SB2 下端 3 号线或接触器自锁触点的下端 3 号线引起的，使停止按钮 SB1 停车控制作用正常，而启动按钮 SB2 不起作用	先检查线路，拆开按钮盒，核对接线，再检查接触器辅助触点接线，找到错接的线，改正重接后，再重新试车

(3) 故障现象：试车时按下启动按钮 SB2 后 KM 不动作，检查接线无错接处；检查电

源，三相电压均正常，线路无接触不良处。其产生的可能原因及处理方法如下：

产生的可能原因	处 理 方 法
各按钮的触点、接触器的线圈、热继电器的触点有断路点	用万用表电阻挡($R\times1$)分别测量相关电器元件，表笔跨接在停止按钮SB1上端子1号和启动按钮SB2下端子3号端子，再按下启动按钮SB2时测得短路，说明按钮完好；测量KM线圈电阻值正常；测量热继电器动断触点，测得结果为断路，说明热继电器FR没有复位，动断触点断开，切断了控制电路，因此接触器KM不能启动。按下热继电器FR的复位按钮，重新试车

(4) 故障现象：试车时合上QS，没有按下启动按钮，接触器剧烈振动，主触点严重起弧，电动机轴时转时停，按下SB1则KM立即释放，松开SB1接触器又剧烈振动。其产生的可能原因及处理方法如下：

产生的可能原因	处 理 方 法
启动按钮SB2不起作用，而停止按钮SB1有停车控制作用。接触器剧烈振动且频率低，自锁触点错接，引起接触器频繁地通断造成的，不是电源电压低和短路环损坏引起。若把接触器的辅助动断触点错接成自锁触点，则合上QS后，电流经刀开关QS、停止按钮SB1、接触器KM的辅助动断触点、热继电器FR的动断触点、接触器KM的线圈到电源形成回路，使KM线圈立即通电动作，辅助动断触点分断，又使KM线圈失电，辅助动断触点又接通而使线圈通电，这样就引起接触器剧烈的振动。由于是接触器的衔铁在全行程内往复运动，因而振动频率低	检查接触器的自锁触点，找到错接的线，将接触器KM辅助动合触点的端子并接在启动按钮SB2的两端，经检查核对后重新试车

三、活动回顾与拓展

(1) 试分析全压启动控制线路的工作情况。

(2) 在人为设置故障的情况下，对全压控制线路进行故障分析与处理。

(3) 对全压启动控制线路的故障检查与处理做进一步的分析与模拟操作。

(4) 对照图2-14所示的原理图进行接线、线路检查和通电试车。

活动3　既能点动又能连续运转控制的控制线路

一、活动目标

(1) 熟悉既能点动又能连续运转控制的控制线路的分析方法。

(2) 能按既能点动又能连续运转的控制线路的原理图接线。
(3) 掌握既能点动又能连续运转控制的控制线路的检查和试车方法。
(4) 掌握既能点动又能连续运转控制的控制线路的故障检查与处理方法。

二、活动内容

1. 既能点动又能连续运转控制的控制线路

图 2-15 是既能点动又能连续运转控制的电气控制原理图。

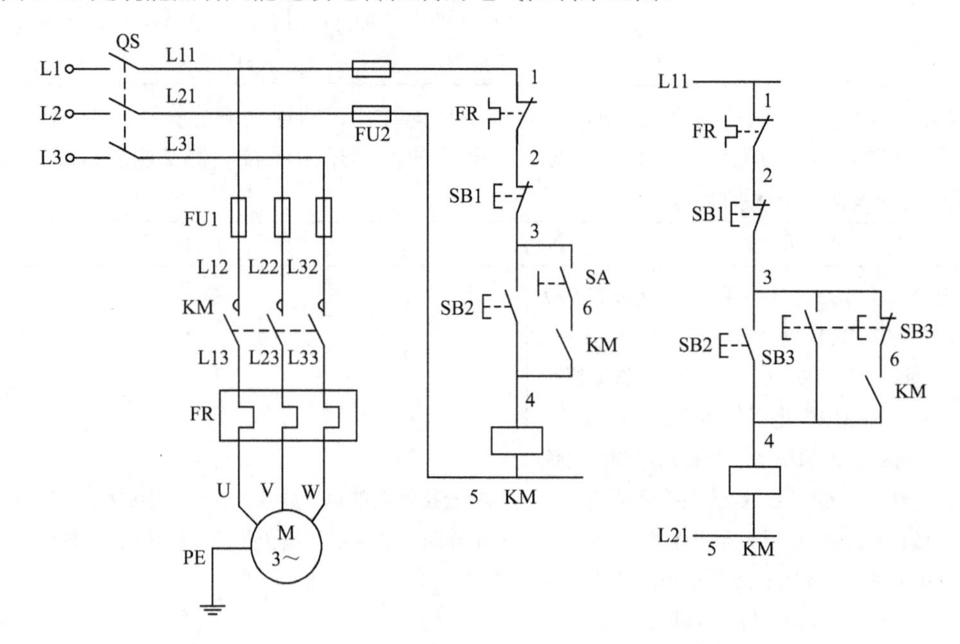

(a) 手动开关 SA 控制　　(b) 用两个按钮分别控制

图 2-15　既能点动又能连续运转的电气控制原理图

在图 2-15(a)所示的控制电路中，当手动开关 SA 断开时为点动控制，SA 闭合时为连续运转控制。在该控制电路中，启动按钮 SB2 对点动控制和连续运转控制均实现控制作用。

图 2-15(b)为采用两个按钮 SB2 和 SB3 分别实现连续运转和点动控制的控制电路图。线路的工作情况分析如下：先合上刀开关 QS，若要电动机连续运转，启动时按下 SB2，接触器 KM 线圈通电吸合，主触点闭合，电动机 M 启动，KM 自锁触点(6—4)闭合，实现自锁，电动机连续运转。停止时按下停止按钮 SB1，KM 线圈断电，主触点断开，电动机停转，自锁触点(6—4)断开，切断自锁回路。若要进行点动控制，按下点动按钮 SB3，触点 SB3(3—6)先断开，切断 KM 的自锁回路，触点 SB3(3—4)后闭合，接通 KM 线圈电路，电动机启动并运转。当松开点动按钮 SB3 时，触点 SB3(3—4)先断开，KM 线圈断电释放，自锁触点 KM(6—4)断开，KM 主触点断开，电动机停转，SB3 的动断触点(3—6)后闭合，此时自锁触点 KM(6—4)已经断开，KM 线圈不会通电动作。

在该控制方式中，当松开点动按钮 SB3 时，必须使接触器 KM 自锁触点先断开，SB3 的动断触点后闭合。如果接触器释放缓慢，KM 的自锁触点没有断开，SB3 的动断触点已经闭合，则 KM 线圈就不会断电，这样就变成连续控制了。

2．按照电气控制原理图接线

在原理图上，按规定标好线号或装好套管(见图2-15。在试验台或控制柜上按照图2-15(b)进行接线)。

1) 主电路的接线

该主电路的接线方法同全压启动连续运转主电路的接线。

2) 接控制电路

在图2-15(b)中，由于使用了复合按钮和自锁电路，因此接线时先接串联支路，即依次接FU2(L11—1)、FR(1—2)、SB1(2—3)、SB2(3—4)、KM线圈(4—5)、FU2(5—L21)。在串联支路接完并检查无误后，再将复合按钮SB3的辅助动合触点并联接在SB2的两端，将SB3的动断触点的一端连接SB3的动合触点的一端(3号线)，将SB3的动断触点的另一端串联接接触器KM的动合触点，KM动合触点的另一端接KM线圈的进线端。

注意：接线时，按钮盒中引出2号、4号、6号线三根导线，要用三芯护套线与接线端子排连接，经过接线端子排再接入控制电路；接触器KM辅助动合触点静、动触点接线分别为6号和4号线，不能错接。

3．线路检查

该主电路的检查方法和步骤同点动控制主电路。

控制电路的检查方法和步骤如下：

(1) 装好熔断器FU2的瓷盖，将万用表表笔接在刀开关QS下控制电路电源线端子L11、L21处，应测得断路阻值∞。

(2) 按下按钮SB2，应能测得接触器KM线圈的电阻值；松开SB2，按下SB3，同样能测得接触器KM线圈的电阻值。

(3) 松开SB3，用手按下接触器KM主触点的支架，接触器主触点闭合，辅助动合触点也闭合，同样应能测得接触器KM线圈的电阻值。

(4) 在用平口螺丝刀按下接触器主触点支架后，再按下SB3按钮，这时万用表的指针应该是先指向无穷(即测得断开)，随后万用表应测得接触器线圈的电阻值。

若在检查中测得的结果与上述不符，则移动万用表的表笔进行逐段检查。

4．通电试车

该控制电路的通电试车方法同点动控制线路。

5．线路常见故障现象及处理方法

(1) 故障现象：在未按下按钮SB2的情况下合上刀开关QS时接触器KM立即通电动作；按下按钮SB1则KM释放，松开SB1时，KM又通电动作。其产生的可能原因及处理方法如下：

产生的可能原因	处 理 方 法
启动按钮SB2被短接，SB3复合按钮错接，从而使停止按钮SB1停车控制功能正常，而启动按钮SB2不起作用。点动控制按钮没有起到点动控制的作用，只起到停车的作用	拆开按钮盒，核对接线，把SB3的动断按钮并接在SB2两侧，而把SB3的辅助动合触点和KM的自锁触点串联，改正接线后重新试车

(2) 故障现象：合上刀开关 QS，按下 SB2，接触器 KM 通电动作；松开 SB2，接触器 KM 保持通电状态，但按下 SB1 时 KM 不释放。按下 SB3(没有按到底时)，接触器 KM 先断电释放，当 SB3 按到底时，接触器 KM 又通电吸合，松开 SB3，接触器 KM 断电。其产生的可能原因及处理方法如下：

产生的可能原因	处 理 方 法
SB3 上端错接到 SB1 上端，使启动按钮正常工作，并且能够自锁；停止按钮 SB1 不起作用；点动控制按钮 SB3 也能实现点动控制	拆开按钮盒，核对接线检查无误后，重新试车

三、活动回顾与拓展

(1) 认真分析本活动所学控制线路的控制过程。
(2) 对照图 2-15 的原理图进行接线、线路检查及通电试车。
(3) 在老师人为设置故障的情况下，对图 2-15 进行故障分析与处理。

活动 4　多点动控制线路

一、活动目标

(1) 熟悉多点控制的目的和多点控制的方法。
(2) 熟悉多点控制线路的分析方法。
(3) 能按多点控制线路的原理图接线。
(4) 掌握多点控制线路的检查和试车方法。
(5) 掌握多点控制线路的故障检查与排除方法。

二、活动内容

1. 多点控制的目的和多点控制的方法

在大型设备中，为了操作方便，常常要求能对多个控制点进行控制操作。

多点控制就是在两个及以上的控制点根据实际情况设置启停控制按钮，在不同的控制点可以达到相同的控制目的。图 2-16 所示为一台三相笼型异步电动机单方向旋转的两地控制线路。

在图 2-16 中，各启动按钮 SB3 和 SB4 是并联的，这样当在任一处按下启动按钮后，接触器 KM 线圈都能通电并自锁，电动机启动；各停止按钮 SB1 和 SB2 是串联的，同样当在任一处按下停止按钮后，都能使接触器 KM 线圈断电，电动机停转。由此可以得出普遍结论：欲使几个控制按钮都能控制某接触器线圈通电，则这几个控制按钮的动合触点应与该接触器的辅助动合触点并联；欲使几个控制按钮都能控制某接触器线圈断电，则这几个控制按钮的动断触点应串联在该接触器的线圈电路中。

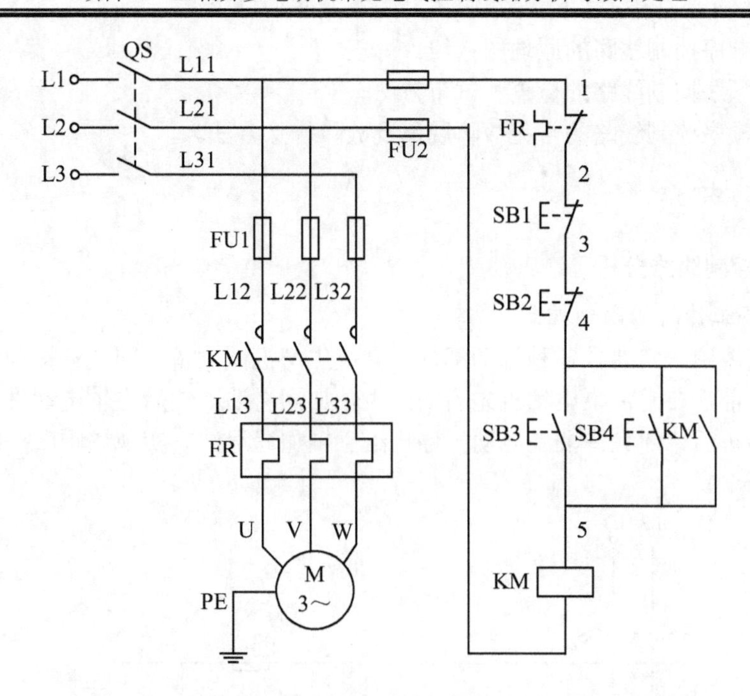

图 2-16　三相笼型异步电动机实现两地控制的电气控制原理图

2．按照电气控制原理图接线

根据原理图，按规定标好线号，接线时选用两个按钮盒，并放置在接线端子排的两侧，经接线端子排连接。

主电路和控制电路的接线方法同点动控制线路。

3．线路检查

线路检查的要求及检查方法也同点动控制线路。

4．通电试车

经检查无误后可通电试车。试车方法同上述几种情况。但应注意：若操作中出现故障或没有达到实现多点控制的要求，请分析线路控制过程、查找原因并予以排除。

三、活动回顾与拓展

(1) 分析本活动所学的控制线路的控制过程。

(2) 对照图 2-16 所示的原理图标号、接线、线路检查及通电试车。

(3) 三地或多地控制如何实现？

活动 5　顺序控制的控制线路

一、活动目标

(1) 熟悉按顺序工作时的联锁控制方法。

(2) 熟悉几种典型顺序控制线路的分析方法。

(3) 能按顺序控制线路的原理图接线。

(4) 掌握顺序控制线路的检查和试车方法。

(5) 掌握顺序控制线路的常见故障现象及故障排除方法。

二、活动内容

1. 顺序控制线路分析

1) 按顺序工作时的联锁控制

在生产实践中，常要求各种运动部件之间或生产机械设备之间能够按顺序工作。例如车床主轴转动前，要求油泵电动机先启动给主轴加润滑油，然后主轴电动机才能启动；而主轴电动机停车后，才允许油泵电动机停止给主轴加润滑油。实现该顺序控制的控制线路如图 2-17 所示。

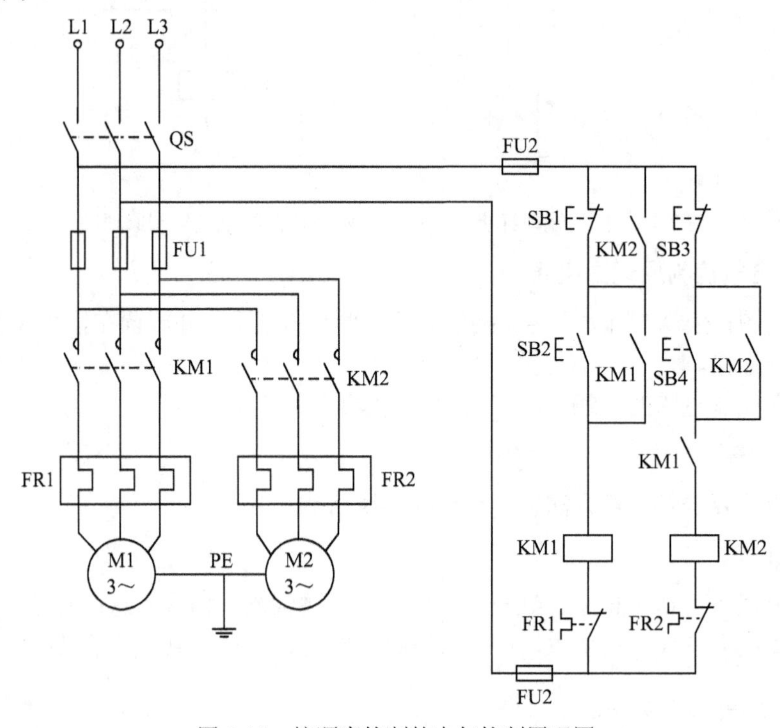

图 2-17　按顺序控制的电气控制原理图

图 2-17 中，M1 为油泵电动机，M2 为主轴电动机，分别由接触器 KM1、KM2 控制。SB1、SB2 为 M1 的停车、启动按钮，SB3、SB4 为 M2 的停车、启动按钮。在该电路图中，将接触器 KM1 的辅助动合触点串入接触器 KM2 的线圈电路中，这样当接触器 KM1 线圈通电，辅助动合触点闭合后，才允许 KM2 线圈通电，即电动机 M1 启动后才允许电动机 M2 启动。将主轴电动机接触器 KM2 的辅助动合触点并联在油泵电动机 M1 的停止按钮 SB1 两端，同样当主轴电动机 M2 启动后，SB1 被 KM2 的辅助动合触点短路，不起作用，直到控制主轴电动机的接触器 KM2 断电，油泵停止按钮 SB1 才能起到断开接触器 KM1 线圈电路的作用，油泵电动机才能停止转动，从而实现了按顺序启动、按顺序停止的联锁控制。

从以上分析，可以得到顺序控制电路的一般原则：

(1) 当要求甲接触器线圈通电后才允许乙接触器线圈通电，则在乙接触线圈电路中串入甲接触器的辅助动合触点。

(2) 当要求乙接触器线圈断电后才允许甲接触器线圈断电，则将乙接触器的辅助动合触点并联在甲接触器的停止按钮两端。

2) 两台电动机启、停的先后顺序

两台电动机 M1(如油泵电动机)和 M2(如主轴电动机)，要求 M1 启动后，M2 才能启动；M1 停车后，M2 立即停止；M1 运行时，M2 可以单独停止。其控制电路如图 2-18(a)所示。

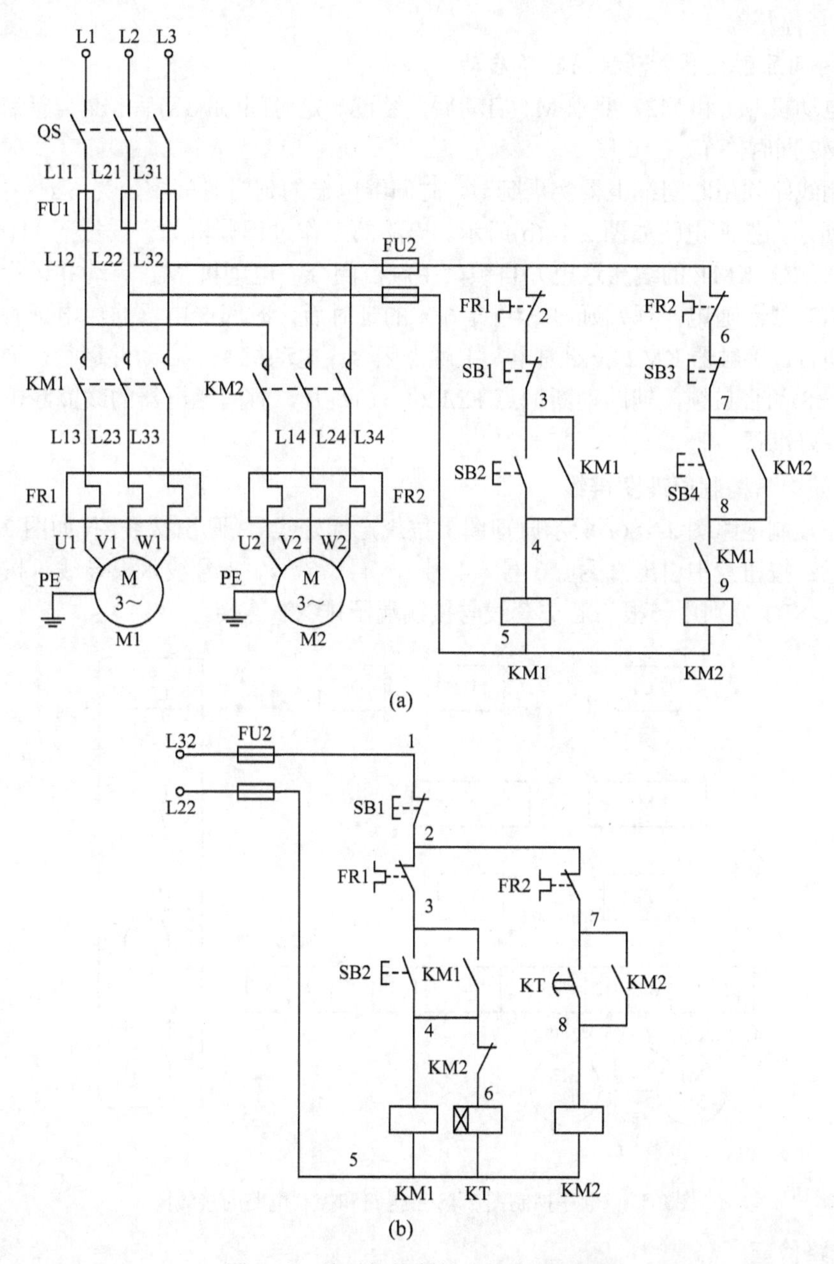

图 2-18　按时间控制的电气控制原理图

图 2-18(a)中将接触器 KM1 的辅助动合触点串入接触器 KM2 的线圈电路。这样就保证

了只有在控制电动机 M1 的接触器 KM1 吸合，辅助动合触点 KM1(8—9)闭合后，再按下 SB4 才能使 KM2 的线圈通电动作，主触点闭合使电动机 M2 启动，实现了电动机 M1 先启动，而 M2 后启动的目的。

在停车时，按下 SB1，KM1 线圈断电，主触点断开，使电动机 M1 停止转动，同时 KM1 的辅助动合触点 KM1(3—4)断开，切断自锁电路，KM1 的辅助动合触点 KM1(8—9)断开，使 KM2 线圈断电释放，主触点断开，电动机 M2 断电而停转。实现电动机 M1 停止后，电动机 M2 立即停止。当电动机 M1 运行时，按下电动机 M2 的停止按钮 SB3，电动机 M2 可以单独停止。

3) 按时间原则控制电动机的顺序启动

两台电动机 M1 和 M2，要求 M1 启动后，经过一定时间(如 6 s)后 M2 自行启动，但要求 M1 和 M2 同时停车。

该控制线路须用时间继电器实现延时，时间继电器的延时时间整定为 6 s，主电路仍如图 2-18(a)所示，控制电路如图 2-18(b)所示。电路的工作过程分析如下：按下 M1 的启动按钮 SB2，接触器 KM1 的线圈通电并自锁，主触点闭合，电动机 M1 启动并运行，同时时间继电器 KT 线圈通电，开始延时。经过 6 s 的延时后，时间继电器的通电延时动合触点 KT(7—8)闭合，接触器 KM2 线圈通电，主触点闭合，电动机 M2 启动并运行，辅助动合触点 KM2(7—8)闭合自锁，辅助动断触点 KM2(4—6)断开，时间继电器的线圈断电，为下次实现延时做好准备。

2. 按照电气控制原理图接线

在顺序控制电路图 2-18(a)所示原理图上按规定标好线号，画出接线图，如图 2-19 所示。接线时注意：按钮盒中引出 2 号、3 号、4 号、6 号、7 号、8 号线六根导线，按钮 SB1、SB2、SB3、SB4 分别用一根三芯护套线与接线端子排 XT 连接。

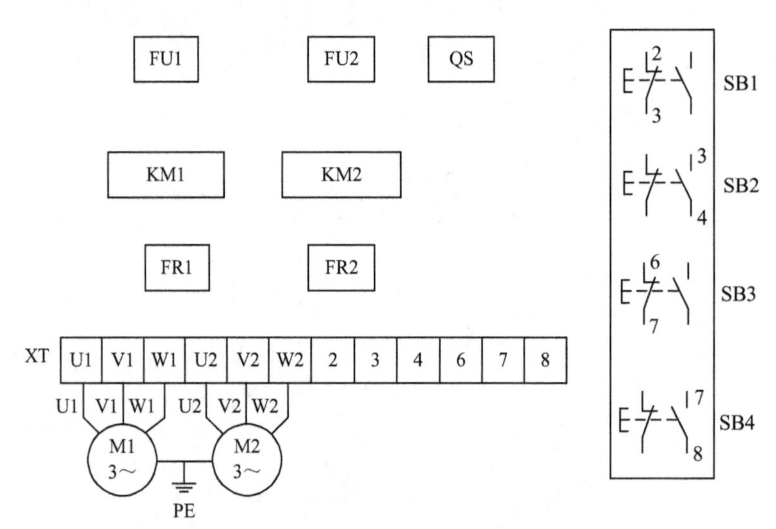

图 2-19　顺序控制图 2-18 主电路和控制电路的接线图

3. 线路检查

对图 2-18 所示主电路与控制电路接线完成后，先进行常规检查。对照原理图逐线核对

检查。用手拨动各接线端子处接线，排除虚接故障；然后断开 QS，在断电的情况下，摘下接触器灭弧罩，用万用表电阻挡($R\times1$)检查短路或断路。先检查主电路，再检查控制电路，方法同前。重点检查控制电路中顺序控制的触点：首先将万用表的一只表笔放在 SB3 的上端，另一只表笔放在 KM2 线圈的下端，按下按钮 SB4，此时应该为断开；然后按下接触器 KM1 的触点支架，再按下 SB4，应测得 KM2 线圈的电阻值，即电路为接通状态；最后松开 KM1 的触点支架，电路断开。

4．通电试车

完成上述各项检查工作以后，再检查三相电源，将接触器灭弧罩装好，把热继电器电流整定值及时间继电器的整定值按电动机的需要调节好，在确认线路无误的情况下通电试车。

试车方法同前。

三、活动回顾与拓展

(1) 自己设计出符合要求的顺序控制的电气控制原理图。

(2) 对照图 2-18(a)所示的原理图完成标号、接线、线路检查和通电试车。

活动 6　正反转控制线路

一、活动目标

(1) 熟悉电气互锁的目的和方法。

(2) 掌握按钮、电气双重互锁的目的及方法。

(3) 熟悉正反转控制线路的分析方法。

(4) 能按正反转控制线路的原理图接线。

(5) 掌握正反转控制线路的检查和试车方法。

(6) 熟悉正反转控制线路的常见故障现象及处理方法。

二、活动内容

1. 正反转控制线路

1) 电气互锁的正反转控制线路

有些生产工艺常常要求生产机械能够进行上、下，左、右，前、后等相反方向的运动，这就要求拖动该生产机械设备的电动机能够正、反向转动。而三相交流电动机可借助两个接触器改变定子绕组相序来实现正、反向转动。

图 2-20 所示为三相异步电动机实现正、反转的控制线路。图中，KM1、KM2 分别为控制电动机正、反转的接触器，对应主触点接线相序分别是，KM1 按 U—V—W 相序接线，KM2 按 W—V—U 相序接线，即将 U、W 两相对调，所以两个接触器分别通电吸合时，电动机的旋转方向相反，从而实现电动机的可逆运转。

图 2-20 所示控制线路尽管能够完成正反转控制，但在按下正转启动按钮 SB2 时，KM1 线圈通电并且自锁，接通正序电源，电动机启动正转。若出现操作错误，即在按下正转启

动按钮 SB2 的同时又按下反转启动按钮 SB3，KM2 线圈通电并自锁，这样会在主电路中发生 U、W 两相电源短路事故。

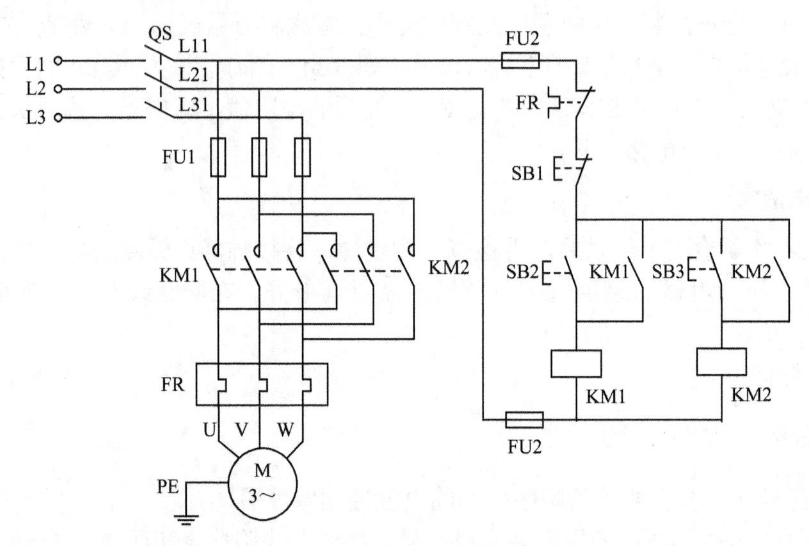

图 2-20　用电气方法实现正反转的电气控制原理图

为了避免这种电源短路事故发生，就要保证控制电动机正反转的两个接触器线圈不能同时通电吸合，即在同一时间内只允许两个接触器中有且只有一个通电，把这种控制称为接触器的互锁或联锁。图 2-21 所示为带接触器联锁或互锁保护的正、反转控制线路。在正、反转控制的两个接触器线圈电路中互串对方的一对辅助动断触点，这对辅助动断触点称为互锁触点或联锁触点。这样当按下正转启动按钮 SB2 时，正转接触器 KM1 线圈通电，主触点闭合，电动机启动正转运行。同时，由于 KM1 的辅助动断触点 KM1(7—8)断开，切断了反转接触器 KM2 的线圈电路，这样，即使按下反转启动按钮 SB3，也不会使反转接触器 KM2 的线圈通电工作。同理，在反转接触器 KM2 动作后，也保证了正转接触器 KM1 的线圈电路不能同时工作。

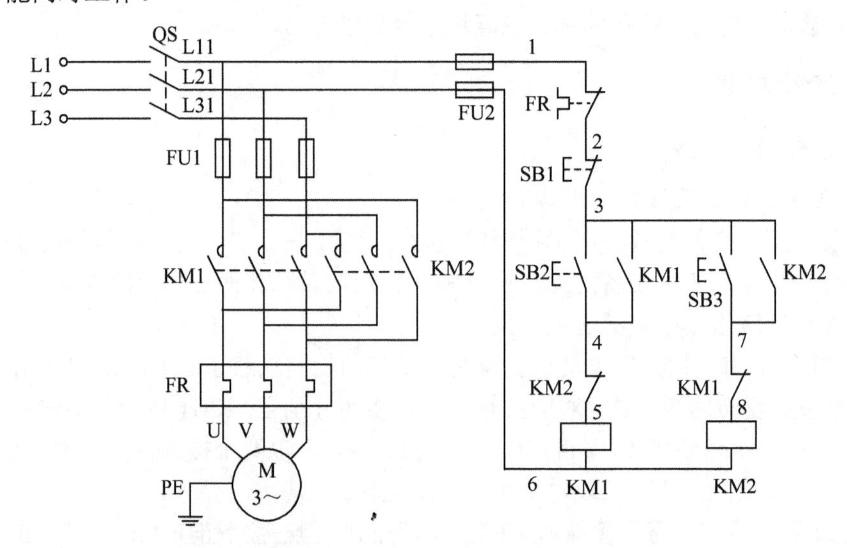

图 2-21　用电气互锁实现正反转的电气控制原理图

电路的工作过程分析如下：合上刀开关QS，正向启动时，按下正向启动按钮SB2，则控制正转的接触器KM1线圈通电，辅助动断触点KM1(7—8)断开，实现互锁；KM1主触点闭合，电动机M正向启动运行；辅助动合触点KM1(3—4)闭合，实现自锁。当反向启动时，按下停止按钮SB1，则接触器KM1线圈失电，辅助动合触点KM1(3—4)断开，切除自锁；KM1主触点断开，电动机断电；KM1(7—8)辅助动断触点闭合。若再按下反转启动按钮SB3，接触器KM2线圈通电，辅助动断触点KM2(4—5)断开，实现互锁；KM2主触点闭合，电动机M反向启动；辅助动合触点KM2(3—7)闭合，实现自锁。

由上述分析，可以得出互锁控制线路设计的基本方法如下：

(1) 当要求甲接触器线圈通电，乙接触器线圈不能通电时，则在乙接触器的线圈电路中串入甲接触器的辅助动断触点。

(2) 当要求甲接触器的线圈通电时乙接触器线圈不能通电，而乙接触器线圈通电时甲接触器线圈也不能通电，则在两个接触器线圈电路中互串对方的辅助动断触点。

2) 电气、按钮双重互锁的正反转控制线路

在图2-21所示的接触器正、反转互锁电气控制线路中，如果只有电气互锁的正反转控制，则实现电动机由正转变反转或由反转变正转的操作中，必须先停电动机，再进行反向或正向启动的控制，这样不便于操作。为此在图2-21所示控制线路的基础上，采用复合按钮，用启动按钮的动断触点构成按钮互锁，设计了具有按钮、电气双重互锁的正反转控制电路(如图2-22所示)，以实现电动机直接由正转变为反转或者由反转直接变为正转。该电路既可以实现正转→停止→反转、反转→停止→正转的操作，又可以实现正转→反转→停止、反转→正转→停止的操作。

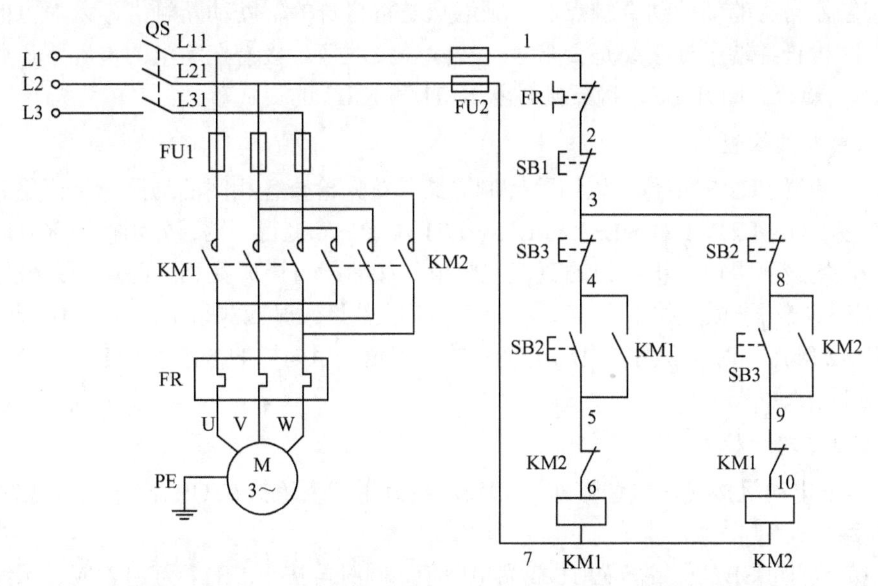

图2-22　电气按钮双重互锁实现正反转的电气控制原理图

图2-22中，仍采用了由接触器动断触点组成的电气互锁，并添加了由按钮SB2和SB3的动断触点组成的机械互锁。这样，当电动机由正转变为反转时，只需按下反转启动按钮SB3，便会通过SB3的辅助动断触点断开KM1线圈电路，KM1起互锁作用的触点闭合，接通KM2线圈控制电路，实现电动机反转运行。

注意：在此类控制电路中，复式按钮不能取代电气联锁触点。这是因为，当主电路中某一接触器的主触点发生熔焊即一对触点的动触点和静触点烧蚀在一起的故障时，由于相同的机械连接，使得该接触器的动合、辅助动断触点在线圈断电时不复位，即接触器的辅助动断触点处于断开状态，这样就可防止在操作者不知出现熔焊故障的情况下将反方向旋转的接触器线圈通电，使主触点闭合而造成电源短路故障，这种保护作用只采用复式按钮是无法实现的。

该线路是一种典型的既能实现电动机直接正、反转控制的要求，又能保证电路可靠工作的控制线路，因此常用在电力拖动控制系统中。

2．按照电气控制原理图接线

接线时应注意：

(1) 主电路从 QS 到接线端子排 XT 之间的走线方式与全压启动线路完全相同。两只接触器主触点端子之间的连线可直接在主触点所在位置的平面内走线，不必靠近安装底板，以减少导线的弯折。

(2) 在对控制电路进行接线时，可先接好两只接触器的自锁电路，然后连接按钮联锁线，核对检查无误后，再连接辅助触点联锁线。每接一条线，在图上标出一个记号，随做随核查，避免漏接、错接和重复接线。

3．线路检查

首先按照原理图、接线图逐线核对检查。主要检查主电路两只接触器 KM1 和 KM2 之间的换相线，控制电路的自锁、按钮互锁及接触器辅助触点的互锁线路。特别注意，自锁触点用接触器自身的辅助动合触点，互锁触点是将自身的辅助动断触点串入对方的线圈电路中。同时检查各端子处接线是否牢靠，排除虚接故障。接着在断电的情况下，用万用表电阻挡($R\times1$)检查。断开 QS，摘下接触器 KM1 和 KM2 的灭弧罩。

1) 主电路的检查

取下熔断器 FU2 的熔体，以切除控制电路。首先检查各相间的通路，将万用表的两支表笔分别接 L11～L21、L21～L31 和 L11～L31 端子，应测得断路；分别按下 KM1 和 KM2 的触点架，均应测得电动机绕组的直流电阻值。接着检查电源换相通路，两只表笔分别接 L11 端子和接线端子板上的 U 端子，按下 KM1 的触点架时应测得 R 接近于 0；松开 KM1 而按下 KM2 触点架时，应测得电动机绕组的电阻值。用同样的方法测量 L21 与 V 相、L31 与 W 相之间的通路。

2) 控制电路的检查

(1) 拆下电动机接线，接通熔断器 FU2，将万用表表笔接在 QS 下端 L11、L21 端子，应测得断路。

(2) 按下按钮 SB2 应测得 KM1 线圈电阻值，同时再按下 SB1，万用表应显示线路由通到断。这是检查正转停车控制，用同样的方法可以检查反转停车控制线路。

(3) 按下 KM1 触点支架如测得 KM1 线圈电阻值，说明自锁电路正常。用同样的方法检查 KM2 线圈的自锁电路。

(4) 检查电气互锁电路。按下按钮 SB2 或接触器 KM1 触点架，测得 KM1 线圈电阻值

后，再同时按下接触器KM2触点架使辅助动断触点断开，万用表应显示线路由通到断，说明KM2的电气互锁触点功能正常。用同样的方法检查KM1对KM2的互锁作用。

(5) 检查按钮互锁电路。按下SB2或接触器KM1触点架，测得KM1线圈电阻值后，再同时按下反转启动按钮SB3，万用表应显示线路由通到断，说明SB3机械互锁按钮工作正常。用同样的方法检查SB2的机械互锁按钮工作情况。

4. 通电试车

上述检查一切正常后，检查三相电源，装好接触器的灭弧罩，在确认无误的情况下通电试车。

1) 空操作试车

拆下电动机接线，合上刀开关QS。

检查正转→反转→停止、反转→正转→停止的操作。按一下SB2，KM1应立即动作并能保持吸合状态，按下SB3，KM1应立即释放，将SB3按到底后松开，KM2动作并保持吸合状态；按下SB2，KM2应立即释放，将SB2按到底后松开，KM1动作并保持吸合状态；按下SB1，接触器释放。注意：操作时注意听接触器动作的声音，检查互锁按钮动作是否可靠，操作按钮时，速度要慢。

2) 空载试车

切断电源后接好电动机接线，合上刀开关试车，操作方法同空操作试车。注意观察电动机启动时的转向和运行声音，如有异常应立即停车检查。

5. 线路常见故障现象及处理方法

(1) 故障现象：按下按钮SB2，接触器KM1动作，但松开按钮SB2时接触器KM1线圈断电，按下按钮SB3接触器KM2动作，松开按钮SB3，接触器KM2线圈断电。其产生的可能原因及处理方法如下：

产生的可能原因	处 理 方 法
将KM1辅助动合触点并接在SB3动合按钮上，KM2的辅助动合触点并接到SB2的动合按钮上，导致KM1、KM2均不能实现自锁，如图2-23(a)所示	查找错接的线，并重新接线

(2) 故障现象：按下按钮SB2，接触器KM1剧烈振动，主触点严重起弧，电动机时转时停；松开SB2则KM1释放。按下SB3时KM2的现象与KM1相同。因为当按下按钮时，接触器通电动作后，动断互锁触点断开，切断自身线圈电路，造成线圈失电，触点复位，又使线圈通电而动作，接触器将不断地接通、断开，进而产生振动。其产生的可能原因及处理方法如下：

产生的可能原因	处 理 方 法
将KM1的辅助动断互锁触点接入KM1的线圈回路，将KM2的辅助动断互锁触点接入KM2的线圈回路，如图2-23(b)所示	认真检查并按原理图重新接线

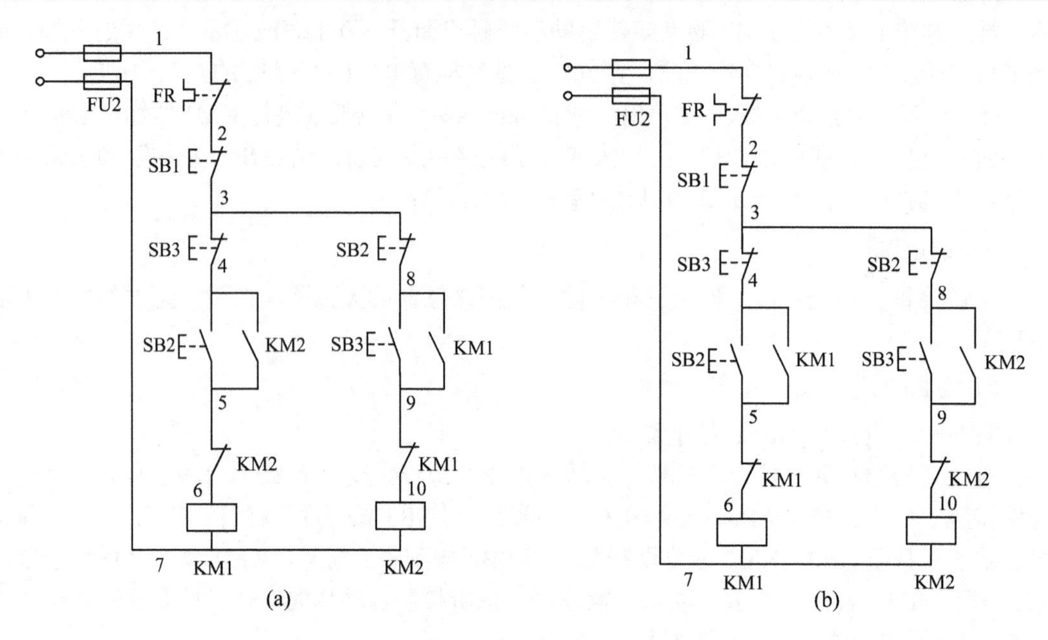

图 2-23　常见故障现象图

三、活动回顾与拓展

(1) 分析图 2-22 所示电气控制线路原理图。
(2) 按照图 2-22 所示控制线路原理图接线、检查线路并通电试车。
(3) 在老师人为设置故障的情况下，对照图 2-22 进行故障分析与处理。

任务四　行程控制线路分析与故障处理

活动 1　行程控制线路

一、活动目标

(1) 熟悉限位控制、自动往复循环控制的目的及方法。
(2) 熟悉限位控制、自动往复循环控制的控制线路的分析方法。
(3) 能按限位控制、自动往复循环控制的控制线路原理图接线。
(4) 掌握限位控制、自动往复循环控制的线路检查和试车方法。
(5) 掌握限位控制、自动往复循环控制的控制线路的常见故障现象及故障排除方法。

二、活动内容

1. 限位控制线路分析

在生产过程中，有些机械设备，如钻床、镗床、铣床和桥式起重机等各种自动或半自动控制的机床设备经常需要运动部件有一定的行程或位置，或需要运动部件在一定范围内

自动往返工作，这种控制由行程开关来实现。限位控制是指电动机拖动的运动部件到达规定位置后自动停止，当按返回按钮时使机械设备返回到起始位置。停止信号是由安装在规定位置的行程开关发出的，当运动部件到达规定的位置时，挡铁压下行程开关，行程开关的动断触点断开，发出停止信号。手动限位控制线路如图 2-24 所示。

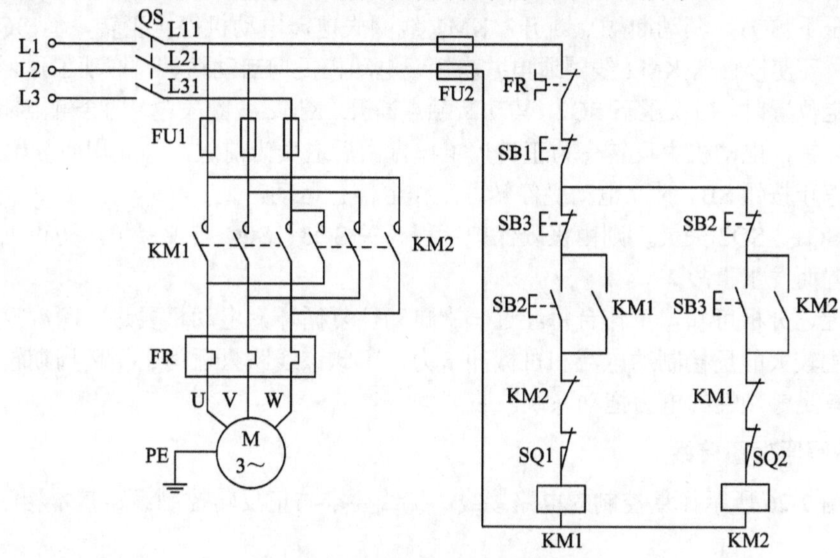

图 2-24　手动限位电气控制原理图

图 2-24 中，SB1 为停止按钮，SB2 为电动机正转启动按钮，SB3 为电动机反转启动按钮，SQ1 为前进到位行程开关，SQ2 为后退到位行程开关。

电路的工作过程分析如下：合上刀开关 QS，当按下正转启动按钮 SB2 时，接触器 KM1 线圈通电吸合，电动机正向启动并运行，拖动运动部件前进。到达规定位置后，运动部件的挡铁压下行程开关 SQ1，使 SQ1 的动断触点断开，KM1 线圈断电释放，电动机停止转动，运动部件停止在行程开关的安装位置。此时即使按下按钮 SB2，接触器 KM1 线圈也不会通电，电动机也就不会正向启动。当需要运动部件后退、电动机反转时，按下反转启动按钮 SB3，接触器 KM2 线圈通电吸合，电动机反向启动运行，拖动运动部件后退，到达规定位置后，运动部件的挡铁压下行程开关 SQ2，使 SQ2 的动断触点断开，接触器 KM2 线圈断电释放，电动机停止转动，运动部件停止在行程开关的安装位置。由此可见，行程开关的动断触点相当于运动部件到位后的停止按钮。

2. 自动往复控制电路分析

实际生产中，生产机械设备实现往复运动，如机床的工作台、加热炉的加料设备等均需自动往复运行。自动往复的可逆运行常用行程开关来检测往复运动的相对位置，进而通过行程开关的触点控制正反转回路的切换，以实现生产机械的自动往复运动。

图 2-25 为自动往复循环控制线路示意图。工作台由电动机拖动，它通过机械传动机构向前或向后运动。在工作台上装有挡铁(如图 2-25 中的 A 和 B)，机床床身上装有行

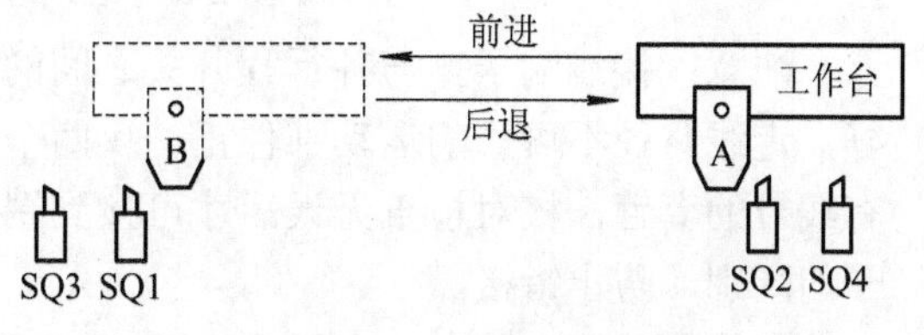

图 2-25　工作台往复运动示意图

程开关 SQ1～SQ4，挡铁分别和 SQ1～SQ4 碰撞，其中 SQ1、SQ2 用来控制工作台的自动往返，SQ3、SQ4 起左、右极限位置保护的作用。

自动往复运动的控制电路如图 2-26 所示。电路的工作过程分析如下：按下正向启动按钮 SB2，接触器 KM1 线圈通电并自锁，电动机正向旋转，拖动工作台前进。到达规定位置时，挡铁压下 SQ1，其动断触点断开，KM1 线圈失电，电动机停止正转，但 SQ1 的动合触点闭合，又使接触器 KM2 线圈通电并自锁，电动机反向启动运转，拖动工作台后退。当后退到规定位置时，挡铁压下 SQ2，其动断触点断开，KM2 线圈失电，动合触点闭合，KM1 又通电并自锁，电动机由反转变为正转，工作台由后退变为前进，如此周而复始地工作。

按下停止按钮 SB1 时，电动机停转，工作台停止运动。

如果 SQ1、SQ2 失灵，则由极限保护行程开关 SQ3、SQ4 实现保护，防止工作台因超出极限位置而发生事故。

通过上述分析可知，工作台每经过一次自动往复循环，电动机要进行两次反接制动过程，并产生较大的反接制动电流和机械冲击力，因此该线路只适用于循环周期较长而电动机转轴具有足够刚性的电力拖动系统。

3．按照原理图接线

按照图 2-26 所示往复控制的电路接线，接线要求与正反转控制线路基本相同。

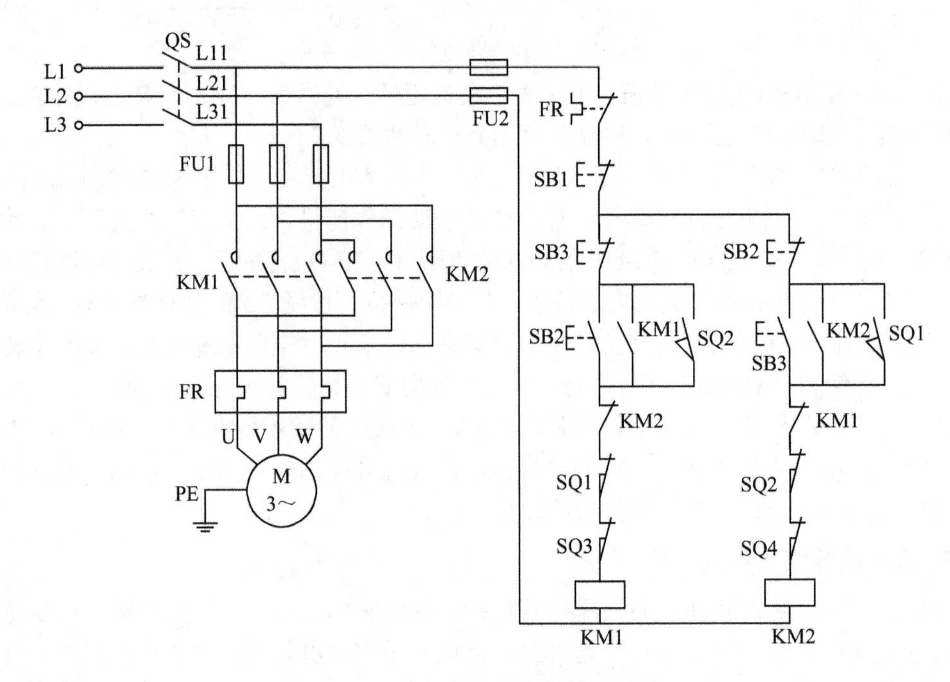

图 2-26　自动往复电气控制原理图

注意：接线端子排与各行程开关之间的连接线必须用护套线，走线时应将护套线固定好，走线路径不可影响运动部件正、反两个方向的运动。接线前先用万用表校线，套好标有线号的套管，核对检查无误后才可接到端子上。特别注意行程开关的动合、动断触点端子的区别，防止错接。

在控制线路中将左、右限位开关 SQ3 和 SQ4 的动断触点分别串在接触器 KM1、KM2

线圈电路中，这样就可以实现限位保护了。SQ1 和 SQ2 的作用是行程控制，而这两组开关不可装反，否则会引起错误动作。

4．线路检查

按照电气控制原理图和接线图逐线检查线路并排除虚接的情况。然后用万用表按规定的步骤检查。断开 QS，先检查主电路，再拆下电动机接线，检查控制电路的正/反转启动、自锁、按钮及辅助触点联锁等控制和保护作用(方法同双重联锁正反转控制线路)，排除发现的故障。完成上述各项后再做如下检查：

1) 检查限位控制

按下按钮 SB2 不松开或按下 KM1 触点架测得 KM1 线圈电阻值后，再按下行程开关 SQ3 的滚轮，使其动断触点断开，万用表应显示线路由通到断。接着按下 SB3 不松开或按下接触器 KM2 的触点架测得 KM2 线圈的电阻值后，再按下行程开关 SQ4 的滚轮，使其动断触点断开，万用表应显示线路由通到断。

2) 检查行程控制

按下按钮 SB2 不松开，测得接触器 KM1 线圈电阻值；再稍微按下 SQ1 的滚轮，使其动断触点分断，万用表应显示线路由通到断；将 SQ1 的滚轮按到底，万用表应显示线路由断而通，测得 KM2 线圈的电阻值。按下 SB3 不松开，应测得 KM2 线圈的电阻值；再稍微按下 SQ2 的滚轮，使其动断触点分断，万用表应显示线路由通到断；将 SQ2 的滚轮按到底，万用表应显示线路由断到通，测得接触器 KM1 线圈的电阻值。

5．通电试车

检查好三相电源后，装好接触器的灭弧罩，在确认一切完好的情况下通电试车。

1) 空操作试车

合上刀开关 QS，按照电气、机械联锁的正反转控制线路的试验步骤检查各控制、保护环节的动作。试验结果无误后，再按一下 SB2 使接触器 KM1 线圈通电并吸合，然后用绝缘棒按下 SQ3 的滚轮，使其动断触点分断，则接触器 KM1 因失电而释放。再按下 SB3 使 KM2 线圈通电而动作，同样，用绝缘棒按下 SQ4 滚轮，KM2 因失电而释放。反复试验几次，确保极限保护动作的可靠性。

按下 SB2 使 KM1 线圈通电动作后，用绝缘棒稍按 SQ1 滚轮，使其动断触点分断，KM1 衔铁释放，将 SQ1 滚轮按到底，则 KM2 通电动作；再用绝缘棒缓慢按下 SQ2 的滚轮，则应先后看到 KM2 衔铁释放，将 SQ2 滚轮按到底，则 KM1 通电动作。反复试验几次以后，确保行程控制动作的可靠性。

2) 空载试车和带负荷试车

先断开刀开关 QS，接好电动机接线，再合上刀开关 QS，做好立即停车的准备，然后做下面几项试验。

(1) 电动机转向试验。按下按钮 SB2，电动机启动，拖动设备上的运动部件开始移动。如果移动方向为前进即指向 SQ1，则符合要求；如果运动部件后退，则应立即断电停车，将刀开关 QS 上端子处任意两相电源线对调后，再接通电源试车。电动机的转向符合要求后，按下 SB3 使电动机拖动部件反向运动，并检查 KM2 的换相作用。

(2) 行程控制试验。做好立即停车的准备，正向启动电动机，运动部件前进；当部件移动到规定位置附近时，注意观察挡铁与行程开关SQ1滚轮的相对位置。SQ1被挡铁压下后，电动机应先停转再反转，运动部件后退。当部件移动到规定位置附近时，注意观察挡铁与行程开关SQ2滚轮的相对位置。SQ2被挡铁压下后，电动机应先停转再正转，运动部件前进。

如果部件到达行程开关且挡铁已将开关滚轮压下而电动机不能停车，应立即断电停车进行检查。主要检查该方向上行程开关的接线、触点及相关接触器触点的动作，排除故障后重新试车。

(3) 限位控制试验。启动电动机，在设备运行中用绝缘棒按压该方向上的极限保护行程开关，电动机应断电停车。否则应检查限位行程开关的接线及触点动作情况，排除故障。

(4) 正反向控制试验。方法同电气、机械联锁的正反转控制，试验检查SB1、SB2、SB3三个按钮的控制作用。

6. 线路常见故障现象及处理方法

(1) 故障现象：电动机启动后设备运行，运动部件到达规定位置、挡铁压下行程开关时接触器动作，行程开关动作的两只接触器可以切换，表明行程控制作用及接触器线圈所在的控制电路接线正确；但部件运动方向不改变，继续按原方向移动而不能返回。其产生的可能原因及处理方法如下：

产生的可能原因	处 理 方 法
主电路接错，KM1和KM2主触点接入线路时没有换相	重接主电路，进行换相连线后，重新试车

(2) 故障现象：挡铁压下行程开关后，电动机不停；检查接线没有错误，用万用表检查行程开关的动断触点动作情况以及电路连接情况均正常；在正反转试验时，按下或松开按钮SB1、SB2、SB3，电路工作正常。其产生的可能原因及处理方法如下：

产生的可能原因	处 理 方 法
运动部件的挡铁和行程开关滚轮的相对位置不符合要求，滚轮行程不够，造成行程开关动断触点不能分断，电动机不能停转	用手摇动电动机转轴，注意挡铁压下行程开关的情况。调整挡铁与行程开关的相对位置后，重新试车

三、活动回顾与拓展

(1) 分析图2-26所示的控制线路、按照原理图接线和通电试车。

(2) 对照图2-26所示的控制线路图，在老师人为设置故障的情况下，进行故障分析与处理。

活动2　行程控制线路实例

一、活动目标

(1) 进一步熟悉行程控制线路的分析方法。

(2) 熟悉几种典型电器元件在行程控制线路中的具体应用。

二、活动内容

1．钻孔加工过程自动控制线路分析

钻床的钻头与刀架分别由两台三相笼型异步电动机拖动。图 2-27 所示为钻削加工钻头工作示意图，工作过程要求钻头能够由 A 位置移动到 B 位置，进行无进给切削。当孔的内表面精度钻削达到要求后，电动机拖动刀架自动返回到使钻头到达 A 位置并停车。

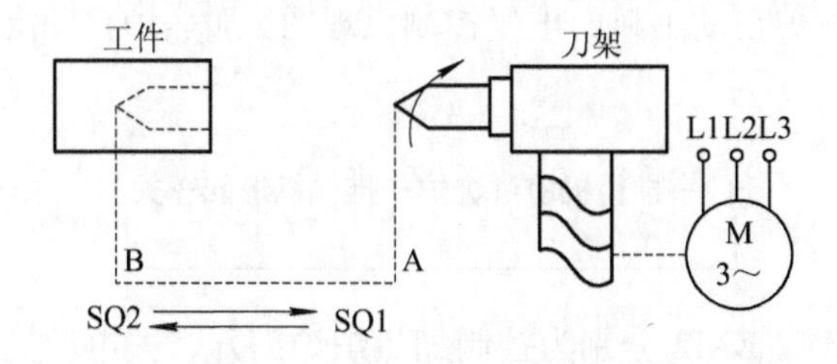

图 2-27　刀架自动循环示意图

如图 2-28 所示为刀架自动循环无进给切削的电气控制原理图。图中，SQ1、SQ2 分别为安装于 A、B 位置的行程开关，KM1、KM2 为拖动刀架运行电动机的正、反转接触器。为了提高加工精度，当钻头移动到 B 位置时，要求在无进给情况下进行磨光，磨光后钻头退回 A 位置时，使拖动刀架的电动机停车。该过程的变化参量有工件内圆的表面光洁程度和时间，虽然切削表面的光洁度是最理想的变化参量，但由于不易直接测量，为此常采用切削时间来表征无进给切削过程，即用通电延时型时间继电器间接测量无进给切削时间。

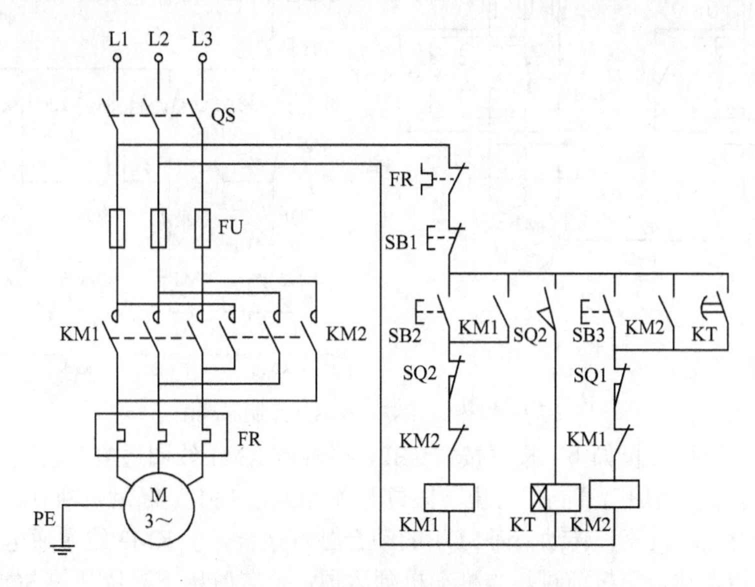

图 2-28　无进给切削电气控制原理图

电路的工作过程分析如下：启动时，按下启动按钮 SB2，接触器 KM1 线圈通电并自锁，电动机 M 正向运转，电动机拖动刀架前进；当钻头到达 B 位置时，钻头撞压行程开关 SQ2，SQ2 的动断触点断开，接触器 KM1 线圈断电，电动机 M 停止转动，刀架停止进给。但钻

头由另一台电动机（图中未出现该电动机）拖动继续旋转，同时，SQ2 的动合触点接通时间继电器 KT 的线圈电路，开始无进给切削计时；到达整定时间后，时间继电器 KT 动作，其延时动合触点闭合，使反向接触器 KM2 线圈通电并自锁，主触点闭合，电动机 M 反相序接通，刀架开始返回。钻头到达 A 位置时，钻头撞压行程开关 SQ1，SQ1 动断触点断开，KM2 线圈断电，电动机 M 停转，完成一个周期的工作。

本控制线路中所用的时间继电器延时值应根据无进给切削所需要的时间进行整定。

2. 加热炉自动上料控制线路分析

图 2-29 所示为加热炉自动上料的电气控制原理图。加热炉自动上料控制系统的工作过程表示如下：

开门→推料机前进进炉→推料机退回→关门

在图 2-29 中，KM1、KM2 分别为控制加热炉炉门开、关电动机 M1 正、反转的接触器，KM3、KM4 分别为控制推料机前进与返回电动机 M2 正、反转的接触器， SQ1 为炉门开到位时的限位开关，SQ2 为推料机进入到炉内预定位置的限位开关，SQ3 为推料机退出加热炉预定位置的限位开关，SQ4 为炉门关闭时的限位开关。注意：推料机在原位及炉门关闭时，压下限位开关 SQ4，其动合触点闭合，动断触点断开。

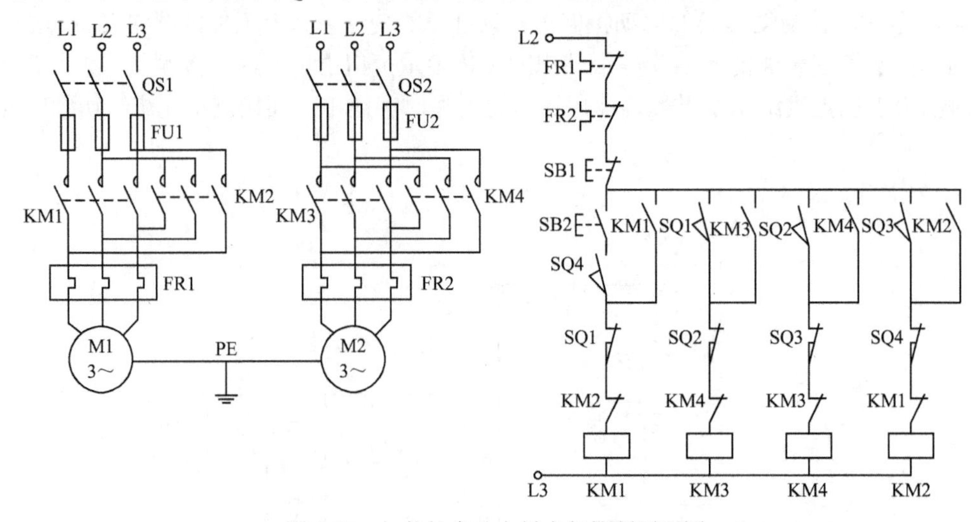

图 2-29 加热炉自动上料电气控制原理图

电路的工作过程分析如下：按下按钮 SB2，接触器 KM1 线圈通电并自锁，炉门电动机 M1 带动炉门打开。当炉门开到位时压下限位开关 SQ1，SQ1 动断触点断开，接触器 KM1 线圈断电，炉门电动机停止转动，而 SQ1 的动合触点闭合，使 KM3 线圈通电动作并自锁，推料电动机正转带动推料机前进。当推料机到达预定位置时压下限位开关 SQ2，SQ2 的动断触点断开，KM3 线圈断电，推料机停止，SQ2 的动合触点闭合，使 KM4 线圈通电动作并自锁，推料电动机反转带动推料机返回。当推料机退出到预定位置时压下限位开关 SQ3，SQ3 的动断触点断开，使 KM4 线圈断电，推料机停止，而 SQ3 的动合触点闭合，KM2 线圈通电动作并自锁，炉门电动机反转关门，门关到预定位置后压限位开关 SQ4，其动断触

点断开，KM2 线圈断电，炉门电动机停转，完成一个周期的工作，然后依次循环，进入下一周期。其转换是依靠行程开关的动合、动断触点实现的。

3. 横梁自动升降控制线路分析

横梁的用途广泛，最常见的是应用于龙门刨床和立式车床等机床中。在正常情况下横梁是夹紧在立柱上的，当要移动横梁时才将横梁从立柱上松开，而且移动到需要的位置后，再将横梁夹紧在立柱上。横梁常采用两台电动机控制，一台用于配合夹紧装置实现横梁夹紧与放松，另一台用于实现横梁在立柱上的上下移动。横梁移动对控制的要求如下：

(1) 横梁移动必须在工作台停止工作时才可进行。常采用在控制放松的接触器线圈电路中串联控制工作台的接触器辅助动断触点来实现。

(2) 为保证调整的准确性，横梁上升或下降的操作采用点动控制。

(3) 横梁的“放松→移动→自动夹紧”过程是在横梁上升或下降命令发出后自动完成的。

(4) 横梁升降必须采取上下极限保护。

横梁自动升降电气控制线路如图 2-30 所示。

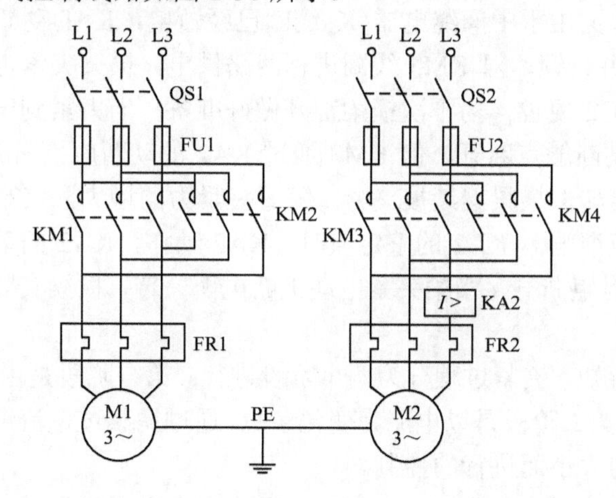

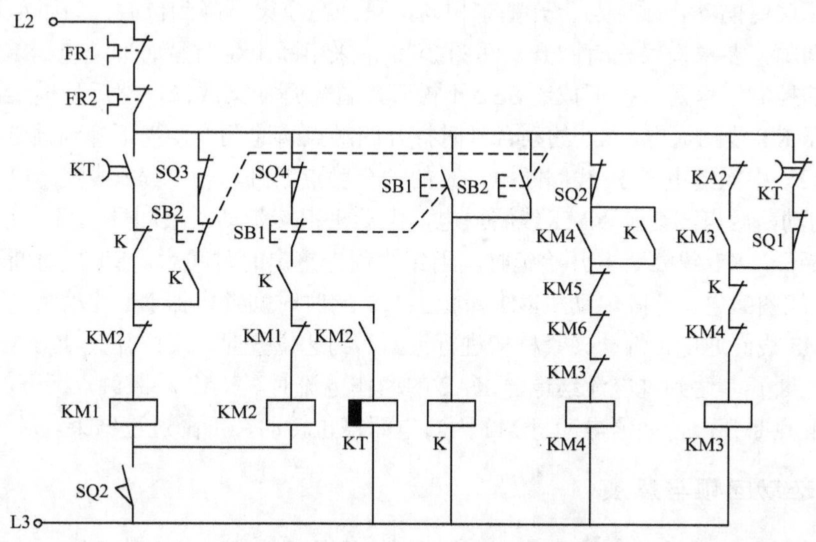

图 2-30　横梁自动升降电气控制原理图

图 2-30 中，KM1、KM2 分别为控制横梁上升与下降电动机 M1 的接触器，KM3、KM4 分别为控制横梁夹紧与放松电动机 M2 的接触器，K 为中间继电器，KA2 为过电流继电器，SQ1、SQ2 分别为夹紧与放松限位开关，SQ3、SQ4 为横梁升降限位开关，KM5、KM6 的辅助动断触点为工作台与横梁机构的联锁触点。当工作台运动时，KM5 或 KM6 的辅助动断触点断开，KM4 线圈不能通电，确保只有在工作台停止时才允许横梁移动。

电路的工作过程分析如下：横梁上升时，按下启动按钮 SB1 不松开，中间继电器 K 线圈通电，K 的动合触点闭合使接触器 KM4 线圈通电并自锁，KM4 的主触点闭合，使横梁夹紧电动机反转，横梁逐渐放松；当横梁放松到位时压下限位开关 SQ2，SQ2 的动断触点断开使 KM4 线圈断电，横梁夹紧电动机断电，放松动作完成；同时，SQ2 的动合触点闭合使 KM1 线圈通电动作，主触点闭合，横梁升降电动机启动正转，拖动横梁上升。

当横梁上升到位时，松开按钮 SB1，中间继电器 K 线圈断电，K 的动断触点断开，使接触器 KM1 线圈断电，KM1 主触点断开，横梁升降电动机由于断电而停止运转，此时横梁虽已不再上移了，但横梁仍处于放松状态，即限位开关 SQ2 仍处于被压下状态，SQ2 的动合触点仍然闭合，又由于中间继电器 K 线圈已经断电，K 的动断触点闭合，使接触器 KM3 线圈通电动作并自锁，对 KM3 线圈进行两路供电，横梁夹紧电动机正转，拖动夹紧机构将横梁夹紧，SQ2 复位，为下次横梁上升做好准备；当夹紧到一定程度时，压下限位开关 SQ1，SQ1 的动断触点断开，但 KM3 通过 KA2 的动断触点与 KM3 动合触点这一路供电，电动机继续旋转，横梁继续被夹紧。随着夹紧力的增大，夹紧电动机定子绕组电流增大，当达到过电流继电器 KA2 的整定值时，KA2 动作，KA2 的动断触点断开，接触器 KM3 线圈断电，主触点断开，横梁夹紧电动机断电而停转，横梁夹紧自动完成，横梁上升过程结束。

通过上述分析可知，夹紧过程分为两个阶段进行：第一阶段是由行程开关 SQ1 进行位置检测的行程控制；第二阶段是以电流为变化参量，通过调整过电流继电器 KA2 的动作值，就间接地调整夹紧力大小而进行的控制。

横梁下降时的动作顺序与上升基本相同，只是在横梁下降到位时，为了尽量减少丝杠与螺母的间隙，要求横梁稍有回升，在图 2-30 中采用断电延时型时间继电器 KT 作回升控制。具体的控制过程是：按下按钮 SB2 不松开，首先是横梁放松，然后是横梁下降，同时时间继电器 KT 线圈通电，KT 的动合延时打开的触点瞬时闭合。当下降到预定位置时，松开按钮 SB2，中间继电器 K 线圈断电，K 的动合触点断开，使 KM2 线圈断电。一方面由于 KM2 的动断触点闭合使 KM1 线圈通电，电动机正转带动横梁回升；另一方面 KM2 的动合触点断开，KT 线圈断电开始延时，当到达预先整定的时间后，KT 延时断开的触点断开使 KM1 线圈断电，升降电动机 M1 停止上升。同时时间继电器 KT 的动断延时闭合触点闭合使 KM3 线圈通电，带动夹紧机构进行夹紧，到达位置时，限位开关 SQ1 被压下，SQ1 的动断触点断开，达到过电流继电器 KA2 的动作电流时，KA2 动断触点断开，KM3 线圈断电，主触点断开，使夹紧电动机 M2 因断电而停止转动，下降过程结束。

三、活动回顾与拓展

(1) 按照图 2-28 所示的电气控制原理图标好线号、接线，并对线路进行检查。

(2) 在线路检查无误的基础上，进行空操作试车和空载试车。

(3) 对照图2-28所示的控制线路图，在老师人为设置故障的情况下，进行故障分析与处理。

任务五　三相异步电动机启动控制线路分析与故障处理

活动1　三相笼型异步电动机降压启动的控制线路分析

一、活动目标

(1) 熟悉降压启动的目的及方法。

(2) 熟悉三相笼型异步电动机定子串电阻或串电抗器降压启动、自耦变压器降压启动、星形-三角形降压启动的控制线路的分析方法。

(3) 能按星形-三角形控制线路的原理图接线。

(4) 掌握星形-三角形控制线路的检查和试车方法，熟悉其常见故障现象及排除方法。

(5) 了解软启动控制线路的分析方法及适用场合。

二、活动内容

三相笼型异步电动机容量在10 kW以上时，常采用降压启动，降压启动的目的是限制启动电流。启动时，通过启动设备使加到电动机定子绕组两端的电压小于电动机的额定电压，启动结束时，将电动机定子绕组两端的电压升至电动机的额定电压，使电动机在额定电压下运行。降压启动虽然限制了启动电流，但是由于启动转矩和电压的平方成正比，因此降压启动时，电动机的启动转矩也随之减小了，所以降压启动多用于空载或轻载启动。

降压启动的方法很多，常用的有定子串电阻降压启动、定子串电抗器降压启动、定子串自耦变压器降压启动、星形-三角形降压启动等。无论哪种方法，对控制的要求是相同的，即给出启动信号后，先降压，当电动机转速接近额定转速时再加至额定电压，在启动过程中，转速、电流、时间等参量都发生变化，原则上这些变化参量都可以作为启动的控制信号。但是由于以转速和电流为变化参量控制电动机启动受负载变化、电网电压波动的影响较大，常造成启动失败，而采用以时间为变化参量控制电动机启动，换接是靠时间继电器的动作，负载变化或电网电压波动都不会影响时间继电器的整定时间，可以按时切换，不会造成启动失败。所以，控制电动机启动，大多采用以时间为变化参量来进行控制，且用通电延时型时间继电器。

1. 定子串电阻(或电抗器)的降压启动

1) 工作原理

三相笼型异步电动机定子串电阻降压启动电气控制原理图如图2-31所示，电动机启动时在三相定子绕组中串接电阻，使定子绕组上的电压降低，启动结束后再将电阻短接，使电动机在额定电压下运行。该线路是根据启动过程中时间的变化，利用时间继电器控制降压电阻的切除，时间继电器的延时时间按启动过程所需时间整定。

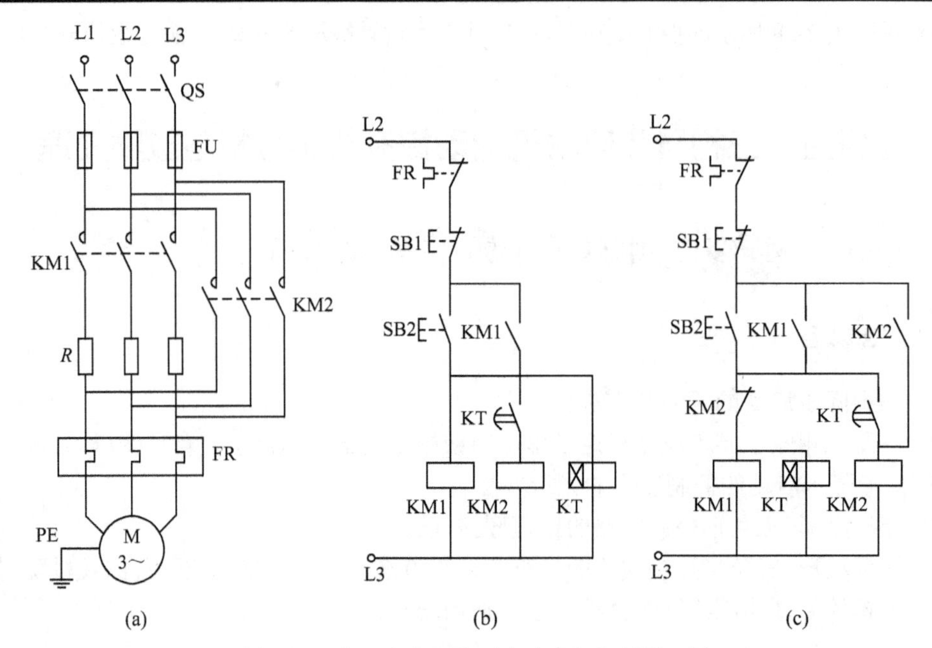

图 2-31　定子串电阻降压启动电气控制原理图

2) 控制线路分析

合上电源刀开关 QS，按下控制电路图 2-31(b)中的启动按钮 SB2，接触器 KM1 线圈通电并自锁，同时，时间继电器 KT 通电开始计时，电动机定子绕组在串入电阻 R 的情况下启动，当达到时间继电器 KT 的整定值时，KT 的延时动合触点闭合，使接触器 KM2 通电吸合，KM2 的三对主触点闭合，将启动电阻 R 短接，电动机在额定电压下进入稳定正常运转。

如果使用图 2-31(b)的设计，KM1、KT 只是在电动机启动过程中起作用，但如果不采取措施而使其在电动机运行过程中也一直通电，这样不但消耗了电能，而且增加了出现故障的可能性。为此常采用如图 2-31(c)所示的控制电路，在接触器 KM1 和时间继电器 KT 的线圈电路中串入接触器 KM2 的动断触点，这样当 KM2 线圈通电时，KM2 的辅助动断触点断开，使 KM1、KT 线圈断电，以达到减少能量损耗，延长接触器、继电器的使用寿命和减少故障的目的。接触器 KM2 的自锁环节是为了使电动机连续运转。

定子串电阻降压启动方法的优点是按时间原则控制电阻的切除，动作可靠，提高了电动机的功率因素，有利于电网作业，电阻的价格低廉，启动设备简单，在中小型生产机械设备上应用广泛。缺点是定子串电阻降压启动时电阻产生的能量损耗较大，为了节省能量可采用电抗器代替电阻，但其成本较高。它的控制线路与电动机定子串电阻的控制线路相同，在此不再分析。

2. 自耦变压器降压启动

1) 工作原理

自耦变压器降压启动是通过自耦变压器把电压降低后，再加到电动机的定子绕组上，以达到减小启动电流的目的。启动时电源电压接到自耦变压器的一次侧，改变自耦变压器抽头的位置可以获得不同的二次电压，自耦变压器有 85%、80%、65%、60%和 40%等抽头，启动时将自耦变压器二次侧接到电动机定子绕组上，电动机定子绕组得到的电压即为

自耦变压器不同抽头所对应的二次电压。当启动完毕时，自耦变压器被切除，额定电压直接加到电动机定子绕组上，使电动机在额定电压下正常运行。

2) 控制线路分析

用三个接触器控制的自耦变压器降压启动电气控制原理如图 2-32 所示，其中 KM1、KM2 为降压接触器，KM3 为正常运行时的接触器，KT 为通电延时型时间继电器，K 为中间继电器。

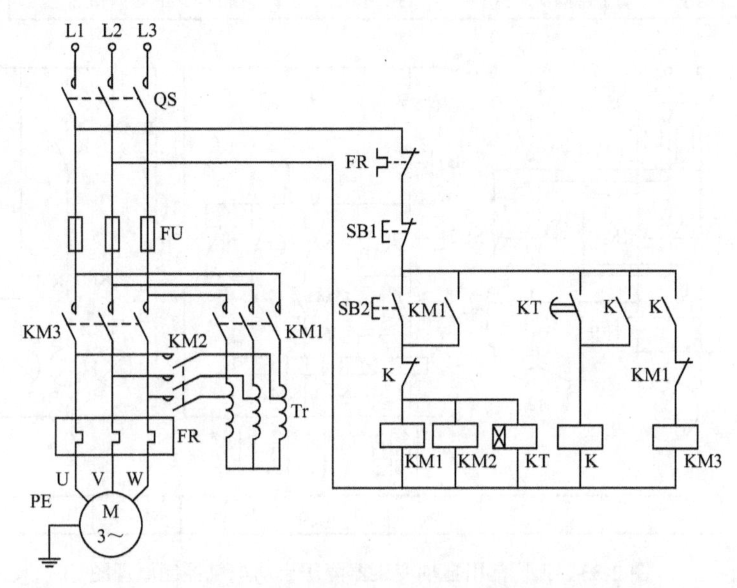

图 2-32　自耦变压器降压启动电气控制原理图

电路的工作过程分析如下：合上电源开关 QS，按下启动按钮 SB2，接触器 KM1、KM2、KT 的线圈通电并通过 KM1 的辅助动合触点自锁，KM1、KM2 的主触点闭合将自耦变压器接入电源和电动机之间，电动机定子绕组从自耦变压器的二次侧获得降压电压使电动机启动，同时，时间继电器 KT 开始延时。当电动机转速上升到接近额定转速时，对应的时间继电器 KT 延时结束，KT 延时动合触点闭合，使中间继电器 K 通电动作并自锁，中间继电器 K 的动断触点断开使 KM1、KM2、KT 的线圈均断电，将自耦变压器从电源和电动机间切除，K 的动合触点闭合使接触器 KM3 线圈通电动作，主触点闭合接通电动机主电路，使电动机在额定电压下运行。

自耦变压器降压启动的优点是：适用于正常工作时电动机定子绕组接成星形或三角形、电动机容量较大、启动转矩可以通过改变抽头的连接位置得到改变的情况；其缺点是不允许频繁启动，价格较贵，而且只用于 10 kW 以上的三相笼型异步电动机。

图 2-33 所示为用两个接触器控制的工厂常用自耦变压器降压启动电气控制原理图。图中，指示灯 HL1、HL2、HL3 分别用于电动机正常运行、降压启动及停车指示。

电路的工作过程分析如下：启动时，合上电源开关 QS，按下启动按钮 SB2，接触器 KM1 线圈和时间继电器 KT 线圈同时通电，KM1 的主触点闭合将自耦变压器 Tr 接入电动机主电路，互锁触点断开，切断接触器 KM2 线圈电路，并使自耦变压器作星形连接，电动机由自耦变压器二次侧供电实现降压启动，KM1 的两个辅助动合触点一个用于自锁，一个用于接通指示灯 HL2。KM1 的辅助动断触点断开使指示灯 HL3 熄灭，同时 KT 开始延时，当电动机转速上升到接近额定转速时，对应的时间继电器 KT 延时时间到，KT 的延时动合触点闭合，中间继电器 K 线圈通电，K 的动断触点断开，使接触器 KM1 线圈断电，HL2 熄灭，主触点断开，切除自耦变压器，KM1 的动断触点闭合，而中间继电器 K 的动合触点已经闭合，为此接通 KM2 的线圈电路，KM2 的主触点闭合接通电动机主电路，使电动机在额定电压下运行，KM2 的辅助动合触点闭合接通指示灯 HL1。

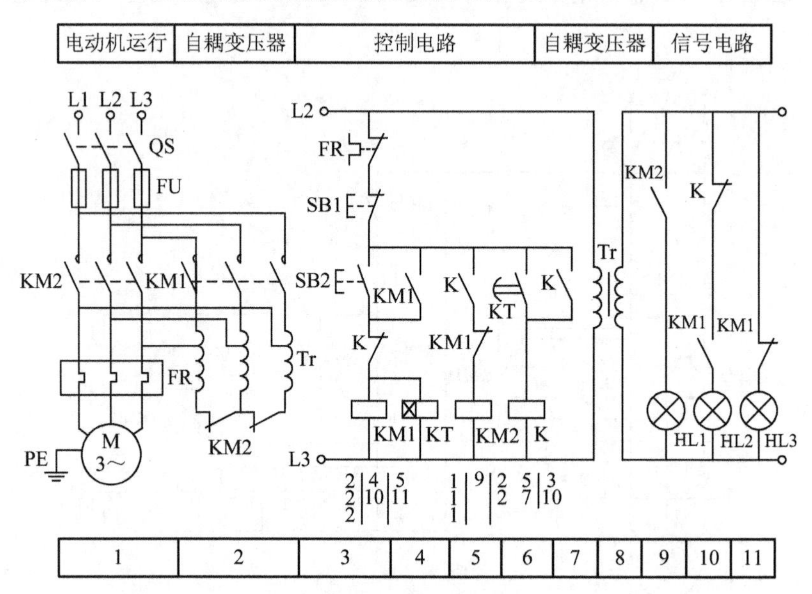

图 2-33　工厂常用自耦变压器降压启动电气控制原理图

这种启动方法的优点是：对定子绕组采用星形或三角形接法的电动机都适用，可以获得较大的启动转矩，根据需要选用自耦变压器二次侧的抽头；其缺点是设备体积大。

3. 星形-三角形降压启动

对于正常运行时定子绕组为三角形连接的三相笼型异步电动机，可采用星形-三角形降压启动方法来达到限制启动电流的目的。

1) 工作原理

电动机启动时，首先将定子绕组暂时连接为星形，在该启动过程中，每相绕组上的电压为全压启动时的$1/\sqrt{3}$，启动电流为全压启动时的 1/3，启动转矩是全压启动时的 1/3，达到了降压启动的目的。当启动完毕，电动机转速达到额定转速时，再将电动机定子绕组改接为三角形连接，使电动机在额定电压下运行。

2) 控制线路分析

图 2-34 是三相笼型异步电动机星形-三角形降压启动的电气控制原理图。在主电路中，接触器 KM1 的作用是引入电源，接触器 KM3 将电动机定子绕组接成星形，接触器 KM2 将电动机定子绕组接成三角形。当 KM1 和 KM3 都接通时，电动机首先在星形接法下启动；当 KM1 和 KM2 接通时，电动机进入三角形正常运行。由于接触器 KM2 和 KM3 分别将电动机定子绕组接成星形和三角形，故不能同时接通，为此 KM2 和 KM3 的线圈电路必须互锁。在主电路中因为将热继电器 FR 接在电动机为三角形连接的方式下，所以热继电器 FR 的额定电流为相电流。

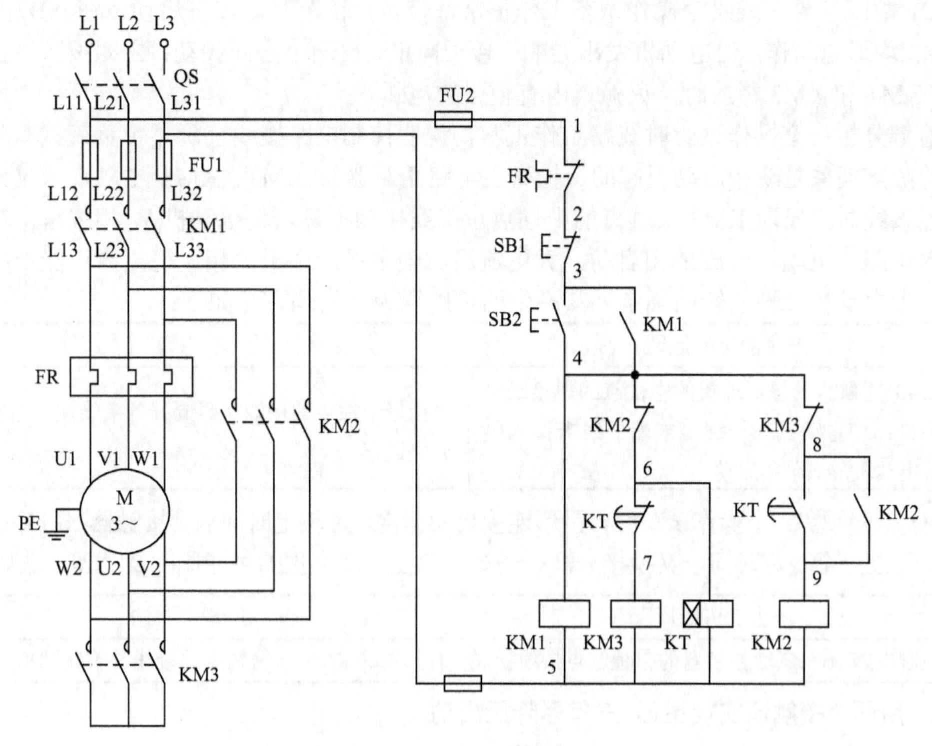

图 2-34　三相笼型异步电动机星形-三角形降压启动电气控制原理图

电路的工作过程分析如下：合上电源开关 QS，按下启动按钮 SB2，接触器 KM1 和 KM3 以及时间继电器 KT 的线圈均通电，且利用 KM1 的辅助动合触点自锁。其中，KM3 的主触点闭合将电动机定子绕组接成星形，使电动机在接入三相电源的情况下进行降压启动，其互锁的动断触点 KM3(4—8)断开，切断 KM2 线圈电路；而时间继电器 KT 延时时间到后，断开动断触点 KT(6—7)，接触器 KM3 线圈断电，主触点断开，电动机中性点断开；KT 动合触点 KT(8—9)闭合，接触器 KM2 线圈通电并自锁，电动机定子绕组接成三角形并进入正常运行，同时 KM2 动断触点 KM2(4—6)断开，断开 KM3、KT 线圈电路，使电动机定子绕组在三角形连接下运行时，接触器 KM3、时间继电器 KT 均处于断电状态，以减少电路故障和延长触点的使用寿命。

3) 线路常见故障现象及处理方法

(1) 故障现象：在空操作试车时，按下启动按钮 SB2 后接触器 KM1、KM3 和时间继电器 KT 通电动作，但过整定时间后，线路没有转换。其产生的可能原因及处理方法如下：

产生的可能原因	处 理 方 法
使用空气阻尼式时间继电器，在调整电磁机构的安装方向后，电磁机构的安装位置不准确	检查时间继电器电磁机构的安装位置是否准确，用手按压 KT 的衔铁，约经过整定时间后，延时器的顶杆已放松，顶住了衔铁，而未听到延时触点动作的声音。因电磁机构与延时器距离太近，使气囊动作不到位。调整电磁机构位置，使衔铁动作后，气囊顶杆能够完全复位

(2) 故障现象：线路空操作试车工作正常，带负荷试车时，按下启动按钮 SB2，KM1 和 KM3 均通电动作，但电动机发出异响，转子向正、反两个方向颤动；立即按下停止按钮 SB1，KM1 和 KM3 释放时，灭弧罩内有较强的电弧。

检查分析：空操作试验时线路工作正常，说明控制电路接线正确。带负荷试车时，电动机的故障现象是缺相启动引起的。检查主电路熔断器及 KM1、KM3 主触点未见异常，检查连接线时，发现 KM3 主触点的中性点短接线接触不良，使电动机 W 相绕组末端引线未接入电路，电动机形成单相启动，大电流造成强电弧。由于缺相，绕组内不能形成旋转磁场，使电动机转轴的转向不定。其产生的可能原因及处理方法如下：

产生的可能原因	处 理 方 法
KM3 主触点的星形连接的中性点的短接线接触不良，使电动机一相绕组末端引线未接入电路，电动机形成单相启动	接好中性点的接线，紧固好各接线端子，重新通电试车

(3) 故障现象：空操作试车时，星形连接启动正常，过整定时间后，接触器 KM3 和 KM2 换接，再过一个整定时间，又换接一次……如此重复。其产生的可能原因及处理方法如下：

产生的可能原因	处 理 方 法
控制电路中，KM2 接触器的自锁触点接线松脱	接好 KM2 自锁触点的接线，重新试车

4. 用两个接触器实现星形-三角形降压启动

图 2-34 所示的控制线路适用于电动机容量为 13 kW 以上的场合。当电动机的容量较小(4～13 kW)时通常采用图 2-35 所示的用两个接触器控制的星形-三角形降压启动控制线路。

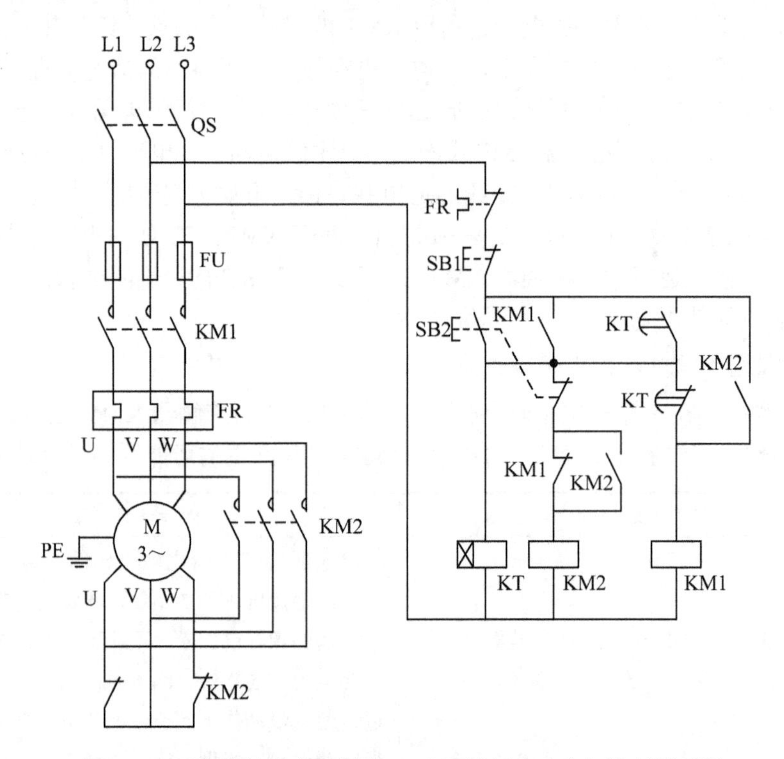

图 2-35　两个接触器实现星形-三角形降压启动电气控制原理图

电路的工作过程分析如下：合上电源刀开关 QS，按下启动按钮 SB2，时间继电器 KT 和接触器 KM1 线圈同时通电，利用 KM1 的辅助动合触点自锁，接触器 KM1 的主触点闭合接通主电路，时间继电器 KT 开始延时，而 KM2 线圈因 SB2 动断触点和 KM1 动断触点的相继断开而始终不能通电，KM2 的辅助动断触点闭合，将电动机接成星形启动。当电动机转速上升到接近于额定转速时，时间电器 KT 延时时间也到，KT 的延时动断触点断开，KM1 线圈断电，电动机瞬时断电。KM1 的辅助动断触点及 KT 的延时动合触点闭合，接通 KM2 的线圈电路，KM2 通电动作并自锁，KM2 在主电路中的动断触点断开，主触点闭合，电动机定子绕组接成三角形。同时 KM2 的辅助动合触点闭合，再次接通 KM1 线圈电路，KM1 主触点闭合接通三相电源，电动机在额定电压下运行。

本线路的主要特点如下：

(1) 主电路中使用了接触器 KM2 的辅助动断触点，如果工作电流过大就会烧坏触点，因此这种控制线路只适用于功率较小的电动机。

(2) 由于该线路使用了两个接触器和一个时间继电器，因此线路简单。另外，在电动机定子绕组由星形连接转换为三角形连接时，KM2 是在不带负载的情况下吸合的，这样可以延长其使用寿命。

在该线路的设计中，充分利用了电器中联动的动合、动断触点在动作时，动断触点先断开，动合触点后闭合，中间有个延时的特点。例如，在按下 SB2 时，动断触点先断开，动合触点后闭合；KT 延时时间到，延时动断触点先断开，延时动合触点后闭合等。理解和掌握电器的这一特点，有助于分析、设计电气控制线路。

星形-三角形降压启动方法的优点是：启动电流特性好，结构简单，价格便宜，而且 Y 系列容量等级在 4 kW 以上小型三相笼型异步电动机都设计成三角形，以便采用星形-三角形降压启动；其缺点是只适合于定子绕组是三角形连接的电动机，且因启动转矩仅为全压启动时的 1/3，只能用于空载或轻载启动中。

5. 异步电动机软启动控制

1) 软启动的概念及特点

软启动是利用电力电子技术（即可控硅技术），使电动机在启动过程中电压无级平滑地从初始值上升到全压，频率由 0 逐渐变化到额定频率，这样电动机在启动过程中的启动电流，就由过去不可控的过载冲击电流变为可控的启动电流，电动机启动的全过程是平滑地启动进行，不存在冲击转矩，这就是电动机软启动。

目前的软启动有两种方法，一种是采用专门的软启动器实现软启动，另一种是采用变频器控制实现软启动。

2) 软启动器的工作原理

软启动器内部工作原理示意图如图 2-36 所示，它主要由三相交流调压电路和控制电路构成。其基本原理是利用晶闸管的移相控制原理，通过改变晶闸管的导通角，改变其输出电压，达到通过调压方式来控制启动电流和启动转矩的目的。控制电路按预定的不同启动方式，通过检测主电路的反馈电流，控制其输出电压，可以实现不同的启动特性。由于软启动器为电子调压并检测电流，因此还具有对电动机和软启动器本身的热保护及限制转矩和电流冲击、三相电源不平衡、缺相、断相等保护功能，并可实时检测和显示电流、电压、

功率因数等参数。

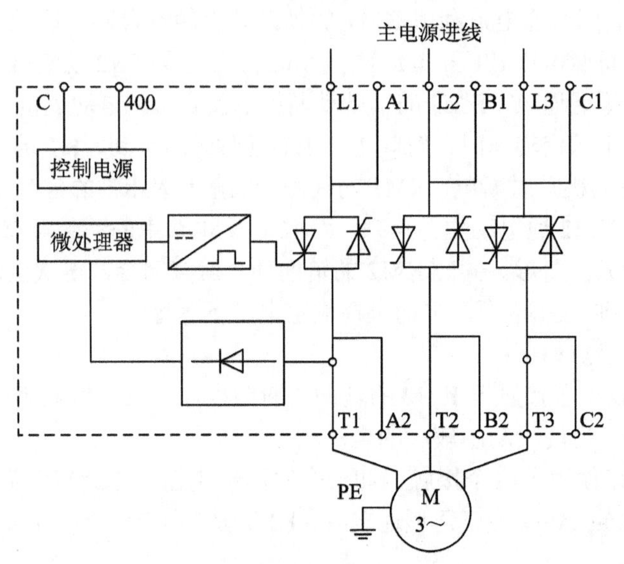

图 2-36　软启动器原理示意图

3) 软启动控制线路分析

用一台软启动器对多台电动机进行软启动控制，可以降低控制系统的成本。通过设计合适的电路可以实现对多台电动机逐台地软启动、软停车控制，但不能同时启动或停车。因为一台软启动器可以对多台电动机实现既能软启动又能软停车，这样控制线路复杂，同时还要使用软启动器内部的一些特殊功能，因此下面以一台软启动器对两台电动机进行软启动、自由停车的控制线路为例进行分析。

软启动器的启动、停车采用两线控制方式，即将 RUN 和 STOP 端子连接在一起，通过控制动合触点 K5 和 PL 端子相连，如图 2-37 所示。K5 触点接通表示启动信号，K5 触点断开表示停车信号。由于电动机启动结束后，由旁路接触器为电动机供电，图 2-37 中主电路的接线方式将整个软启动器短接，软启动器的各种保护对电动机无效，因此每台电动机要各自增加过载保护的热继电器。

电路的工作过程分析如下：将 K1 设置为隔离继电器，在图 2-37 所示的控制电路中，按下启动按钮 SB2，接触器 KM1 线圈通电并自锁，软启动器的进线电源上电。若启动第一台电动机 M1，按启动按钮 SB4，接触器 KM2 线圈通电，其辅助动合触点闭合使中间继电器 K5 线圈通电、启动信号加入软启动器，隔离继电器 K1 触点接通、中间继电器 K3 线圈通电，K3 动合触点闭合而使接触器 KM2 线圈通电并自锁，电动机软启动开始。当启动结束时，软启动器的启动结束，继电器 K2 闭合，中间继电器 K4 线圈通电，K4 动合触点闭合使旁路接触器 KM3 线圈通电并自锁，此时 KM2 和 KM3 均接通。软启动器旁路后，使隔离继电器 K1 触点断开，启动结束，继电器 K2 触点也断开，继电器 K3 线圈断电，K3 动合触点断开使 KM2 线圈自锁电路断开，接触器 KM2 线圈失电，第一台电动机从软启动器上切除，此时软启动器处于空闲状态。同理，若对第二台电动机进行软启动，则按启动按钮 SB6。若使第一台电动机停机，按停止按钮 SB3，则 KM3 线圈失电，主触点断开，电动机自由停机。同样，要使第二台电动机停车，按下停车按钮 SB5 即可。

为防止软启动器带两台电动机同时启动，KM2 和 KM4 线圈电路增加了互锁触点。

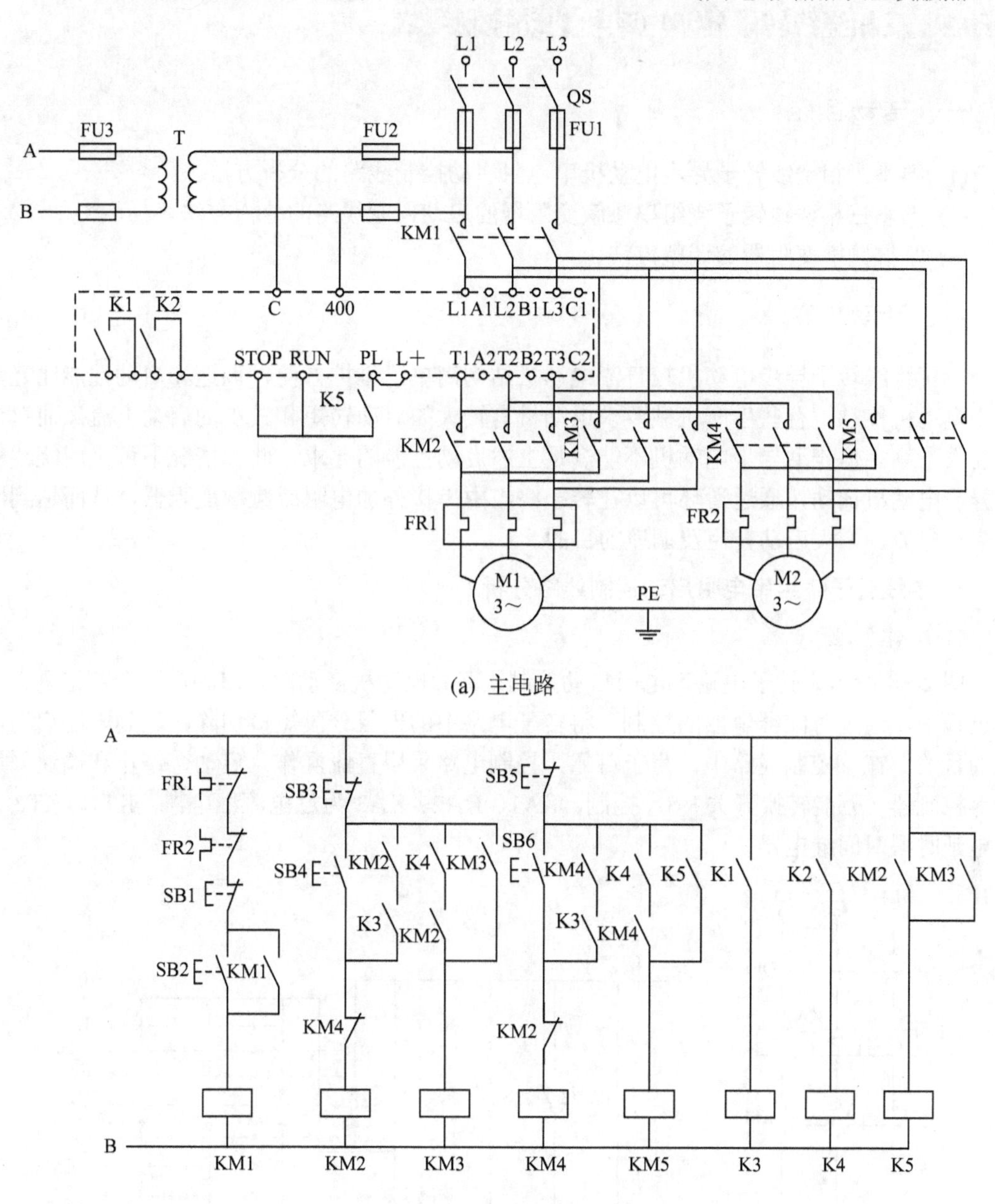

(a) 主电路

(b) 控制电路

图 2-37　用一台软启动器对两台电动机启动和自由停车的电气控制原理图

三、活动回顾与拓展

(1) 根据图 2-35，对异步电动机星形-三角形降压启动控制线路进行分析、接线、检查和试车。

(2) 根据图 2-35，在试车成功的基础上，在老师人为设置故障的情况下，进行故障分析与处理。

活动 2　三相绕线转子异步电动机启动控制线路

一、活动目标

(1) 熟悉三相绕线转子异步电动机串电阻启动控制线路的分析方法。

(2) 熟悉三相绕线转子绕组串频敏变阻器的启动控制线路的分析方法。

(3) 掌握频敏变阻器的调整方法。

二、活动内容

三相绕线转子异步电动机较直流电动机结构简单、维护方便，调速和启动性能比笼型异步电动机优越。有些生产机械要求电动机有较大的启动转矩和较小的启动电流，而对调速要求不高。但笼型异步电动机不能满足上述启动性能的要求，此种情况下可采用绕线转子异步电动机拖动，通过滑环可以在转子绕组中串接外加电阻或频敏变阻器，从而达到限制启动电流、增大启动转矩及调速的目的。

1. 绕线转子绕组串电阻启动控制线路分析

1) 工作原理

图 2-38 所示为转子电路串电阻启动控制线路。电动机启动时，启动电阻全部接入；启动过程中，通过时间继电器的控制，将转子电路中的电阻分段短接切除，达到限制启动电流的目的。在该控制线路中，为了可靠，控制电路采用直流操作。启动、停止和调速采用主令控制器（万能转换开关）SA 控制，KA1、KA2、KA3 为过电流继电器，KT1、KT2 为断电延时型时间继电器。

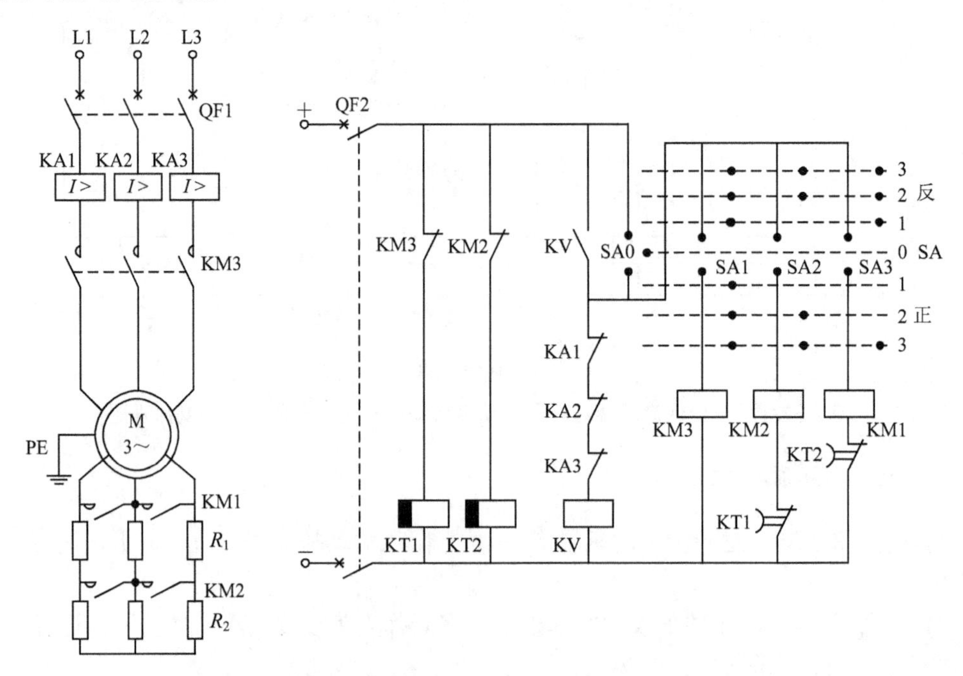

图 2-38　三相绕线转子异步电动机转子串电阻启动电气控制原理图

2) 控制线路分析

(1) 电动机启动前。先将万能转换开关SA手柄置到“0”位，则触点SA0接通。再合上低压断路器QF1和QF2，于是断电延时型时间继电器KT1、KT2线圈通电，它们的延时动断触点瞬时打开；零位继电器KV线圈通电并自锁，为接触器KM1、KM2、KM3线圈的通电做好准备。

(2) 电动机的启动过程。将万能转换开关SA由“0”位打到正“3”位或反“3”位(在此以正“3”位为例进行分析)，万能转换开关SA的触点SA1、SA2、SA3闭合，接触器KM3线圈通电，主触点闭合，电动机在转子每相串两段电阻R_1和R_2的情况下启动，KM3的辅助动断触点断开，KT1线圈断电开始延时。当KT1延时时间到时，其延时动断的触点闭合，KM2线圈通电，一方面KM2的主触点闭合，切除电阻R_2；另一方面KM2的辅助动断触点断开，使KT2线圈断电开始延时。当KT2延时时间到时，其延时动断的触点闭合，KM1线圈通电，主触点闭合，切除电阻R_1，电动机在额定电压下正常运行。

(3) 电动机的调速控制。当要求电动机调速时，可将万能转换开关的手柄打到“1”位或“2”位。如果将万能转换开关的手柄打到正“1”位，其触点只有SA1接通，接触器KM2、KM1的线圈均不通电，电阻R_1、R_2均被接入转子电路中，电动机便在低速下运行；如果将万能转换开关的手柄打到正“2”位，电动机将在转子串入一段电阻R_1的情况下运行，较串两段电阻时的转速高，这样就实现了由低速向高速的转换，也就达到了调速的目的。

(4) 电动机的停车控制。当要求电动机停车时，将万能转换开关的手柄打回到“0”位，此时接触器KM1、KM2、KM3线圈均断电，其中KM3的主触点断开，使电动机脱离电源而断电停车。

(5) 电动机保护环节的实现。线路中的零位继电器KV起失压保护的作用，电动机在启动前必须将万能转换开关的手柄打回到“0”位，否则电动机不能启动。过电流继电器KA1、KA2、KA3实现过电流保护，正常时过电流继电器不动作，动断触点闭合；若线路中的电流超过过电流继电器的整定值，则过电流继电器动作，其动断触点断开，使零位继电器KV线圈断电，接触器KM1、KM2、KM3线圈也均断电，实现过电流保护。

2. 转子绕组串频敏变阻器的启动控制线路

采用绕线转子串电阻启动方法，在启动过程中，逐段切除启动电阻，使启动电流和启动转矩瞬间增大，产生一定的机械冲击力。如果想减小电流的冲击，必须增加电阻的级数，这将使控制线路复杂，工作不可靠，而且启动电阻体积较大。为了改善电动机的启动性能，简化控制电路及提高工作可靠性，绕线转子异步电动机可以采取转子绕组串频敏变阻器的方法来启动。

1) 频敏变阻器

频敏变阻器是一种静止的、无触点的电磁元件，其阻抗能够随着电动机转速的上升、转子电流频率的下降而自动减小，所以它是绕线转子异步电动机较为理想的一种启动装置，常用于较大容量的绕线转子异步电动机的启动控制。

频敏变阻器实质上是一个铁芯损耗非常大的三相电抗器。它的铁芯是由40 mm左右厚的钢板或铁板叠成的，并制成开启式，在铁芯上分别装有线圈，三个线圈接成星形，将其串联在转子电路中，如图2-39(a)所示。转子一相的等效电路如图2-39(b)所示。图中，R_2为绕组的直流电阻，R为频敏变阻器的涡流损耗的等效电阻，X为电抗，R与X并联。

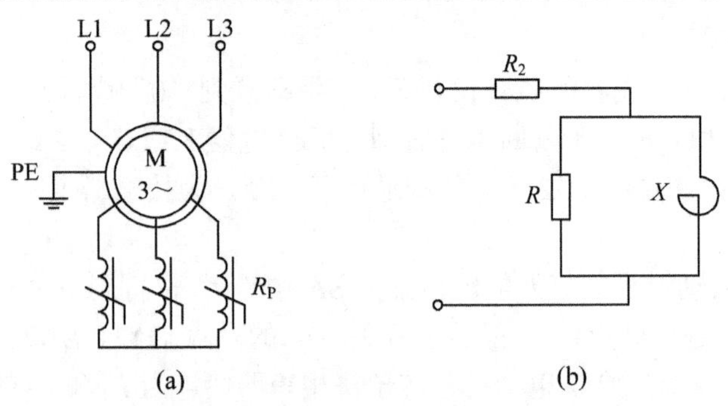

图 2-39 频敏变阻箱等效电路图

当电动机接通电源启动时，频敏变阻器通过转子电路得到交变电动势，产生交变磁通，其电抗为 X。而频敏变阻器铁芯由较厚的钢板制成，在交变磁通作用下，产生很大的涡流损耗和较小的磁滞损耗(涡流损耗占总损耗的 4/5 以上)。由于电抗 X 和电阻 R 都是因为转子电路流过交变电流而产生的，其大小和电流随电流频率的变化而变化。转子电流的频率 f_2 与电源频率 f_1 的关系为：$f_2 = sf_1$。其中，s 为转差率。当电动机刚启动转速为零时，转差率 $s = 1$，即 $f_2 = f_1$；当 s 随着转速上升而减小时，f_2 便下降。频敏变阻器的 X、R 是与 f_2 的平方成正比的。由此可见，启动开始，频敏变阻器的等效阻抗很大，限制了电动机的启动电流；随着电动机转速的升高，转子电流频率降低，等效阻抗自动减小，从而达到了自动改变电动机转子阻抗的目的，实现了平滑无级启动。当电动机正常运行时，f_2 很低(为 $5\%f_1$～$10\%f_1$)，其阻抗值很小。另外，在启动过程中，转子等效阻抗及转子回路感应电动势都是由大到小，所以实现了近似恒转矩的启动特性。因此频敏变阻器的频率特性特别适合控制绕线转子异步电动机的启动过程，故常用它来取代转子绕组串电阻启动中的各段电阻。

2) 转子绕组串频敏变阻器启动控制线路分析

图 2-40 所示为绕线转子异步电动机转子串频敏变阻器启动控制线路。

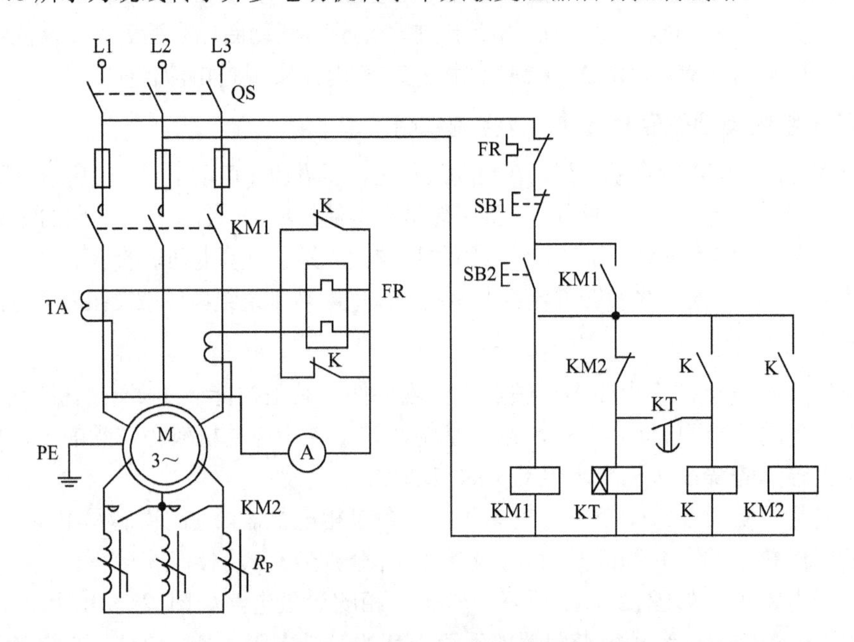

图 2-40 三相绕线转子异步电动机转子串频敏变阻器启动电气控制原理图

图 2-40 中，KM1 为电源引入接触器，KM2 为短接频敏变阻器接触器，KT 为控制启动时间的通电延时型时间继电器。在启动过程中，为了避免长时间过大电流冲击而使热继电器误动作，用中间继电器 K 的动断触点将热继电器 FR 的发热元件短接；又由于是大电流系统，因此，热继电器 FR 接在电流互感器 TA 的二次侧。

电路的工作过程分析如下：合上电源刀开关 QS，按下启动按钮 SB2，接触器 KM1 线圈通电并自锁，主触点闭合使电动机接通三相交流电源，于是电动机转子串频敏变阻器启动；同时，时间继电器 KT 线圈通电开始延时，当延时时间到时，KT 的延时动合触点闭合，中间继电器 K 线圈通电并自锁，K 的动断触点断开，热继电器 FR 投入电路作过载保护；K 的两个动合触点闭合，一个用于自锁，另一个接通 KM2 线圈电路，KM2 的主触点闭合将频敏变阻器切除，电动机进入正常运转状态。

3) 频敏变阻器的调整

频敏变阻器上、下铁芯的气隙大小可调，出厂时该气隙被调为零。当频敏变阻器选用得当时，就可以得到恒转矩的启动特性。反之，则会出现特性过硬或过软而导致变阻器线圈过热、电动机长时间受大电流冲击以及启动困难等。在使用过程中，可以根据实际需要进行调整。频敏变阻器的调整主要包括以下两点：

(1) 线圈匝数的改变。频敏变阻器线圈大多留有几组抽头。增加或减小匝数将改变频敏变阻器的等效阻抗，可起到调整电动机启动电流和启动转矩的作用。如果启动电流过大、启动过快，应换接匝数多的抽头；反之，则换接匝数较少的抽头。

(2) 磁路的调整。电动机刚启动时，启动转矩过大，有机械冲击；启动结束后，稳定转速低于额定转速较多，短接频敏变阻器时冲击电流又过大。这时可增加上、下铁芯间的气隙，使启动电流略有增加，而启动转矩略有减小，但启动结束后的转矩有所增加，从而使稳定运行时的转速得以提高。

三、活动回顾与拓展

(1) 对照图 2-38 所示的电气控制原理图标好线号，按照原理图接线，并检查线路。

(2) 在图 2-38 线路检查完好的基础上，进行空操作试车和空载试车。

(3) 根据图 2-38 所示的控制线路图，在老师人为设置故障的情况下，进行故障分析与处理。

任务六　三相异步电动机制动控制线路分析与故障处理

活动 1　三相笼型异步电动机制动控制线路

一、活动目标

(1) 熟悉三相笼型异步电动机的制动目的及方法。

(2) 熟悉三相笼型异步电动机的反接制动控制线路分析、检查及试车的方法。

(3) 熟悉三相笼型异步电动机的能耗制动控制线路分析、检查及试车的方法。

二、活动内容

电动机在断电后，由于惯性作用，往往停车时间较长，而有些生产工艺要求电动机能迅速而准确地停车，这就要求对电动机进行强迫制动。制动停车的方式有机械制动和电气制动两种。机械制动实际上就是利用电磁铁操作机械装置，迫使电动机在切断电源后迅速停止的制动方法，常见的有电磁抱闸制动和电磁铁制动；而电气制动实际上就是在电动机停止转动过程中产生一个与原来转动方向相反的制动转矩来迫使电动机迅速停止转动的方法。三相笼型异步电动机常用的电气制动方法有反接制动和能耗制动。

1. 反接制动控制线路

在电动机运行时，将电动机定子电路的电源两相反接，因机械惯性，转子的转向不变，而电源相序改变，使旋转磁场的方向变为和转子的旋转方向相反，转子绕组中的感应电动势、感应电流和电磁转矩的方向都发生了改变，电磁转矩变成了制动转矩。制动过程结束，如需停车，应立即切断电源，否则电动机将反向启动并运行。所以在一般的反接制动电路中常利用速度继电器来反映速度，以实现自动控制。

在反接制动时，由于反向旋转磁场的方向和电动机转子做惯性旋转的方向相反，因而转子和反向旋转磁场的相对转速接近于两倍同步转速，定子绕组中流过的反接制动电流相当于启动时电流的 2 倍，冲击很大。因此，反接制动虽有制动快、制动转矩大等优点，但是由于有制动产生过大的冲击电流、能量消耗大、适用范围小等缺点，一般仅适用于 10 kW 以下的小容量电动机。通常在笼型异步电动机的定子回路中串接电阻以限制反接制动电流。

1) 电动机单向运行反接制动控制线路

图 2-41 所示为电动机单向运行串电阻反接制动的控制线路。在控制线路中停止按钮 SB1 采用复合按钮。

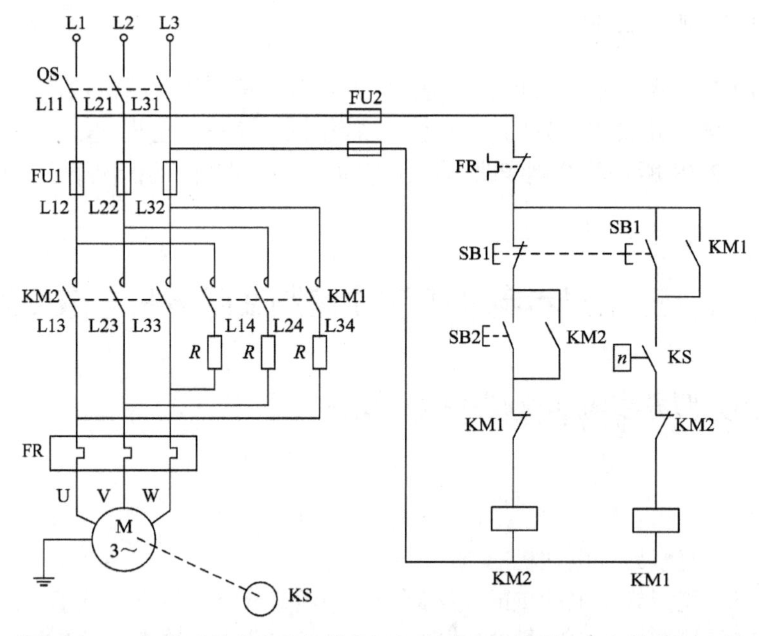

图 2-41　三相笼型异步电动机单向运行串电阻反接制动电气控制原理图

(1) 电路的工作过程分析。合上电源刀开关 QS，按下启动按钮 SB2，接触器 KM2 线圈通电并自锁：主触点闭合，电动机启动单向运行；辅助动断触点 KM2 断开，实现互锁。当电动机的转速大于 120 r/min 时，速度继电器 KS 的动合触点 KS 闭合，为反接制动做好准备。

停车时，按下停止按钮 SB1，动断触点 SB1 先断开，接触器 KM2 线圈断电；KM2 主触点断开，使电动机脱离电源；KM2 断开，切除自锁；KM2 闭合，为反接制动做好准备。此时电动机虽脱离电源，但由于机械惯性，电动机仍高速旋转，因此速度继电器的动合触点 KS 仍处于闭合状态。将 SB1 按到底，其动合触点 SB1 闭合，从而接通反接制动接触器 KM1 的线圈：动合触点 KM1 闭合自锁；辅助动断触点 KM1 断开，实现互锁；KM1 主触点闭合，使电动机定子绕组 U、W 两相交流电源反接，电动机进入反接制动的运行状态，电动机的转速迅速下降。当转速 $n < 100$ r/min 时速度继电器的触点复位，KS 断开，接触器 KM1 线圈断电，反接制动结束。

(2) 按照图 2-41 所示的电气控制原理图接线。在接主电路时，接触器 KM2 及 KM1 主触点的相序不可接错。接线端子排 XT 与电阻箱之间须使用护套线；速度继电器安装在电动机轴头或传动箱上预留的安装平面上，须用护套线经过接线端子排与控制电路连接，如果是 JY1 系列速度继电器，由于每组都有动合、动断触点，使用公共触点时，接线前须用万用表测量核对，以免错接造成线路故障。另外，在使用速度继电器时，必须先根据电动机的运转方向正确选择速度继电器的触点，然后再接线。

(3) 对照图 2-41 线路的检查。检查速度继电器的转子、联轴器与电动机轴的转动方向是否一致；速度继电器的触点切换动作是否正常，同时要检查限流电阻箱的接线端子及电阻情况、电动机和电阻箱的接地情况。测量每只电阻的阻值是否符合要求。接线完成后按控制电路图逐线进行核对检查，以排除错接和虚接情况。然后断开刀开关 QS，摘下接触器 KM2 和 KM1 的灭弧罩，用万用表的 $R\times 1$ 挡进行以下几项的检测。

① 检查主电路：首先断开 FU2，切除控制电路，然后按下 KM2 触点架，分别测量 QS 下端 L11～L21、L21～L31 及 L11～L31 之间的电阻，应测得电动机各相绕组的电阻值；松开 KM1 触点架，则应测得断路。按下 KM1 触点架，分别测量 QS 下端 L11～L21、L21～L31 及 L11～L31 之间的电阻，应测得电动机各相绕组串联两只限流电阻后的电阻值；松开 KM1 触点架，应测得断路。

② 检查控制电路：拆下电动机接线，连通 FU2，将万用表表笔分别接 L11、L31 端子，做以下检测。

· 检查启动控制。按下 SB2，应测得 KM2 线圈电阻值；松开 SB2，应测得断路。按下 KM2 触点架，应测得 KM2 线圈电阻值；松开 KM2 触点架，应测得断路。

· 检查反接制动控制。在按下 SB2 的同时，再按下 SB1，万用表显示由通到断；松开 SB2，将 SB1 按到底，同时转动电动机轴，使其转速约达 120 r/min，使 KS 的动合触点闭合，应测得 KM1 线圈电阻值；电动机停转则测得线路由通到断。同样，按下 KM1 触点架，同时转动电动机轴使 KS 的动合触点闭合，应测得 KM1 线圈电阻值。在此应注意电动机轴的转向应能使速度继电器的动合触点闭合。

· 检查联锁线路。按下 KM2 触点架，测得 KM2 线圈电阻值的同时，再按下 KM1 触点架使其动断触点分断，应测得线路由通到断；同样将万用表的表笔接在速度继电器 KS

动触点接线端和 L31 端，应测得 KM1 线圈电阻值，再按下 KM2 触点架使其动断触点分断，也应显示线路由通到断。

(4) 通电试车。万用表检查情况正常后，检查三相电源，装好接触器的灭弧罩，装好熔断器，在老师监护下试车。

合上电源开关 QS，按下 SB2，观察电动机启动情况；轻按 SB1，KM2 应释放使电动机断电后惯性运转而停转。在电动机转速下降的过程中观察 KS 触点的动作。再次启动电动机后，将 SB1 按到底，电动机应刹车，在 1～2 s 内停转。

(5) 图 2-41 的常见故障现象及处理方法。

① 故障现象：电动机启动后，速度继电器 KS 的摆杆摆向没有使用的一组触点，使电路中使用的速度继电器 KS 的触点不能实现控制作用。其产生的可能原因及处理方法如下：

产生的可能原因	处 理 方 法
停车时制动不起作用	首先断电，再将控制电路中的速度继电器的触点换成未使用的一组，重新试车(注意：使用速度继电器时，须先根据电动机的转向正确选择速度继电器的触点，然后再接线)

② 故障现象：速度继电器 KS 的动合触点在转速较高时(远大于 100 r/min)就复位，致使电动机制动过程结束，KM1 断开时，电动机转速仍较高，不能很快停车。其产生的可能原因及处理方法如下：

产生的可能原因	处 理 方 法
速度继电器在出厂时切换动作转速已调整到 100 r/min，但在运输、使用过程中因振动等原因，可能使触点的复位机构螺钉松动造成误差	先切断电源，松开触点复位弹簧的锁定螺母，将弹簧的压力调小后再将螺母锁紧。重新试车观察制动情况，反复调整几次，直至故障排除

③ 故障现象：速度继电器 KS 的动合触点断开过迟。其产生的可能原因及处理方法如下：

产生的可能原因	处 理 方 法
在转速降低到 100 r/min 时还没有断开，造成 KM1 线圈断电释放过迟，在电动机制动过程结束后，电动机又慢慢反转	将复位弹簧压力适当调大，反复试验调整后，将锁定螺母锁紧即可

2) 电动机可逆运行的反接制动

可逆运行的反接制动控制线路如图 2-42 所示。其中，接触器 KM1、KM2 分别为正、反转接触器，KM3 为短接电阻 R 的接触器，电阻 R 既是反接制动电阻，也是限制启动电流的电阻。K1～K4 为中间继电器，KS1 为速度继电器在正转闭合时的动合触点，KS2 为速度继电器在反转闭合时的动合触点。

以正转过程为例对电路分析如下：先合上电源刀开关 QS，再按下正转启动按钮 SB2，此时中间继电器 K3 线圈通电，动断触点 K3(11—12)【7】断开，以互锁中间继电器 K2 电路，动合触点 K3(3—4)【4】闭合自锁，动合触点 K3(3—8)【5】闭合，使接触器 KM1 线

圈通电，KM1 主触点闭合，使电动机定子绕组在串入降压启动电阻 *R* 的情况下接通电动机正序的三相电源。当电动机转速上升到大于 120 r/min 时，速度继电器正转闭合的动合触点 KS1(2—15)【11】闭合，使中间继电器 K1 通电并自锁，这时动合触点 K1(2—19)【15】和 K3(19—20)【15】闭合，接通接触器 KM3 的线圈电路，KM3 主触点闭合，电阻 *R* 被短接，电动机在额定电压下正向运行。在电动机正转运行的过程中，若按下停止按钮 SB1，则 K3、KM1、KM3 三只线圈相继断电。此时，由于惯性，电动机转子的转速仍然很高，动合触点 KS1(2—15)【11】仍处于闭合状态，中间继电器 K1 的线圈仍通电，K1 的动合触点 K1 (2—13)【10】仍闭合，因此在接触器 KM1(13—14)【9】动断触点复位后，接触器 KM2 线圈通电，主触点闭合，使定子绕组经电阻 *R* 接通反相序的三相交流电源，对电动机进行反接制动，电动机的转速迅速下降。当电动机的转速低于 100 r/min 时，速度继电器 KS1 的动合触点 KS1(2—15)【11】断开，中间继电器 K1 线圈断电，K1(2—13)【10】断开，接触器 KM2 线圈断电释放，主触点断开，电动机反接制动过程结束。电动机反向启动、制动及停车的过程，与上述正向过程基本相同。

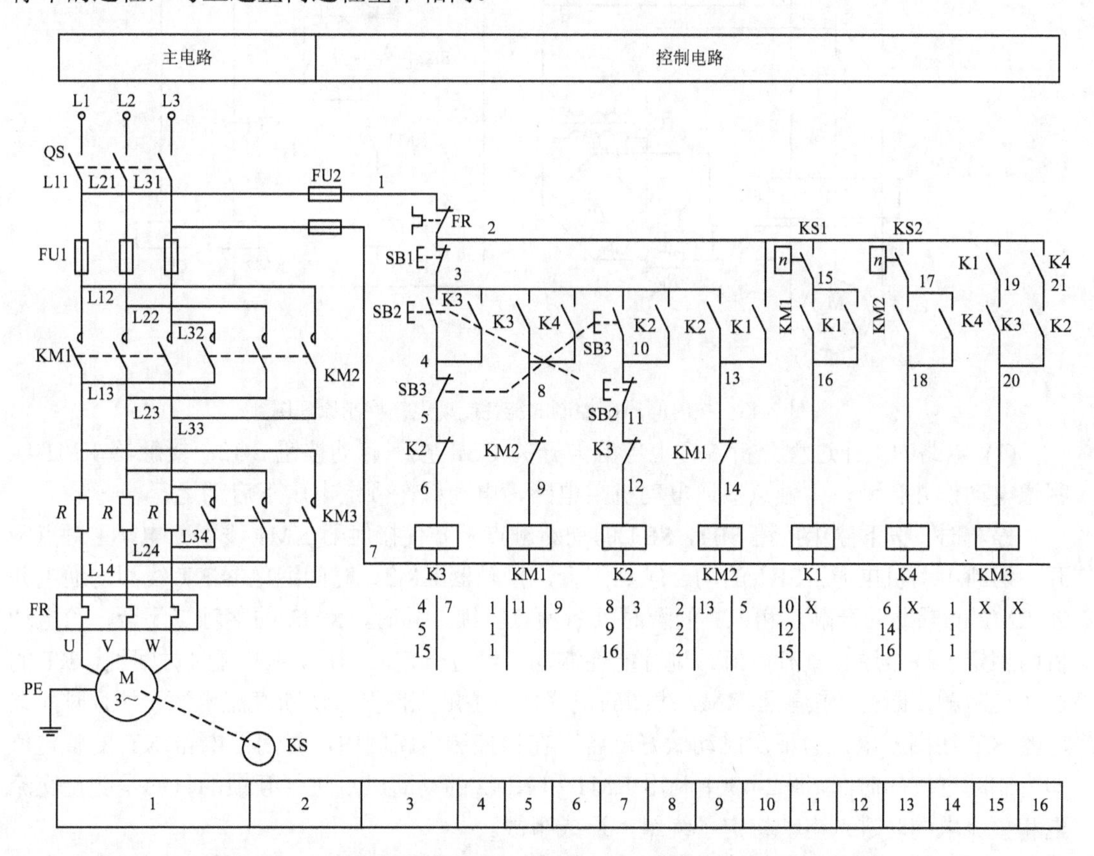

图 2-42　三相笼型异步电动机可逆运行反接制动电气控制原理图

2．能耗制动控制线路

三相笼型异步电动机能耗制动就是在电动机脱离电源之后，在定子绕组上加一个直流电压，通入直流电流，定子绕组产生一个恒定的磁场，转子因惯性继续旋转而切割该恒定的磁场，在转子导条中便产生感应电动势和感应电流，同时将运动过程中存储在转子中的机械能转变为电能，又消耗在转子电阻上的一种制动方法。

能耗制动的特点是制动电流较小，能量损耗小，制动准确，但它需要直流电源，制动速度较慢，所以它适用于要求平稳制动的场合。能耗制动控制线路有按时间原则控制的和按速度原则控制的两种方式。

1) 按时间原则控制的能耗制动控制线路

按时间原则控制的笼型异步电动机能耗制动控制线路如图 2-43 所示。

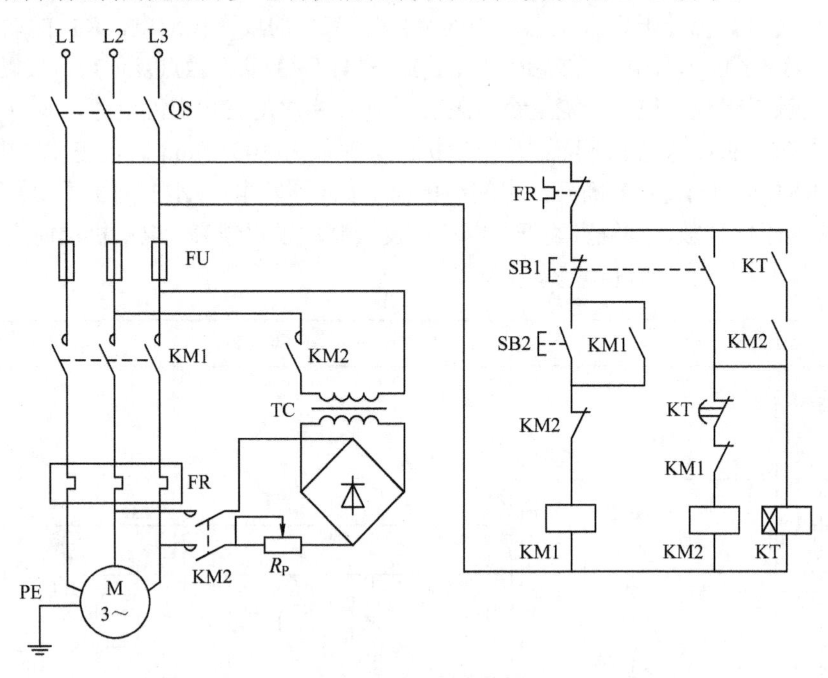

图 2-43　按时间原则控制的能耗制动电气控制原理图

(1) 电路的工作过程分析。合上电源刀开关 QS，按下启动按钮 SB2，接触器 KM1 线圈通电动作并自锁，主触点接通电动机主电路，电动机在额定电压下启动运行。

停车时，按下停止按钮 SB1，SB1 的动断触点断开使接触器 KM1 线圈断电，主触点断开，切断电动机电源，SB1 的动合触点闭合，接触器 KM2、时间继电器 KT 线圈均通电并经 KM2 的辅助动合触点和 KT 的瞬时动断触点自锁；同时，KM2 的主触点闭合，给电动机两相定子绕组通入直流电流，进行能耗制动。经过一定时间后，KT 延时时间到，KT 的延时动断触点断开，接触器 KM2 线圈断电释放，主触点断开，切断直流电源，并且时间继电器 KT 线圈断电，为下次制动做好准备。在该控制电路图中，时间继电器 KT 的整定值即为制动过程的时间。图 2-43 中利用 KM1 和 KM2 的动断触点进行互锁的目的是防止交流电和直流电同时进入电动机定子绕组，造成事故。

(2) 线路检查。首先检查制动作用。启动电动机后，轻按 SB1，观察 KM1 释放后电动机能否惯性运转。再启动电动机后，将 SB1 按到底使电动机进入制动过程，待电动机停转后立即松开 SB1。记下电动机制动所需要的时间。注意：进行制动时，要将 SB1 按到底才能实现。然后根据制动过程的时间来调整时间继电器的整定时间。切断电源后，调整 KT 的延时为已整定的时间，接好 KT 线圈连接线，检查无误后接通电源。启动电动机，待达到额定转速后进行制动，电动机停转时，KT 和 KM2 应刚好断电释放，反复试验调整以达

到上述要求。

2) 按速度原则控制的可逆运行能耗制动

按速度原则控制的可逆运行能耗制动电气控制原理图如图 2-44 所示。图中，接触器 KM1 和 KM2 分别为正、反转接触器，KM3 为制动接触器，KS 为速度继电器，KS1、KS2 分别为正、反转时速度继电器对应的动合触点。

电路的工作过程分析如下(在此以正转过程为例进行分析)：

启动时，合上电源刀开关 QS，按下正转启动按钮 SB2，接触器 KM1 线圈通电并自锁，电动机正转，当电动机转速上升到 120 r/min 时，速度继电器动合触点 KS1 闭合，为能耗制动做好准备。

停车时，按下停止按钮 SB1，接触器 KM1 线圈断电，SB1 的动合触点闭合，接触器 KM3 线圈通电动作并自锁，主触点闭合，将直流电源接入电动机定子绕组中进行能耗制动，电动机转速迅速下降。当转速下降到 100 r/min 时，速度继电器 KS 的动合触点 KS1 断开，KM3 线圈断电，能耗制动结束，以后电动机自由停车。

注意：试车中尽量避免过于频繁启动、制动，以免电动机过载及由半导体元件组成的整流器过热而损坏元器件。

如果主电路接线错误，除了会造成熔断器 FU1 动作，接触器 KM1 和 KM2 主触点烧伤以外，还可能烧毁能耗制动线路中使用的过载能力差的整流器。因此试车前应反复核对和检查主电路接线，且必须进行空操作试车，线路动作正确、可靠后，才可进行空载试车和带负荷试车，避免造成事故。

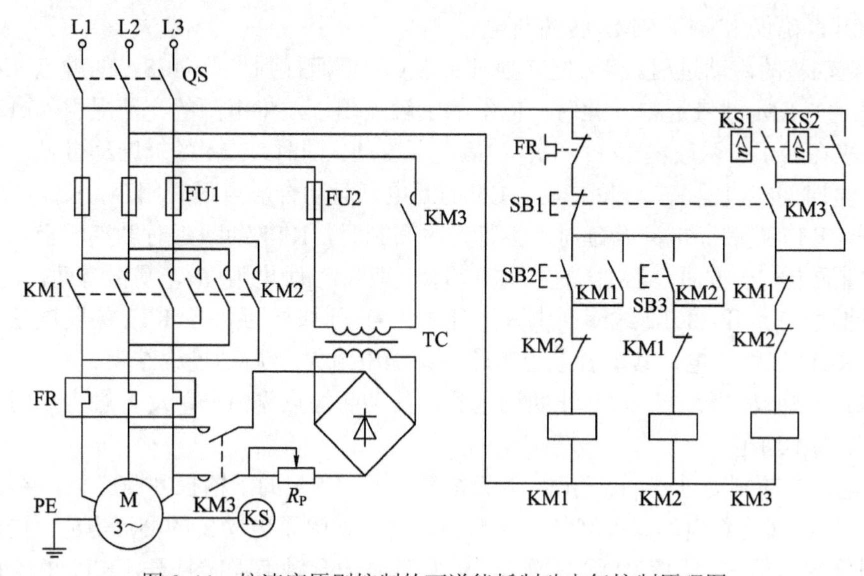

图 2-44　按速度原则控制的可逆能耗制动电气控制原理图

三、活动回顾与拓展

(1) 对图 2-42 所示的反转过程进行分析。

(2) 对图 2-42 所示的电气控制原理图标好线号，按照原理图接线，并进行线路检查。

(3) 在图 2-42 线路检查完成的基础上，进行空操作试车和空载试车。

(4) 对图 2-42 所示的控制线路图，在老师人为设置故障的情况下，进行故障分析与处理。

活动 2　三相绕线转子异步电动机制动控制线路

一、活动目标

(1) 熟悉三相绕线转子异步电动机制动控制线路的分析方法。

(2) 能按照原理图接线、通电试车及故障处理。

二、活动内容

对调速无特殊要求，接电次数要求较高的生产机械设备，可采用交流绕线转子异步电动机拖动。为提高工作的可靠性，可用直流操作，并以时间为变化参量控制实现分级启动。若要单向运转并要求准确停车，一般采用能耗制动；若要可逆运转并要求迅速反向，一般采用反接制动；对于静阻转矩变化不大的，可采用以时间为变化参量进行控制的反接制动，否则采用以转速(电动势)为变化参量进行控制的反接制动。

以时间为变化参量控制电动机启动和能耗制动的控制线路如图 2-45 所示，为了工作可靠，采用直流操作，KT、KT1、KT2 均为断电延时型时间继电器。该电路的工作过程分析如下：

(1) 电动机启动前。应先将万能转换开关 SA 的手柄置到“0”位，再合上电源开关 QS1、QS2，此时，零位继电器 KV 线圈通电并自锁；KT1、KT2 线圈通电，其动断延时闭合的触点瞬时打开，确保 KM1、KM2 线圈断电。

(2) 电动机的启动过程。将万能转换开关 SA 的手柄打到“3”位，SA 的触点 SA1、SA2、SA3 均接通，KM 线圈通电。此时，KM 的主触点闭合，将电源的交流电引入电动机主电路，电动机在转子串两段电阻 R_1 和 R_2 的情况下启动。同时，KM 的辅助动合触点闭合接通断电延时型时间继电器 KT 线圈电路，KT 的断电延时动合触点瞬时闭合；KM 的辅助动断触点打开，KT1 线圈断电开始延时，当延时时间到时，KT1 动断延时触点闭合，使接触器 KM1 线圈通电，一方面，KM1 的主触点闭合，切除一段电阻 R_1，另一方面，由于 KM1 的辅助动断触点断开，KT2 线圈断电开始延时，当延时时间到时，KT2 的断电延时动断触点闭合，KM2 线圈通电，其动合触点闭合，切除电阻 R_2，启动过程结束。

注意：在启动过程中，KM 线圈通电时，其动断触点先断开，动合触点后闭合，以确保 KM3 线圈不通电。

(3) 电动机的制动过程。制动时，将万能转换开关 SA 的手柄扳回“0”位，接触器 KM、KM1、KM2 线圈均断电，其中 KM 的主触点断开，切除了电动机的交流电源。同时，断电延时型时间继电器 KT1、KT2 线圈通电，动断延时闭合触点瞬时打开，KT2 的瞬动动合触点闭合。具体的制动过程如下：

① KM 的辅助动断触点闭合，KM3 线圈通电，电动机通入直流电源进行能耗制动；同时，KM2 线圈通电，电动机在转子短接全部电阻情况下进行能耗制动。

② KM 的辅助动合触点断开，KT 线圈断电开始延时，当延时时间到时，KT 的断电延时动合触点断开，接触器 KM2、KM3 线圈均断电，制动结束。

(4) 电动机的调速过程。当需要电动机在低速下运行时，可将万能转换开关 SA 的手柄打到“2”位或“1”位，其工作过程请读者自行分析。

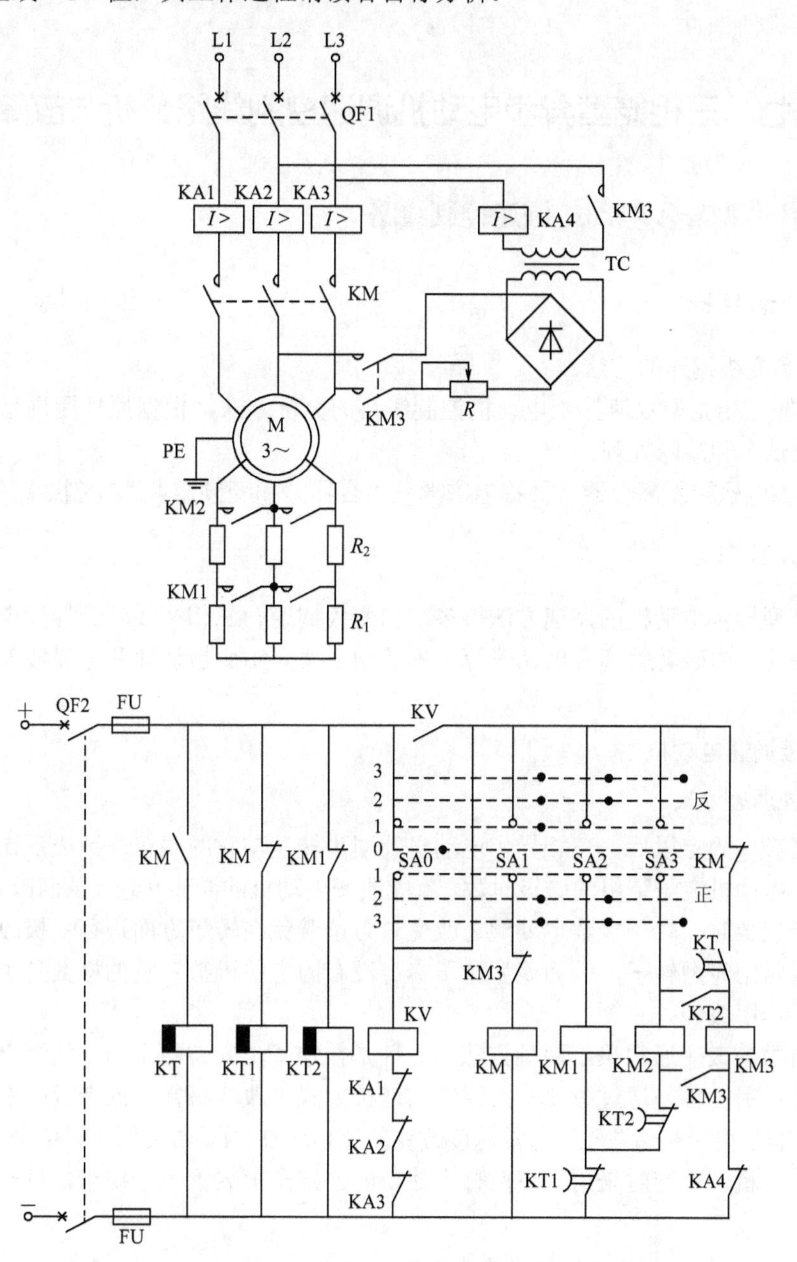

图 2-45　三相绕线转子异步电动机按时间原则控制启动和能耗制动电气控制原理图

图 2-45 中的 KA1、KA2、KA3、KA4 均为过电流继电器，起过电流保护作用。

三、活动回顾与拓展

(1) 对图 2-45 所示的电气控制原理图标好线号，按照原理图接线，并进行线路检查。

(2) 在图 2-45 线路检查完成的基础上，进行空操作试车和空载试车。

(3) 对图 2-45 所示的控制线路图，在老师人为设置故障的情况下，进行故障分析与处理。

任务七　三相笼型异步电动机调速控制线路分析与故障处理

活动　三相笼型异步电动机调速控制线路

一、活动目标

(1) 熟悉变极调速的方法。

(2) 掌握三相笼型双速异步电动机控制线路的分析方法，根据原理图进行接线、线路检查、通电试车和故障处理。

(3) 熟悉电磁转差离合器（又称电磁滑差离合器）和变频器调速控制线路的分析方法。

二、活动内容

三相笼型异步电动机的调速方法很多，如变极调速、三相绕线转子异步电动机转子电路串电阻调速、电磁转差离合器调速等。本活动主要介绍变极调速和电磁转差离合器调速的控制线路。

1. 变极调速电动机

1) 变极调速方法

当电网频率固定以后，三相异步电动机的同步转速与它的磁极对数成反比。因此，只要改变异步电动机定子绕组的磁极对数，就能改变电动机的同步转速，从而改变转子转速。在改变定子极数时，转子极数也要随之改变。为了避免在转子方面进行变极改接的麻烦，变极电动机常用笼型转子，因为笼型转子本身没有固定的极数，它的极数是由定子磁场极数确定的，不用改装。

磁极对数的改变通常采用两种方法：一种是在定子上安装两个独立的绕组，各自具有不同的极数；另一种是通过改变一个绕组的连接方式来改变极数，或者说改变定子绕组每相的电流方向。由于构造复杂，通常速度改变的比值为 2∶1。如果想获得更多的速度等级，例如四速电动机，可同时采用上述两种方法，即在定子上装置两个绕组，每一个绕组都能改变极数。

2) 变极调速举例——笼型双速异步电动机调速

在车床、磨床、镗床等机床中采用双速异步电动机，以简化齿轮传动的变速箱。双速异步电动机是通过改变定子绕组接线的方法来获得两个同步转速的。

4/2 极的双速异步电动机定子绕组接线示意图如图 2-46 所示。电动机定子绕组有 U1、V1、W1、U2、V2、W2 六个接线端。在图(a)中，将电动机定子绕组的 U1、V1、W1 三个接线端子接三相交流电源，U2、V2、W2 三个接线端悬空，三相定子绕组按三角形接线，此时每个绕组中的①、②线圈互相串联，电流方向如图 2-46(a)中箭头所示，电动机极数为

4 极；如果将电动机定子绕组的 U2、V2、W2 三个接线端子接到三相电源上，而将 U1、V1、W1 三个接线端子短接，则原来三相定子绕组的三角形连接变成双星形连接，此时每相绕组中的①、②线圈互相并联，电源方向如图 2-46(b)中箭头所示，于是电动机极数变为 2 极。

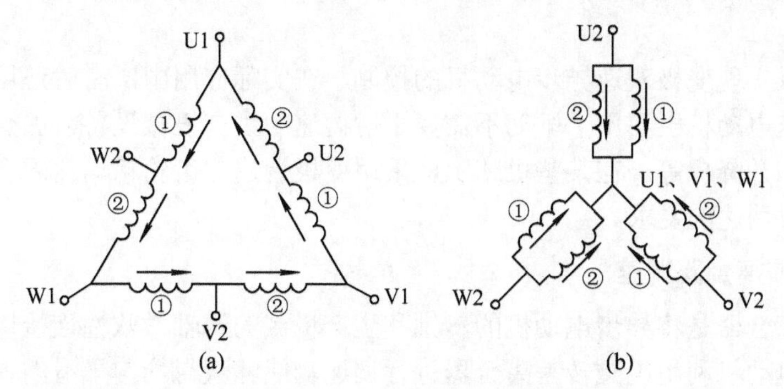

图 2-46　4/2 极双速异步电动机三相定子绕组接线示意图

图 2-47 为双速异步电动机采用复合按钮联锁的高、低速直接转换控制线路，按下低速启动按钮 SB2，接触器 KM1 通电吸合，电动机定子绕组接成三角形，电动机启动并以低速运转。若按下高速启动按钮 SB3，则 KM1 断电释放，并接通 KM2 和 KM3 线圈，其中，KM3 主触点闭合，将电动机定子绕组接成双星形，KM2 主触点闭合将三相交流电源引入电动机定子绕组并使电动机启动后进入高速运转。

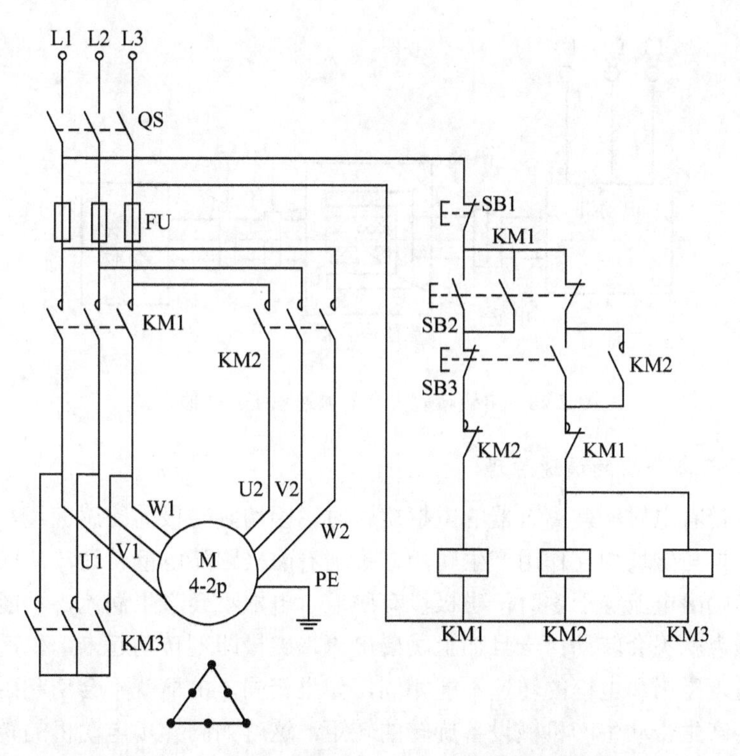

图 2-47　双速三相异步电动机电气控制原理图

电动机定子绕组改变后，其相序方向和原来相序相反。所以，在变极时，必须把电动机任意两个出线端对调，以保持电动机高速和低速时的转向一致。例如，在图 2-47 中，当电动机绕组为三角形连接时，将 U1、V1、W1 分别接到三相电源 L1、L2、L3 上；当电动机的定子绕组为双星形连接，即由 4 极变到 2 极时，为了保持电动机转向不变，应将 W2、V2、U2 分别接到三相电源 L1、L2、L3 上。除此之外，也可以将电动机其他任意两相对调。

本线路可以实现变极双速异步电动机的控制，在实际应用中，有时还用到变极多速电动机。变极多速电动机主要用于驱动不需要平滑调速的生产机械设备，如金属切削机床、通风机、水泵和升降机等。在某些机床上，采用变极调速与齿轮箱调速配合，能够较好地满足生产机械对调速的要求。

2. 电磁转差离合器调速

电磁转差离合器是将异步电动机的转轴和生产机械的转轴做软性连接以传递功率的一种装置。异步电动机利用电磁转差离合器进行调速，能够获得均匀平滑的调速特性，具有无级调速的特征。

电磁转差离合器调速系统的工作原理图如图 2-48 所示。离合器由电枢和磁极两个主要部件组成。电枢是用铸钢做成的圆筒形结构，用联轴节和电动机做硬件连接，由电动机带着它转动，称为主动部分。磁极部分由铁芯和励磁绕组两部分组成，绕组可通过滑环和电刷接到一般直流电源或整流电源上。磁极部分通过联轴节和生产机械做硬性连接，称为从动部分。

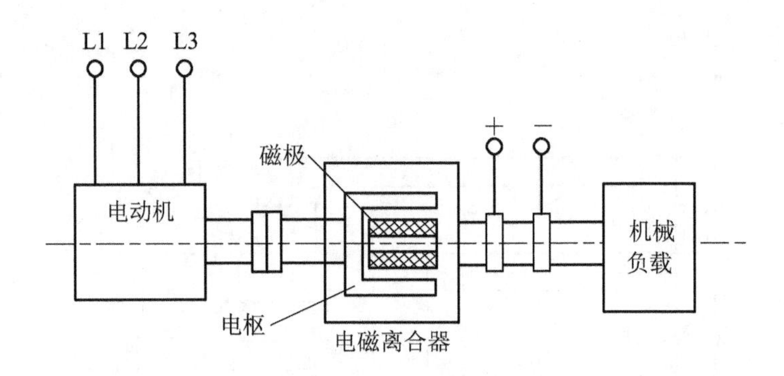

图 2-48 电磁转差离合器调速系统工作原理图

1) 电磁转差离合器的调速原理

当电动机带着电磁转差离合器的电枢旋转时，因切割磁极的磁感应线，在电枢内感应出涡流，涡流再与磁场相互作用产生转矩，推动着磁极跟随电枢转动，从而带动生产机械转动起来。当励磁电流等于零时，磁极没有磁通，电枢不会产生涡流，不能产生转矩，磁极和生产机械也就不会转动；一旦加上励磁电流，磁极即刻转动起来，生产机械设备也转动起来。此时，磁极和电枢的转速不能相同，如果相同，电枢就不会切割磁感应线产生涡流，也就不会产生带动生产机械设备旋转的转矩，这就如同异步电动机的转子导条和定子旋转磁场的作用一样，依靠这个“转差”才能工作。当负载一定时，如果减小励磁电流，将使磁场的磁通减小，因此磁极与电枢“转差”被迫增大，这样才能产生比较大的涡流，

以便获得同样大的转矩，使负载稳定在比较低的转速下运行。所以，通过调节励磁绕组的电流，就可以调节生产机械设备的转速。

电磁转差离合器从动部分的转轴带有一定的负载转矩时，励磁电流的大小便决定了转速的高低。励磁电流愈大，转速愈高；励磁电流愈小，转速愈低。如果励磁电流太小，磁通太弱，产生的转矩太小，从动轴转动不起来，就会失控；在一定的磁场下，如果负载过大，从动转轴转速太低，也会形成从动部分跟不上主动部分而失控。

图 2-49 所示为三相笼型异步电动机用电磁转差离合器调速的电气控制原理图，可以调速 4/8 极。

在电动机定子绕组双星形连接运行时，如果电磁转差离合器从动部分的转速由于励磁电流减小而下降到 600 r/min 以下时，该控制线路便能够使电动机定子绕组自动变化到三角形连接运行，即由 4 极变换到 8 极转速，其目的主要是为了提高电磁转差离合器低速运行时的效率。同样，如果电动机运行在定子绕组三角形连接时，从动部分的转速由于励磁电流的增大而上升到 600 r/min 以上时，为了使速度进一步提高，该控制线路能够使电动机的定子绕组自动变换到双星形连接。电磁转差离合器的励磁电流是由单结晶体管触发单相半控桥式整流电路提供的，调节电阻 R_P 可以改变励磁电流的大小，也就改变了生产机械设备的转速。为了使电动机在 4/8 极或者 8/4 极变换时其转向维持不变，在具体接线时，可将 U2、V2 对调，如图 2-49 所示。

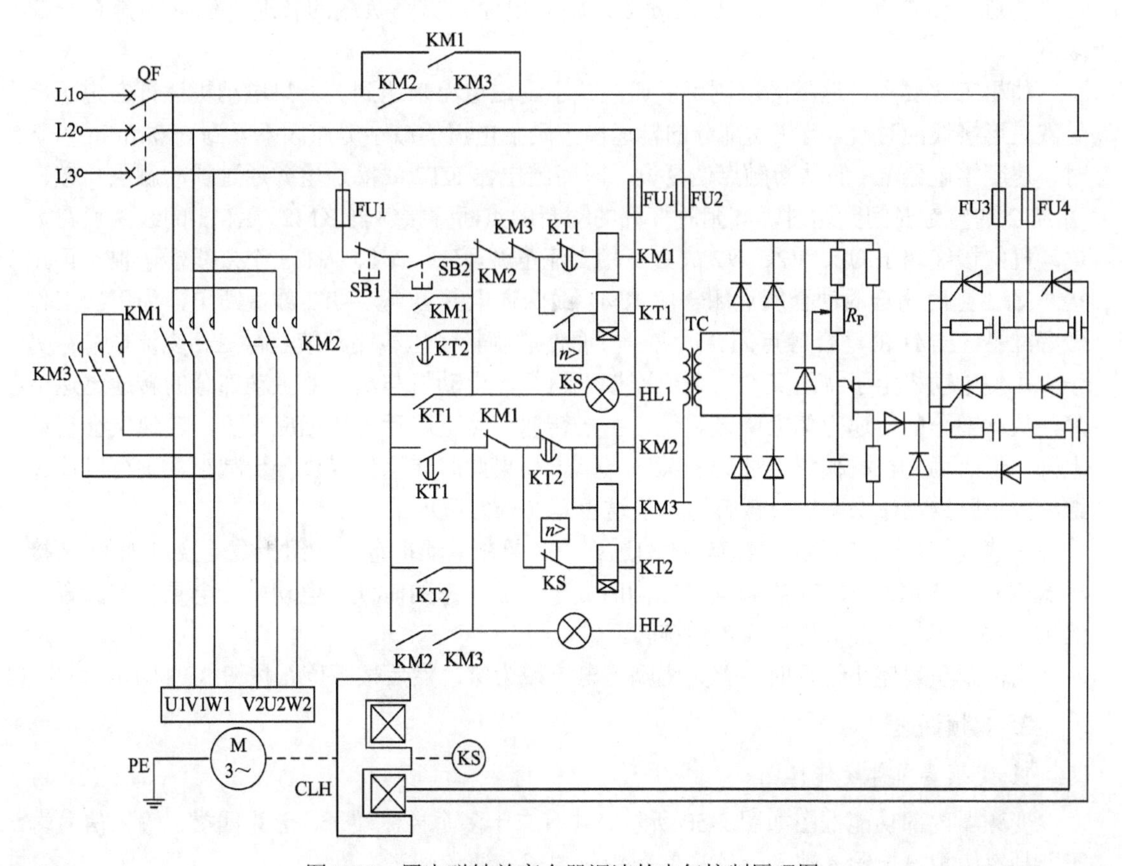

图 2-49　用电磁转差离合器调速的电气控制原理图

2) 线路工作过程分析

合上低压断路器 QF，按下启动按钮 SB2，接触器 KM1 线圈通电并自锁，KM1 的主触点闭合，将电动机定子绕组接成三角形，电动机从 8 极开始启动运行，电磁转差离合器的主动部分在它的拖动下一起运行，同时信号灯 HL1 亮。由于 KM1 的辅助动断触点断开实现互锁，接触器 KM2、KM3 线圈不能接通，而 KM1 的辅助动合触点闭合，使晶闸管调压线路的触发部分和可控部分获得单相的交流电源。调节电阻 R_P 为某一适当值，励磁电流流过一个直流电流，于是离合器从动部分开始跟随主动部分一起旋转。在此可以通过调节电阻 RP 改变励磁线圈中的电流，使从动部分所带的负载稳定在所需要的转速上。在调节过程中，若转速升到 600 r/min 以上时，安装在从动部分转轴上的速度继电器 KS 的动合触点闭合，时间继电器 KT1 线圈通电并用其瞬动动合触点自锁。当 KT1 的整定时间到达时，其延时打开的动断触点断开使 KM1 线圈断电，触点复位；KT1 延时闭合的动合触点闭合，接触器 KM2、KM3 线圈通电并自锁，KT1 线圈断电，为下次工作做好准备。KM2、KM3 的动合触点闭合，一方面使晶闸管调压线路继续获得单相交流电源；另一方面使电动机定子绕组接成双星形，电动机与离合器主动部分的转速升高到 4 极转速，从动部分的转速也随之升高。转速上升以后，转矩便相应增加，由电磁转差离合器调速异步电动机机械特性可知，在一定的励磁电流条件下，转矩的上升会使转速自动下降，而随着转速的下降，转矩又会增加，最后转速稳定在机械特性曲线的某一点上。如果此时的转速还需要进一步提高，则可以通过继续增加励磁电流来提高负载的转速，但提高是有一定限度的。

如果工艺要求转速下降，则可以通过减小励磁电流来达到。如果电动机运行在定子绕组双星形接线的时候，当从动部分的转速由于励磁电流的减小等原因下降到 600 r/min 以下时，速度继电器 KS 的动断触点便复位，时间继电器 KT2 线圈通电并通过瞬动触点自锁，当 KT2 的整定时间到达时，其延时打开的动断触点断开接触器 KM2、KM3 的线圈通路，电动机的接线端子 U2、V2、W2 失去三相交流电源，U1、V1、W1 三个接线端子也不再短接，KT2 延时闭合的动合触点闭合使 KM1 线圈通电并自锁，KT2 线圈断电，为下次工作做好准备。KM1 的动合触点闭合，它一方面使晶闸管调压线路继续获得三相交流电源；另一方面使电动机定子绕组又在三角形连接下运行，电动机与离合器主动部分的转速迅速下降，从动部分的转速也随之降低。但是由于转速突然下降后转矩相应减小，转速又会自动上升，最后稳定在机械特性曲线的某一点上。如果此时转速仍需进一步减小，则可以通过继续减小励磁电流来降低负载转速，但这也是有一定限度的。

在速度继电器 KS 两对触点转换的过程中（即在电动机定子绕组极数变换过程中），接触器 KM1、KM2、KM3 在瞬间存在同时处于释放状态的时候，电动机、电磁转差离合器的主动部分和从动部分均依靠惯性旋转。

当需要负载停止运行时，首先将励磁电流减为零，然后按下停止按钮 SB1 即可。

3. 变频调速

1) 变频器内部功能框图

变频器内部功能框图如图 2-50 所示。共有二十多个控制端子，分为四类：输入信号端子、频率模拟设定输入端子、监视信号输出端子和通信端子。

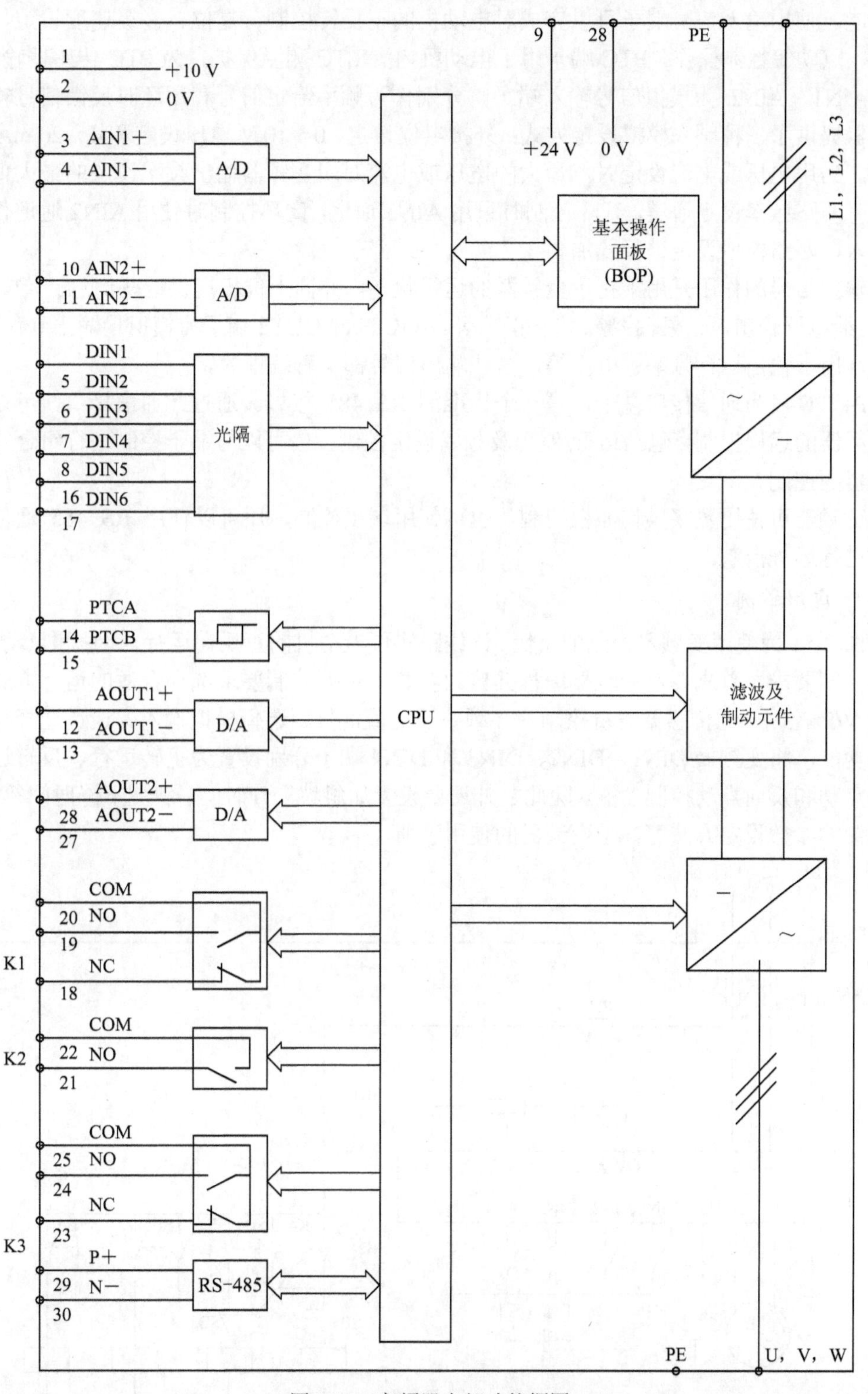

图 2-50　变频器内部功能框图

DIN1～DIN6 为数字输入端子，一般用于变频器外部控制，其具体功能由相应设置决定。例如出厂时设置 DIN1 为正向运行、DIN2 为反向运行等，根据需要通过修改参数可改

变功能。使用输入信号端子可以完成对电动机的正反转控制、复位、多级速度设定、自由停车、点动等控制操作。PTC端子用于电动机内置PTC测温保护，为PTC传感器输入端。

AIN1、AIN2为模拟信号输入端子，分别作为频率给定信号和闭环时反馈信号输入。变频器提供了三种频率模拟设定方式：外接电位设定、0～10 V电压设定和4～20 mA电流设定。当用电压或电流设定时，最大的电压或电流对应变频器输出频率设定的最大值。变频器有两路频率设定通道，开环控制时只用AIN1通道，闭环控制时使用AIN2通道作为反馈输入，两路模拟设定进行叠加。

输出信号的作用是用于指示变频器的运行状态，并向上位机提供这些信息。K1、K2、K3为继电器输出，如故障报警、状态指示等。AOUT1、AOUT2端子为模拟量输出0～20 mA信号，用于输出运行频率、电流等，这些输出信号都是可编程的。

P+、N-为通信接口端子，是一个标准的RS-485接口。通过此通信接口，可以实现对变频器的远程控制，包括运行/停止及频率设定控制，也可以与端子控制进行组合完成对变频器的控制。

变频器可使用数字操作面板控制，也可使用端子控制，还可以使用RS-485通信接口对其进行远程控制。

2) *应用举例*

图2-51为使用变频器控制的实例。该线路实现电动机的正反向运行、调速和点动控制。根据控制要求，首先要对变频器编程并修改参数。根据控制要求选择合适的运行方式，如线性V/F控制、无传感器矢量控制等。频率设定值信号源选择模拟输入。通过选择控制端子的功能，将变频器DIN1、DIN2、DIN3和DIN4端子分别设置为正转运行、反转运行、正向点动和反向点动控制功能。除此之外还要设置如斜坡上升时间、斜坡下降时间等参数，更详细的参数设定方法可参见变频器的使用手册。

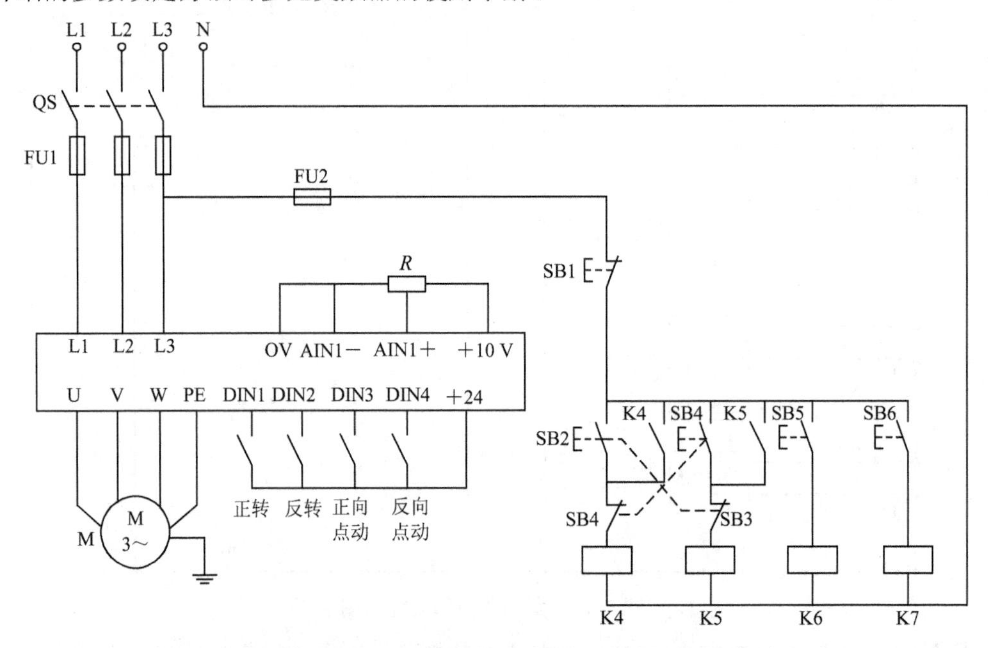

图2-51　使用变频器的三相笼型异步电动机可逆调速电气控制原理图

三、活动回顾与拓展

(1) 对图 2-47 所示的电气控制原理图标好线号，按照原理图接线，并对线路进行检查。

(2) 在图 2-47 线路检查完成的基础上，进行空操作试车和空载试车。

(3) 对图 2-47 所示的控制线路图，在老师人为设置故障的情况下，进行故障分析与处理。

(4) 分析图 2-51 所示的控制线路是如何实现电动机的正反转运行、调速和点动控制的。

习　题

1.判断题(在你认为正确说法的题后括号内打“√”，错误说法的题后括号内打“×”)

(1) 三相笼型异步电动机的电气控制线路，如果使用热继电器作为过载保护，就不必再装设熔断器作短路保护。 (　)

(2) 频敏变阻器的启动方式可以使启动平稳，克服不必要的机械冲击力。 (　)

(3) 频敏变阻器只能用于三相笼型异步电动机的启动控制中。 (　)

(4) 失压保护的目的是防止电压恢复时电动机自启动。 (　)

(5) 接触器不只有失压保护的功能。 (　)

(6) 电动机采用制动措施的目的是为了停车平稳。 (　)

(7) 交流电动机的控制线路必须采用交流操作。 (　)

(8) 现有四个按钮，欲使它们都能控制接触器 KM 线圈通电，则它们的动合触点应串联到接触器 KM 的线圈电路中。 (　)

(9) 自耦变压器降压启动的方法适用于频繁启动的场合。 (　)

(10) 在画电气安装接线图时，同一电器元件的各部件都要画在一起。 (　)

2. 单项选择题（将你认为正确选项的题号字母写在题后的括号内）

(1) 甲、乙两个接触器，欲实现互锁控制，则应(　　)。

A. 在甲接触器的线圈电路中串入乙接触器的辅助动断触点

B. 在乙接触器的线圈电路中串入甲接触器的辅助动断触点

C. 在两个接触器的线圈电路中互串对方的辅助动断触点

D. 在两个接触器的线圈电路中互串对方的辅助动合触点

(2) 甲、乙两个接触器，若要求甲接触器工作后方允许乙接触器工作，则应(　　)。

A. 在乙接触器的线圈电路中串入甲接触器的辅助动合触点

B. 在乙接触器的线圈电路中串入甲接触器的辅助动断触点

C. 在甲接触器的线圈电路中串入乙接触器的辅助动合触点

D. 在甲接触器的线圈电路中串入乙接触器的辅助动断触点

(3) 4/2 极双速异步电动机的出线端分别为 U1、V1、W1 和 U2、V2、W2，它为 4 极时与电源的接线为 U1–L1、V1–L2、W1–L3。当它为 2 极时为了保持电动机的转向不变，则接线应为(　　)。

A. U2–L1、V2–L2、W2–L3

B. U2-L3、V2-L2、W2-L1

C. U2-L2、V2-L3、W2-L1

(4) 下列电器中不能实现短路保护的是(　　)。

A. 熔断器　　B. 热继电器　　C. 过电流继电器　　D. 低压断路器

(5) 同一电器的各个部件在图中可以不画在一起的图是(　　)。

A. 电气控制原理图　　B. 电器元件布置图

C. 电气安装接线图　　D. 电气系统图

(6) 用来表明电动机、电器的实际位置的是(　　)。

A. 电气控制原理图　　B. 电器元件布置图

C. 电气系统图　　D. 电气安装接线图

3. 问答题

(1) 图形符号及文字符号的意义是什么?

(2) 电气控制原理图中，QS、FU、KM、KA、SB、SQ 分别是哪种电器元件的文字符号?

(3) 电气控制线路图包括哪几部分内容? 各部分之间有何联系?

(4) 电气控制原理图的绘制原则是什么?

(5) 绘制电气安装接线图时应注意的事项有哪些?

(6) 电气控制原理图阅读和分析的步骤有哪些?

(7) 如何绘制电器元件布置图和电气安装接线图? 绘制它们的意义何在? 有哪些注意事项?

(8) 安装电器元件之前，为什么必须进行检查? 检查的主要内容有哪些?

(9) 电气控制柜安装的一般步骤有哪些?

(10) 电气控制线路调试前应做哪些准备工作?

(11) 电气控制线路调试的内容有哪些? 调试中应注意哪些事项?

(12) 电气控制线路的故障检查方法有哪些?

(13) 多点控制的目的和多点控制的方法是什么?

4. 设计题

(1) 设计主电路和控制电路，其中有两台电动机 M1 和 M2，要求电动机 M1 启动 5 s 后，才能启动电动机 M2，但 M1 和 M2 是同时停车的。

(2) 设计主电路和控制电路，其中有两台电动机 M1 和 M2，要求电动机 M1 启动后才能启动电动机 M2，M1 和 M2 可以单独停车。

(3) 设计主电路和控制电路，其中有两台电动机 M1 和 M2，要求 M1 启动后，M2 才能启动，M2 停止后，M1 才能停止。

(4) 设计一个控制电路，要求第一台电动机启动 15 s 后，第二台电动机自行启动，运行 5 s 后，第一台电动机停止的同时使第三台电动机自行启动，运行 10 s 后，电动机全部停止。

(5) 某机床主轴和润滑泵各由一台电动机带动。要求主轴必须在液压泵开动后才能开动、主轴能正反转并能单独停车、有短路、零压及过载保护等，试绘制电气控制原理图。

(6) 某机床由一台笼型异步电动机拖动，润滑油泵由另一台笼型异步电动机拖动，均在额定电压下启动，要求如下：

① 主轴必须在油泵开动后才能启动。

② 主轴正常为正向运转，但为了调速方便，要求能正反向点动。

③ 主轴停止后才允许油泵停止。

④ 有短路、过载及失压保护。

试设计主电路及控制电路。

(7) 某升降台由一台笼型异步电动机拖动，全压启动，制动有电磁抱闸，控制要求为：按下启动按钮后先松闸，经 3 s 后电动机正向启动，工作台升起，再经 5 s 后，电动机自动反向，工作台下降，经 5 s 后，电动机停转，电磁抱闸抱紧。试设计主电路与控制电路。

(8) 有一小车由笼型异步电动机拖动，其动作过程如下；

① 小车由原位开始前进，到终端后停止。

② 在终端停留 15 s 后自动返回原位停止。

③ 要求能在前进或后退途中任意位置停止或启动。

试设计主电路及控制电路。

(9) 有一台绕线转子异步电动机，试设计一个控制线路，要求满足下列条件：

① 用控制按钮控制单方向运转。

② 按时间原则串电阻三级启动。

(10) 现有一双速电动机，试按下述要求设计控制线路：

① 分别用两个控制按钮控制电动机的高低速运行，用一个总停止按钮控制电动机的停转。

② 高速运行时，应先接成低速，然后经延时再换接到高速。

③ 应有短路保护和过载保护环节。

5. 故障分析与处理

(1) 在按速度原则控制的可逆能耗制动控制线路图 2-44 中，若出现下列故障现象，请分析其可能的故障原因及对应的处理方法。

① 电动机不能启动。

② 电动机能启动，但加速后，电动机自停。

③ 电动机只能正转而不能反转。

④ 电动机能进行反转，但不能进行能耗制动。

⑤ 速度继电器 KS 的动合触点断开过迟。

(2) 在以时间为变化参量控制启动与能耗制动的线路图 2-45 中，若出现下列故障现象，请分析其可能的故障原因及对应的处理方法。

① 接触器 KM 不吸合。

② 断电延时型时间继电器 KT1 不能及时断电。

③ 制动电流过大。

项目三

常用机床电气控制线路分析与故障处理

任务一　C6140 普通车床

活动 1　C6140 普通车床的电气控制线路分析

一、活动目标

(1) 熟悉 C6140 普通车床的主要结构及运动形式。
(2) 熟悉 C6140 普通车床电气控制线路的要求。
(3) 掌握 C6140 普通车床电气控制原理图的分析方法。

二、活动内容

普通车床是一种应用极为广泛的金属切削机床，可以用来车削工件的外圆、内圆、定型表面和螺纹等，也可以装上钻头或铰刀等进行钻孔和铰孔的加工。

1. C6140 普通车床概述

1) 主要结构

C6140 普通车床的外形结构图如图 3-1 所示，它主要由床身、主轴变速箱、进给箱、溜板箱、刀架与溜板、尾架、床腿等组成。

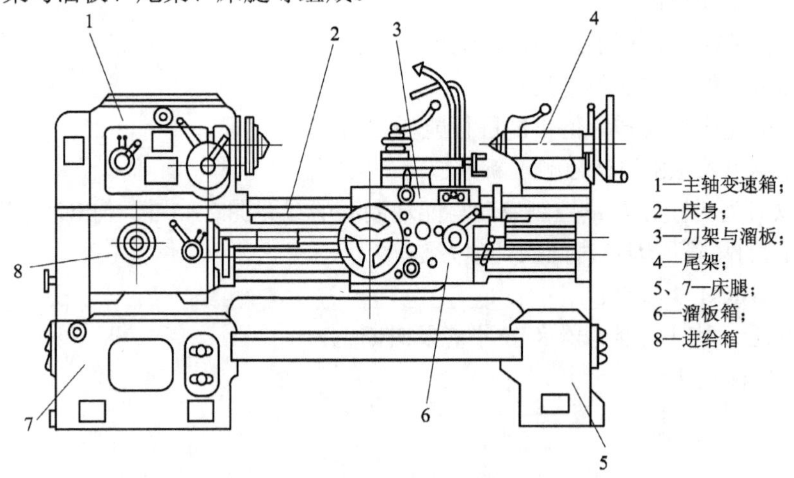

图 3-1　C6140 普通车床外形结构图

2) 运动形式

为了加工各种旋转表面，车床必须具有切削运动和辅助运动两种运动形式，切削运动包括主运动和进给运动，切削运动以外的其他必需的运动均为辅助运动。车床的主运动是工件的旋转运动，它是由主轴通过卡盘或顶尖去带动工件旋转。电动机的动力通过主轴箱传给主轴，主轴一般要求能实现单方向旋转运动，只有在车螺纹时才需要用反转来退刀。C6140 型普通车床用操作手柄通过摩擦离合器来改变主轴的旋转方向。车削加工要求主轴能在很大的范围内调速，主轴的变速是靠主轴变速箱的齿轮等机械有级调速来实现的，变换主轴箱外的手柄位置，可以改变主轴的转速。进给运动是溜板带动刀具做纵向或横向的直线移动，也就是使切削能连续进行下去的运动。车螺纹时由于要求主轴的旋转速度和进给的移动距离之间保持一定的比例，因此主运动和进给运动是由同一台电动机拖动的，主轴箱和车床的溜板箱之间通过齿轮传动来连接，刀架由溜板箱带动，沿着床身导轨做直线走刀运动。车床的辅助运动包括刀架的快进运动与快退运动、尾架的移动以及工件的夹紧与松开等。在加工的过程中，为了减轻工人的劳动强度和节省辅助工作时间(即提高工作效率)，要求由一台进给电动机单独拖动车床刀架的快速移动。

3) 对 C6140 普通车床电气控制线路的要求

C6140 普通车床主电路有三台电动机，分别是主轴电动机 M1、冷却泵电动机 M2 和快速移动电动机 M3。

(1) 对主轴电动机 M1 的要求：该电动机为不调速的三相笼型异步电动机，主轴采用机械变速，正反向运动采用机械换向机构，主要完成主轴的主运动和刀具的纵横向进给运动的驱动。

(2) 对冷却泵电动机 M2 的要求：加工时提供冷却液，以防止刀具和工件的温升过高。

(3) 对刀架快速移动电动机 M3 的要求：可根据使用需要，随时手动控制启动或停止。

(4) 要求三台电动机均采用全压启动，采用接触器控制的单向运行控制电路，其电气控制原理图如图 3-2 所示。三相交流电源通过刀开关 QS 引入，接触器 KM1 控制主轴电动机 M1 的启动和停止。接触器 KM3 控制刀架快速移动电动机 M3 的启动和停止；接触器 KM2 控制冷却泵电动机 M2 的启动和停止；而接触器 KM1 由控制按钮 SB1、SB2 控制，接触器 KM3 由控制按钮 SB3 进行点动控制；接触器 KM2 由开关 SA2 控制；主轴正反向运行由摩擦离合器实现。

(5) 主轴电动机 M1、冷却泵电动机 M2 为连续运转的电动机，分别利用热继电器 FR1、FR2 作过载保护；快速移动电动机 M3 为短时工作电动机，因此未设过载保护；熔断器 FU1 对主电路实现短路保护，FU2 对 M2 和 M3 实现短路保护，FU3 、FU4 、FU5 分别对控制电路、照明电路和信号电路实现短路保护。

2. C6140 普通车床电气控制原理分析

1) 主轴电动机 M1 的控制

按下启动按钮 SB2，接触器 KM1 线圈得电并吸合，其辅助动合触点 KM1(5—6)【11】闭合自锁，接触器 KM1 的主触点闭合，主轴电动机 M1 启动；同时接触器 KM1 的辅助动合触点 KM1(7—9)【12】闭合，为接触器 KM2 得电做准备；按下停止按钮 SB1(4—5)【10】，接触器 KM1 线圈断电，电动机 M1 停转。

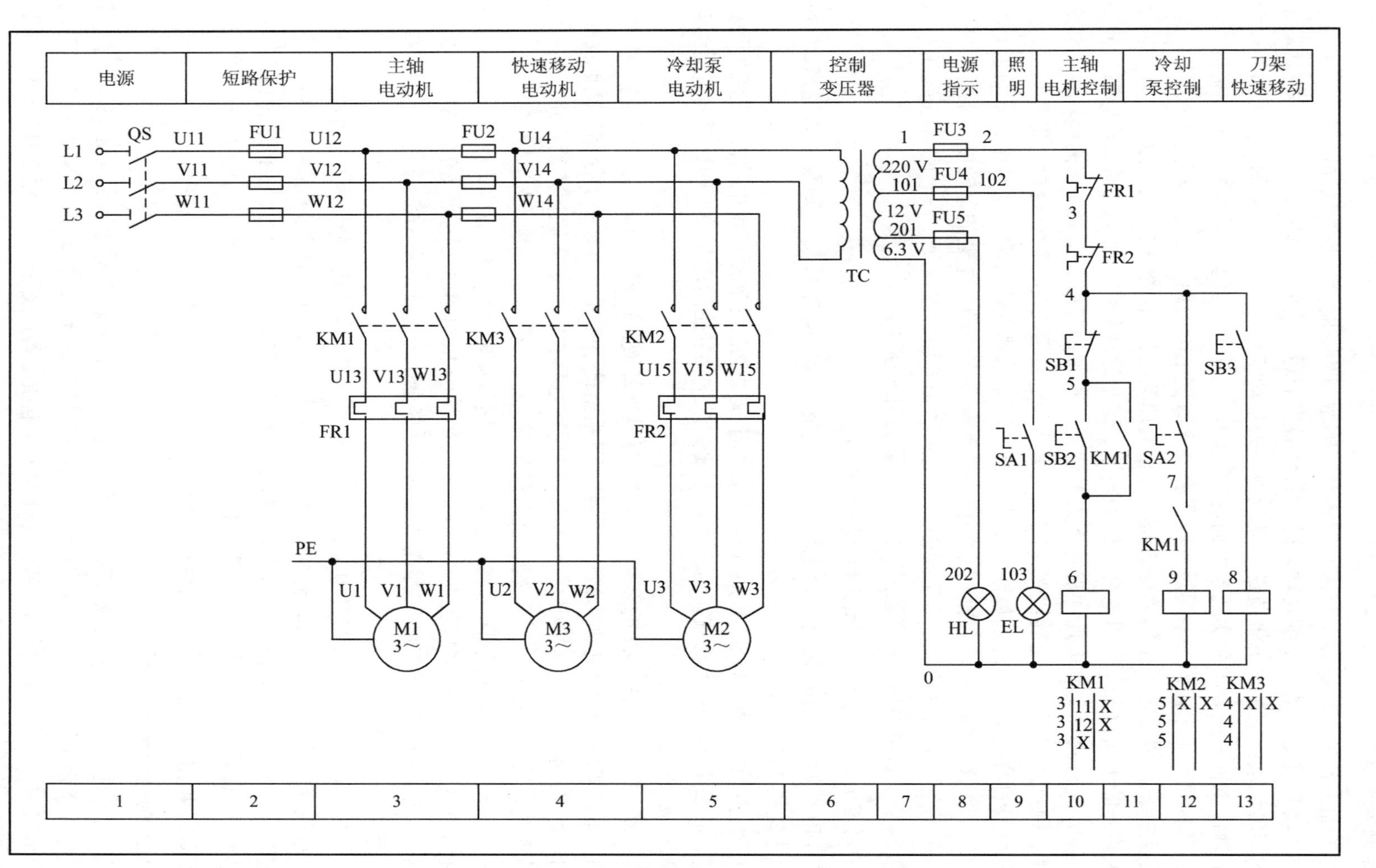

图 3-2 C6140 普通车床电气控制原理图

2) 冷却泵电动机 M2 的控制

为满足生产工艺要求，主轴电动机 M1 和冷却泵电动机 M2 采用顺序联锁控制，即当主轴电动机启动后，冷却泵电动机才能启动；当主轴电动机停止运行时，冷却泵电动机也自动停止运行。在接触器 KM1 得电吸合的情况下，主轴电动机 M1 启动后，由于接触器 KM1 的辅助动合触点 KM1(7—9)【12】闭合，因此当合上开关 SA2(4—7)【12】后，接触器 KM2 线圈得电吸合，冷却泵电动机 M2 才能启动。

3) 刀架快速移动电动机 M3 的控制

电动机 M3 采用点动控制。按下按钮 SB3，接触器 KM3 线圈得电并吸合，KM3 的主触点闭合，对电动机 M3 进行点动控制。电动机 M3 经传动系统，驱动溜板带动刀架快速移动。松开 SB3，接触器 KM3 线圈失电，衔铁释放，电动机 M3 脱离电源而停转。

3. C6140 普通车床电器元件介绍

C6140 普通车床电器元件明细表如表 3-1 所示。

表 3-1　C6140 普通车床电器元件明细表

代号	名　称	型　号	规　格	数量	用　途
M1	主轴电动机	Y132M—4—B3	380 V、7.5 kW、1450 r/min	1	工件的旋转和刀具的进给
M2	冷却泵电动机	AOB—25	380 V、90 W、3000 r/min	1	用于供给冷却液
M3	快速移动电动机	AOS5634	380 V、250 W、1360 r/min	1	用于刀架的快速移动
KM1	交流接触器	CJ0—10A	127 V　10 A	1	控制主轴电动机 M1
KM2	交流接触器	CJ0—10A	127 V　10 A	1	控制冷却泵电动机 M2
KM3	交流接触器	CJ0—10A	127 V　10 A	1	控制快速移动电动机 M3
QS	电源刀开关	HZ1—60/3	380 V　60 A　三极	1	电源总开关
SB1	控制按钮	LA2 型	500 V　5 A	1	控制主轴停止
SB2	控制按钮	LA2 型	500 V　5 A	1	控制主轴启动
SB3	控制按钮	LA2 型	500 V　5 A	1	控制快速移动电动机 M3 的点动
SA1	转换开关	HZ2—10/3	10 A，三极	1	控制照明灯开关
SA2	钥匙式电源开关			1	控制冷却泵电动机
FR1	热继电器	JR16—20/3D	15.4 A	1	对 M1 实现过载保护
FR2	热继电器	JR2—1	0.32 A	1	对 M2 实现过载保护
TC	控制变压器	BK—200	380/127、36、6.3 V	1	为控制与照明电路提供所需电压
FU1	熔断器	RL1	40 A	1	全电路的短路保护
FU2	熔断器	RL1	1 A	1	M2 和 M3 的短路保护
FU3	熔断器	RL1	1 A	1	控制电路的短路保护
FU4	熔断器	RL1	2 A	1	照明电路的短路保护
FU5	熔断器	RL1	1 A	1	信号电路的短路保护
EL	照明灯	K—1，螺口	40 W　36 V	1	机床局部照明
HL	指示灯	DX1—0	白色，配 6 V 0.15 A 灯泡	1	电源指示灯

三、活动回顾与拓展

(1) 对照图 3-2 对 C6140 普通车床的电气控制线路进行分析。

(2) 结合图 3-2，进一步理解各元器件在电路中的功能及其控制关系。

活动 2　C6140 普通车床的常见故障与处理

一、活动目标

掌握 C6140 普通车床的常见故障现象、可能原因及处理方法。

二、活动内容

常见故障现象及处理方法如下：

(1) 故障现象：主轴电动机 M1 不能启动。其产生的可能原因及处理方法如下：

产生的可能原因	处 理 方 法
熔断器 FU3 熔体熔断	更换为同型号、同规格、同容量的熔断器熔体
热继电器 FR1 触点动作或接线松脱	检查 FR1 动作的原因，若接线松脱，紧固接线；若触点接触不良，应处理修复
接触器 KM1 的线圈进出线端子松脱	重新接线，使进出线端子接线良好
控制按钮 SB1、SB2 的触点接触不良，导致接触器 KM1 不吸合	检查 SB1、SB2 触点接触不良的原因并处理，使其接触良好
熔断器 FU1 熔体熔断或接线松脱	更换为同型号、同规格、同容量的熔断器熔体或重新接线并紧固接线
接触器 KM1 主触点接触不良	检查主触点接触不良的原因并予以处理

(2) 故障现象：主轴电动机启动后接触器 KM1 不能自锁，当按下启动按钮后，主轴电动机能启动运转，但松开启动按钮后，主轴电动机也随之停止。其产生的可能原因及处理方法如下：

产生的可能原因	处 理 方 法
接触器 KM1 的自锁触点连接导线松脱或接触不良	紧固自锁触点的连接导线、修复接触器 KM1 的自锁触点

(3) 故障现象：主轴电动机不能停止。其产生的可能原因及处理方法如下：

产生的可能原因	处 理 方 法
接触器 KM1 的主触点出现熔焊现象	处理熔焊的主触点或更换接触器 KM1
停止按钮 SB1 被击穿	更换停止按钮 SB1

(4) 故障现象：指示灯亮，但各电动机均不能启动。其产生的可能原因及处理方法如下：

产生的可能原因	处 理 方 法
FU3 的熔体断开	更换熔断器 FU3 的熔体
热继电器 FR1 或 FR2 断开	检查 FR1、FR2 断开原因并处理或更换

三、活动回顾与拓展

对照 C6140 普通车床电气控制原理图 3-2，在老师人为设置故障的情况下进行故障分析与处理。

任务二　Z3040B 摇臂钻床

活动 1　Z3040 摇臂钻床的电气控制线路分析

一、活动目标

(1) 熟悉 Z3040B 摇臂钻床的主要结构、运动形式及对电气控制线路的要求。
(2) 掌握 Z3040B 摇臂钻床电气控制原理图的分析方法。

二、活动内容

钻床的用途广泛，按结构可以分为立式钻床、卧式钻床、台式钻床、深孔钻床、摇臂钻床等。其中，摇臂钻床用途较为广泛，在钻床中具有一定的典型性。常用的有 Z3040B 摇臂钻床。Z3040B 摇臂钻床适用于加工中小零件，可以进行钻孔、扩孔、铰孔、刮平面及改螺纹等多种形式的加工；加装适当的工艺装备还可以进行镗孔，其最大钻孔直径为 40 mm。

1. Z3040B 摇臂钻床概述

1) 主要结构

Z3040B 摇臂钻床主要由底座、内立柱、外立柱、摇臂、主轴箱、工作台等组成。图 3-3 是 Z3040B 摇臂钻床的外形结构图。其内立柱固定在底座上，在它外面套着空心的外立柱，外立柱可绕着内立柱回转一周，摇臂一端的套筒部分与外立柱滑动配合，借助于丝杆，

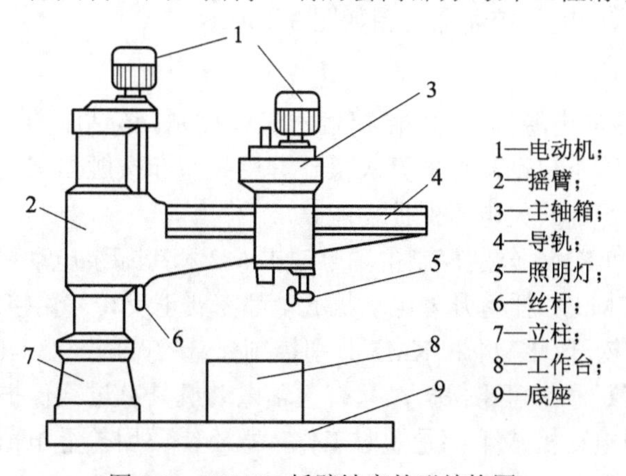

图 3-3　Z3040B 摇臂钻床外形结构图

摇臂可沿着外立柱上下移动，但两者不能做相对移动，所以摇臂将与外立柱一起相对内立柱回转。主轴箱是一个复合的部件，它具有主轴及主轴旋转部件和主轴进给的全部变速与操纵机构。

主轴箱可沿着摇臂上的水平导轨作径向移动。当进行加工时，可利用特殊的夹紧机构将外立柱紧固在内立柱上，摇臂紧固在外立柱上，主轴箱紧固在摇臂导轨上，然后进行钻削加工。

2) 运动形式

Z3040B 摇臂钻床有主运动、进给运动及辅助运动等多种运动形式。主运动指主轴的旋转运动；进给运动指主轴的轴向进给运动。摇臂钻床除主运动与进给运动外，还有外立柱、摇臂和主轴箱的辅助运动，它们都有夹紧装置和固定位置。摇臂的升降及夹紧放松由一台三相笼型异步电动机拖动，摇臂的回转和主轴箱的径向移动采用手动，立柱的夹紧松开由一台三相笼型异步电动机拖动一台齿轮泵来供给夹紧装置所用的压力油来实现，同时通过电气联锁来实现主轴箱的夹紧与放松。

为保证安全生产，摇臂钻床的主轴旋转和摇臂升降不允许同时进行。

3) 对 Z3040B 摇臂钻床电气控制线路的要求

Z3040B 摇臂钻床的主电路有四台电动机，分别是冷却泵电动机 M1、主轴电动机 M2、立柱夹紧松开电动机 M3 和摇臂升降电动机 M4。

(1) 对冷却泵电动机 M1 的要求：只要求正转。

(2) 对主轴电动机 M2 的要求：

① 主轴电动机 M2 承担主钻削及进给任务。为了适应多种加工方式的要求，主轴及进给应在较大范围内调速，但这些调速都是机械调速，即用手柄操作变速箱调速，对电动机无任何调速要求。

② 主轴变速机构与进给变速机构放在一个变速箱内，而且两种运动由一台电动机拖动。

③ 加工螺纹时要求主轴能正反转。摇臂钻床的正反转一般用机械方法实现，主轴电动机只需单方向旋转。

(3) 对立柱夹紧松开电动机 M3 的要求：实现立柱的夹紧与松开。

(4) 对摇臂升降电动机 M4 的要求：实现摇臂的上升与下降。

2. 电气控制线路分析

Z3040B 摇臂钻床的电气控制原理图如图 3-4 所示。

1) 主电路分析

Z3040B 摇臂钻床的电源开关 QS 由接触器 KM 控制。该钻床的主轴旋转和摇臂升降不用按钮操作，而采用了不自动复位的开关操作。用按钮和接触器来代替一般的电源开关，可以实现零压保护和一定的欠电压保护功能。

用接触器 KM1 和 KM6 分别控制主轴电动机 M2 和冷却泵电动机 M1 的单方向旋转。立柱夹紧松开电动机 M3 和摇臂升降电动机 M4 都需要正反转。用接触器 KM2 和 KM3 分别控制立柱的夹紧和松开；KM4 和 KM5 分别控制摇臂的升降。Z3040B 型摇臂钻床的四台电动机只用了两套熔断器作短路保护，只有主轴电动机具有过载保护。因立柱夹紧松开电动机 M3 和摇臂升降电动机 M4 都是短时工作，故不需要用热继电器来作过载保护。冷却泵电动机 M1 因容量很小，故不需设保护环节。

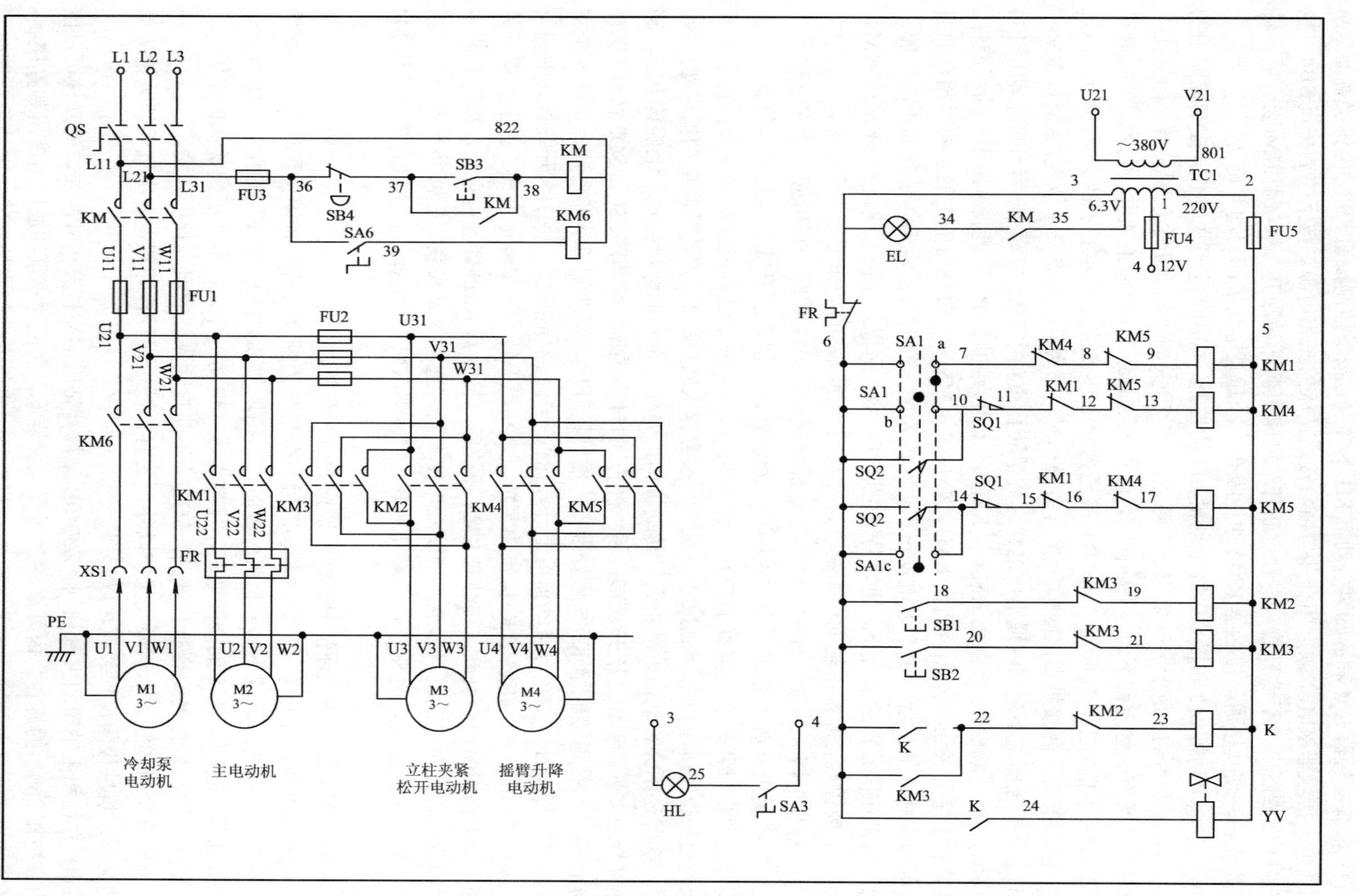

图 3-4　Z3040B 型摇臂钻床电气控制原理图

2) 控制电路分析

(1) 电源接触器 KM 和冷却泵电动机 M1 的控制。按下控制按钮 SB3，电源接触器 KM 线圈通电，接触器 KM 主触点闭合并自锁，接通钻床的三相电源。按下控制按钮 SB4，接触器 KM 线圈断电，衔铁释放，主触点断开，机床电源即被断开。接触器 KM 吸合后，转动开关 SA6，使其接通，接触器 KM6 通电吸合，冷却泵电动机即启动并旋转。

(2) 主轴电动机 M2 和摇臂升降电动机 M4 的控制。采用十字开关操作，控制线路中的 SA1a、SA1b 和 SA1c 是十字开关的三个触点。十字开关的手柄有五个位置。当手柄处在中间位置时，所有的触点都不通，手柄向右，触点 SA1a 闭合，接通主轴电动机 M1 的控制接触器 KM1；手柄向上，触点 SA1b 闭合，接通摇臂上升接触器 KM4；手柄向下，触点 SA1c 闭合，接通摇臂下降接触器 KM5。十字开关操作时，一次只能占有一个位置，KM1、KM4、KM5 三个接触器就不会同时通电，这样有利于防止主轴电动机 M2 和摇臂升降电动机 M4 同时启动运行，也减少了接触器 KM4 与 KM5 的主触点同时闭合而造成短路事故的可能性。但是单靠十字开关还不能完全防止 KM1、KM4 和 KM5 三个接触器的主触点同时闭合的事故，因为接触器的主触点由于通电发热和火花的影响，有时会出现熔焊现象而不能释放，特别是在操作很频繁的情况下，更容易发生这种事故。所以，在控制线路上，KM1、KM4、KM5 三个接触器之间都用辅助动断触点进行互锁，使线路的动作更为安全可靠。

(3) 摇臂升降和夹紧工作的自动循环。摇臂钻床正常工作时，摇臂应夹紧在立柱上，因此，在摇臂上升或下降时，必须先松开夹紧装置，当摇臂上升或下降到指定位置时，夹紧装置又须将摇臂夹紧。摇臂的松开、升(或降)、夹紧整个过程能够自动完成。将十字开关扳到上升位置(即向上)，触点 SA1b 闭合，接触器 KM4 吸合，摇臂升降电动机启动正转。此时，摇臂还不会移动，电动机通过传动机构，先使一个辅助螺母在丝杆上旋转上升，辅助螺母带动夹紧装置使之松开。当夹紧装置松开的时候，带动行程开关 SQ2，SQ2 触点 SQ2(6—14)闭合，为接通接触器 KM5 做好准备。摇臂松开后，辅助螺母继续上升，带动一个主螺母沿着丝杆上升，主螺母推动摇臂上升。摇臂上升到预定高度，将十字开关扳到中间位置，触点 SA1b 断开，接触器 KM4 断电释放，电动机停转，摇臂停止上升。由于行程开关 SQ2(6—14)仍旧闭合，所以在接触器 KM4 释放后，接触器 KM5 即通电吸合，摇臂升降电动机即反转，此时电动机只是通过辅助螺母使夹紧装置将摇臂夹紧。摇臂并不下降。当摇臂完全夹紧时，行程开关 SQ2(6—14)即断开，接触器 KM5 断电释放，摇臂升降电动机 M4 停转。

摇臂下降的过程与上述情况类似，请读者自行分析。

SQ1 是组合行程开关，它的两对动断触点分别作为摇臂升降的极限位置控制，起终端保护作用。当摇臂上升或下降到极限位置时，由撞块使 SQ1(10—11)或 SQ1(14—15)断开，切断接触器 KM4 和 KM5 的线圈通路，使摇臂升降电动机停转，从而起到了保护作用。

SQ1 为自动复位的组合行程开关，SQ2 为不能自动复位的组合行程开关。

摇臂升降机构除了电气限位保护以外，还有机械极限保护装置，在电气保护装置失灵的情况下，机械极限保护装置可以起保护作用。

(4) 立柱和主轴箱的夹紧控制。Z3040B 型摇臂钻床的立柱分内外两层，外立柱可以围绕内立柱作 360° 的旋转，内外立柱之间有夹紧装置，立柱的夹紧和放松由液压装置控制；电动机拖动一台齿轮泵。电动机正转时，齿轮泵送出压力油使立柱夹紧，电动机反转时，

齿轮泵送出压力油使立柱放松。

立柱夹紧电动机用控制按钮 SB1 和 SB2 及接触器 KM2 和 KM3 控制，该控制为点动控制。按下控制按钮 SB1 或 SB2，接触器 KM2 或 KM3 的线圈通电并吸合，使电动机正转或反转，将立柱夹紧或放松。松开控制按钮 SB1 或 SB2，接触器 KM2 或 KM3 的线圈断电释放，电动机即脱离电源。

立柱的夹紧松开与主轴箱的夹紧松开有电气上的联锁，立柱松开，主轴箱也松开，立柱夹紧，主轴箱也夹紧。当按下控制按钮 SB2，接触器 KM3 线圈通电并吸合，立柱松开，接触器 KM3 的触点 KM3(6—22)闭合，中间继电器 K 通电吸合并自锁。中间继电器 K 的一个动合触点接通电磁阀 YV，使液压装置松开主轴箱。在立柱放松的整个时间内，中间继电器 K 和电磁阀 YV 始终保持运行状态。按下按钮 SB1，接触器 KM2 线圈通电并吸合，立柱被夹紧，接触器 KM2 的辅助动断触点 KM2(22—23)断开，中间继电器 K 线圈断电释放，电磁阀 YV 断电，液压装置将主轴箱夹紧。

在该控制线路中，不能用接触器 KM2 和 KM3 来直接控制电磁阀 YV。因为电磁阀必须保持通电状态，主轴箱才能松开；一旦 YV 断电，液压装置立即将主轴箱夹紧。KM2 和 KM3 均是点动工作方式，当按下 SB2 使立柱松开后放开按钮，KM3 断电释放，立柱不会再夹紧，这样为了使松开 SB2 后，电磁阀 YV 仍能始终通电就不能用接触器 KM3 来直接控制电磁阀 YV，而必须用一只中间继电器 K，以便在接触器 KM3 断电释放后，中间继电器 K 仍能保持吸合，使电磁阀 YV 始终通电，从而使主轴箱始终松开。只有当按下 SB1，使接触器 KM2 吸合，立柱夹紧时，中间继电器 K 才会释放，电磁阀 YV 才断电，主轴箱才能被夹紧。

3. Z3040B 摇臂钻床电器元件介绍

Z3040B 摇臂钻床电器元件明细表如表 3-2 所示。

表 3-2　Z3040B 摇臂钻床电器元件明细表

符号	元件名称	型　号	规　格	件数	作　用
M1	冷却泵电动机	JCB—22—2	0.125 kW 2790 r/min	1	供给冷却液
M2	主轴电动机	J02—42—4	5.5 kW 1440 r/min	1	带动主轴转动
M3	液压泵电动机	J02—21—6	0.9 kW 930 r/min	1	控制立柱的夹紧松开
M4	摇臂升降电动机	J02—22—4	5.5 kW 1440 r/min	1	控制摇臂的升降
KM	交流接触器	CJ0—20	20 A 220 V	1	控制主电路四台电动机
KM1	交流接触器	CJ0—20	20 A 220 V	1	控制主轴电动机
KM2	交流接触器	CJ0—10	10 A 220 V	1	控制立柱夹紧
KM3	交流接触器	CJ0—10	10 A 220 V	1	控制立柱松开
KM4	交流接触器	CJ0—10	10 A 220V	1	控制摇臂上升

续表

符号	元件名称	型　号	规　格	件数	作　用
KM5	交流接触器	CJ0—10	10 A 220 V	1	控制摇臂下降
KM6	交流接触器	CJ0—10	10 A 220 V	1	控制冷却泵电动机
K	中间继电器	JZ7—44	220 V 50 Hz	1	保证电磁阀始终处于通电运行状态
FU1	熔断器	RL1 型	60/25 A	3	对主电路实现短路保护
FU2	熔断器	RL1 型	15/10 A	3	M3、M4 短路保护
FU3	熔断器	RL1 型	15/2 A	1	KM 和 KM6 的短路保护
FU4	熔断器	RL1 型	15/2 A	1	照明电路短路保护
FU5	熔断器	RL1 型	15/2 A	1	控制电路短路保护
FR	热继电器	JR2—1	11.1 A	1	主轴 M1 过载保护
YV	电磁阀	MFJ1—3	220V 50 Hz	1	控制立柱夹紧机构
QS1	组合开关	HZ1—60/3	60 A　三级		电源总开关
SQ1	组合限位开关	HZ4—22 型	5A	1	摇臂上升、下降限位开关
SQ2	组合限位开关	LX5—11Q/1 型	5A	1	摇臂夹紧松开限位开关
SB1	按钮	LA2 型	5 A	1	立柱夹紧按钮
SB2	按钮	LA2 型	5 A	1	立柱松开按钮
SB3	按钮	LA2 型	5 A	1	钻床控制按钮
SB4	按钮	LA2 型	5 A	1	钻床电源控制按钮
SA1	十字手柄	LW10—10 型	5A		控制主轴及摇臂升降开关
SA3	手动按钮	SA39 型	5 A	1	控制信号灯的手动按钮
SA6	手动按钮	SA39 型	10A	1	控制 KM6 的手动按钮
TC1	控制变压器	BK—150	380/127、36 V	1	控制、照明电路的低压电源
HL	指示灯	DX1—0	白色，配 6 V 0.15 A 灯泡	1	主轴电动机旋转指示
EL	照明灯泡		36 V 40 W	1	机床局部照明
XS1	插座		6.3 V 15W		冷却泵电动机控制插座

三、活动回顾与拓展

(1) 进一步熟悉 Z3040B 摇臂钻床的主要结构及运动形式。
(2) 独立分析 Z3040B 摇臂钻床的电气控制原理图。
(3) 明确 Z3040B 摇臂钻床电气控制线路中各元器件的功能以及它们之间的控制关系。
(4) 分析 Z3040B 摇臂钻床的下降控制过程。

活动 2　Z3040B 摇臂钻床的常见故障与处理

一、活动目标

掌握 Z3040B 摇臂钻床的常见故障现象、产生的可能原因及处理方法。

二、活动内容

常见故障现象及处理方法如下：

(1) 故障现象：主轴电动机不能启动。其产生的可能原因及处理方法如下：

产生的可能原因	处 理 方 法
引入电源的开关 QS 有故障	检查 QS 的触点是否良好，如 QS 接触不良，应更换或修复
熔断器 FU1 熔体熔断	更换熔断器 FU1 的熔体
电源电压过低	调整电源电压到合适值
接触器 KM1 的主触点接触不良，接线松脱等	修复或更换接触器 KM1 的主触点，紧固接线

(2) 故障现象：主轴电动机不能停转。其产生的可能原因及处理方法如下：

产生的可能原因	处 理 方 法
接触器 KM1 的主触点熔焊在一起	更换接触器 KM1 熔焊的主触点或更换接触器 KM1

(3) 故障现象：操作时一点反应也没有。其产生的可能原因及处理方法如下：

产生的可能原因	处 理 方 法
电源没有接通	检查插头、电源引线、电源闸刀(即刀开关)
FU3 烧断或 L11、L21 导线有断路或脱落	检查 FU3、L11、L21 导线

(4) 故障现象：按 SB3，接触器 KM 不能吸合，但操作 SA6，接触器 KM6 能吸合。其产生的可能原因及处理方法如下：

产生的可能原因	处 理 方 法
36—37—38—KM 线圈—L21 这一支路中有断路或触点接触不良	用万用表电阻挡对该支路进行测量

(5) 故障现象：控制电路不能工作。其产生的可能原因及处理方法如下：

产生的可能原因	处 理 方 法
熔断器 FU5 烧断	检查熔断器 FU5 并处理或更换为同规格的熔体
热继电器 FR 因主轴电动机过载而断开	对热继电器 FR 进行手动复位
5 号线或 6 号线断开	检查 5 号线和 6 号线，并处理断路故障
控制变压器 TC1 线圈断路	检查 TC1，并处理断路故障
TC1 初级进线 U21、V21 中有断路	检查 U21、V21 线，并处理故障
接触器 KM 中 L1 相或 L2 相主触点烧坏	检查 KM 主触点并修复或更换
熔断器 FU1 中的 U11、V11 相熔断	检查 FU1，并处理故障

(6) 故障现象：主轴电动机不能启动。其产生的可能原因及处理方法如下：

产生的可能原因	处 理 方 法
十字开关接触不良	更换十字开关
接触器 KM4(7—8)、KM5(8—9)辅助动断触点接触不良	调整触点位置或更换触点
接触器 KM1 线圈损坏	更换线圈

(7) 故障现象：主轴电动机不能停转。其产生的可能原因及处理方法如下：

产生的可能原因	处 理 方 法
接触器 KM1 主触点熔焊	更换该接触器的主触点

(8) 故障现象：摇臂升降后，不能夹紧。其产生的可能原因及处理方法如下：

产生的可能原因	处 理 方 法
行程开关 SQ2 位置不当	调整行程开关 SQ2 到合适位置
行程开关 SQ2 损坏	更换行程开关 SQ2
连到行程开关 SQ2 的 6、10、14 号线中有脱落或断路	检查 6、10、14 号线，并处理故障

(9) 故障现象：摇臂升降方向与十字开关标志的扳动方向相反。其产生的可能原因及处理方法如下：

产生的可能原因	处 理 方 法
摇臂升降电动机 M4 相序接反	更换电动机 M4 的相序

(10) 故障现象：立柱能放松，但主轴箱不能放松。其产生的可能原因及处理方法如下：

<table>
<tr><th>产生的可能原因</th><th>处 理 方 法</th></tr>
<tr><td>接触器辅助动合 KM3(6—22)触点接触不良</td><td rowspan="6">用万用表电阻挡检查相关部位并处理对应故障</td></tr>
<tr><td>中间继电器 K (6—22)或 K (6—24)接触不良</td></tr>
<tr><td>接触器 KM2(22—23)辅助动断触点不通</td></tr>
<tr><td>中间继电器 K 线圈损坏</td></tr>
<tr><td>电磁阀 YV 线圈开路</td></tr>
<tr><td>22、23、24 号线中有脱落或断路</td></tr>
</table>

三、活动回顾与拓展

根据 Z3040B 型摇臂钻床电气控制线路，在老师人为设置故障的情况下进行故障分析与处理。

任务三　X62W 万能铣床

活动 1　X62W 万能铣床的电气控制线路分析

一、活动目标

(1) 熟悉 X62W 万能铣床的主要结构、运动形式及对电气控制的要求。

(2) 熟悉 X62W 万能铣床电气控制原理图的分析方法。

二、活动内容

铣床主要用作金属切削，它可用来加工平面、斜面和沟槽等，装上分度头后还可以铣切直齿齿轮和螺旋面，如果装上圆工作台还可以铣切凸轮和弧形槽。铣床的种类很多，有卧铣、立铣、龙门铣、仿形铣及各种专用铣床等。X62W 万能铣床具有主轴转速高、调速范围宽、操作方便和加工范围广等特点。

1．X62W 万能铣床概述

1) 主要结构

X62W 万能铣床主要由床身、主轴、主轴变速箱、刀杆、横梁、工作台、回转盘、横溜板和升降台等几部分组成，其外形结构如图 3-5 所示。

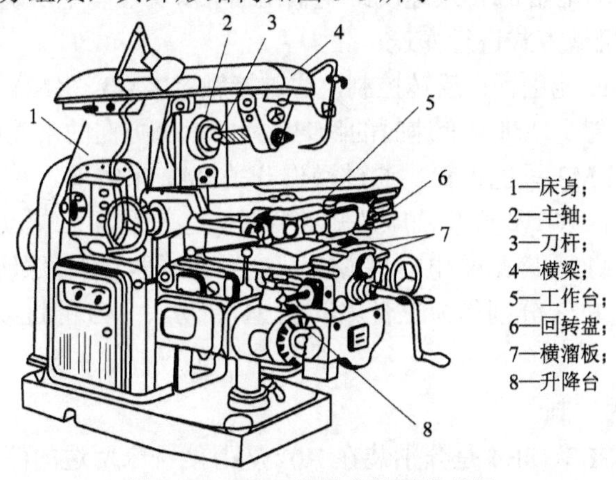

图 3-5　X62 万能铣床外形结构图

2) 运动形式

X62W 万能铣床的主要运动形式有主轴的转动和工作台的移动两种形式。

(1) 主轴转动是由主轴电动机通过弹性联轴器来驱动传动机构的，当机构中的一个双联滑动齿轮块啮合时，主轴即可旋转。

(2) 工作台面的移动是由进给电动机驱动的，该进给电动机通过机械机构使工作台能进行三种形式六个方向的移动，即工作台面直接在溜板上部可转动部分的导轨上作纵向(操作者面向铣床时工作台面的左右移动)移动、工作台面借助横溜板作横向(操作者面向铣床时工作台面的前后移动)移动以及工作台面借助升降台作垂直(操作者面向铣床时工作台面的上下移动)移动。

3) 对 X62W 型万能铣床电气控制线路的要求

X62W 万能铣床由三台电动机控制，分别为主轴电动机 M1、进给电动机 M2 和冷却泵电动机 M3。

(1) 对主轴电动机 M1 的要求。由于加工时有顺铣和逆铣两种，所以要求主轴电动机具有正反转的功能且在变速时能瞬时冲动一下，目的是利于齿轮的啮合，同时能实现制动停车和两地控制。

(2) 对进给电动机 M2 的要求。进给电动机与主轴电动机需实现两台电动机的联锁控制，即主轴工作后才能进行进给运动。工作台的三种运动形式即六个方向的移动是依靠机械的方法来达到的，因此要求进给电动机能正反转，且要求纵向、横向、垂直三种运动形式相互间应有联锁，以确保操作安全。同时要求工作台进给变速时，进给电动机也能瞬时冲动、快速进给和实现两地控制等。

(3) 对冷却泵电动机 M3 的要求。冷却泵电动机只要求正转。

2. X62W 型万能铣床电气控制原理分析

X62W 型万能铣床电气控制原理图由主电路、控制电路和照明电路三部分组成，如图 3-6 所示。

1) 主电路

(1) 主轴电动机 M1 通过换相开关 SA5 与接触器 KM1 配合，能进行正反转控制，而与接触器 KM2、反接制动电阻器 *R* 及速度继电器配合，以实现串电阻瞬时冲动和正反转反接制动控制，并能通过机械方式进行变速。

(2) 进给电动机 M2 能进行正反转控制，通过接触器 KM3、KM4 与行程开关及 KM5、牵引电磁铁 YA 配合，能实现进给变速时的瞬时冲动、六个方向的常速进给和快速进给控制。

(3) 冷却泵电动机 M3 只能正转，通过操作开关 SA2 来实现。

(4) 熔断器 FU1 作 X62W 万能铣床总短路保护，也兼作主轴电动机 M1 的短路保护；FU2 作为进给电动机 M2、冷却泵电动机 M3 及控制变压器 TC、照明灯 EL 的短路保护；热继电器 FR1、FR2、FR3 分别作为三台电动机 M1、M2、M3 的过载保护。

2) 控制电路

(1) 主轴电动机的控制。

① SB1、SB2 与 SB3、SB4 是分别装在 X62W 万能铣床两边的停止(制动)和启动按钮，实现两地控制，方便操作。

② 接触器 KM1 控制主轴电动机的启动，接触器 KM2 控制反接制动和主轴变速冲动。

③ SQ7 是与主轴变速手柄联动的瞬时动作行程开关。

④ 主轴电动机需启动时，要先将换相开关 SA5 扳到主轴电动机 M1 所需要的旋转方向，然后再按启动按钮 SB3 或 SB4 来启动主轴电动机 M1。

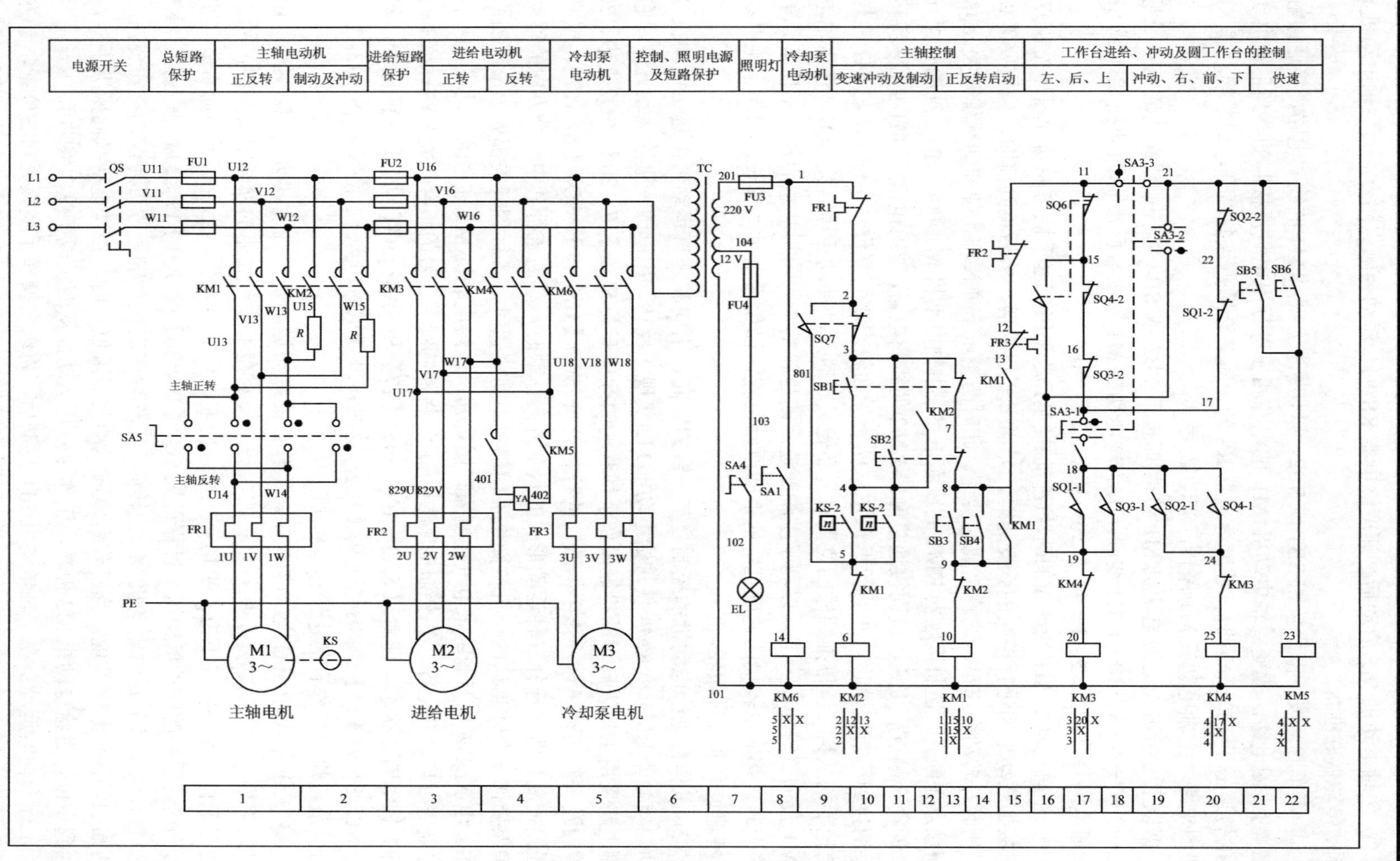

图 3-6 X62W 万能铣床电气控制原理图

⑤ 主轴电动机 M1 启动后，速度继电器 KS 的一对动合触点闭合，为主轴电动机 M1 的制动停转做好准备。

⑥ 停车时，按下停止按钮 SB1 或 SB2，以切断接触器 KM1 的线圈电路，接通接触器 KM2 的线圈电路，改变主轴电动机 M1 的电源相序进行串电阻反接制动。当主轴电动机 M1 的转速低于 120 r/min 时，速度继电器 KS 的一对动合触点恢复断开，切断接触器 KM2 的线圈电路，主轴电动机 M1 停转，制动结束。

据以上分析可知主轴电动机 M1 转动(即按下 SB3 或 SB4)时控制线路的通电路径是：1—2—3—7—8—9—10—KM1 线圈－0；主轴电动机 M1 停止与反接制动(即按 SB1 或 SB2)时的通电路径是：1—2—3—4—5—6—KM2 线圈－0。

⑦ 主轴电动机 M1 变速时的瞬动(冲动)控制，是利用变速手柄与冲动行程开关 SQ7 通过机械上联动机构进行控制的。变速时，先压下变速手柄，然后拉到前面，当快要落到第二道槽时，转动变速盘，选择需要的转速。此时凸轮压下弹簧杆，使冲动行程开关 SQ7 的动断触点先断开，切断接触器 KM1 的线圈电路，主轴电动机 M1 断电；同时冲动行程开关 SQ7 的动合触点后接通，进而接通接触器 KM2 的线圈电路，主轴电动机 M1 被反接制动。当手柄拉到第二道槽时，冲动行程开关 SQ7 不受凸轮控制而复位，主轴电动机 M1 停转。接着把手柄从第二道槽推回原始位置时，凸轮又瞬时压动冲动行程开关 SQ7，使主轴电动机 M1 反向瞬时冲动一下，以利于主轴变速后的齿轮啮合。值得注意的是，不论是开车还是停车时，都应以较快的速度把手柄推回原始位置，以免通电时间过长，引起主轴电动机 M1 转速过高而打坏齿轮。

(2) 工作台进给电动机的控制。工作台的纵向、横向和垂直运动都由进给电动机 M2 驱动，接触器 KM3 和 KM4 使进给电动机 M2 实现正反转，用以改变进给运动方向。它的控制电路采用了与纵向运动机械操作手柄联动的行程开关 SQ1【17、20】、SQ2【19、20】和横向及垂直运动机械操作手柄联动的行程开关 SQ3【18、17】、SQ4【20、17】、组成复合联锁控制。即在选择三种运动形式的六个方向移动时，只能进行其中一个方向的移动，以确保操作安全，当这两个机械操作手柄都在中间位置时，各行程开关都处于未压的原始状态。由 X62W 型万能铣床电气控制原理图可知：进给电动机 M2 在主轴电动机 M1 启动后才能进行启动并运行。在该铣床接通电源后，将控制圆工作台的组合开关 SA3—2(21—19)【19】扳到断开状态，使触点 SA3—1(17—18)【17】和 SA3—3(11—21【18】)闭合，然后按下 SB3(8—9)【13】或 SB4(8—9)【14】，这时接触器 KM1 吸合，使 KM1(8—13)【15】闭合，就可进行工作台的进给运动控制。

① 工作台纵向(左右)运动的控制。工作台的纵向运动是由进给电动机 M2 驱动，由纵向操纵手柄来控制的。此手柄是复式的，一个安装在工作台底座的顶面中央部位，另一个安装在工作台底座的左下方。手柄有三个：向左、向右、零位。当手柄扳到向右或向左运动方向时，手柄的联动机构压下行程开关 SQ2【19、20】或 SQ1【17、20】，使接触器 KM4 或 KM3 动作，控制进给电动机 M2 的转向。工作台左右运动的行程可通过调整安装在工作台两端的挡铁位置来实现。当工作台纵向运动到极限位置时，挡铁撞动纵向操纵手柄，使它回到零位，进给电动机 M2 停转，工作台停止运动，从而实现了纵向终端保护。

工作台向右运动：在主轴电动机 M1 启动后，将纵向操作手柄扳至向右位置，一方面机械接通纵向离合器，同时在电气上压下行程开关 SQ2，使 SQ2—2【20】断，SQ2—1【19】

通，而其他控制进给运动的行程开关都处于原始位置，此时使接触器 KM4 吸合，进给电动机 M2 反转，工作台向右进给运动，其控制电路的通电路径是：11—15—16—17—18—24—25—KM4 线圈—0；工作台向左运动：当纵向操纵手柄扳至向左位置时，机械上仍然接通纵向进给离合器，由于压动了行程开关 SQ1，使 SQ1—2【20】断，SQ1—1【17】通，使 KM3 吸合，进给电动机 M2 正转，工作台向左进给运动，其通电路径是：11—15—16—17—18—19—20—KM3 线圈—0。

② 工作台垂直(上下)和横向(前后)运动的控制：工作台的垂直或横向运动，由垂直或横向进给手柄操纵。此手柄也是复式的，有两个完全相同的手柄分别装在工作台左侧的前、后方。手柄的联动机械一方面压下行程开关 SQ3【18、17】或 SQ4【20、17】，同时能接通垂直或横向进给离合器。操纵手柄有五个位置(上、下、前、后、中间)，五个位置是联锁的，工作台的上下和前后的终端保护是通过装在床身导轨旁与工作台座上的挡铁来实现的，将操纵十字手柄撞到中间位置，使进给电动机 M2 断电停转。

工作台向后(或者向上)运动的控制：将十字操纵手柄扳至向后(或者向上)位置时，机械上接通横向进给(或者垂直进给)离合器，同时压下行程开关 SQ3，使 SQ3—2【17】断，SQ3—1【18】通，使接触器 KM3 线圈通电，主触点闭合，进给电动机 M2 正转，工作台向后(或者向上)运动，其通电路径是：11—21—22—17—18—19—20—KM3 线圈－0；工作台向前(或者向下)运动的控制：将十字操纵手柄扳至向前(或者向下)位置时，机械上接通横向进给(或者垂直进给)离合器，同时压下行程开关 SQ4，使 SQ4—2【17】断，SQ4—1【20】通，使接触器 KM4 线圈通电，主触点闭合，进给电动机 M2 反转，工作台向前(或者向下)运动，其通电路径是：11—21—22—17—18—24—25—KM4 线圈－0。

③ 进给电动机变速时的瞬动(冲动)控制：变速时，为使齿轮易于啮合，进给变速与主轴变速一样，设有变速冲动环节。当需要进行进给变速时，应将转速盘的手轮向外拉出并转动转速盘，把所需进给量的标尺数字对准箭头，然后再把手轮用力向外拉到极限位置并随即推向原位，就在一次操纵手轮的同时，其连杆机构二次瞬时压下行程开关 SQ6，使接触器 KM3 线圈瞬时通电，其主触点闭合，进给电动机 M2 作正向瞬动，其通电路径是：11—21—22—17—16—15—19—20—KM3 线圈—0，由于进给变速瞬时冲动的通电回路要经过 SQ1～SQ4 四个行程开关的动断触点，因此只有当进给运动的操作手柄都在中间(停止)位置时，才能实现进给变速冲动控制，以保证操作时的安全。同时，与主轴变速时冲动控制一样，电动机的通电时间不能太长，以防止转速过高，在变速时打坏齿轮。

④ 工作台的快速进给控制：为提高劳动生产率，要求铣床在不作铣切加工时，工作台能快速移动。工作台快速进给也是由进给电动机 M2 来驱动的，在纵向、横向和垂直三种运动形式六个方向上都可以实现快速进给控制。

主轴电动机启动后，将进给操纵手柄扳到所需位置，工作台按照选定的速度和方向作常速进给移动时，再按下快速进给点动按钮 SB5【21】(或 SB6【22】)，使接触器 KM5 线圈通电，主触点闭合，接通牵引电磁铁 YA，电磁铁通过杠杆使摩擦离合器合上，减少中间传动装置，使工作台按运动方向作快速进给运动。当松开快速进给按钮时，电磁铁 YA 断电，摩擦离合器断开，快速进给运动停止，工作台仍按原常速进给时的速度继续运动。

(3) 圆工作台运动的控制。铣床如需铣切螺旋槽、弧形槽等做曲线运动时，可在工作台上安装圆形工作台及其传动机械。圆形工作台的回转运动也是由进给电动机M2传动机构驱动的。

圆工作台工作时，应先将进给操作手柄都扳到中间(停止)位置，然后将圆工作台组合开关 SA3 扳到圆工作台接通位置。此时 SA3—1【17】断，SA3—3【18】断，SA3—2【19】通；准备就绪后，按下主轴启动按钮 SB3 或 SB4，接触器 KM1 线圈与 KM3 线圈相继通电并吸合，主轴电动机 M1 与进给电动机 M2 相继启动并运转，而进给电动机仅以正转方向带动圆工作台作定向回转运动。其通电路径是：11—15—16—17—22—21—19—20—KM3 线圈—0。圆工作台与工作台进给有互锁，即当圆工作台工作时，不允许工作台在纵向、横向、垂直方向上有任何运动，若误操作而扳动进给运动操纵手柄(即压下行程开关 SQ1—SQ4、SQ6 中的任一个)，进给电动机 M2 即停转。

3) 照明电路

照明电路由组合开关 SA4 控制。

3. X62W 万能铣床电器元件介绍

X62W 万能铣床电器元件明细表如表 3-4 所示。

表 3-4　X62W 万能铣床电器元件明细表

符　号	元件名称	型　号	规　格	数量	用　途
M1	主轴电动机	JD02—51—4	5.5 kW 1440/2880 r/min	1	控制主轴转动
M2	工作台进给电动机	JO2—22—4	1.5 kW 1410 r/min	1	控制工作台进给
M3	冷却泵电动机	JCB—22	0.125 kW 2790 r/min	1	供给冷却液
KM1	交流接触器	CJ0—10	10 A 127 V	1	控制 M1
KM2	交流接触器	CJ0—20	20 A 127 V	1	主轴电动机 M1 制动
KM3	交流接触器	CJ0—20	20 A 127 V	1	控制进给电动机 M2
KM4	交流接触器	CJ0—10	10 A 127 V	1	控制进给电动机 M2
KM5	交流接触器	CJ0—10	10 A 127 V	1	控制电磁铁 YA 快进
KM6	交流接触器	CJ0—10	10 A 127 V	1	控制冷却泵电动机
FU1	熔断器	RL1 型	60/35 A	3	电源总短路保护
FU2	熔断器	RL1 型	15/10 A	3	M3、M2 短路保护
FU3	熔断器	RL1 型	15/6 A	2	控制电路短路保护
FU4	熔断器	RL1 型	15/6 A	2	照明电路短路保护
QS	组合开关	HZ1—60/3	60 A，三级	1	电源总开关
SA1	组合开关	HZ1—10/2	10 A，三级	1	控制冷却泵电动机
SA3	组合开关	HZ10—10/2	10 A，二级	1	工作台转换
SA4	组合开关	HZ3—133/3	20 A，三级	1	照明灯开关
SA5	组合开关	HZ10—10/2	10 A，二级	1	M1 电源换相
SB1	按钮	LA2 型	5 A 500 V	1	控制主轴电动机的制动
SB2	按钮	LA2 型	5 A 500 V	1	控制主轴电动机的制动
SB3	按钮	LA2 型	5 A 500 V	1	控制主轴电动机的启动

续表

符 号	元件名称	型 号	规 格	数量	用 途
SB4	按钮	LA2 型	5 A 500 V	1	控制主轴电动机的启动
SB5	按钮	LA2 型	5 A 500 V	1	控制工作台的快速移动
SB6	按钮	LA2 型	5 A 500 V	1	控制工作台的快速进给
SQ1	行程开关	KX1—11K	开启式	1	控制工作台向左进给
SQ2	行程开关	KX1—11K	开启式	1	控制工作台向右进给
SQ3	行程开关	LX2—131	自动复位	1	控制工作台向前向上进给
SQ4	行程开关	LX2—131	自动复位	1	向后向下进给
SQ6	行程开关	LX3—11K	开启式	1	进给变速冲动
SQ7	行程开关	LX3—11K	开启式	1	控制主轴变速冲动
R	制动电阻器	ZB2	1.45 W 15.4 A	1	限制制动电流
FR1	热继电器	JR0—40/3	额定电流 16 A，整定电流 14.85 A	1	电动机 M1 过载保护
FR2	热继电器	JR10—10/3	热元件编号 10，整定电流 3.42 A	1	电动机 M2 过载保护
FR3	热继电器	JR10—10/3	热元件编号 1，整定电流 0.415 A	1	电动机 M3 过载保护
TC	控制变压器	BK—200	380/127、36	1	控制、照明电路的低压电源
EL	照明灯	K—2，螺口	36 V 40 W	1	机床局部照明
KS	速度继电器	JY1	380 V 2 A	1	反接制动控制
YA	牵引电磁铁	MQ1—5141	线圈电压 380 V	1	拉力 150 N，控制工作台的快速进给

4. X62W 万能铣床电气控制线路的特点

(1) 电气控制线路与机械配合比较密切。使各种运动之间的联锁既可通过电气方式也可通过机械方式来实现。例如，配有同方向操作手柄相关的限位开关和同变速手柄或手轮关联的冲动开关。

(2) 进给控制线路中的各种开关进行了巧妙的组合，既达到了相应的控制目的，也实现了完善的电气联锁。

(3) 控制线路中设置了变速冲动控制，有利于齿轮的啮合，使变速控制顺利进行。

(4) 采用两地控制，操作方便。

三、活动回顾与拓展

(1) 熟悉 X62W 万能铣床的主要结构及运动形式。

(2) 分析 X62W 万能铣床的电气控制原理图。

(3) 针对 X62W 万能铣床实物，进一步熟悉电气控制线路中各元器件的功能以及它们之间的互控关系。

(4) 自行分析控制线路，并对 X62W 万能铣床进行现场操作。

活动 2　X62W 万能铣床的常见故障与处理

一、活动目标

掌握 X62W 万能铣床的常见故障现象、可能原因及处理方法。

二、活动内容

X62W 万能铣床的常见故障现象及处理方法。

(1) 故障现象：主轴电动机停车后出现短时反向旋转的情况。其产生的可能原因及处理方法如下：

产生的可能原因	处 理 方 法
速度继电器的弹簧调得过松，使触点分断过迟	重新调整速度继电器的弹簧到符合要求

(2) 故障现象：按下停止按钮后主轴电动机不停。其产生的可能原因及处理方法如下：

产生的可能原因	处 理 方 法
在按下停止按钮后，接触器 KM1 不释放，接触器 KM1 主触点熔焊	处理接触器 KM1 被熔焊的主触点或更换接触器 KM1
在按下停止按钮后，KM1 能释放，KM2 吸合后有“嗡嗡”声，或转速过低，说明制动接触器 KM2 主触点只有两相接通，电动机不会产生反向转矩，使电动机缺相运行	重新接好接触器 KM2 主触点进出线接头
在按下停止按钮后电动机能反接制动，但放开停止按钮后，电动机又再次启动，表明启动按钮在启动电动机 M1 后绝缘被击穿	更换主轴电动机的启动按钮

(3) 故障现象：主轴不能变速冲动。其产生的可能原因及处理方法如下：

产生的可能原因	处 理 方 法
主轴变速行程开关 SQ7 位置移动、撞坏或断线	重新安装行程开关 SQ7，若有撞坏或断线现象，则予以修复或更换

(4) 故障现象：主轴电动机不能启动。其产生的可能原因及处理方法如下：

产生的可能原因	处 理 方 法
控制电路熔断器 FU3 熔体熔断	更换熔断器 FU3 的熔体
主轴换相开关 SA5 处在停止位置	调整主轴换相开关 SA5 到合适的位置
按钮 SB1、SB2、SB3 或 SB4 的触点接触不良	紧固接触不良的按钮接线，修复、清理触点表面的氧化物和污垢
主轴变速冲动行程开关 SQ7 的动断触点接触不良	紧固行程开关 SQ7 的动断触点的接线，对触点进行修复及清除触点上的氧化物和污垢
热继电器 FR1、FR3 已经动作，但没有复位	重新调整热继电器 FR1、FR3 的触点

(5) 故障现象：主轴停车时没有制动。其产生的可能原因及处理方法如下：

产生的可能原因	处 理 方 法
在按下停止按钮后反接制动接触器 KM2 不吸合	查找接触器 KM2 触点不吸合的原因并处理
速度继电器或按钮支路出现故障，导致在操作主轴变速冲动手柄时有冲动，但主轴停车时没有制动	处理速度继电器或按钮支路
接触器 KM2、电阻 R 的制动回路存在缺两相故障	查找缺两相的原因并予以处理
速度继电器的动合触点断开过早	查找速度继电器过早断开的原因，并予以处理

(6) 故障现象：工作台各个方向都不能进给。其产生的可能原因及处理方法如下：

产生的可能原因	处 理 方 法
控制回路电压不正常	用万用表检查各个回路的电压是否正常，若控制回路的电压正常，可扳动手柄到任一运动方向，观察其相关的接触器是否吸合，若吸合则控制回路正常
控制回路的接触器不吸合	查明接触器不吸合的原因，并予以处理
接触器主触点接触不良	紧固接触器主触点接线，清除表面污垢、氧化物以及修复触点
电动机接线脱落或绕组断路	重新接线或重新绕制并更换电动机绕组

(7) 故障现象：工作台不能快速进给。其产生的可能原因及处理方法如下：

产生的可能原因	处 理 方 法
由于接线脱落、线圈损坏或机械卡死而导致牵引电磁铁回路不通	若接线脱落，则接好线；若线圈坏，则更换线圈；若机械卡死，则查找卡死原因并予以处理
杠杆卡死或离合器摩擦片间隙调整不当	若杠杆卡死，则查找原因并予以处理；若离合器摩擦片间隙调整不当，则重新调整离合器的间隙，使其符合要求

(8) 故障现象：工作台不能向上进给。其产生的可能原因及处理方法如下：

产生的可能原因	处 理 方 法
接触器 KM4 不动作	查找接触器 KM4 不动作的原因并予以处理
行程开关 SQ4—1 没有接通	查找行程开关 SQ4—1 不能接通的原因，并予以处理
接触器 KM3 的动断联锁触点接触不良	紧固 KM3 动断联锁触点的接线并清理或修复触点表面
热继电器不动作	查找热继电器不动作的原因并予以处理
手柄位置不正确	查找手柄位置不正确的原因，并予以修正
机械磨损或位移使操作失灵，导致操作手柄的位置不正确	对机械磨损或位移使操作失灵故障予以修复

相关说明：检查时可依次进行快速进给、进给变速冲动或圆工作台向前进给、向左进给及向后进给的控制，若上述操作正常则可缩小故障的范围，然后逐个检查故障范围内的各个元件和触点。

(9) 故障现象：工作台左右(纵向)不能进给。其产生的可能原因及处理方法如下：

产生的可能原因	处 理 方 法
纵向或垂直进给不正常，导致进给电动机M2、主电路、接触器KM4和KM3、行程开关SQ1和SQ3—1及与纵向进给相关的公共支路都不正常。此时SQ6(11—15)、SQ4—2(15—16)、SQ3—2(16—17)中至少有一对触点接触不良或损坏，导致工作台不能向左或向右进给	首先检查纵向或垂直进给是否正常。如果正常，则进给电动机M2、主电路、接触器KM4和KM3、SQ1、SQ3—1及与纵向进给相关的公共支路都正常；如果不正常，则应检查SQ6(11—15)、SQ4—2(15—16)、SQ3—2(16—17)等的触点，对其中有问题的触点进行清理修复，若损坏，请更换
SQ6变速冲动开关，常因变速时手柄操作过猛而损坏	若SQ6变速冲动开关损坏，请修复或更换

三、活动回顾与拓展

对X62W万能铣床控制线路，在老师人为设置故障的情况下进行故障分析与处理。

任务四　M7130平面磨床

活动1　M7130平面磨床的电气控制线路分析

一、活动目标

(1) 熟悉M7130平面磨床的主要结构、运动形式及对电气控制线路的要求。
(2) 熟悉M7130平面磨床电气控制原理图的分析方法。

二、活动内容

磨床的种类很多，按工作性质可分为外圆磨床、内圆磨床、平面磨床、工具磨床以及一些专用磨床(如齿轮磨床、无心磨床、花键磨床、螺纹磨床、导轨磨床与球面磨床等)。平面磨床以其操作方便、磨削精度和光洁度比较高的特点，在磨具加工行业中得到了广泛的应用。下面以M7130平面磨床为例进行介绍。

1. M7130平面磨床概述

1) 主要结构

M7130平面磨床主要由床身、立柱、滑座、砂轮箱、工作台和电磁吸盘等部分组成，其外形结构如图3-7所示。

2) 运动形式

M7130平面磨床的运动形式主要有主运动和进给运动两种。砂轮的旋转运动是主运动，

进给运动有垂直进给(即滑座在立柱上的上下运动)、横向进给(即砂轮箱在滑座上的水平运动)和纵向进给(即工作台沿床身的往复运动)。磨床的进给运动要求有较宽的调速范围，很多磨床的进给运动都是采用液压驱动的。工作台完成一次纵向往复运动，砂轮架横向进给一次，从而连续地加工整个平面。整个平面磨完一遍后，砂轮架在立柱导轨上向下移动一次(进刀)，将工件加工到所需的尺寸。

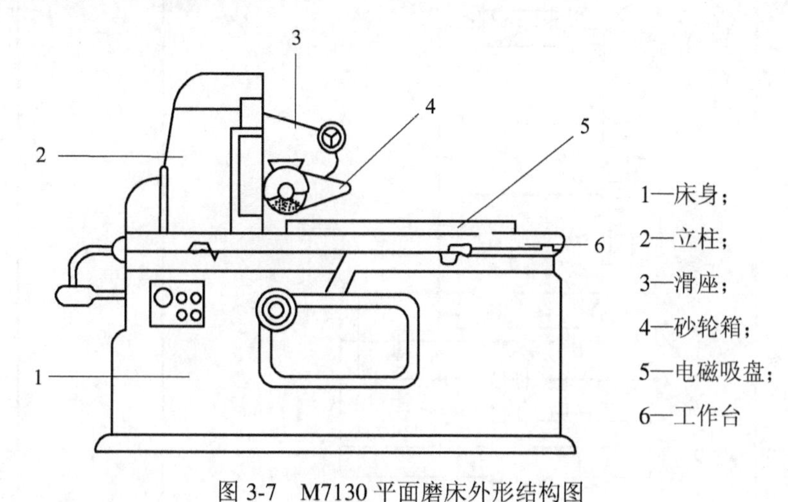

图 3-7　M7130 平面磨床外形结构图

3) 对 M7130 平面磨床的电气控制线路的要求

M7130 平面磨床由三台电动机控制，分别是砂轮电动机(即主轴电动机)M1、冷却泵电动机 M2 和液压泵电动机 M3。

(1) 对砂轮电动机 M1 的要求：拖动砂轮旋转。

(2) 对冷却泵电动机 M2 的要求：拖动冷却泵，供给磨削加工时需要的冷却液。

(3) 对液压泵电动机 M3 的要求：驱动液压泵，供给压力油。

(4) 平面磨床要求加工精度高，运行平稳，确保工作台往复运动换向时惯性小，采用液压传动，实现工作台往复运动及砂轮箱横向进给。

(5) 磨削加工时无调速要求，但要求速度高，通常采用 2 极高速笼型异步电动机。为提高砂轮主轴的刚度和提高加工精度，要求采用装入式电动机，砂轮可以直接装在电动机轴上使用。

(6) 为减小工件在磨削加工中的热变形，砂轮和工件磨削时须进行冷却，同时冷却液还能带走磨下的铁屑。

(7) M7130 平面磨床的砂轮电动机、液压泵电动机、冷却泵电动机都只需单方向运行，而且冷却泵电动机与砂轮电动机具有顺序联锁关系。在加工工件时，一般将工件吸附在电磁吸盘上进行磨削加工。其目的是为适应磨削小工件的需要，同时也为工件在磨削过程中受热能自由伸缩，采用电磁吸盘来吸持工件。为保证安全，电磁吸盘与各电动机之间有电气联锁装置，即电磁吸盘充磁后，电动机才能启动。电磁吸盘不工作或发生故障时，三台电动机均不能启动。在电力拖动系统中也有保护环节、工件退磁环节和照明电路。

2. M7130 平面磨床电气控制线路分析

M7130 平面磨床电气控制原理图如图 3-8 所示。该电路由主电路、控制电路、电磁吸盘电路和照明电路四部分组成。

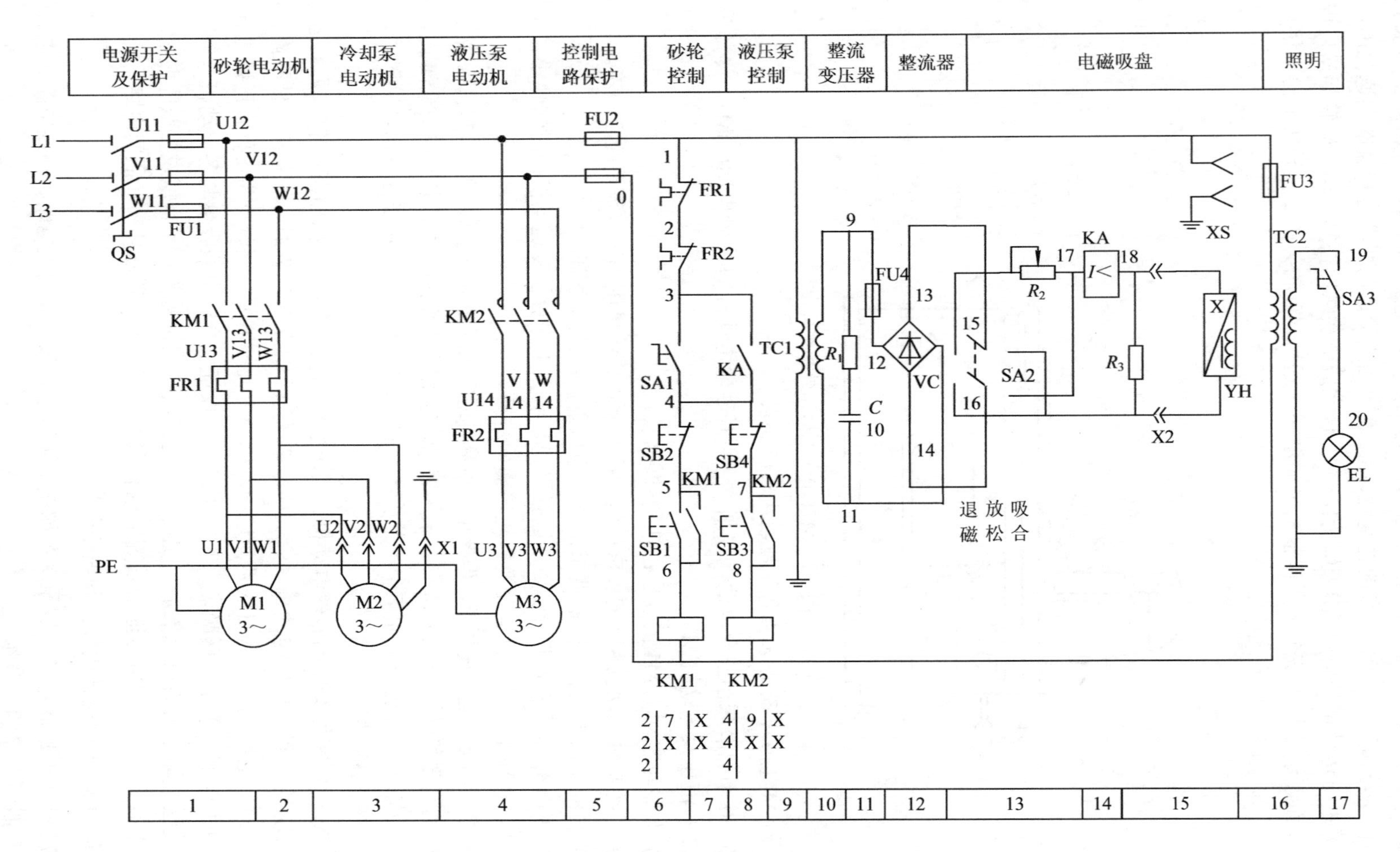

图 3-8 M7130 型平面磨床电气控制原理图

1) 主电路分析

刀开关 QS 为电源引入开关，接触器 KM1 同时控制砂轮电动机 M1 和冷却泵电动机 M2；热继电器 FR1 对这两台电动机实现过载保护；熔断器 FU1 对主电路实现短路保护。由于冷却液箱和床身是分装的，所以冷却泵电动机 M2 通过插接器 X1 和砂轮电动机 M1 的电源线相连，并和砂轮电动机 M1 在主电路实现顺序控制。冷却泵电动机的容量较小，不单独设置过载保护。接触器 KM2 控制液压泵电动机 M3，热继电器 FR2 对 M3 实现过载保护。

2) 控制电路分析

由于控制电路所用电器元件较少，因此控制电路采用交流 380 V 电压直接供电，由熔断器 FU2【5】做短路保护。砂轮电动机 M1【2】和液压泵电动机 M3【4】都采用了接触器自锁正转控制线路，控制按钮 SB2【6】、SB4【8】分别是它们的停止按钮，控制按钮 SB1【6】、SB3【8】分别是它们的启动按钮。

在电动机的控制电路中，串接着万能转换开关 SA1 的动合触点 SA1【6】和欠电流继电器 KA 的动合触点 KA【8】。因此，三台电动机启动的必要条件是 SA1【6】或 KA【8】的动合触点闭合。欠电流继电器 KA 的线圈串接在电磁吸盘 YH 的工作电路中，所以电磁吸盘通电工作时，欠电流继电器 KA 线圈通电吸合，接通砂轮电动机 M1 和液压泵电动机 M3 的控制电路，这样只有在加工工件被电磁吸盘 YH【15】吸住的情况下，砂轮和工作台才能进行磨削加工，保证了生产安全。

3) 电磁吸盘电路分析

(1) 电磁吸盘的结构及工作原理。电磁吸盘是用来固定被加工工件的一种装置。电磁吸盘有长方形和圆形两种，矩形平磨床采用长方形电磁吸盘。电磁吸盘由钢制吸盘体和在它中部凸起的芯体以及绕在芯体上的线圈、钢制盖板、隔磁层组成。工作时，在线圈中通入直流电流，芯体将被磁化，磁力线经由盖板、工件、盖板、吸盘体、芯体线圈闭合，将工件牢牢吸住。盖板中隔磁层的作用是增强吸盘体对工件的吸持力。

电磁吸盘与机械夹具相比，具有夹紧迅速，不损伤工件，能同时吸持多个工件，以及磨削中发热工件可自由伸缩、不会变形等优点。不足之处是需要直流电源供电，且只能吸住铁磁材料的工件，不能吸住非铁磁材料的工件。

(2) 电磁吸盘电路。电磁吸盘电路由整流装置、控制电路和保护电路三部分组成。电磁吸盘整流装置由整流变压器 TC1【10】将 220 V 的交流电压降为 145 V 的交流电压，然后经桥式整流器 VC【12】后输出 110 V 直流电压。

电磁吸盘由万能转换开关 SA2【13】控制，SA2【13】是电磁吸盘 YH【15】的转换开关(又称退磁开关)。SA2 有“吸合”、“放松”和“退磁”三个位置。当 SA2 打到“吸合”位置时，触点 13—16 和 14—17 接通，110 V 直流电压接入电磁吸盘 YH，工件被牢牢吸住，此时，欠电流继电器 KA 线圈通电吸合，KA 的动合触点闭合，接通砂轮和液压泵电动机的控制电路；待工件加工完毕，先把 SA2 打到“放松”位置，切断电磁吸盘 YH 的直流电源。此时，因工件具有剩磁而不能取下，所以必须进行退磁；将 SA2 打到“退磁”位置，这时，触点 13—15 和 14—16 闭合，电磁吸盘 YH 通入较小的(因串入退磁电阻 R2【13】)反向电流进行退磁；退磁结束，将 SA2 打回到“放松”位置，即可将工件取下。

对于不易退磁的工件来说，可将附件退磁器的插头插入 XS，使工件在交变磁场作用下进行退磁。若将工件夹在工作台上，而不需要电磁吸盘时，则应将电磁吸盘 YH 的 X2 插头从插座上拔下，同时将转换开关 SA2 打到“退磁”位置，这时，接在控制电路中 SA1 的动合触点 SA1(3—4)【6】闭合，接通电动机的控制电路。

(3) 电磁吸盘的保护环节。电磁吸盘具有欠电流保护、过电压保护及短路保护等。

① 电磁吸盘的欠电流保护。欠电流继电器 KA 用以防止电磁吸盘断电时工件脱出发生故障。为防止磨床磨削过程中出现断电和吸盘电流减小事故，在电磁吸盘线圈电路中串入欠电流继电器 KA【14】，只有当直流电流符合设计要求，吸盘具有足够吸力时，KA 才吸合，触点 KA(3—4)【8】闭合，为启动电动机 M1、M2 进行磨削加工准备，否则不能启动磨床进行加工。若已在磨削加工中，则 KA 因电流过小而释放，触点 KA(3—4)【8】断开，接触器 KM1、KM2 线圈断电，电动机 M1 和 M2 脱离电源而停止旋转，避免事故的发生。

② 电磁吸盘线圈的过电压保护。由于电磁吸盘的匝数多，电感大，通电工作时储有大量磁场能量。当电磁吸盘从“吸合”状态转变为“放松”状态的瞬间，线圈两端将产生很大的自感电动势，易使线圈或其他电器由于过电压而损坏，电阻 R_3 的作用是在电磁吸盘断电瞬间给线圈提供放电通路，吸收线圈释放的磁场能量。

③ 电磁吸盘的短路保护。在整流变压器 TC1 二次侧装有熔断器 FU4【11】为电磁吸盘实现短路保护。另外，还设有电阻 R_1【11】与电容器 C【11】，其作用是防止电磁吸盘回路交流侧的过电压。

4) 照明电路分析

照明电路所需的电压为 36 V 的安全电压，它是由照明变压器 TC2【16】将 380 V 的交流电源电压变换而来的。照明灯 EL【17】为机床工作提供照明，且一端必须接地，另一端由转换开关 SA3【17】控制。熔断器 FU3【16】对照明电路实现短路保护，确保人身和设备安全。

3. M7130 平面磨床电器元件介绍

M7130 平面磨床电器元件明细表如表 3-5 所示。

表 3-5　M7130 平面磨床电器元件明细表

名称	代　号	型　号	规　格	数量	用　途
M1	砂轮电动机	W451—4	4.5 kW、220 V/380 V、1440 r/min	1	驱动砂轮
M2	冷却泵电动机	JCB—22	125 W、220 V/380 V、2790 r/min	1	驱动冷却泵
M3	液压泵电动机	JO42—4	2.8 kW、220 V/380 V、1450 r/min	1	驱动液压泵
QS	电源开关	HZ2—60/3	60 A，三级	1	控制接触器
SA1	万能转换开关	HZ1—20/2	20 A，三级	1	控制接触器
SA2	转换开关	HZ10—10/2	10 A，二级	1	控制电磁吸盘
SA3	照明灯开关	HZ3—133/3	10A，三级	1	控制照明灯
FU1	熔断器	RL1—60/30	60 A、熔体 30 A	3	电源保护

续表

名称	代　号	型　号	规　格	数量	用　途
FU2	熔断器	RL1—15	15 A、熔体 5 A	2	控制电路短路保护
FU3	熔断器	BLX—1	1 A	1	照明电路短路保护
FU4	熔断器	RL1—15	15 A、熔体 2 A	1	整理变压器 VC 的短路保护
KM1	接触器	CJ0—10	线圈电压 380 V	1	控制砂轮电动机 M1
KM2	接触器	CJ0—10	线圈电压 380 V	1	控制液压泵电动机 M3
FR1	热继电器	JR10—10	整定电流 9.5 A	1	砂轮电动机 M1 的过载保护
FR2	热继电器	JR10—10	整定电流 6.1 A	1	液压泵电动机 M3 的过载保护
TC1	整流变压器	BK—400	400 VA、200 V/145 V	1	给整流回路提供合适电压
TC2	照明变压器	BK—50	50 VA、380 V/36 V	1	给照明回路提供合适电压
VC	硅整流器	GZH	1 A、220 V	1	输出直流电压
YH	电磁吸盘		1.2 A、110 V	1	工件夹具
KA	欠电流继电器	JT3—11L	1.5 A	1	在欠电流情况下，切断三台电动机
SB1	按钮	LA2	绿色	1	启动砂轮电动机 M1
SB2	按钮	LA2	红色	1	停止砂轮电动机 M1
SB3	按钮	LA2	绿色	1	启动液压泵电动机 M3
SB4	按钮	LA2	红色	1	停止液压泵电动机 M3
R1	电阻器	GF	6 W、125 Ω	1	放电保护电阻
R2	电阻器	GF	50 W、1000 Ω	1	去磁电阻
R3	电阻器	GF	50 W、500 Ω	1	放电保护电阻
C	电容器		600 V、5 μF	1	保护用电容器
EL	照明灯	JD3	24 V、40 W	1	工作照明
X1	接插器	CY0—36		1	控制冷却泵电动机 M2
X2	接插器	CY0—36		1	控制电磁吸盘的接入或切除
XS	插座		250 V、5 A	1	退磁器用
附件	退磁器	TC1TH/H		1	工作件退磁用

三、活动回顾与拓展

(1) 进一步熟悉 M7130 平面磨床的主要结构及运动形式。

(2) 独立分析 M7130 平面磨床的电气控制原理图。

(3) 进一步熟悉 M7130 平面磨床电气控制原理图中各元器件的功能以及它们之间的控制关系。

活动 2　M7130 平面磨床的常见故障及处理

一、活动目标

(1) 熟悉 M7130 平面磨床控制线路的故障判断与排查方法。

(2) 理解注意事项的相关内容。

(3) 熟悉 M7130 平面磨床电气控制线路的常见故障现象及处理方法。

二、活动内容

1. M7130 平面磨床电气控制线路的故障判断与处理

平面磨床控制线路主要特点是电磁吸盘串接了欠电流继电器 KA，其目的是在保证电磁吸盘能够正常工作的前提条件下，才允许砂轮电动机工作，以保证安全。

为保证液压泵电动机启动之后，才允许启动砂轮电动机，平面磨床在砂轮电动机和液压泵电动机的控制线路方面增加联锁关系。

2. M7130 平面磨床使用时的注意事项

(1) 检修前，要认真研读 M7130 型平面磨床的电气控制原理图和电气安装接线图，弄清相关电器元件的位置、作用及走线路径。

(2) 停电时要验电，通电检查时，必须在指导老师的监护下，以确保人身和设备安全。

(3) 正确选择使用工具和仪表，检修时必须按照电气控制原理图认真核对导线的线号，以免出错。

3. M7130 平面磨床电气控制线路的常见故障现象及处理方法

(1) 故障现象：三台电动机都不能启动。其产生的可能原因及处理方法如下：

产生的可能原因	处 理 方 法
欠电流继电器 KA 的动合触点 KA(3—4)【8】接触不良，接线松脱或有污垢	修理或更换欠电流继电器 KA 的触点，紧固接线，清除污垢等
转换开关 SA1 的触点 SA1(3—4)【6】接触不良、接线松脱或有油垢	修理或更换转换开关 SA1 的触点，紧固接线，清除污垢等
热继电器 FR1(1—2)【6】和 FR2(2—3)【6】的触点接触不良、接线松脱或有油垢	修理或更换热继电器 FR1 和 FR2 的触点，紧固接线，清除污垢等

(2) 故障现象：砂轮电动机的热继电器 FR1 经常脱扣。其产生的可能原因及处理方法如下：

产生的可能原因	处 理 方 法
砂轮电动机 M1 为装入式电动机，它的轴承是铜瓦，易磨损。磨损后易发生堵转现象，使电流增大，导致热继电器脱扣	修理或更换铜瓦
砂轮进刀量太大，电动机超负荷运行，造成电动机堵转，使电流急剧上升，导致热继电器脱扣	应选择合适的进刀量，防止电动机过载运行
更换后的热继电器规格选得过小或整定电流不合适，使电动机还未达到额定负载时，热继电器就已脱扣	热继电器必须按所保护电动机的额定电流进行选择和调整

(3) 故障现象：冷却泵电动机烧坏。其产生的可能原因及处理方法如下：

产生的可能原因	处 理 方 法
切削物进入电动机内部，造成匝间或绕组间短路，使电流增大	清除电动机内部的杂物
冷却泵电动机经多次修理后，使电动机端盖轴间隙增大，造成转子在定子内不同心，工作时电流增大，使电动机长时间处于过载运行状态	重新安装电动机或调整电动机端盖轴间隙，使转子在定子内同心
冷却泵被杂物堵塞引起电动机堵转，电流急剧上升。由于该磨床的砂轮电动机与冷却泵电动机共用一个热继电器 FR1，而且两者容量相差太大，当发生上述故障时，电流增大不足以使热继电器 FR1 脱扣，从而造成冷却泵电动机堵转而烧坏	清除冷却泵电动机的杂物，给冷却泵电动机加装热继电器，就可以避免发生这种故障

(4) 故障现象：电磁吸盘无吸力。其产生的可能原因及处理方法如下：

产生的可能原因	处 理 方 法
三相电源电压过低	将三相电源电压调整至合适值
熔断器 FU4 熔体熔断，常见的 FU4 熔体熔断是由于硅整流器 VC 短路，使整流变压器 TC1 二次侧绕组流过很大的短路电流造成的，进而造成电磁吸盘电路断开，使吸盘无吸力	查找硅整流器 VC 短路的原因，并予以处理；更换熔断器 FU4 的熔体
整流器输出空载电压正常，而接上吸盘后，输出电压下降不大，欠电流继电器 KA 不动作，吸盘无吸力	依次检查电磁吸盘 YH 的线圈、接插器 X2、欠电流继电器 KA 的线圈有无断路或接触不良的现象，查出故障元件后，进行修理或更换

(5) 故障现象：电磁吸盘吸力不足。其产生的可能原因及处理方法如下：

产生的可能原因	处 理 方 法
若整流器空载输出电压正常，带负载时电压远低于 110 V，则表明电磁吸盘线圈已短路，短路点多发生在线圈各绕组间的引线接头处。这是由于吸盘密封不好，切削液流入，引起绝缘损坏，造成线圈短路。若短路严重，过大的电流会将整流元件和整流变压器烧坏	更换电磁吸盘线圈，处理好线圈绝缘，确保安装密封完好

故障现象分析提示：电磁吸盘损坏或整流器输出电压不正常。该磨床电磁吸盘的电源电压由硅整流器 VC 供给。空载时，整流器直流输出电压应为 130～140 V，负载时不应低于 110 V。

(6) 故障现象：电磁吸盘电源电压不正常。其产生的可能原因及处理方法如下：

产生的可能原因	处 理 方 法
整流元件短路或断路	应检查整流器 VC 的交流侧电压及直流侧电压，若交流侧电压正常，直流侧输出电压不正常，表明整流器发生元件短路或断路故障，对短路或断路的元件进行检查或更换
某一桥臂的整流二极管发生断路，将使整流输出电压降低到额定电压的一半；若两个相邻的二极管都断路，将导致输出电压为零	检查整流二极管，若断路，应及时更换
整流器元件损坏，导致元件过热或过电压。如由于整流二极管热容量过小，在整流器过载时，元件温度急剧上升，烧坏二极管	更换烧坏的整流器元件
若放电电阻 R_3 损坏或接线断路，电磁吸盘线圈电感会很大，在断开瞬间产生过电压将整流元件击穿	可用万用表测量整流器的输出及输入电压，判断出故障部位，查出故障元件，更换或修理故障元件

(7) 故障现象：电磁吸盘退磁不好，使工件取下困难。其产生的可能原因及处理方法如下：

产生的可能原因	处 理 方 法
转换开关 SA2 接触不良，使退磁电路断路，根本没有退磁	修复转换开关，使接触良好
退磁电阻 R_2 损坏，使退磁电路断路，根本没有退磁	更换损坏的退磁电阻 R_2
退磁电压过高	应调整电阻 R_2，使退磁电压降至 5～10 V
退磁时间太长或太短，不同材质的工件所需的退磁时间不同	掌握好退磁时间，即调整好退磁时间

三、活动回顾与拓展

对 M7130 平面磨床电气控制线路，在老师人为设置故障的情况下进行故障分析与处理。

任务五　T68 卧式镗床

活动 1　T68 卧式镗床的电气控制线路分析

一、活动目标

(1) 熟悉 T68 卧式镗床的主要结构、运动形式及对电气控制线路的要求。
(2) 掌握 T68 卧式镗床的电气控制原理图的分析方法。
(3) 熟悉 T68 卧式镗床电气控制线路的特点。

二、活动内容

镗床是一种精密加工机床，主要用于加工工件上要求精确度高的孔，通常这些孔的轴线之间要求有严格的垂直度、平行度、同轴度以及相互间精确的距离。由于镗床本身刚性好，其可动部分在导轨上的活动间隙很小，且有附加支撑，因此镗床常用来加工箱体零件，如主轴箱、机床的变速箱等。按用途不同，镗床可以分为立式镗床、卧式镗床、坐标镗床、金刚镗床和专用镗床等。本任务以 T68 型卧式镗床为例进行分析和讲解。

1. 镗床概述

1) 主要结构

T68 卧式镗床主要由床身、前立柱、镗头架、后立柱、尾座、上溜板、下溜板、工作台、镗轴、平旋盘等组成，其外形结构如图 3-9 所示。

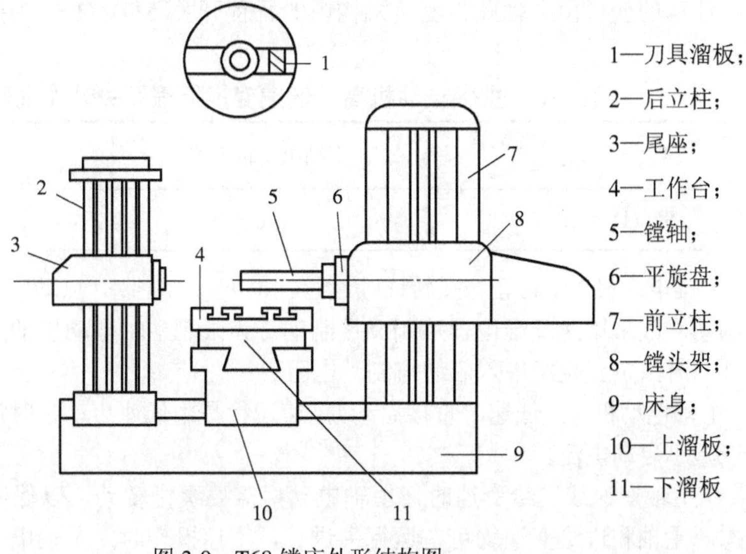

图 3-9　T68 镗床外形结构图

2) 运动形式

T68 卧式镗床的主要运动形式有主运动、进给运动和辅助运动三种形式。其中，主运动包括镗杆(主轴)旋转或平旋盘(花盘)旋转运动；进给运动包括主轴轴向(进、出)移动、主轴箱(镗头架)的垂直(上、下)移动、花盘刀具溜板的径向移动、工作台的纵向(前、后)和横向(左、右)移动；辅助运动包括工作台的旋转运动、后立柱的水平移动和尾架垂直移动。主运动和各种常速进给由主轴电动机 M1 驱动，但各部分的快速进给运动是由快速进给电动机 M2 驱动的。

3) 对 T68 卧式镗床电气控制线路的要求

T68 卧式镗床由两台电动机控制，分别是主轴电动机 M1 和快速进给电动机 M2。

(1) 对主轴电动机的要求：

① 卧式镗床的主运动和各种常速进给运动都由一台主轴电动机拖动。

② 主轴要有较大的调速范围，且要求恒功率调速，通常采用机械电气联合调速两种方法。

③ 主轴能进行正反转低速点动调速，以实现主轴电动机的正反转控制。

为了使主轴电动机停车能够迅速准确，在主轴电动机中还应设有电气制动环节。

(2) 对快速进给电动机 M2 的要求：快速进给电动机能实现快速正反向运行。

(3) 变速时，为使滑移齿轮顺利进入啮合，控制电路中还设有变速低速冲动环节。

(4) 由于镗床的运动部件较多，故须采取必要的联锁与保护环节。

4) 电气控制线路的特点

(1) T68 卧式镗床主轴调速范围较大，且恒功率，因此主轴电动机 M1 采用 △/YY 双速电动机。低速时，电动机 M1 的三相定子绕组首端 U1、V1、W1 接三相交流电源，末端 U2、V2、W2 悬空，定子绕组接成三角形，每相绕组中两个线圈串联，形成的磁极对数 $P=2$；高速时，U1、V1、W1 短接，U2、V2、W2 端接电源，电动机定子绕组联结成双星形(YY)，每相绕组中的两个线圈并联，磁极对数 $P=1$。因此主轴电动机是一台 4/2 极的双速电动机，它可进行点动或连续正反转的控制，停车制动采用由速度继电器 KS 控制的反接制动。

高、低速的变换由主轴孔盘变速机构内的行程开关 SQ7(11—12)控制，其动作情况如表 3-6 所示。

表 3-6 主轴电动机高、低速变换行程开关动作说明

状态位置 触点	主轴电动机低速	主轴电动机高速
SQ_7(11—12)	关	开

(2) 主轴电动机 M1 可正、反转连续运行，也可点动控制，点动时为低速。主轴要求快速准确制动，故采用速度继电器控制反接制动。为限制主轴电动机的启动和制动电流，在点动和制动时，定子绕组串入启动与制动电阻 R。

(3) 主轴电动机 M1 低速时直接启动。高速运行是由低速启动延时后再自动转成高速运行的，以减小启动电流。

(4) 在主轴变速或进给变速时，主轴电动机需要缓慢转动，以保证变速齿轮进入良好啮合状态。主轴和进给变速均可在运行中进行，变速操作时，主轴电动机便作低速断续冲

动，变速完成后又恢复运行。主轴变速时，电动机的缓慢转动是由行程开关 SQ3 和 SQ5 完成的，进给变速时是由行程开关 SQ4 和 SQ6 以及速度继电器 KS 共同完成的，具体通断情况如表 3-7 所示。

表 3-7　主轴变速和进给变速时行程开关动作说明

位置 触点	变速孔盘拉出 (变速时)	变速后变速孔 盘推回	位置 触点	变速孔盘拉出 (变速时)	变速后变速孔 盘推回
SQ_3(4—9)	断开	接通	SQ_4(9—10)	断开	接通
SQ_3(3—13)	接通	断开	SQ_4(3—13)	接通	断开
SQ_5(15—14)	接通	断开	SQ_6(15—14)	接通	断开

2. T68 卧式镗床电气控制线路分析

T68 卧式镗床的电气控制原理图如图 3-10 所示。图中的主轴电动机 M1 通过变速箱等传动机构拖动机床的主运动和进给运动，同时还拖动润滑油泵；快速进给电动机 M2 主要用来实现主轴箱与工作台的快速移动。

主轴电动机 M1 用 5 个接触器进行控制，其中接触器 KM1 和 KM2 分别控制主轴电动机正反转运行，接触器 KM3 控制制动电阻 R 的接入或切除，接触器 KM4、KM5 分别控制主轴电动机的低速和高速运转，速度继电器 KS 控制主轴电动机正反转停车时的反接制动。除此之外，由于快速进给电动机正反转运行时，工作时间短，故不必用热继电器做过载保护。

接触器 KM6 和 KM7 分别控制快速进给电动机 M2 的正反转运行，熔断器 FU2 对快速进给电动机 M2 实现短路保护，由于快速进给电动机 M2 为短时运行工作制，故不需设过载保护。

T68 卧式镗床电气控制线路分析如下：

1) *主轴电动机启动前的准备*

(1) 首先合上电源刀开关 QS，以引入电源，此时电源指示灯 HL 亮，然后再合上照明开关 Q1【9】，局部照明灯 EL 亮。

(2) 选择好所需的主轴转速和进给量，通常主轴变速行程开关 SQ4 是压下的(即动合触点闭合，动断触点断开)，主轴变速时才复位。行程开关 SQ5(15—14)【17】是在主轴变速手柄推不上时被压下的。进给变速行程开关 SQ3【14、16】在平时是压下的(即动合触点闭合，动断触点断开)，而在进给变速时才复位。SQ6(15—14)【16】是在进给变速手柄推不上时压下的。

(3) 最后调整好主轴箱和工作台的位置。调整后行程开关 SQ1【10】和 SQ2【24】的动断触点均应处于接通状态。

2) *主轴电动机的点动控制*

主轴电动机的点动有正向点动和反向点动，分别由按钮 SB4 和 SB5 控制。按下控制按钮 SB4，接触器 KM1 线圈通电吸合，KM1 的辅助动合触点 KM1(3—13)【21】闭合，使接触器 KM4 线圈通电吸合，三相电源经 KM1 的主触点、电阻 R 和 KM4 的主触点接通主轴

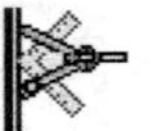

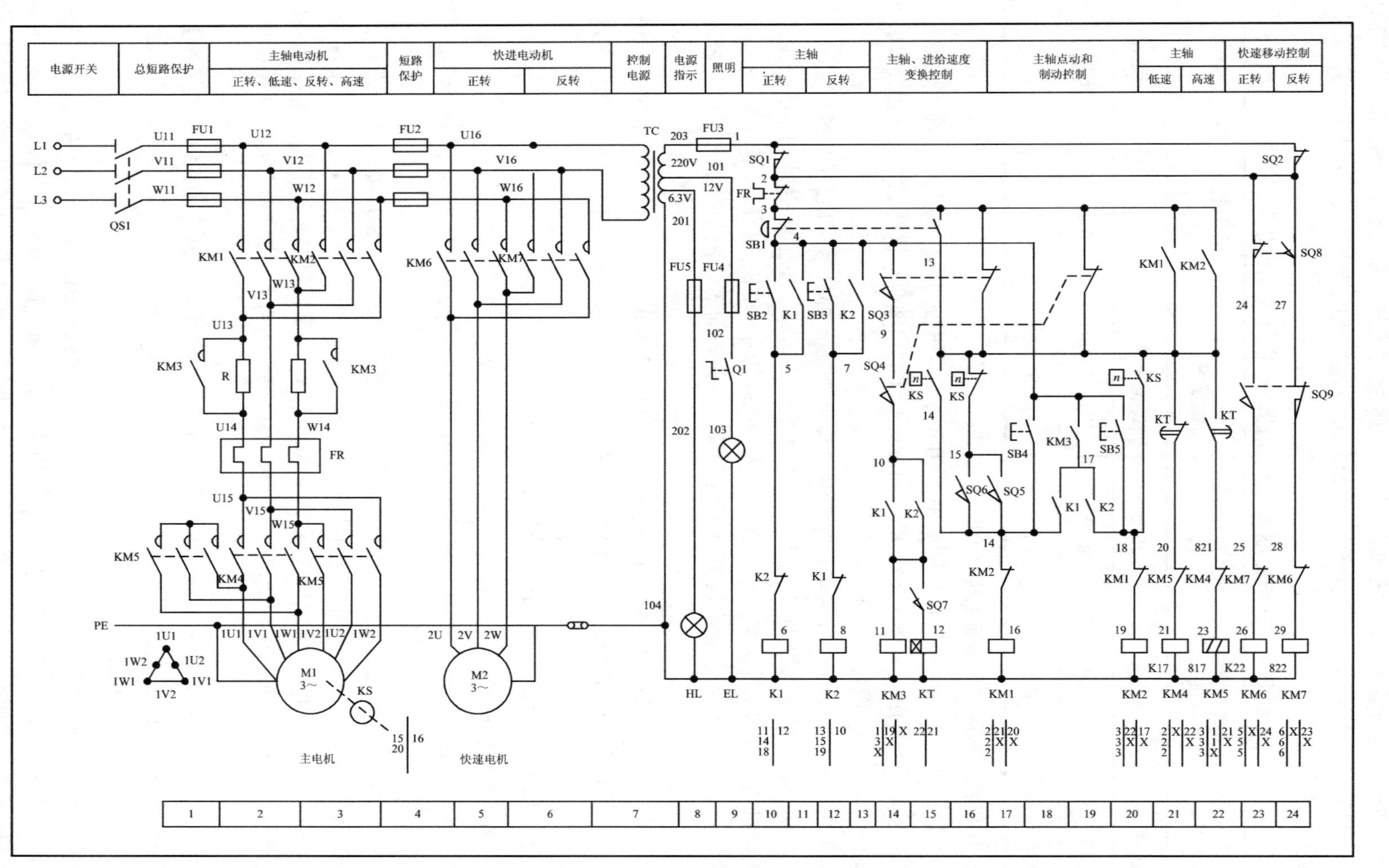

图 3-10　T68 卧式镗床电气控制原理图

电动机 M1 的定子绕组，接法为三角形，使电动机在低速下正向旋转。松开 SB4，主轴电动机 M1 断电。反向点动与正向点动控制过程相似，由按钮 SB5、接触器 KM2 和 KM4 来实现，读者可自行分析。

3) 主轴电动机的正、反转控制

当要求主轴电动机正向低速旋转时，行程开关 SQ7 的触点 SQ7(11—12)【15】处于断开位置，主轴变速和进给变速用的行程开关 SQ3(4—9)【14】、SQ4(9—10)【14】均为闭合状态。按下控制按钮 SB2【10】，中间继电器 K1 线圈通电吸合，它有三对动合触点，其中动合触点 K(4—5)【11】闭合自锁；动合触点 K(10—11)【14】闭合，接触器 KM3 线圈通电吸合，KM3 主触点闭合，电阻 *R* 短接；K 的动合触点 K1(17—14)【18】闭合和 KM3 的辅助动合触点 KM3(4—17)【19】闭合，使接触器 KM1 线圈通电吸合，并将 KM1 线圈自锁。KM1 的辅助动合触点 KM1(3—13)【21】闭合，接通主轴电动机，低速时接通接触器 KM4 的线圈电路，使其通电吸合。由于接触器 KM1、KM3、KM4 的主触点均闭合，故主轴电动机在定子绕组三角形连接下全压或直接启动，低速运行。

当要求主轴电动机为高速旋转时，行程开关的触点 SQ7(11—12)【15】、SQ3(4—9)14、SQ4(9—10)【14】均处于闭合状态。按下 SB2 后，一方面 K1、KM3、KM1、KM4 的线圈相继通电吸合，使主轴电动机在低速下直接启动；另一方面由于 SQ7(11—12)【15】的闭合，使时间继电器 KT(通电延时式)线圈通电吸合，延时结束后，KT 动断触点(13—20)【21】断开，KM4 线圈断电，主轴电动机的定子绕组脱离三相电源，而 KT 的动合触点(13—22)【22】闭合，使接触器 KM5 线圈通电吸合，KM5 的主触点闭合，将主轴电动机的定子绕组接成双星形后，重新接到三相电源，故从低速启动转为高速旋转。

主轴电动机的反向低速或高速的启动旋转过程与正向启动旋转过程相似，但是反向启动旋转所用的电器为按钮 SB3【12】、中间继电器 K2，接触器 KM3、KM2、KM4、KM5 和时间继电器 KT。

4) 主轴电动机反接制动的控制

当主轴电动机正转时，速度继电器 KS 正转，动合触点 KS(13—18)【20】闭合，而正转的动断触点 KS(13—15)【16】断开；当主轴电动机反转时，KS 反转，动合触点 KS(13—14)【15】闭合，为主轴电动机正转或反转停止时的反接制动做准备。按下停止按钮 SB1 后，主轴电动机的电源反接，迅速制动，转速降至速度继电器的复位转速时，其动合触点断开，自动切断三相电源，主轴电动机停转。具体的反接制动过程分析如下：

(1) 主轴电动机正转时的反接制动。当主轴电动机为低速正转时，电器 K1、KM1、KM3、KM4 的线圈通电吸合，KS 的动合触点 KS(13—18)【20】闭合。按下 SB1，SB1 的动断触点(3—4)【10】先断开，使 K1、KM3 线圈断电，K1 的动合触点(17—14)【18】断开，又使 KM1 线圈断电，一方面使 KM1 的主触点断开，主轴电动机脱离三相电源，另一方面使 KM1 (3—13)【21】分断，使 KM4 断电；SB1 的动合触点(3—13)【15】随后闭合，使 KM4 重新吸合，此时主轴电动机由于惯性转速还很高，KS(13—18)【20】仍闭合，故使 KM2 线圈通电吸合并自锁，KM2 的主触点闭合，使三相电源反接后经电阻 R、接触器 KM4 的主触点接到主轴电动机定子绕组，进行反接制动。当转速接近零时，KS 正转动合触点 KS(13—18)【20】断开，KM2 线圈断电，反接制动结束。

(2) 主轴电动机反转时的反接制动。反转时反接制动过程与正转反接制动过程相似，但是所用的电器是KM1、KM4、KS的反转动合触点KS(13—14)【15】。

主轴电动机工作在高速正转及高速反转时的反接制动过程可仿照上面自行分析。在此仅指明，高速正转时反接制动所用的电器是KM2、KM4、KS(13—18)【20】触点，高速反转时反接制动所用的电器是KM1、KM4、KS(13—14)【15】触点。

5) 主轴或进给变速时主轴电动机的缓慢转动控制

主轴或进给变速既可以在停车时进行，又可以在镗床运行中变速。为使变速齿轮更好地啮合，可接通主轴电动机的缓慢转动控制电路。

当主轴变速时，将变速孔盘拉出，行程开关SQ3的动合触点SQ3(4—9)【14】断开，接触器KM3线圈断电，主电路中接入电阻R，KM3的辅助动合触点KM3(4—17)【19】断开，使KM1线圈断电，主轴电动机脱离三相电源。所以，该机床可以在运行中变速，主轴电动机能自动停止。旋转变速孔盘，选好所需的转速后，将孔盘推入。在此过程中，若滑移齿轮的齿和固定齿轮的齿发生顶撞，孔盘不能推回原位，行程开关SQ3、SQ5的触点SQ3(3—13)【16】、SQ5(15—14)【17】闭合，接触器KM1、KM4线圈通电吸合，主轴电动机经电阻R在低速下正向启动，接通瞬时点动电路。主轴电动机转动转速达某一转速(如120 r/min)时，速度继电器KS正转动断触点KS(13—15)【16】断开，接触器KM1线圈断电，而KS正转动合触点KS(13—18)【20】闭合，使KM2线圈通电吸合，主轴电动机反接制动。当转速降到KS的复位转速(如100 r/min)后，KS的动断触点KS(13—15)【16】又闭合，动合触点KS(13—18)【20】又断开，重复上述过程。这种间歇的启动、制动，使主轴电动机缓慢旋转，以利于齿轮的啮合。若孔盘退回原位，SQ3、SQ5的触点SQ3(3—13)【16】、SQ5(15—14)【17】断开，切断缓慢转动电路。SQ3的触点SQ3(4—9)【14】闭合，使KM3线圈通电吸合，其动合触点KM3(4—17)【18】闭合，又使KM1线圈通电吸合，主轴电动机在新的转速下重新启动。

进给变速时的缓慢转动控制过程与主轴变速相同，不同的是使用的电器是行程开关SQ4、SQ6。

6) 主轴箱、工作台及主轴的快速移动

该机床各部件的快速移动，由快速手柄操纵快速进给电动机M2完成。当快速手柄扳向正向快速位置时，行程开关SQ9被压动，接触器KM6线圈通电吸合，快速进给电动机M2正转。同理，当快速手柄扳向反向快速位置时，行程开关SQ8被压下，KM7线圈通电吸合，快速进给电动机M2反转。

7) 主轴进刀与工作台联锁

为防止T68型卧式镗床或刀具的损坏，主轴箱和工作台的机动进给，在控制电路中必须联锁，不能同时接通，它是由行程开关SQ1、SQ2实现的。若同时有两种进给，则SQ1、SQ2均被压下，切断控制电路的电源，避免镗床和刀具的损坏。

3. T68卧式镗床电器元件介绍

T68卧式镗床电器元件明细表如表3-8所示。

表 3-8　T68 卧式镗床电器元件明细表

符号	元件名称	型　号	规　格	数量	用　途
M1	主轴电动机	JO02—51—4/2	5.5/7.5 kW 1440/2880 r/min	1	控制主轴转动
M2	快速进给电动机	JO2—32—4	3 kW 1430 r/min	1	控制工作台进给
KM1	交流接触器	CJ0—40	40 A 127 V	1	控制主轴电动机 M1 正转
KM2	交流接触器	CJ0—40	40 A 127 V	1	控制主轴电动机 M1 反转
KM3	交流接触器	CJ0—20	20 A 127 V	1	控制短接制动电阻 *R*
KM4	交流接触器	CJ0—40	40 A 127 V	1	将定子绕组接成△形，低速
KM5	交流接触器	CJ0—40	40 A 127 V	2	将定子绕组接成 YY 形，高速
KM6	交流接触器	CJ0—20	20 A 127 V	1	控制快速进给电动机 M2 正转
KM7	交流接触器	CJ0—20	20 A 127 V	1	控制快速进给电动机 M2 反转
KT	时间继电器	JS7—2A	线圈电压 127 V 整定延时时间 3 s	1	主轴变速延时
FU1	熔断器	RL1—60 型	配熔体 40 A	3	电源总短路保护
符号	元件名称	型　号	规　格	数量	用　途
FU2	熔断器	RL1—60 型	配熔体 15 A	3	M2 短路保护
FU3	熔断器	RL1—15 型	2 A	1	控制电路短路保护
FU4	熔断器	RL1—15 型	2 A	1	照明电路短路保护
FU5	熔断器	RL1—15 型	2 A	1	信号电路短路保护
FR	热继电器	JR0—40/3D	整定电流 16 A	1	电动机 M1 过载保护
QS1	组合开关	HZ2—60/3	60 A，三级	1	电源总开关
Q1	组合开关	HZ2—10/3	10 A，三级	1	照明灯开关
SB1	按钮	LA2 型	复合按钮 5 A 500 V	1	停车按钮
SB2	按钮	LA2 型	5 A 500 V	1	主轴正向启动按钮
SB3	按钮	LA2 型	5 A 500 V	1	主轴反向启动按钮
SB4	按钮	LA2 型	5 A 500 V	1	主轴正向点动按钮
SB5	按钮	LA2 型	5 A 500 V	1	主轴反向点动按钮
SQ1	行程开关	LX1—11K	开启式	1	主轴箱和工作台电动机进给联锁行程开关，主轴变速时复位
SQ2	行程开关	LX1—11K	开启式	1	主轴箱和工作台电动机进给联锁行程开关，主轴变速时复位

续表

符号	元件名称	型　号	规　格	数量	用　途
SQ3	行程开关	LX1—11K	开启式	1	主轴变速行程开关，进给变速时复位
SQ4	行程开关	LX1—11K	开启式	1	进给变速行程开关，推不上时压下
SQ5	行程开关	LX1—11K	保护式	1	主轴变速行程开关，工作台镗头架进给时受压
SQ6	行程开关	LX3—11K	开启式	1	进给变速行程开关，主轴和平旋盘刀架自动进给时受压
SQ7	行程开关	LX5—11K	自动复位	1	主轴速度选择高速时被压下
SQ8	行程开关	LX3—11K	自动复位	1	快速反向移动行程开关，快速反向移动时压下
SQ9	行程开关	LX3—11K	自动复位	1	快速正向移动行程开关，快速正向移动时压下
R	制动电阻器	ZB2—0.9	0.9 Ω	1	限制启动、制动电流
TC	控制变压器	BK—300	380/127、24、6	1	控制、照明、指示电路的低压电源
EL	照明灯	K—1，螺口	24 V 40 W	1	镗床局部照明
HL	指示灯	DX1—0	白色，配 6 V　0.15 A 灯泡	1	电源指示灯
KS	速度继电器	JY1	380 V　2 A	1	反接制动控制

三、活动回顾与拓展

(1) 熟悉 T68 卧式镗床的主要结构及运动形式。
(2) 独立分析 T68 卧式镗床的电气控制原理图，进一步掌握其工作原理。
(3) 进一步明确 T68 卧式镗床各元器件的功能以及元器件之间的控制关系。

活动 2　T68 卧式镗床的常见故障与处理

一、活动目标

掌握 T68 卧式镗床的常见故障现象、可能原因及处理方法。

二、活动内容

(1) 故障现象：主轴的实际转速比转速表指示转速增加一倍或减少一半。其产生的可

能原因及处理方法如下：

产生的可能原因	处 理 方 法
行程开关 SQ7 安装调整不当	重新安装调整行程开关 SQ7

故障现象分析提示：因为 T68 型镗床有 18 种转速挡，是采用双速电动机和机械滑移齿轮来实现的。变速后 1、2、4、6、8……挡使电动机以低速运转驱动，而 3、5、7、9……挡使电动机以高速运转驱动。由电气控制原理图分析可知，主轴电动机的高低速转换是靠行程开关 SQ7 的通断来实现的，SQ7 安装在主轴调整手柄的旁边，主轴调整机构转动时推动一个撞钉，撞钉推动簧片，使行程开关 SQ7 接通或者断开，如果安装调整不当，使 SQ7 动作恰好相反，则会发生主轴的实际转速比转速表的指示数增加一倍或减少一半。

(2) 故障现象：电动机的转速没有高速挡或者没有低速挡。其产生的可能原因及处理方法如下：

产生的可能原因	处 理 方 法
行程开关 SQ7 的安装位置移动，造成 SQ7 始终处于接通或者断开状态	重新安装调整行程开关 SQ7
时间继电器 KT 或行程开关 SQ7 的触点接触不良或接线脱落，使主轴电动机 M1 只有低速；若 SQ7 始终处于接通状态，则导致主轴电动机 M1 只有高速	修复行程开关 SQ7 或时间继电器 KT 的触点，紧固接线

(3) 故障现象：主轴变速手柄拉出后，主轴电动机不能产生冲动。其产生的可能原因及处理方法如下：

产生的可能原因	处 理 方 法
行程开关 SQ4 的动合触点 SQ4(9—10)【14】由于质量等原因绝缘被击穿而无法断开	更换被击穿的行程开关
行程开关 SQ4、SQ5 由于安装不牢固，位置偏移，触点接触不良，使触点 SQ4(3—13)【18】、SQ5(15—14)【17】不能闭合，这样使变速手柄拉出后，M1 能反接制动，但到转速为 0 时，不能进行低速冲动	将行程开关 SQ4 和 SQ5 安装牢固，修复行程开关的 SQ4 和 SQ5 触点
速度继电器 KS 的动断触点 KS(13—15)【16】不能闭合	查找速度继电器 KS 触点不能闭合的原因，如有故障予以处理

(4) 故障现象：主轴电动机不能制动。其产生的可能原因及处理方法如下：

产生的可能原因	处 理 方 法
速度继电器损坏，其正转动合触点 KS(13—18)【20】和反转动合触点 KS(13—14)【15】不能闭合	更换速度继电器
接触器 KM2 或 KM3 的触点接触不良	修复接触器 KM2 或 KM3 的触点

(5) 故障现象：主轴或进给变速时手柄拉开不能制动。其产生的可能原因及处理方法如下：

产生的可能原因	处 理 方 法
主轴变速行程开关 SQ4 或进给变速行程开关 SQ3 的位置移动，以至于主轴变速手柄拉开时 SQ4 或进给变速行程开关 SQ3 不能复位	重新调整行程开关 SQ4 和 SQ3，使其安装在合适位置

(6) 故障现象：在机床安装接线后进行调试时产生双速电动机的电源进线错误。其产生的可能原因及处理方法如下：

产生的可能原因	处 理 方 法
将三相电源在高速运行和低速运行时都接成同相序，造成电动机在高速运行时的转向与低速运行时的转向相反	重新引入三相电源线，注意区别高低速接线
电动机在三角形接法时，把三相电源从 U3、V3、W3 引入，而在 YY 形接线时，把三相电源从 U1、V1、W1 引入，这样将导致电动机不能启动，使电动机发出“嗡嗡”声并将熔体熔断	重新引入三相电源线，对熔断的熔体进行更换

三、活动回顾与拓展

对 T68 卧式镗床控制线路，在老师人为设置故障的情况下进行故障分析与处理。

任务六　组合机床机械动力滑台

活动　组合机床机械动力滑台的电气控制线路分析

一、活动目标

(1) 熟悉组合机床机械动力滑台的主要结构及运动形式。
(2) 掌握组合机床机械动力滑台电气控制原理图的分析方法。
(3) 熟悉组合机床机械动力滑台电气控制线路的特点。

二、活动内容

组合机床是针对特定工件，进行特定加工而设计的一种高效率自动化专用加工设备。该类设备大多能多机多刀同时工作，并且具有自动循环功能。组合机床通常由标准通用部件和加工专用部件加工组合构成。动力部件采用电动机驱动或采用液压系统驱动，由电气系统进行工作自动循环的控制，是典型的机电自动化加工设备。动力部件具有结构简单、生产效率高的特点，一般可为多轴、多刀、多工序和多面同时进行钻、扩、铰、镗、车和磨等加工工作，适用于大批量产品的生产。

1. 组合机床概述

1) 主要结构

组合机床是由车身、滑座、立柱、中间底座、动力部件和传送部件等部分组成的。组合机床的动力部件中，能同时完成刀具切削运动及进给运动的部件称为动力头，而只能完成进给运动的部件称为动力滑台。在动力头上只安装多轴箱，而滑台上可安装由各种切削头组成的动力头。可见动力滑台比动力头通用性更强。动力滑台配置不同的电气控制线路，可完成不同的工作过程。下面讲述机械动力滑台具有一次进给工作的电气控制线路。

2) 运动形式

机械动力滑台由滑台、机械滑座、电动机及传送装置等部件组成，由快速电动机和工件进给电动机分别拖动滑台，实现快速移动和工作进给。机械动力滑台根据不同的加工工艺要求，能实现图3-11所示的机械滑台结构及一次工进。

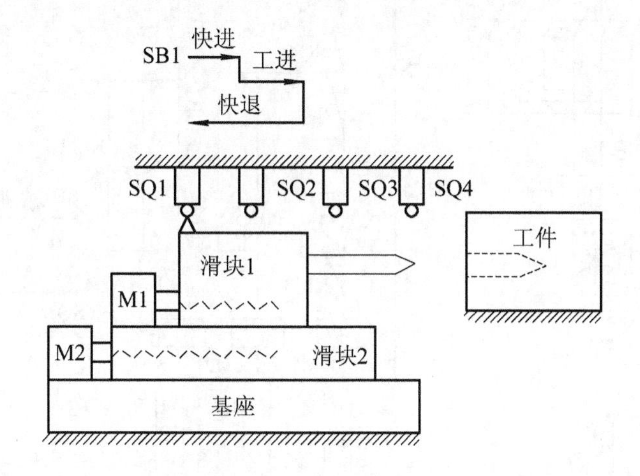

图3-11　机械滑台结构及一次工进示意图

3) 对机械动力滑台电气控制线路的要求

机械动力滑台有两台电动机，分别是慢速工进电动机M1和快速进给电动机M2。

(1) 对慢速工进电动机M1的要求。慢速工进电动机M1拖动滑块1，可在滑块2上滑动。

(2) 对快速进给电动机M2的要求。快速进给电动机M2拖动滑块2，可在基座上滑动。由于还要快退，故要求快速进给电动机M2能够实现正、反转控制。为了提高工作效率，快速进给电动机M2停止时要进行制动。

(3) 滑块 2 在快进或快退过程中，工进电动机 M1 可以工作也可以不工作。

图 3-11 中的 SQ1、SQ2 和 SQ3 分别为原位、快进转工进和终点行程开关，SQ4 为超行程保护行程开关。

2. 机械动力滑台电气控制原理分析

机械动力滑台具有单方向工作进给，其电气控制原理图如图 3-12 所示。图中的 KM 为滑台上切削头主轴电动机控制用接触器触点，图 3-12 中未画主轴电动机的主电路和控制电路。开关 SA 在主轴电动机不工作时作为单独调整滑台用。YB 为快速进给电动机 M2 断电制动型电磁制动器线圈。

1) 主电路分析

由于机械动力滑台属于整台组合机床的一部分，因此在图 3-12 所示的主电路中没有电源开关和短路保护。接触器 KM1 和 KM3 分别控制快进电动机 M2 的正、反转，采用电磁抱闸制动器实现机械制动，接触器 KM2 控制慢速工进电动机 M1 的启停。热继电器 FR1 和 FR2 分别对电动机 M1 和 M2 实现过载保护。

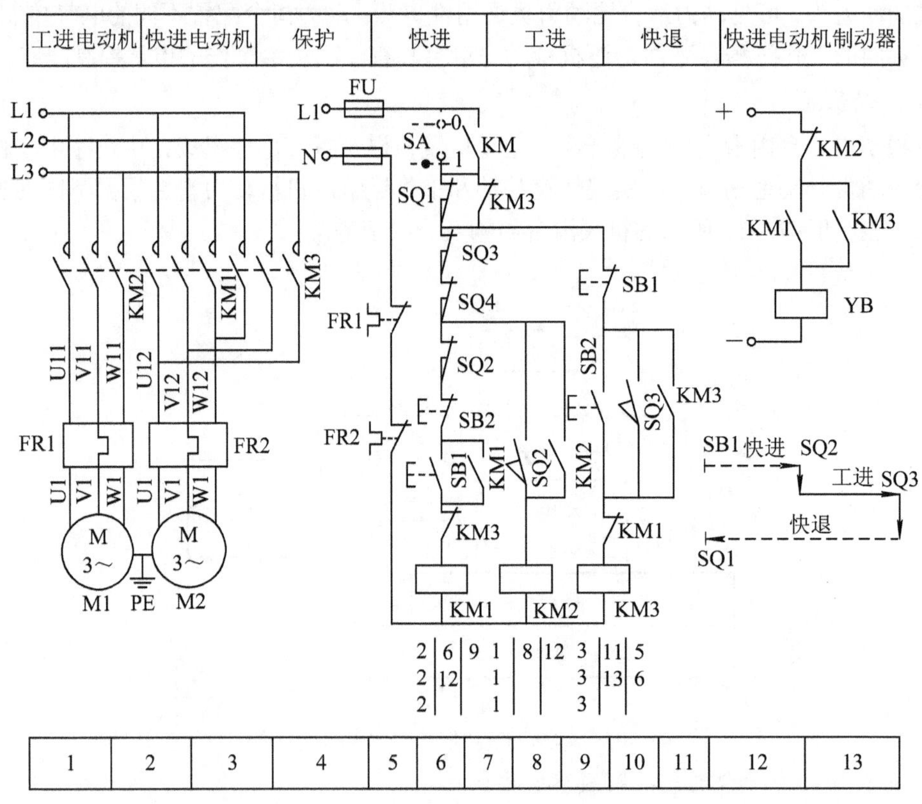

图 3-12 机械动力滑台单方向工进电气控制原理图

2) 控制线路分析

正常工作时，开关 SA 断开，即处在 0 位。在主轴电动机启动运行后，接触器 KM 触点闭合，按下向前按钮 SB1，接触器 KM1 通电并自锁，YB 立即通电使制动器松开，快进电动机 M2 正转，工作台快进。当工作台上的挡铁(撞块)压下 SQ2 时，SQ2 的动断触点断开，动合触点闭合，KM1、YB 相继断电，使快进电动机 M2 断电并迅速制动停车(抱闸制

动)。同时 KM2 因 SQ2 受压而通电自锁，慢速工进电动机 M1 启动运转，工作台由快进转为工进。进给加工至终点，当终点行程开关 SQ3 被压时，SQ3 的动断触点断开，动合触点闭合，接触器 KM2 断电释放，使工进电动机 M1 停转，同时接触器 KM3 通电并自锁，KM3 的动断触点断开，一方面与 KM1 实现互锁，另一方面 KM3 的一对动断触点与 SQ1 动断触点并联断开后为机械动力滑台退回原位切断电源做准备，KM3 的一对动合触点闭合，使 YB 线圈通电，抱闸松开，快进电动机 M2 反转，工作台快退。当快退至原位时，SQ1 被压，因在快退时与 SQ1 动断触点并联的 KM3 动断触点已断开，故当 SQ1 被压后，KM3 随即断开，YB 也断电，抱闸抱紧，快进电动机 M2 被制动停转，工作台停在原位，一个自动循环完成。

3) 保护和联锁环节分析

接触器 KM 的辅助触点为保证主轴电动机启动后，工作台才能工作的联锁。启动按钮 SB1 为复合按钮，用来防止正转接触器 KM1 和反转接触器 KM3 同时通电，造成电源短路。熔断器 FU 对控制电路实现短路保护，而热继电器 FR1 和 FR2 分别对慢速工进电动机 M1 和快进电动机 M2 实现过载保护作用。

在工进时，若行程开关 SQ3 失灵，就会越位至行程开关 SQ4 处，由于 SQ4 被压，使工进电动机 M1 停车，故行程开关 SQ4 起着超行程保护的作用。此时要使工作台退回至原位，按下按钮 SB2 即可，因此按钮 SB2 称作手动调整快退按钮。当随机停电时，工作台停在中途，来电后也可按下按钮 SB2 调回到原位。

三、活动回顾与拓展

(1) 熟悉组合机床机械动力滑台的主要结构及运动形式。

(2) 独立分析组合机床机械动力滑台的电气控制原理图。

(3) 实地观察组合机床并进行实际操作。

习　题

1．根据主电路的组成说出 C6140 普通车床主轴电动机的工作状态和控制要求各是什么。

2．C6140 普通车床主轴电动机的控制特点是什么？

3．C6140 普通车床电气控制线路中具有哪些保护环节？它们是如何实现的？

4．Z3040B 型摇臂钻床在摇臂升降的过程中，立柱夹紧松开电动机 M3 和摇臂升降电动机 M4 应如何配合工作？并以摇臂上升为例叙述电路的工作情况。

5．在 Z3040B 摇臂钻床电路中，电磁阀 YV 的作用是什么？

6．在 Z3040B 摇臂钻床电路中，SQ1、SQ2 的作用各是什么？结合电路工作情况进行说明。

7．Z3040B 摇臂钻床大修后，若摇臂升降电动机 M4 的三相电源相序接反会发生什么事故？

8．Z3040B 摇臂钻床大修后，若 SQ2 安装位置不当，会出现什么故障？

9．在 Z3040B 摇臂钻床的电气控制线路中，能否实现摇臂的升降和主轴的运动同时进行？并简述理由。

10．在 X62W 万能铣床电路中，有哪些联锁与保护环节？为什么要有这些联锁与保护环节？它们是如何实现的？

11．在 X62W 万能铣床电路中，若出现下列故障现象，请分析其故障的可能原因和对应的处理方法。

(1) 停车制动的控制过程中，主轴停车时没有制动；

(2) 主轴停车后产生短时反向旋转；

(3) 按下停止按钮后主轴不停。

12．X62W 万能铣床的工作台有几个方向的进给？工作台各个方向的进给控制是如何实现的？它们之间是如何实现联锁保护的？

13．在 M7130 磨床中，为什么采用电磁吸盘来吸持工件？

14．M7130 磨床的电磁吸盘吸力不足会造成什么后果？吸力不足的原因有哪些？

15．M7130 磨床的电气控制电路中，欠电流继电器 KA 和电阻 *R*3 的作用分别是什么？

16．M7130 磨床的电磁吸盘退磁不好的原因有哪些？

17．在 T68 镗床的主轴电动机的高低速转换的控制中，如何保证主轴电动机的高速低速转换后主轴电动机的转向不变？

18．在 T68 卧式镗床的主轴电动机停车制动的控制中，分析主轴电动机不能制动的原因。

19．在 T68 卧式镗床电路中，若出现下列故障现象，请分析其故障的可能原因和对应的处理方法。

(1) 主轴电动机低速挡能启动，但作高速挡启动时，只能长期运行在低速挡的速度下。

(2) 作高速挡操作时，能低速启动，后又自动停车。

(3) 在作变速操作时，有主轴变速冲动，但没有进给变速冲动。

20．组合机床的电气控制线路有何特点？

起重设备的电气控制线路分析与故障处理

任务一　桥式起重机的控制器和保护箱

活动 1　桥式起重机的基础知识

一、活动目标

(1) 熟悉桥式起重机的相关基础知识。
(2) 熟悉桥式起重机对电力拖动的要求及电动机的工作状态。

二、活动内容

起重机属于起重机械的一种，是指在一定范围内垂直提升和水平搬运重物的多动作起重机械，又称吊车，属于物料搬运机械。起重机的工作特点是做间歇性运动，即在一个工作循环中取料、运移、卸载等动作的相应机构是交替工作的。它对减轻工人的劳动强度、提高劳动生产率起着重要作用，是一体化生产不可缺少的机械设备。

按结构形式，起重机主要分为轻小型起重设备、桥架式(桥式、门式起重机)、臂架式(自行式、塔式、门座式、铁路式、浮船式、桅杆式起重机)、缆索式。其中桥架式起重机在工业企业中应用较为广泛，本项目将着重介绍桥架式起重机的电气控制。

1. 桥式起重机概述

桥式起重机是桥架在高架轨道上运行的一种桥架式起重机。桥式起重机俗称天车，它是由桥架(又称大车式桥架)、起重小车(小车提升机构)、大车拖动电动机(大车移行机构)及操作室等几部分组成的，如图 4-1 所示。桥架沿着车间起重机梁上的轨道纵向移动，小车沿着桥架上的轨道横向移动，构成一个矩形的工作范围，提升机构安装在小车上做上下运行，可以充分利用桥架下面的空间吊运物料，不受地面设备的阻碍。根据工作需要，可安装不同的取物装置，例如吊车、抓斗起重电磁铁、夹钳等。

桥式起重机广泛地应用在室内外仓库、厂房、码头和露天贮料场等处。桥式起重机可分为普通桥式起重机、简易梁桥式起重机和冶金专用桥式起重机三种。

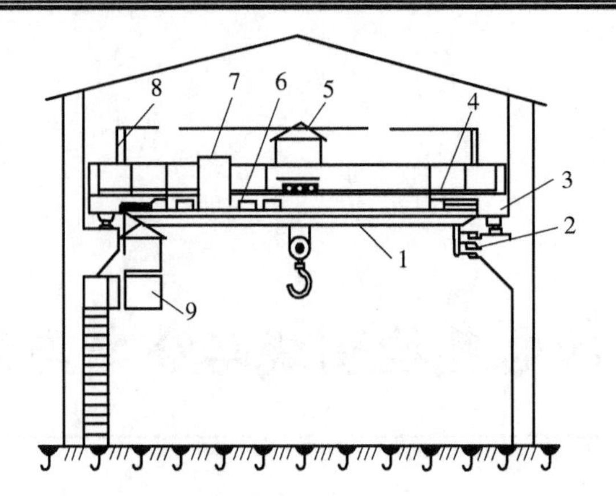

1—主梁；2—主滑线；3—端梁；4—大车拖动电动机

5—起重小车；6—电阻箱；7—交流控制屏；

8—辅助滑线架；9—操作室

图 4-1 桥式起重机示意图

根据负载的特性要求，有些起重机上安装两台小车，也有的在小车上安装两个提升机构。提升机构又分为主提升(主钩)和辅助提升(副钩)。

2. 桥式起重机主要机构及主要技术参数

1) 主要机构

(1) 大车移行机构：由拖动电动机、制动器、传动器、减速器和大车轮等几部分组成。整个桥式起重机在大车移行机构的拖动下，沿车间长度方向前后移动。

(2) 小车运行机构：由小车架、小车移行机构和提升机构组成。小车上装有小车移行机构、提升机构、栏杆及提升限位开关。小车可沿桥架主梁上的轨道左右运动，小车移行机构由电动机、减速器、卷筒、制动器等组成。电动机只有经过减速后才能驱动主动轮使行程运动。

(3) 大车移行速度：一般为 100～135 m/min。

(4) 小车运行速度：一般为 40～60 m/min。

2) 主要技术参数

(1) 额定起重量：指起重机实际允许吊起的重物与可分开的吊具的重量之和，以吨(t)为单位。我国生产的桥式起重机系列其起重量有 5 t、10 t、15/3 t、20/5 t、30/5 t、50/10 t、7/20 t、100/20 t 等多种。其中数字的分子为主钩起重量，分母为副钩起重量。

(2) 小车提升速度：指小车提升机构在电动机额定转速时，取物装置上升的速度。一般小车提升速度不超过 30 m/min。

3. 桥式起重机对电力拖动的要求

1) 起重用电动机的特点

起重设备的工作条件比较恶劣，工作环境变化异常，经常工作在高温、多尘、烟雾大、温度高、湿度大及室外场合。其所带负载属于重复短时工作制，由此，起重机也就处于断续工作状态，工作频繁，进而要求拖动电动机经常处于频繁启动、制动、正反转工作状态，

负载极不规律，时重时轻，且经常承受过载和机械冲击。为此，专门设计了起重用电动机，它分为交流和直流两大类。交流起重用异步电动机有绕线和笼型两种，一般用在中小型起重机上；直流电动机一般用在大型起重机上。

为了获得较高的生产效率，提高工作的可靠性，对起重机用电动机和自动控制等方面都提出了很高的要求，主要包括小车提升机构的控制，而对大车和小车的移行机构的要求是有一定的调速范围和保护环节。

2) 对起重机用电动机的要求

(1) 为满足起重机重复短时工作制的要求，拖动电动机按相应的重复短时工作制设计制造。

(2) 为适应频繁重载下的启动要求，起重用电动机应具有较大的启动转矩和过载能力。

(3) 为适应频繁启动、制动，加快过渡过程和减小启动损耗，起重用电动机的转动惯量应较小；在结构制造上，要求转子长度与直径之比值较大。

(4) 为获得不同负载运行速度，应采用绕线转子异步电动机转子串电阻调速。

(5) 为适应恶劣环境和机械冲击，电动机应采用封闭式，且具有坚固的机械结构和较大的气隙，采用两种以上的较高的耐热绝缘等级。

3) 提升机构对电力拖动的要求

为提高起重机的生产效率与安全性，对提升机构电力拖动自动控制提出如下要求：

(1) 空钩能实现快速升降，轻载提升速度大于重载时的提升速度。

(2) 应有一定的调速范围，普通起重机调速范围为 1∶3，而要求较高的起重机，其调速范围可达 1∶(5～10)。

(3) 具有适当的低速区。当提升重物开始或下降重物到预定位置之前，都要求低速。为此，往往在起重机额定转速的 30%时将额定速度分为若干挡，由高速向低速过渡时应逐级减速，以便灵活选择，保持稳定运行。

(4) 提升的第一挡作为预备挡，用以消除传动系统中的齿轮间隙，将钢丝绳张紧，避免过大的机械冲击。预备挡的启动转矩通常限制在额定转矩的一半以下。

(5) 下放负载时，根据负载大小，提升电动机既可工作在电动状态，也可工作在倒拉反接制动状态或再生发电制动状态，以满足对不同下降速度的要求。

(6) 为确保安全可靠地工作，要采用机械抱闸的机械制动和电气制动双重制动，这样既可减轻机械抱闸的磨损，又可防止突然断电而使重物下落造成人身伤害和设备事故。

4) 移行机构对电力拖动的要求

大车与小车移行机构对电力拖动的要求比较简单，只要求有一定的调速范围，分几挡控制即可。且启动的第一挡也作为预备挡，以消除启动时的机械冲击，因此，启动转矩也限制在额定转矩的一半以下。为实现准确停车，必须增加电气制动，这样既可减轻机械抱闸的机械磨损，又可提高制动的可靠性和安全性。

4. 桥式起重机电动机的工作状态

1) 大车、小车移行机构电动机的工作状态

移行机构的大车、小车在水平面来回移动，拖动电动机工作在正反向的电动运行状态。

2) 小车提升机构电动机的工作状态

由于提升除存在较小的摩擦力矩外，主要是重物和吊钩产生的重力矩。这种负载提升时承受两个阻力转矩；下降时多为动力转矩，而在轻载或空钩下降时，是阻力负载或动力负载。因此，提升机构工作时，拖动电动机的工作状态依负载情况不同而不同。具体分为以下几种情况。

(1) 提升机构提升重物时电动机的工作状态。提升重物时，电动机承受两个阻力转矩，一个是重物及吊钩重量产生的位能性转矩(即重力转矩)T_g；另一个是在提升过程中传动系统存在的摩擦转矩 T_f。当电动机产生的电磁转矩克服这两个阻力转矩时，重物将被提升，如图 4-2 所示。电动机工作在电动状态，此时电动机对应的转矩为 T_e。而在电动机启动时，为获得较大的启动转矩，减小启动电流，往往在绕线转子异步电动机的转子电路中串入电阻，然后再依次切除，使提升速度逐渐升高，最后达到所希望的提升速度。

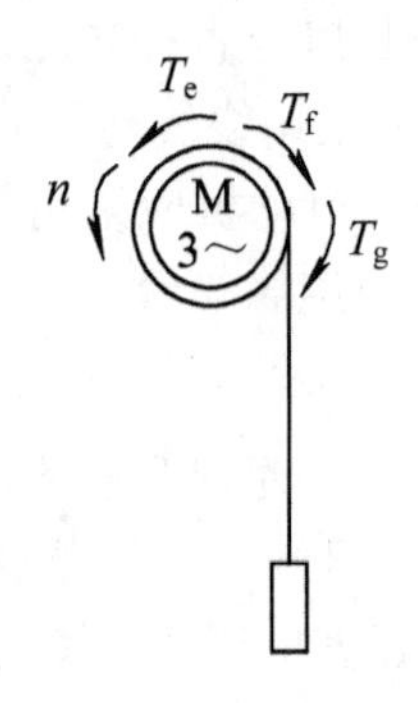

图 4-2 提升时电动机的工作状态

(2) 提升机构下降重物时电动机的工作状态。

① 倒拉反接制动状态(此时对应的是下放较重的重物即重载下降)。当下放重物较重(又称重载下放)即 $T_g >> T_f$ 时，为获得低速下降，这时需将电动机按正转提升方向接线，产生向上的电磁转矩 T_e，电磁转矩 T_e 与位能转矩 T_g 相反，成为阻碍重物下降的制动转矩，从而降低重物下放速度。如图 4-3(a)所示，此时电动机处于倒拉反接制动状态。下放重载时为获得安全的低速，常在交流绕线转子异步电动机的转子电路中串入较大的制动电阻。

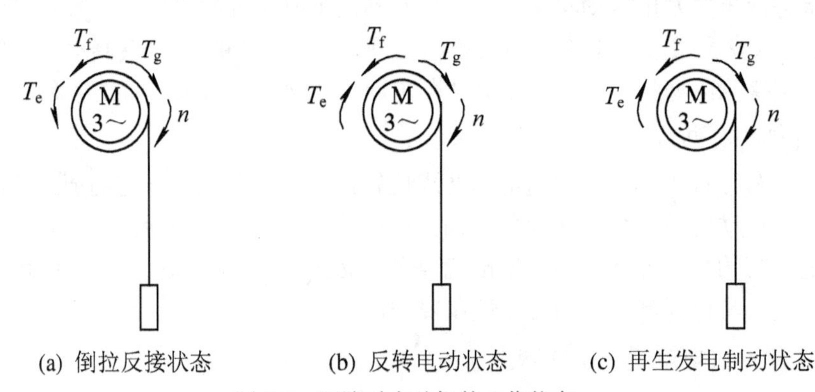

(a) 倒拉反接状态　(b) 反转电动状态　(c) 再生发电制动状态

图 4-3 下降时电动机的工作状态

② 反转电动状态(此时对应的是下放空钩)。当空钩下放时，$T_g < T_f$，由于负载的位能转矩(即重力转矩)T_g 小于摩擦转矩 T_f，依靠空钩自重不能下降，因此电动机产生的电磁转

矩必须与重力转矩方向相同，即电动机应沿着空钩下降方向施加电磁转矩T_e迫使空钩下放，以减少辅助的工时。如图4-3(b)所示，此时T_e与T_g方向一致，电动机工作在反转电动状态，又称强迫下放空钩。

③ 再生发电制动状态(此时对应的是下放较轻重物)。当下放重物较轻时，$T_g > T_f$，若拖动电动机按反转接线，则电磁转矩T_e方向与重力转矩T_g方向相同，这时电动机将在T_g作用下加速旋转。当$n = n_0$时，$T_e = 0$，但电动机在T_g作用下仍加速，使$n > n_0$，于是电动机的电磁转矩T_e方向与T_g方向相反，而成为阻转矩了。如图4-3所(c)示，此时电动机以高于电动机同步转速的速度稳定下降，这时电动机工作在再生发电制动状态。由于再生发电制动下放是超同步转速下放，为使下放速度不致过高，最好运行在转子电阻全部切除的情况之下。

三、活动回顾与拓展

(1) 参观桥式起重机，熟悉桥式起重机对电力拖动的要求及电动机的工作状态。

(2) 在保证安全的情况下模拟操作桥式起重机，以实现电动机的各种运行状态。

活动2　桥式起重机的凸轮控制器及其控制电路

一、活动目标

(1) 熟悉凸轮控制器的结构。

(2) 熟悉凸轮控制器型号与主要技术性能指标。

(3) 熟悉凸轮控制器的电气控制原理图。

二、活动内容

凸轮控制器亦称接触器式控制器，是一种大型手动控制电器，具有多挡位、多触点的特点，通过手动操作，转动凸轮去接通和分断大电流的多触点转换开关。凸轮控制器主要用于起重设备中控制中小型绕线转子异步电动机的启动、停止、调速、换向和制动，也用于有相同要求的其他电力拖动场合。它的动、静触点的动作原理与接触器极其类似，二者的不同之处仅在于凸轮控制器是凭借人工操作的，并且能换接较多数目的电器，而接触器是采用电磁吸引力实现驱动的远距离操作方式，触点数目较少。

用凸轮控制器控制电动机的优点是，通过轻便地转动控制器的手柄，便可以得到电动机的各种连接线路，而且控制线路简单，维修方便。

1. 凸轮控制器的结构

凸轮控制器由机械结构、电气结构、防护结构等三部分组成。其中手柄、转轴、凸轮、杠杆、弹簧和定位棘轮为机械结构；上下盖板、外罩及灭弧罩等为防护结构。凸轮控制器实物图如图4-4所示。

图4-4　凸轮控制器实物图

2. 凸轮控制器的工作原理

凸轮控制器的转轴上套着很多（一般为 12 片）凸轮片，当手轮经转轴带动转位时，使触点断开或闭合。例如：当凸轮处于一个位置时（滚子在凸轮的凹槽中），触点是闭合的；当凸轮转位而使滚子处于凸缘时，触点就断开。由于这些凸轮片的形状不相同，因此触点的闭合规律也不相同，因而实现了不同的控制要求。手轮在转动过程中共有 11 个挡位，中间为零位，向左、向右都可以转动 5 挡。图 4-5 为凸轮控制器触点元件动作原理图。凸轮控制器的内部构造由固定部分和转动部分组成，固定部分为一排对接的滚动触点，它借助于转动部分绝缘轴上的凸轮使它们接通或断开；转动部分的绝缘轴靠手轮带动旋转，其中一部分触点接在电动机的主电路中，另一部分触点接在控制电路中。触点元件由不动部分和可动部分组成，静触点为不动部分，可动部分是曲折的杠杆，杠杆的一端装有动触点，另一端装有小轮。当转轴转动时，凸轮随绝缘方轴转动，当凸轮和凸起部分压下小轮时，动静触点分开，分断所控制的电路，而转轴带动凸轮转动到接近凹处与滚子相对时，动触点在弹簧作用下，使动静触点紧密接触，从而实现触点接通与断开的目的。

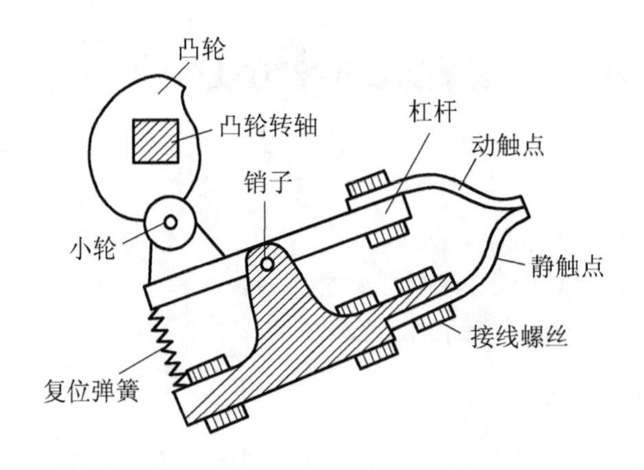

图 4-5　凸轮控制器触点元件动作原理图

在方轴上可以叠装不同形状的凸轮块，可使一系列的触点按预先安排的顺序接通与断开。将这些触点接到电动机电路中，便可实现控制电动机启动、运转、调速、制动等。

3. 凸轮控制器型号及主要技术性能

目前常用的凸轮控制器有 KT10、KT12、KT14、KTJ1 型。额定电流有 25 A、60 A。其中 KT10 型触点为单断点转动式，具有钢质灭弧罩，操作方式有手轮式与手柄式两种；KT14 型触点为双断点、直动式，采用半封闭式纵缝陶土灭弧罩，只有手柄式一种操作方式。

当凸轮控制器切断电动机定子电路时，在动静触点间会产生电弧。为了防止电弧从一个触点跳到另一个触点，在各接触元件间装有用耐火材料制成的灭弧罩。灭弧罩所形成的空间称为灭弧室。但控制电动机转子部分的触点元件没有灭弧罩。

凸轮控制器按短时重复工作制设计，其负载持续率为 25%。当用于间断长期工作制时，其发热电流不应大于额定电流。凸轮控制器技术数据见表 4-1。

表 4-1　凸轮控制器的主要技术数据

型　号	额定电流/A	工作位置数		触点数	所能控制的电动机功率		使用场合
		左	右		厂方规定	设计手册推荐	
KT10—25J/1	25	5	5	12	11	7.5	控制一台绕线转子感应电动机
KT10—25J/2	25	5	5	13	※	2×7.5	同时控制两台绕线转子感应电动机定子回路接触器控制
KT10—25J/3	25	1	1	9	5	3.5	控制一台笼型感应电动机
KT10—25J/5	25	5	5	17	2×5	2×3.5	同时控制两台绕线转子感应电动机
KT10—25J/7	25	1	1	7	5	3.5	控制一台转子串频敏变阻器的绕线转子感应电动机
KT10—60J/1	60	5	5	12	30	22	同 KT10—25J/1
KT10—60J/2	60	5	5	13	※	2×16	同 KT10—25J/2
KT10—60J/3	60	1	1	9	16	11	同 KT10—25J/3
KT10—60J/5	60	5	5	17	2×11	2×11	同 KT10—25J/5
KT10—60J/7	60	1	1	7	16	11	同 KT10—25J/7
KT14—25J/1	25	5	5	12	12.5	7.5	同 KT10—25J/1
KT14—25J/2	25	5	5	17	2×6.5	2×3.5	同 KT10—25J/5
KT14—25J/3	25	1	1	7	8	3.5	同 KT10—25J/7

注：“※”表示厂方未特别规定。

控制器在电路图上是以其圆柱表面的展开图来表示的，竖虚线为工作位置，横细线为触点位置。在横竖两条线交点处若用黑圆点标注，则表明控制器的触点在该位置是闭合接通的；若无黑圆点标注，则表明该触点在这一位置是断开的。

4. 凸轮控制器的控制电路

图 4-6 为 KT10—25J/1、KT14—25J/1KT10—60/1 型小车凸轮控制器的电气控制原理图。

1) 电路特点

(1) 采用可逆对称电路。凸轮控制器左右各有五个控制位置，采用对称接法，即凸轮控制器的手柄处在左正转和右反转的对应位置时，电动机的工作情况完全相同。

(2) 为减少控制转子电阻段数及控制转子电阻的触点数，采用凸轮控制器控制绕线型转子异步电动机时，转子电路应串接不对称电阻。

2) 控制电路分析

由图 4-6 可知，凸轮控制器 SA 共有 12 对触点，其中在零位时有 3 对动断触点，另有 9 对动合触点。3 对动断触点中有 1 对触点(102)用来保证零位启动，另 2 对触点(504)和触点(304)除保证零位启动外还配合两个运动方向的行程开关 SQ3、SQ4 来实现限位保护；9 对动合触点有 4 对触点(V3、V、W3、W)用于电动机定子电路，控制电动机的正转和反转运行，5 对触点(a、b、c、d、e)用于切换转子电路电阻，限制电动机电流和调节电动机转速。

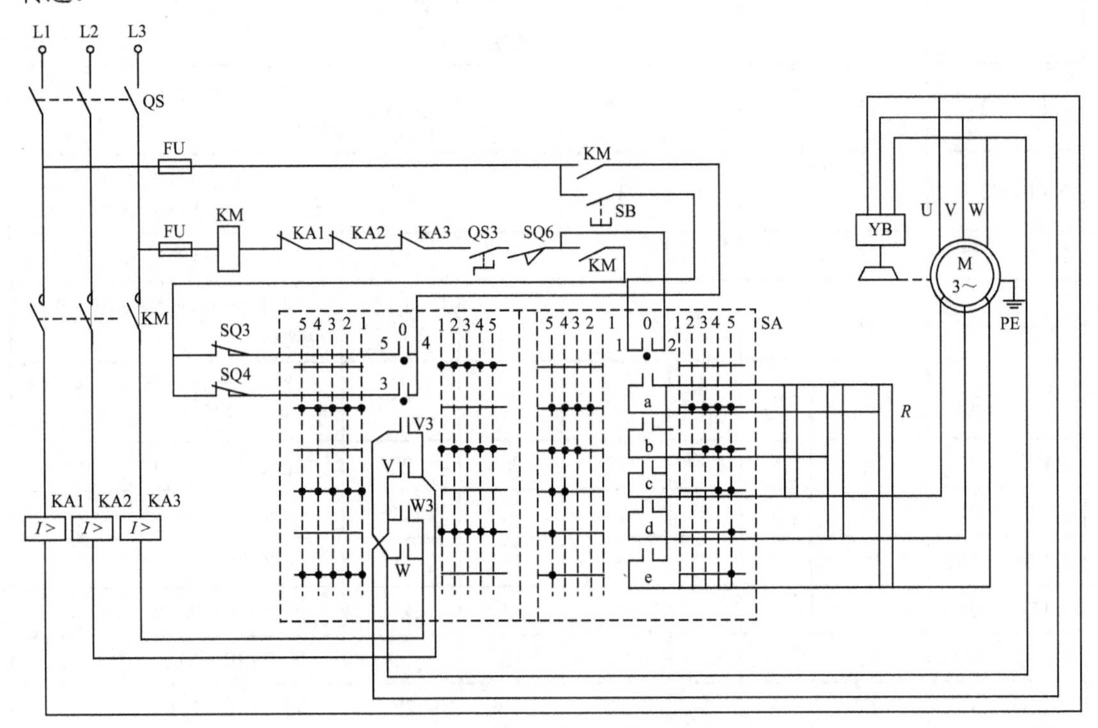

图 4-6　小车凸轮控制器的电气控制原理图

控制电路设有三个过电流继电器 KA1～KA3，用于实现电动机过电流保护；设有紧急事故开关 QS3，用于实现紧急事故保护；设有舱口开关 SQ6，用于实现大车顶上无人且舱口关好后才可开车的安全保护。此外，还有三相电磁抱闸 YB 对电动机进行机械制动，以实现准确停车。当 YB 的电磁线圈通电时，依靠电磁力将制动器松开；当断电时，制动器将电动机刹住。

操作凸轮控制器时应注意：当将控制器手柄由左扳到右，或由右扳到左时，中间必须通过零位，为减小反向冲击电流，应在零位挡稍作停留，同时也使传动机构获得平稳的反向过程。在进行重载下降操作时，应先将手柄直接扳至下降第五挡位，以获得重载下降的最低速度，然后再根据下降速度要求逐级将手柄推回至所需下降速度的挡位。

当凸轮控制器手柄置于“0”位置时，合上电源开关 QS，按下启动按钮 SB 后，接触器 KM 通电并自锁，做好启动准备。

当凸轮控制器手柄向右方各位置转动时，对应触点两端 W 与 V3 接通，V 与 W3 接通，电动机正转运行。手柄向左方各位置转动时，对应触点两端 V 与 V3 接通，W 与 W3 接通。也就是说，当电动机定子的两相电源对调时，可以实现电动机正反转控制。

当凸轮控制器手柄转动在“1”位置时，转子电路外接电阻全部接入，电动机处于最低速运行。手柄转动到“2”、“3”、“4”、“5”位置时，依次短接(即切除)不对称电阻，电动

机转速逐步升高。因此通过凸轮控制器手柄在不同位置，可调节电动机转速。手柄在“5”位置时，转子电路外接电阻全部切除，电动机转速最高。

在运行中若将限位开关SQ3或SQ4撞开，将切断线路接触器KM的控制电路，KM线圈断电，电动机电源切除，同时电磁抱闸YB断电，控制器将电动机制动轮抱住，达到准确停车，防止越位而发生故障，从而起到限位保护作用。

零位触点(102)在电路中具有欠压保护和失压保护的功能。

5. 大车和副钩凸轮控制器的控制电路

大车上的凸轮控制器的工作情况与小车的工作情况基本相似，但被控制的电动机容量和电阻器的规格有所不同。此外，控制大车的一个凸轮控制器要同时控制两台电动机，因此须选择比小车凸轮控制器多五对动合触点的凸轮控制器，以切除第二台电动机的转子电阻。

副钩凸轮控制器的工作情况与小车也基本相似，但在提升与下放重物时，电动机所处的工作状态不同。提升重物时，控制器手柄在“1”位置，为预备级，用于张紧钢丝绳，而在“2”、“3”、“4”、“5”位置时，提升速度逐级升高。

下放重物时，由于负载较重，电动机工作在再生发电制动状态，为此操作重物下降时应将控制器手柄从零位迅速扳到第“5”位置，中间不允许停留，往回操作时也应从下降第“5”挡快速扳到零位，以免引起重物的高速下落而造成事故。

对于轻载提升，手柄的第“1”位置变成启动级，在“2”、“3”、“4”、“5”位置时，提升速度逐级升高，但提升速度变化不大。下降时吊物太轻而不足克服摩擦转矩时，电动机工作在强力下降状态，即电磁转矩与重物重力转矩方向一致，帮助下降。

通过以上分析可知，凸轮控制器控制电路不能获得重物或轻载时的低速下降。为了获得下降时的准确定位，常采用点动操作，即将控制器手柄在下降第“1”位置与零位之间来回操作，并配合电磁抱闸来实现。

在操作凸轮控制器时还应注意：当将控制器手柄从左向右扳，或者从右向左扳时，中间经过零位时，应略停一下，以减少反向时的电流冲击，同时使转动机构得到较平稳的反向过程。

6. 凸轮控制器常见故障现象、可能原因及处理方法

(1) 故障现象：操作时有卡轧现象及噪声。其产生的可能原因及处理方法如下：

产生的可能原因	处 理 方 法
滚动轴承损坏	更换损坏的滚动轴承
凸轮鼓或触点部分嵌入异物	清除内部异物

(2) 故障现象：触点烧熔。其产生的可能原因及处理方法如下：

产生的可能原因	处 理 方 法
触点压力不合要求	检查触点弹簧是否脱落或断裂，修复或更换
外接电路异常	处理外电路异常现象
触点磨光或脱落	修复或更换触点

(3) 故障现象：触点支持件烧焦。其产生的可能原因及处理方法如下：

产生的可能原因	处 理 方 法
触点温升过高，使触点支持胶木件烧焦	查找触点温升过高原因并处理，更换烧焦的触点支持胶木件
触点弹簧损坏或有退火变软现象	更换触点弹簧
动、静触点接触不良，触点有烧毛现象	修复动、静触点，用细锉刀轻轻修整触点的烧毛痕迹

(4) 故障现象：定位不准或分合顺序不正确。其产生的可能原因及处理方法如下：

产生的可能原因	处 理 方 法
凸轮片碎裂脱落或凸轮角度磨损变化	更换凸轮
棘轮机构磨损到不符合要求	更换棘轮机构

三、活动回顾与拓展

(1) 熟悉桥式起重机凸轮控制器的结构，明确其在起重机中的控制方式。
(2) 认真研读凸轮控制器的电气控制原理图。

活动 3　桥式起重机的电气保护设备

一、活动目标

(1) 熟悉桥式起重机的保护与联锁内容。
(2) 熟悉交流桥式起重机的保护箱电路的分析方法。

二、活动内容

1. 桥式起重机的保护

为了保证安全可靠地工作，桥式起重机电气控制一般设有下列保护与联锁环节。

1) 控制器的零位联锁保护

为保证只有当凸轮控制器手柄置于“零”位时才能接通控制电路，一般将控制器仅在零位闭合的触点与该机构失压保护作用的零电压继电器或线路接触器的线圈相串联，并用该继电器或接触器的动合触点作自锁，实现零位联锁保护，控制器手柄不在零位而系统停电时，一旦送电后，将使电动机自行启动，造成危险。

2) 电动机的过载保护和短路保护

对于绕线转子异步电动机采用过电流继电器实现保护，其中瞬动过电流继电器只能作短路保护，而反时限特性的过电流继电器不仅具有短路保护，同时还具有过载保护。对于笼型异步电动机采用熔断器或低压断路器实现短路保护。大型起重机和电动单梁起重机的总保护用低压断路器实现短路保护，一般桥式起重机的保护用总过电流继电器和接触器实现短路保护。

3) 失压保护

对于用主令控制器操作的机构，通常在控制电路中加零压继电器实现失压保护；对于用凸轮控制器操作的机构，利用保护箱中的线路接触器实现失压保护；在起重机总保护机构中，用可自动复位的控制按钮和线路接触器实现失压保护。

2. 交流起重机的保护设备

1) 交流起重机保护箱

交流起重机保护箱是为采用凸轮控制器操作进行保护而设置的，它由刀开关、接触器、过电流继电器、熔断器等电器元件组成。在桥式起重机中，广泛使用保护箱来实现过载、短路、失压、零位、终端、紧急、舱口栏杆等的安全保护。XQB1 型保护箱的主电路如图 4-7 所示，通过保护箱的控制线路来实现用凸轮控制器控制大车、小车和副钩电动机的保护。

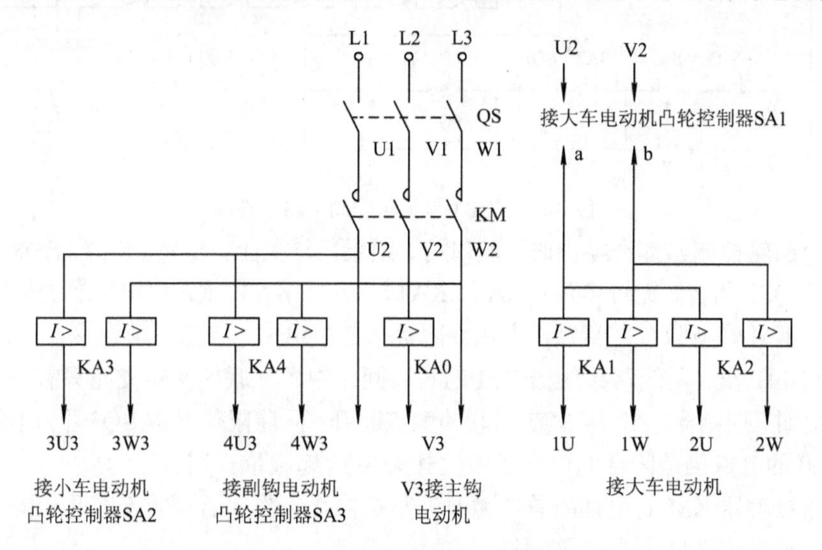

图 4-7　XQB1 保护箱主电路原理图

在图 4-7 中，QS 为总电源开关；KM 为线路接触器。KA0 为用凸轮控制器操作的各机构拖动电动机的总过电流继电器，用来保护电动机和动力线路的一相过载和短路。KA1、KA2 为大车电动机的过电流继电器，过电流继电器的电源端接到大车凸轮控制器触点下端，而大车凸轮控制器的电源端接到线路接触器 KM 下面的 U2、W2 端，KA3、KA4 分别为小车和副钩电动机的过电流继电器。KA1～KA4 过电流继电器是双线圈式的，分别作为大车、小车、副钩电动机两相过电流保护，其中任何一线圈电流超过允许值都能使继电器动作，对应的动断触点断开，使线路接触器 KM 断电，切断总电源，实现过电流保护。主钩电动机的控制屏电源由 U2、W2 端获得，主钩电动机 V 相接到 V3 端。

XQB1 型保护箱控制电路图如图 4-8 所示。

图 4-8 中，HL 为电源指示灯；QS3 为紧急事故开关，用作事故情况下紧急切断电源；SQ6、SQ7、SQ8 为舱口门开关与横梁门开关；KA0、KA1、KA2、KA3、KA4 为过电流继电器触点；SA1、SA2、SA3 分别为大车、小车、副钩凸轮控制器零位闭合触点。每个凸轮控制器采用了三个零位闭合触点，它们与按钮 SB 串联；用于自锁回路的两个触点，其中一个为零位和正向位置均闭合，另一个为零位和反向位置均闭合，它们和对应方向的行程

开关串联后并联在一起，实现零位保护和自锁功能。SQ1、SQ2 为大车移行机构的行程开关，装在桥梁架上，挡铁装在轨道的两端；SQ3、SQ4 为小车移行机构的行程开关，装在桥架上小车轨道的两端；挡铁装在小车上；SQ5 为副钩提升行程开关。这些行程开关实现各自的终端保护作用。依靠上述电器开关与电路，实现起重机的各种保护。

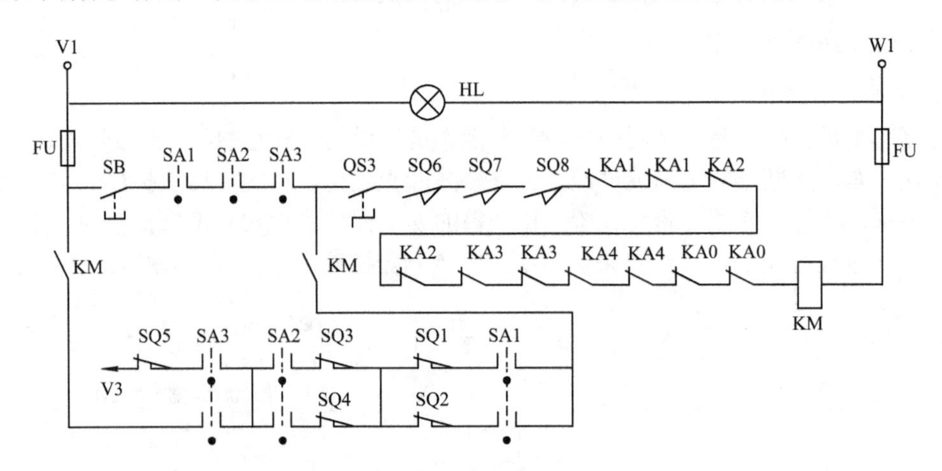

图 4-8 XQB1 保护箱控制电路原理图

当三个凸轮控制器都在零位时，舱口门、横梁门均关上，SQ6、SQ7、SQ8 均闭合；紧急事故开关 QS3 闭合，无过电流；KA0、KA1、KA2、KA3、KA4 均闭合时按下启动按钮，线路接触器 KM 通电吸合并自锁，主触点闭合接通主电路，给主、副钩及大车、小车供电。

当起重机工作时，线路接触器 KM 的自锁回路中，并联的两条支路只有一条是通的，当小车向后时，控制器 SA2 与 SQ3 串联的触点断开，向前限位开关 SQ3 不起作用；而 SA2 与 SQ4 串联的触点仍是闭合的，向后限位开关 SQ4 起限位作用。

当线路接触器 KM 断电切断总电源时，整机停止工作。若要重新工作，必须将全部凸轮控制器手柄置于零位才能接通电源。

2) 过电流继电器

由于过电流继电器属自动控制电器，即电流动作之后能自动恢复到原来的工作状态；而熔断器熔体熔断之后，必须在断电的情况下更换熔体之后才能重新投入工作，因此，对于工作可靠性要求较高和工作频繁的起重机的相关机构不能用熔断器作短路保护，而是用过电流继电器作短路保护。

在起重机上常用的过电流继电器有瞬时动作和反时限动作两种类型。其中，瞬时动作的过电流继电器 JL5 与 JL15 系列，只能用作起重电动机的短路保护；而 JL12 系列为反时限动作元件，可用作起重电动机的过载与短路保护。

过电流继电器的整定值应调整合适，如果整定值过小，则经常动作；如果整定值过大，对电动机起不到保护作用。各个电动机的过电流继电器 KA 的整定值为对应电动机额定电流的 2.25～2.5 倍。总过电流继电器(瞬时动作)的整定值为最大一台电动机的额定电流值的 2.5 倍加上其余电动机额定电流之和。

3) 行程开关

桥式起重机的行程开关主要用来限制各移行机构的行程，以实现限位保护和保障人身

安全。按用途可分为限位开关(终点开关)和安全开关(保护开关)两种。限位开关用来限制工作机构在一定范围内的运行，安装在工作机构行程的终点，如大车、小车、主钩、副钩所使用的行程开关。安全开关用来保护人身安全，如桥式起重机在操作室通往大车走台舱口处安装的舱口开关、横梁门开关等。

在桥式起重机上应用最多的是LX7、LX10与LX6Q系列行程开关。其中LX7系列与LX10—31型行程开关用于提升机构上，LX10—11型行程开关用于移行机构上，LX6Q系列主要用于舱口盖上作为舱口开关，LX8系列用作紧急开关。LX22系列行程开关也是适用于起升、运行等机构的限位保护开关，其特点为动作速度与操作臂的动作速度无关，它的触点分断速度快，有利于电弧的熄灭。其中，LX22—1型为自动复位式，LX22—1～LX22—4常用于平移机构；而LX22—5型用于提升机构。

4) 照明及信号回路

保护箱照明及信号回路电路原理图如图4-9所示。

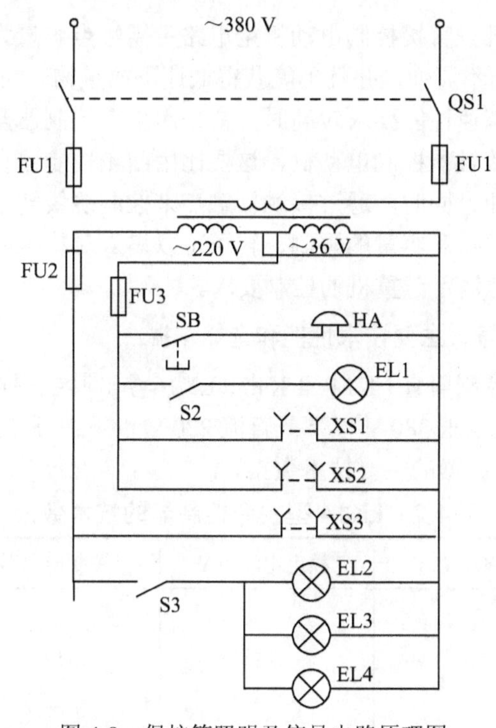

图4-9　保护箱照明及信号电路原理图

图中，双极刀开关QS1为操作室照明开关，SB为电铃或电笛等音响设备HA的控制按钮。S2为操作室照明灯EL1的开关，S3为桥架向下照明开关，EL2、EL3、EL4为桥架下方的照明灯，另外还有供插接手提检修灯和电风扇用的插座XS1、XS3、XS4以及音响设备HA。除大车下方照明灯为220 V外，其余均为安全电压36 V供电。

三、活动回顾与拓展

(1) 熟悉桥式起重机的保护与联锁内容以及各部分之间的关系。

(2) 分析交流桥式起重机的保护箱电路工作原理。

任务二　主钩升降机构电气控制线路及桥式起重机供电系统

活动 1　主钩升降机构的控制线路

一、活动目标

(1) 熟悉主令控制器的型号、主要技术性能和选择依据。
(2) 熟悉提升机构磁力控制器的控制系统。
(3) 熟悉主钩升降机构的电气控制线路分析方法。

二、活动内容

由于用凸轮控制器触点直接控制电动机主电路所需触点容量大，这样会使控制器的体积增大，线路复杂，操作不灵便，并且不能获得低速下放重物。因此，当电动机容量较大、工作繁重、操作频繁、调速性能要求较高时，常采用主令控制器操作。由主令控制器的触点来控制接触器，再由接触器控制电动机，这要比用凸轮控制器直接控制主电路更可靠，维护更方便，操作更简便。同时，通过接触器触点来控制绕线转子异步电动机转子电阻的切换，不受控制器触点数量和容量的限制，转子可以串入对称电阻，对称性切换，可获得较好的调速性能，更好地满足起重机的控制要求。

1. 主令控制器的型号、主要技术性能和选择依据

生产上常用的主令控制器有 LK14、LK15、LK16 型。其主要技术性能指标分别是：交流额定频率 50 Hz、额定电压 380 V 以下或直流 220 V 以下；额定操作频率 1200 次/小时。表 4-2 为 LK14 型主令控制器的主要技术数据。

表 4-2　LK14 型主令控制器的技术数据

型　号	额定电压 *U*/V	额定电流 *I*/A	控制电路数	外形尺寸 *L*/mm
LK14—12/90 LK14—12/96 LK14—12/97	380	15	12	227×220×300

主令控制器应根据所需操作位置数、控制电路数、触点闭合顺序以及长期允许电流大小来选择。在起重机中，主令控制器是与磁力控制盘相配合来实现控制的，因此，一般根据磁力控制盘型号来选择主令控制器。

2. 提升机构磁力控制器控制系统

磁力控制器由主令控制器与 PQR10A 系列控制盘组成。采用磁力控制器控制时，只有结构较小的主令控制器安装在驾驶室内，其余电气设备均安装在桥架上的控制盘中。一般桥式起重机同时采用凸轮控制器控制与磁力控制器控制，前者用于平移机构与副钩提升机构，后者用于主钩提升机构。当对提升机构控制要求不高时，应全部采用凸轮控制系统。

提升机构磁力控制器控制主钩升降的电气控制原理图如图 4-10 所示。

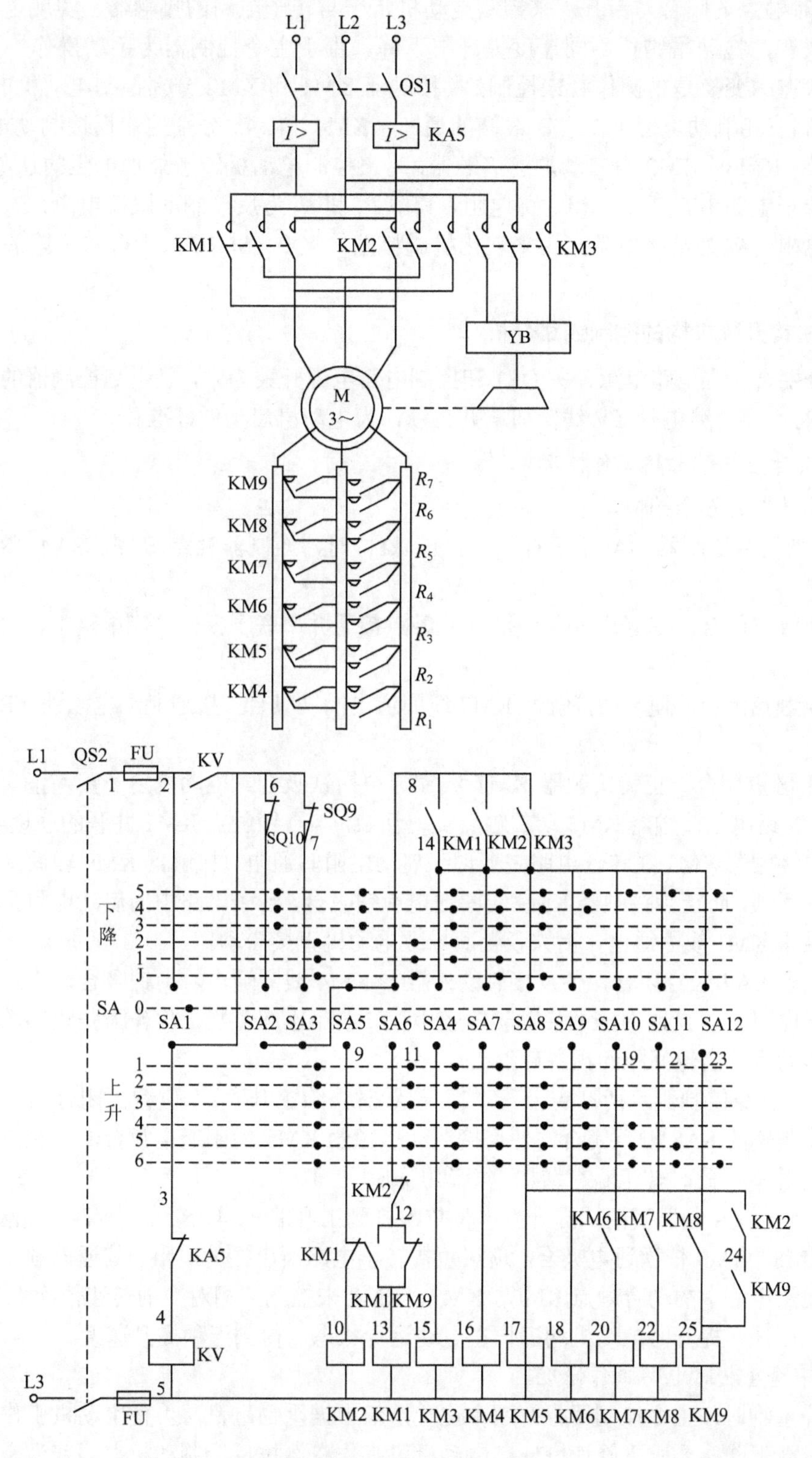

图 4-10　主钩升降电气控制原理图

图 4-10 中，主令控制器 SA 有 12 对触点，“提升”、“下降”各有 6 个工作位置。通过这 12 对触点的闭合与断开，来控制电动机定子与转子电路的接触器，实现电动机工作状态的改变，拖动吊钩按不同速度提升与下降。由于主令控制器为手动操作，所以电动机工作状态的变换是由操作者来控制的。接触器 KM1 和 KM2 分别控制电动机的正反转，KM3 控制三相制动电磁抱闸 YB 线圈的通断；KM4、KM5 分别控制反接制动电阻 R_1 和 R_2 的切换；KM6～KM9 为启动加速接触器，用来控制电动机转子外加电阻的切除和串入。电动机转子电路串有 7 段三相对称电阻，其中 R_1 和 R_2 为反接制动限流电阻，R_3～R_6 为启动加速电阻，R_7 为常接电阻，用来软化机械特性。SQ9、SQ10 为上升与下降的极限限位开关。

3. 主钩升降机构的控制线路分析

当分别合上主电路电源开关 QS1 和控制电路电源开关 QS2，且主令控制器的手柄置于“0”位时，零位继电器 KV 线圈通电并自锁，为电动机启动做好准备。

1) 提升重物时电路工作情况

“提升”有 6 个挡位。

(1) 当主令控制器 SA 手柄打到上“1”挡位时，控制器触点 SA3、SA4、SA6、SA7 闭合。

SA3 触点闭合，使上升限位开关 SQ9 触点接通并串联于提升控制电路中，实现提升极限限位保护。

SA4 触点闭合，使制动接触器 KM3 线圈通电衔铁吸合，接通制动电磁铁 YB，松开电磁抱闸。

SA6 触点闭合，正转接触器 KM1 线圈通电衔铁吸合，电动机定子接入正向电源，正转提升，线路串入接触器 KM2 动断触点实现互锁，与自锁触点 KM1 并联的联锁触点 KM9 用来防止接触器 KM1 在转子电路完全切除启动电阻时通电。接触器 KM9 辅助动断触点的作用也是互锁，防止当接触器 KM9 线圈通电衔铁吸合，转子电路中的启动电阻全部被切除时，接触器 KM1 线圈通电，衔铁吸合而导致电动机直接启动。

控制器 SA7 触点闭合，使反接制动接触器 KM4 线圈通电，衔铁吸合，主触点闭合以切除转子电阻 R_1。此时对应的启动转矩较小，一般吊不起重物，仅作为张紧钢丝绳，以消除吊钩传动系统齿轮间隙的预备启动级。

(2) 当主令控制器手柄打到上升“2”位置时，除上升“1”位置已闭合的触点仍然闭合外，控制器的 SA8 触点闭合，使反接制动接触器 KM5 线圈通电吸合，主触点闭合以切除转子电阻 R_2，此时转矩略有增加，电动机转速上升。

(3) 当主令控制器手柄从提升“2”位依次打到上升的 3、4、5、6 位置时，接触器 KM6、KM7、KM8、KM9 依次通电吸合，逐级短接转子电路所串接的电阻，其通电顺序由上述各接触器线圈电路中的动合触点 KM6、KM7、KM8 来控制，相对应的转速依次上升。

由此可知，提升时电动机均工作在电动运行状态，得到五种提升速度。

2) 下降重物时电路工作情况

下降重物时，主令控制器也有六个位置，但根据重物重量，可使电动机工作在不同状态。若重载下降，要求下降速度低，电动机可工作在倒拉反接制动状态；若为空钩或轻载

下降，而重力转矩小于摩擦转矩，必须采用强迫下降。在重载下降中电动机按正转提升相序接线，而在空钩或轻载下降时，电动机按下降反接相序接线。在主令控制器下降的 6 个挡位中，前 3 个挡位即 J、下 1、下 2 这三个位置为制动下降过程；后三个位置即下 3、下 4、下 5 为强迫下降过程。

(1) 制动下降：主令控制器手柄打到“下降”前三个位置 J、下 1、下 2 时，电动机定子绕组仍按正转提升时电源相序接线，控制器触点 SA6 闭合，接触器 KM1 线圈通电衔铁吸合，此时电动机转子电路中串入较大电阻。同时，在重力转矩作用下克服电动机电磁转矩与摩擦转矩的共同作用，迫使电动机反转，获得重载下降时的低速。电路的具体工作情况分析如下：

当手柄打到下降的“J”位置时，控制器触点 SA4 断开，接触器 KM3 线圈断电，衔铁释放，主触点断开使电磁抱闸 YB 线圈断电而释放，电磁抱闸将拖动电动机闸住。同时控制器触点 SA3、SA6、SA7、SA8 闭合，使接触器 KM1、KM4、KM5 线圈通电，主触点闭合，使电动机定子绕组按正转提升相序接通电源，转子短接两段电阻 R_1 和 R_2，并产生一个提升方向的电磁转矩，与向下方向的重力转矩相平衡，配合电磁抱闸牢牢地将吊钩及重物闸住在空中。所以，下降的“J”位一般用于提起重物后，稳定地停在空中或移行；另一方面，当重载下降时，控制器手柄由下降其他位置打回到“0”位时，在通过下降“J”位时，既有电动机的倒拉反接制动，又有机械抱闸制动，在两者的共同作用下能很好地防止下滑溜钩，实现可靠停车。

当手柄置于下降“1”或下降“2”位置时，控制器触点 SA4 闭合，接触器 KM3 线圈通电吸合，主触点闭合使电磁抱闸 YB 线圈通电，电磁抱闸松开；同时控制器触点 SA8、SA7 相继断开，接触器 KM4、KM5 线圈相继断电，衔铁释放，依次串入转子电阻 R_1 和 R_2，使电动机机械特性逐级变软，电动机产生的电磁转矩逐级减小，电动机工作在倒拉反接制动状态，得到两级重载下降速度。但对于轻载或空钩下放时，切不可将主令控制器手柄停留在下降“1”或下降“2”位置，因为这时电动机产生的电磁转矩将大于负载转矩，致使电动机不是处于倒拉反接制动下放，而成为电动提升，导致轻载或空钩时不但不下降反而还会上升的现象。为此，应将手柄迅速推过下降“1”、下降“2”两挡位。为防止误操作，产生上述现象甚至上升超过上极限位置，控制器手柄置于下降“J”、下降“1”、下降“2”三个位置时，控制器触点 SA3 闭合，将上升行程开关 SQ9 动断触点串接在控制电路中，以实现上升时的限位保护。

(2) 强迫下降：当控制器手柄打到下降“3”、下降“4”或下降“5”三个位置时，电动机定子绕组按反转相序接入交流电源，电磁抱闸松开，转子电阻逐级短接，提升机构在电动机下降的电磁转矩和重力转矩共同作用下，使重物下降。

对于下降“3”位置，控制器触点 SA2、SA4、SA5、SA7、SA8 闭合，接触器 KM3、KM2、KM4、KM5 线圈通电，衔铁吸合，其中 KM3 线圈通电使电磁抱闸 YB 线圈通电，而使电磁抱闸松开，KM4 和 KM5 线圈通电，使转子短接 R_1 和 R_2 两段电阻，定子按反转相序接入交流电源，电动机工作在反转电动运行状态，强迫重物下降。

对于下降“4”或下降“5”位置，在下降“3”位置的基础上，控制器触点 SA9、SA10、SA11、SA12 相继闭合，接触器 KM6、KM7、KM8、KM9 线圈相继通电，主触点相继闭合，相继短接转子电阻 R_3、R_4、R_5、R_6。

由电路图 4-10 可知：在下降的“3”、“4”、与“5”位置时，转子电阻串接情况对应的与上升时的上升“2”、上升“3”、上升“6”位置对应一致，从而获得轻载时的三种强迫下降速度。

通过上述分析可知：控制器手柄位于下降“J”位时为提起重物后稳定地停在空中或吊着移行，或用于重载时的准确停车；下降的“1”与“2”位置用于重载时低速下降；下降的“3”、“4”、“5”位置用于轻载低速强迫下降，或用于重载时高速下放重物。

3) 电路的联锁与保护

(1) 由强迫下降过渡到制动下降，以防止出现高速下降而造成危险。轻载下降时，允许手柄打到下降的“3”、“4”、“5”各位置，且下降速度依次提高。若起重机的操作人员对重物重量估计失误，而将控制器手柄打到下降“5”位置，此时，重物在自身重力转矩与电动机下降电磁转矩作用下加速下降，速度愈来愈快，电动机反转电动运行而进入再生发电制动状态。使电动机以高于同步转速的速度下降，这样很危险。为此，应将手柄立即打回到下降“2”或下降“1”挡位，使电动机进入低速制动下降。但在手柄打回过程中，当经过下降“4”与“3”位置时。控制器触点 SA9、SA10、SA11、SA12 断开，接触器 KM6、KM7、KM8、KM9 线圈断电，电动机转子电阻 R_3、R_4、R_5、R_6 逐级被串入，机械特性变软，使电动机处于再生发电制动的高速过程。为了避免转换过程中出现高速下降，在图 4-10 电路中，将触点 KM2(17—24)与触点 KM9(24—25)串接后接于 SA8 与 KM9 线圈之间，这时手柄打到下降“5”位置时，接触器 KM9 线圈通电并自锁，再由下降“5”位置打回下降“4”或下降“3”位置时，虽控制器触点 SA12 断开，但经触点 SA8、KM2(17—24)、KM9(24—25)仍使接触器 KM9 线圈通电，保证转子电阻始终只串入一段常串的软化级电阻 R_7，实现由强迫下降过渡到制动下降而防止出现高速下降的情况。在该支路中串入触点 KM2(17—24)是为了在电动机正转相序接线时，该触点断开使支路不起作用。

(2) 保证在反接制动电阻串入的条件下才进入制动下降的联锁。控制器手柄由下降“3”打回到下降“2”位置时，控制器触点 SA5 断开，SA6 闭合，接触器 KM2 线圈断电释放，KM1 通电吸合，电动机处于反接制动状态。为保证正确进入下降“2”位置的反接特性，防止反接时产生过大的冲击电流，应使接触器 KM9 线圈立即断电释放并加入反接制动电阻，且要求只有在 KM9 线圈断电释放后才能使接触器 KM1 的线圈通电。为此，一方面在主令控制器触点闭合顺序上保证了只有在触点 SA8 断开后，才能使触点 SA6 闭合；另一方面增设了触点 KM9(12—13)和 KM2(11—12)与触点 KM1(9—10)构成的互锁环节。这就保证只有在接触器 KM9 线圈断电释放后，接触器 KM1 才能接通并自锁工作。此环节也可防止由于接触器 KM9 主触点因电流过大出现熔焊使触点分不开，转子只剩常串电阻 R_7 的情况下电动机正向直接启动的事故发生。

(3) 在控制器下降“1”至下降“5”挡位时，为确保电磁抱闸 YB 通电吸合，将抱闸松开，使接触器 KM3 通电。在接触器 KM3 控制电路中设置了触点 KM1(8—14)、KM2(8—14)、KM3(8—14)的并联电路，当手柄在下降“2”与下降“3”位置之间切换时，由于接触器 KM1 与 KM2 采用了电气与机械互锁，这样在切换过程中有一瞬间两个衔铁均未吸合，为

此引入接触器KM3自锁触点KM3(8—14)，以确保KM3线圈始终通电。

(4) 加速接触器KM6～KM8的动合触点串接在下一级加速接触器KM7～KM9电路中，实现短接转子电阻的顺序联锁作用。

(5) 在该控制线路中，由过电压继电器KV与主令控制器SA来实现零压与零位保护，过电流继电器KA实现过电流保护；行程开关SQ9、SQ10实现吊钩上升与下降的极限限位保护。

三、活动回顾与拓展

(1) 熟悉桥式起重机工作过程，模拟提升或下降不同的重物，观察工作过程的异同。

(2) 独立分析主钩升降机构的电气控制线路。

活动2　桥式起重机供电系统及总体控制线路

一、活动目标

(1) 熟悉桥式起重机供电系统的特点。

(2) 熟悉桥式起重机总控制线路。

二、活动内容

1. 桥式起重机的供电特点

交流起重机电源由公共的交流电网供电，由于起重机的工作是经常移动的，因此与电源之间不能采用固定连接方式，对于小型起重机供电方式采用软电缆供电，随着大车或小车的移动，供电电缆随之伸展和叠卷。对于一般桥式起重机常用滑线和电刷供电。三相交流电源接到沿车间长度架设的三根主滑线上，再通过大车上的电刷引入到操作室中保护箱的总电源刀开关QS上，由保护箱再经穿管导线送到大车电动机、大车电磁抱闸及交流控制站，送到大车一侧的辅助滑线，对于主钩、副钩、小车上的电动机、电磁抱闸、提升限位的供电和转子电阻的连接，则是由架设在大车侧的辅助滑线与电刷来实现的。

2. 桥式起重机总体控制线路

以15/3 t中级通用吊钩桥式起重机电气控制线路为例，该起重机有两个吊钩，主钩15 t，副钩3 t。下面介绍桥式起重机的总体控制线路。

15/3 t中级通用吊钩桥式起重机电气控制原理图如图4-11所示。

大车运行机构由两台$JZR_2$31—6型电动机联合拖动，用KT14—60J/2型凸轮控制器控制；小车运行机构由一台$JZR_2$16—6型电动机拖动，用KT14—25J/1型凸轮控制器控制；副钩升降机构由一台$JZR_2$41—8型电动机拖动，用KT14—25J—1型凸轮控制器控制。这四台电动机由XQB1—150—4F交流保护箱进行保护。主钩升降机构由一台$JZR_2$62—10型电动机拖动，用PQR10B—150型交流控制屏与LK1—12—90型主令控制器组成的磁力控制器控制。上述控制原理在前面均已分析过，在此不再赘述。

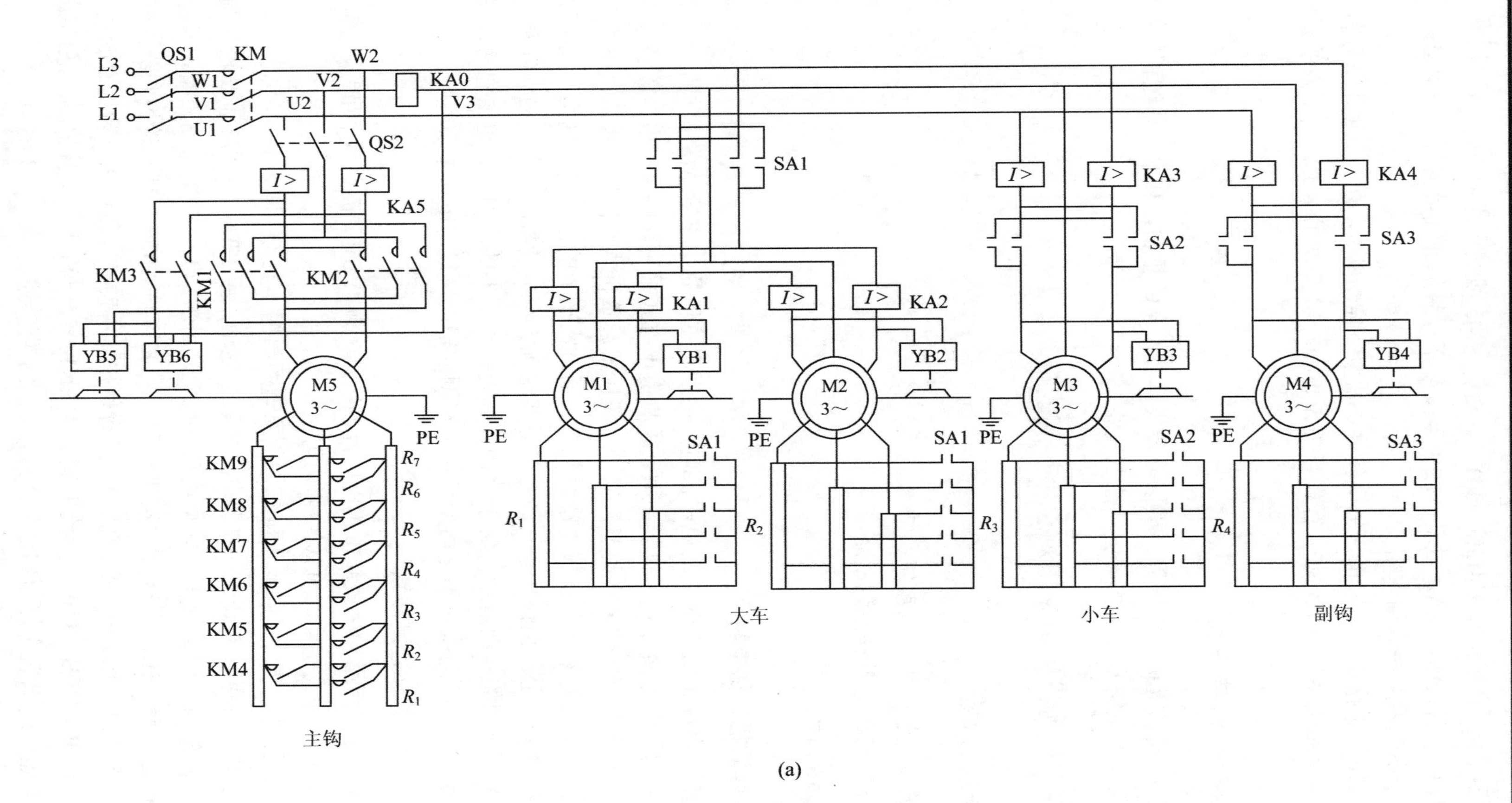

(a)

图 4-11 15/3 t 桥式起重机电气控制原理图

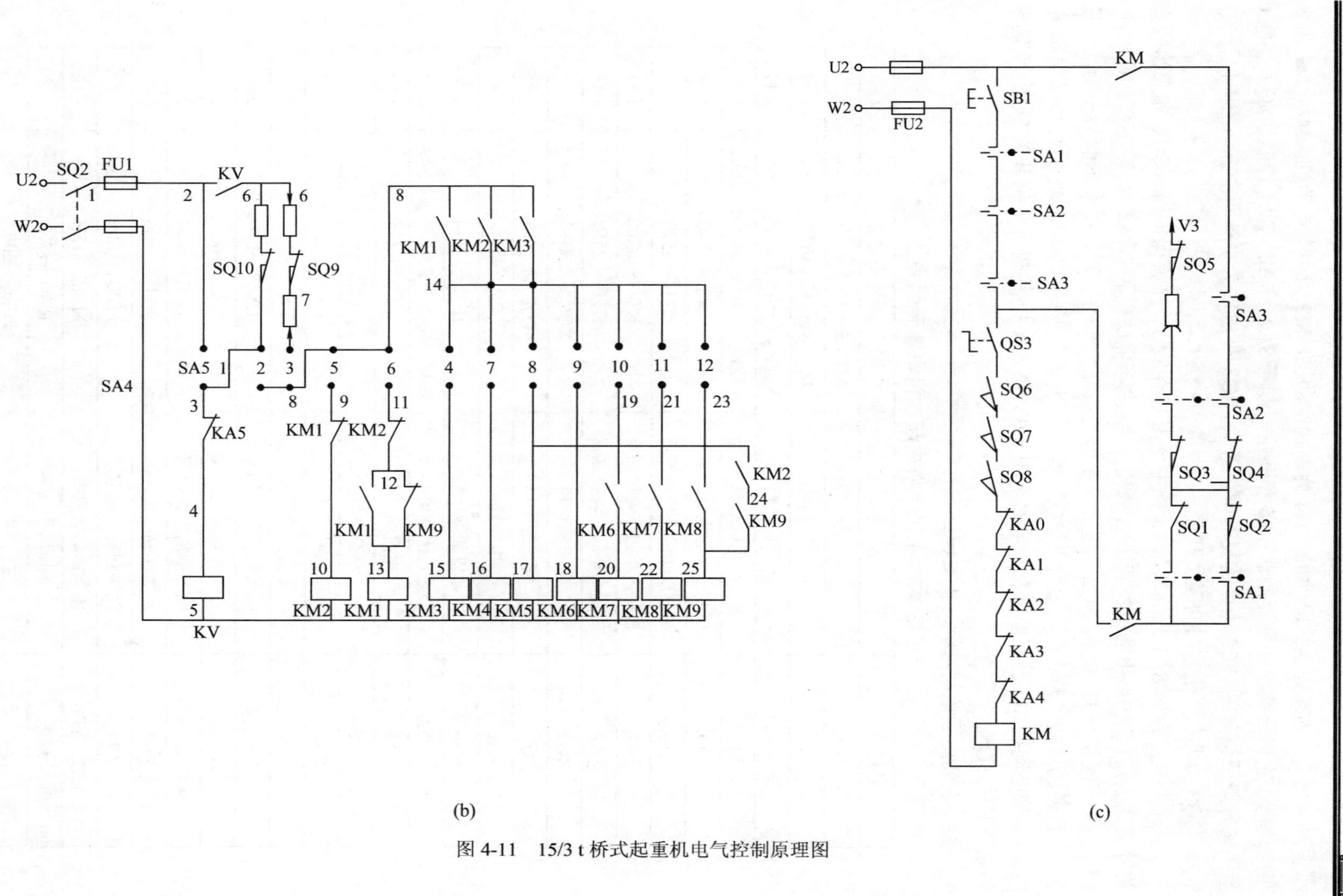

图 4-11　15/3 t 桥式起重机电气控制原理图

图 4-11 中，M5 为主钩电动机，M4 为副钩电动机，M3 为小车电动机，M1、M2 为大车电动机，它们分别由主令控制器 SA5 和凸轮控制器 SA3、SA2、SA1 控制。SQ9、SQ10 为主钩升降限位开关，SQ5 为副钩提升限位开关，SQ3 和 SQ4 为小车两个方向的限位开关，SQ1、SQ2 为大车两个方向的限位开关。

三个凸轮控制器 SA1、SA2、SA3 和主令控制器 SA5、交流保护箱 XQB、紧急事故开关等安装在操作室中。电动机各转子电阻 R_1～R_5，大车电动机 M1、M2，大车电磁抱闸 YB1、YB2，大车限位开关 SQ1、SQ2，交流控制屏均放在大车的一侧。在大车的另一侧，装设了 21 根辅助滑线以及小车限位开关 SQ3、SQ4。小车上装有小车电动机 M3、主钩电动机 M5、副钩电动机 M4 及其他各自的电磁抱闸 YB3～YB6、主钩提升限位开关 SQ 和副钩提升限位开关 SQ5。

表 4-3 列出了该起重机的主要电器元件。

表 4-3　15/3 t 桥式起重机电器元件表

符　号	名　称	型号及规格	数量
M5	主钩电动机	$JZR_2$62—1045 kW 577 r/min	1 台
M4	副钩电动机	$JZR_2$41—813.2 kW 703 r/min	1 台
M1、M2	大车电动机	$JZR_2$31—611 kW 953 r/min	2 台
M3	小车电动机	$JZR_2$12—64.2 kW 855 r/min	1 台
SA5	控制主钩的主令控制器	LK1—12/90	1 件
SA3	控制副钩的凸轮控制器	KT14—25J/1	1 件
SA1	控制大车的凸轮控制器	KT14—60J/2	1 件
SA2	控制小车的凸轮控制器	KT14—25J/1	1 件
XQB	交流保护柜	XQB1—150—4F	1 台
PQR	交流控制屏	PQR10B—150	1 件
KM	接触器	CJ12—250	1 个
KA0	总过流继电器	JL12—150 A	1 个
KA1～KA4	过电流继电器	JL12—60 A、15 A、30 A、30 A	4 个
KA5	过电流继电器	JL12—150 A	1 个
SQ1～SQ4	大、小车限位开关	LX1—11	4 个
SQ5	副钩限位开关	LX19—001	1 个
SQ6	舱口安全开关	LX19—001	1 个
SQ7、SQ8	横梁栏杆安全开关	LX19—111	2 个
SQ9、SQ10	主钩升降限位开关	LX19—001	2 个
YB1、YB2	大车制动电磁抱闸	MZD1—200	2 个
YB3	小车制动电磁抱闸	MZD1—100	1 个
YB4	副钩制动电磁抱闸	MZD1—300	1 个
YB5、YB6	主钩制动电磁抱闸	MSZ1—15H	2 个
R_4	副钩电阻器	RT41—8/1B	1 个
R_5	主钩电阻器	$2P_5$62—10/9D	1 个

3. 供电装置的维修

1) 滑线供电转子的维修内容

(1) 测量各滑线对地的绝缘电阻是否符合要求；

(2) 检查滑线是否平直、接触面是否平整、与集电环的接触面是否符合要求；

(3) 检查或更换集电环架上的集电环和导线连接线及集电环压板上的开口销；

(4) 检查各绝缘子的表面情况，并清除污垢；

(5) 检查并紧固各绝缘穿心螺栓及导线接头螺栓；

(6) 检查滑线与集电环非接触面涂刷防锈漆或相色漆。

2) 电缆供电装置的检修内容

(1) 检查电缆的老化和磨损程度，并测量其绝缘电阻是否符合要求；

(2) 检查电缆拖车、滑车、卷筒的机械传动部分是否灵活，电缆滑车应能沿滑道灵活无跳动地移动；

(3) 检查悬挂式供电方式的滑道是否平直，两段滑道连接处是否可靠固定；

(4) 检查并紧固电缆夹板、紧固件、固定件及导线接头螺栓；

(5) 检测卷筒的放缆和收缆是否与起重机移动速度一致；

(6) 更换电缆时，应使电缆平直，无扭曲现象。

4. 供电装置常见故障现象、可能原因及处理方法

(1) 故障现象：滑线火花大。其产生的可能原因及处理方法如下：

产生的可能原因	处 理 方 法
滑线与集电环接触不良	调整滑线与集电环的接触面
滑线上有弧坑、脏污、铁锈及不平处	清除脏污及铁锈，校正不平处

(2) 故障现象：集电环引线断开。其产生的可能原因及处理方法如下：

产生的可能原因	处 理 方 法
固定螺栓松动	紧固固定螺栓
安装时没有理顺引线，存在扭力	更换引线并消除扭力

(3) 故障现象：接到小车滑线的引线断开。其产生的可能原因及处理方法如下：

产生的可能原因	处 理 方 法
采用独股硬线	更换为相同截面的多股硬线
引线过短，受到振动而断开	加长引线

(4) 故障现象：电缆过早老化。其产生的可能原因及处理方法如下：

产生的可能原因	处 理 方 法
选择电缆时没有考虑环境因素	根据环境重新选择并更换为合适电缆
截面积过小	更换为合适截面积电缆

(5) 故障现象：电缆过早磨损。其产生的可能原因及处理方法如下：

产生的可能原因	处 理 方 法
电缆夹安装位置不当，造成相邻滑车电缆摩擦	重新调整电缆夹位置
安装张力过紧	调整张力
钢丝绳太松，电缆受力	适当拉紧电缆拖车的钢丝绳
电缆直径太粗	更换拖车电缆

(6) 故障现象：电缆滑车被卡住。其产生的可能原因及处理方法如下：

产生的可能原因	处 理 方 法
轨道严重不直，轨道接缝处错位	校正轨道及接缝处
滑车固定销脱落	销上销子

(7) 故障现象：电缆脱槽。其产生的可能原因及处理方法如下：

产生的可能原因	处 理 方 法
电缆过松	紧固电缆
电缆呈螺旋状	更换电缆

三、活动回顾与拓展

(1) 结合实物，熟悉桥式起重机的供电线路及特点。
(2) 结合实物，进一步熟悉桥式起重机总控制线路。

任务三　桥式起重机制动装置、日常维修及故障处理

活动 1　制动器与制动电磁铁

一、活动目标

(1) 熟悉制动器和制动电磁铁的分类。
(2) 熟悉交直流电磁铁的特点及其配合。
(3) 熟悉制动电磁铁的选择方法。

二、活动内容

1. 概述

桥式起重机是一种间歇工作设备，由于经常处于启动和制动状态，因此制动器在起重设备中既是工作装置又是安全装置。同时为了提高生产率，减少非工时的停车时间，以及准确停车和保证安全，常采用电磁抱闸进行机械制动。电磁抱闸由制动器和制动电磁铁组成。在起重机非工作时间，制动器抱紧制动轮，只有在起重机电动机工作通电时制动轮才

松开。因此在任何无电的情况下制动器闸瓦都抱紧制动轮。

2. 制动器的分类

制动器按结构可以分为以下几种：

(1) 块式制动器，包括重物式和弹簧式两大类。

(2) 带式制动器，包括长行程和短行程两大类。

3. 制动电磁铁的分类

制动电磁铁按励磁电流种类可分为直流制动电磁铁和交流制动电磁铁两类。

1) 直流制动电磁铁

(1) 直流制动电磁铁按励磁方式可分为串励和并励两种。

① 串励电磁铁。它与电动机串联，线圈电感小，动作快，但它的吸力受电动机负载电流的影响，很不稳定。因此，在选择电磁铁时，其吸力应有足够的余量，以便在轻载时仍有足够的吸引力。

② 并励电磁铁。它与电动机并联，线圈匝数多，电感大，因而动作慢，但它的吸力不受负载影响。因此，它的可靠性没有串联电磁铁高。

(2) 直流制动电磁铁按衔铁行程可分为长行程和短行程两种。

① 长行程电磁块式制动器的杠杆具有较大的力臂，适用于需要较大制动转矩的场合；但由于松闸与放闸缓慢，工作准确性较差，因此主要用于要求较大制动力矩的提升机构上。

② 短行程电磁块式制动器的特性与长行程的恰好相反，适用于要求制动转矩较小的移行机构上。

2) 交流制动器电磁铁

(1) 长行程电磁块式制动器。当机构要求有较大制动力矩时，可采用长行程电磁块式制动器。长行程制动器电磁铁为三相交流电源，制动力矩较大，工作较平稳可靠，制动时没有自振。其连接方式与电动机定子绕组连接方式相同，有三角形连接与星形连接两种。一般起重机上多使用长行程制动器电磁铁，常用的为MZS1系列制动器电磁铁。

(2) 短行程电磁块式制动器。该制动器通常采用单相电源，制动力矩较小，吸合时的冲击力直接作用在整个制动机构中，造成制动器螺钉松动，整个起重机桥架也会产生剧烈振动，对于提升钢丝绳的寿命产生影响，因此不宜用于提升机构上。常用的有MZD1系列制动器电磁铁。

上述两种电磁铁制动器的优点是结构简单，能与它控制的电动机操作电路联锁，当电动机停止工作或发生故障断电时，电磁铁自动断电，制动器上闸，实现安全工作。但电磁铁在吸合时冲击力大，有噪声，且机构需经常启动和制动，电磁铁易损坏，寿命较短。

4. 制动器与制动电磁铁的配合

1) 交流MZS1系列制动电磁铁

该类制动电磁铁的特点是吸力大，行程长，动作时间长，接电瞬间电流可达$15I_N$，因此接电次数不能多，多与重物式制动器配合使用，用于要求制动力矩大的提升机构。

2) 交流MZD1系列制动电磁铁

该类制动电磁铁的特点是吸力较小，动作迅速，接电瞬间电流小，宜与小型弹簧式制动器配合使用，多用于起重较小的大车和小车移行机构上。

3) 直流长行程 MZZ2 系列电磁铁

由于交流电磁铁的接电次数受到限制，而且工作可靠性较差，不宜用在工作频繁的场合，因此需采用直流电磁铁。直流电磁铁的吸力大，接电次数多，但行程长，动作慢，多与大型重物式制动器配合使用，用于启动频繁、接电次数多、要求较高的提升机构。

4) 直流短行程 MZZ1A 系列电磁铁

该类电磁铁多与带式制动器配合使用。

5. 制动电磁铁的选择

根据用途和要求可以确定电磁铁的种类，另外还要确定电磁铁的等级、线圈电压和负载持续率，最后才能选出电磁铁的规格和型号。

具体的选择方法和步骤如下：

(1) 确定制动转矩。制动器主要根据制动转矩来选择，而制动转矩的大小取决于所需的制动时间、允许最大减速度、允许制动行程和安全等。

(2) 根据制动转矩在制动器产品目录中选取制动器，同时在相关资料中查出制动器的制动直径 D、宽度 B 和匝瓦行程 ε 等，再根据公式求出制动器在制动时所做的功，然后选配与之相适应的电磁铁。

(3) 根据公式求制动器在抱闸时所做的功。

6. 制动电磁铁的安装与维修

1) 安装注意事项

(1) 安装前应清除电磁铁上的灰尘及污垢。

(2) 若电磁铁放置在仓库内时间过长，安装前应进行烘干处理。

(3) 用手移动电磁铁的衔铁数次，检查是否有卡阻现象。若有卡阻现象，须查明卡阻原因并予以清理；同时擦去铁锈和油污，并在可动部分涂上工业凡士林。

(4) 电磁铁须牢固地固定在坚固的底座上，并在紧固螺钉下放弹簧垫圈锁紧。

(5) 调整好制动电磁铁和制动器之间的连接关系，保证制动器能获得所需的制动力矩。

(6) 电磁铁的接线应完全按照机构的总系统接线图进行。

(7) 接通电磁铁并操作数次，检查衔铁是否正常。

(8) 若通电后电磁铁噪声很大，必须重新安装和调整。

2) 检修内容

为了保证制动电磁铁能可靠地工作，须经常仔细地进行检修，并应和制动器的检查及检修同时进行。检修的周期应根据起重机的工作情况来确定。检修主要内容如下：

(1) 测量电磁铁线圈及电动机绕组对地和各相间的绝缘电阻，其值应大于 1.5 MΩ。

(2) 测量工作电流，应小于技术数据给出的数值，且三相绕组电流应平衡。

(3) 观察可动部分的磨损，经常在可动部分加油。

(4) 经常清除电磁铁零件表面的灰尘和污垢。

(5) 检查电磁铁线圈是否过热，注意有无异味。

(6) 检查衔铁行程的大小，由于行程在运行中随着制动面的磨损而增大。当衔铁行程

达不到正常要求时，应及时调整，不应让行程增加到正常值以上，否则会使吸力显著降低。

(7) 调整磁轭与衔铁接触面，使其对齐、紧密接触、不偏斜及表面清洁。

(8) 检查螺钉连接的旋紧程度，特别要注意紧固电磁铁的螺栓、电磁铁与外壳的螺栓、磁轭的螺栓、电磁铁线圈的螺钉和各接线螺钉。

7. 电磁铁常见故障现象、可能原因及处理方法

(1) 故障现象：电磁铁衔铁不吸合。其产生的可能原因及处理方法如下：

产生的可能原因	处 理 方 法
电源电压过低	提高电源电压到合适值
机械部分损坏或卡阻	修理损坏部分或清除杂物，打磨，添加适量润滑油
三相电磁铁线圈接线错误	核对并重新接线
电磁铁线圈断线或短路	修理或更换电磁铁线圈
MZD1 型单相电磁铁的回转角过大	调整制动器，使电磁铁的回转角不超过允许值
三相制动电磁铁缺相	查明缺相原因并处理
无工作电压	检查相关的短路保护装置是否动作，回路是否断线
杂质掉入制动器或电磁铁内	清除杂质
制动电磁铁线圈电压大于额定电压	调整到合适的额定电压

(2) 故障现象：交流电磁铁噪声加大。其产生的可能原因及处理方法如下：

产生的可能原因	处 理 方 法
衔铁未完全吸合	调整衔铁到适当的固定位置
衔铁极面不平或有污垢	打磨衔铁极面或清除极面污垢
短路环损坏	修理短路环
电磁铁过载	调整弹簧压力或调整重锤位置
磁路弯曲	调整机械弯曲部分，以消除磁路弯曲现象
电磁铁工作面未对正	调整电磁铁接触面
线圈电压过低导致吸力不足	提高线圈电压到额定工作值

(3) 故障现象：电磁铁线圈过热或冒烟。其产生的可能原因及处理方法如下：

产生的可能原因	处 理 方 法
电磁铁的牵引力过载	调整弹簧压力或调整重锤位置
电磁铁接合面间隙过大或动铁芯吸偏	调整铁芯接合面位置
制动器工作条件与线圈的特性不匹配	更换为符合要求的线圈
线圈电压与线路电压不符	更换合适线圈
线圈 Y 连接误接成△连接	重新接线
三相电磁铁线圈首末端接错	调整线圈首末端
交流电磁铁没有完全吸合	检查并消除故障，使电磁铁完全吸合

(4) 故障现象：电磁铁动铁芯不释放。其产生的可能原因及处理方法如下：

产生的可能原因	处 理 方 法
铁芯接合面有油垢	清除油垢
直流电磁铁铁芯有剩磁	消除铁芯剩磁或更换电磁铁
制动机构卡住	检修制动机构

三、活动回顾与拓展

(1) 熟悉制动器与电磁铁各自的结构及其配合关系。
(2) 实地参观桥式起重机，熟悉各部分之间的控制关系。
(3) 查找相关资料，明确制动电磁铁的制动转矩公式和抱闸所做功的公式。

活动 2　桥式起重机的日常维修和故障处理

一、活动目标

(1) 熟悉桥式起重机的日常维修内容。
(2) 掌握桥式起重机的常见故障及其处理方法。

二、活动内容

桥式起重机的结构复杂，工作环境恶劣，同时工作频繁，故障率较高。为了保证人身与设备的安全，必须坚持经常性地维护保养和检修。

1. 桥式起重机使用时的注意事项

(1) 由于在空中作业，检修时必须保证安全，防止发生坠落事故；
(2) 检修时，应集中精力，准备好所需要的工具仪表；
(3) 使用工具时，要防止工具等物品落下造成伤人事故；
(4) 在起重机移动时不能走动，检修时也应扶着栏杆走动，并注意建筑物上部横梁，以防发生碰伤事故。

2. 桥式起重机的日常维修内容

为了保证电气设备的安全运行，必须坚持经常性的维护保养，一般可采取每天巡检和每月检修相结合的形式进行：每天巡检，由起重工在其工作时间内进行；每月检修，由维修电工进行。特别注意：维护工作只允许在起重机停止运行并断开总电源的条件下进行。

1) 电动机

(1) 测量电动机转子、定子绕组对地的绝缘电阻，要求定子绕组对地的绝缘电阻大于0.5 MΩ，转子绕组对地的绝缘电阻大于0.25 MΩ。

(2) 测量电动机定子绕组的相间绝缘电阻，其绝缘电阻值一般不应低于0.5 MΩ；在冷态的情况下（比如烘潮后），要大于 1.5 MΩ；对于全部更换绕组修复后的电动机的绝缘电阻值一般不低于5 MΩ。

(3) 检查集电环有无凹凸不平的痕迹及过热现象。

(4) 检查电刷是否磨损，与集电环接触是否吻合。

(5) 检查电刷接线是否相碰，电刷压力是否适当。
(6) 检查前后轴承有无漏油及过热现象。
(7) 用塞尺测量电动机的电磁气隙，上下左右不超过 10%。
(8) 用扳手拧紧电动机各部分的螺栓及底脚螺栓。
(9) 用汽油拭净电动机内的油垢。

2) 凸轮控制器和主令控制器

(1) 测量各触点对地的绝缘电阻应大于 0.5 MΩ；
(2) 更换磨损严重的动、静触点；
(3) 刮净灭弧罩内的电弧铜屑及黑灰；
(4) 调整各静、动触点的接触面，使其在同一直线上，各触点的压力应相等；
(5) 检查手柄转动是否灵活，不得过松或卡住；
(6) 检查棘轮机构和拉簧部分；
(7) 检查各凸轮片是否磨损严重，对磨损严重的应予以更换；
(8) 用砂布擦去动、静触点的弧痕；
(9) 调整或更换主令控制器动触点的压簧；
(10) 给各传动部分加适量润滑油。

3) 电磁制动器

(1) 测量线圈对地的绝缘电阻，应大于 0.5 MΩ；
(2) 检查制动电磁铁上下活动时与线圈内部芯子是否产生摩擦；
(3) 检查制动电磁铁上下部铆钉是否裂开；
(4) 检查缓冲器是否松动；
(5) 检查制动器刹车片衬料是否磨损太多，超过 50%时应更换；
(6) 检查并更换制动器各开口销子与螺栓等；
(7) 检查制动器闸轮表面是否光滑，并用汽油清洗表面，除去污物；
(8) 检查制动系统各联杆动作是否准确灵活，并在各部分加适量润滑油；
(9) 检查各制动器闸瓦张开时与闸轮两侧空隙是否相等；
(10) 重新校准制动器各部分的弹簧和螺栓。

4) 保护屏和控制屏

(1) 检查并更换弧坑较深的触点；
(2) 刮净并清理灭弧罩内的电弧痕和黑灰；
(3) 测量电磁线圈与铁芯的绝缘电阻值；
(4) 用汽油擦净接触器底板上的污垢或油污；
(5) 测量接触器主触点及触点对地间的绝缘电阻；
(6) 检查进线熔断器及熔体是否完好；
(7) 用砂纸擦净刀口的电弧痕，并在刀口各处涂上工业用凡士林；
(8) 在电磁铁口上涂适量工业用凡士林；
(9) 往各传动部分加适量润滑油；
(10) 检查并拧紧大小螺栓。

5) 行程开关和安全开关

(1) 测量接线板或接线柱对地的绝缘电阻；

(2) 检查开关内的动、静触点，并用砂纸打光；

(3) 检查高速开关平衡锤及传动臂的角度；

(4) 给各传动机构添加适量润滑油。

6) 滑线

(1) 测量各滑线对地的绝缘电阻；

(2) 擦净并检查绝缘子的表面情况；

(3) 用钢丝刷及粗砂纸磨去滑线的弧坑及不平处；

(4) 检查或更换集电环架上的集电极与导线间的连接线；

(5) 检查并拧紧各绝缘穿心螺栓及导线接头螺栓。

7) 电阻器

(1) 紧固电阻器四周的压紧螺栓，检查四周的绝缘子；

(2) 测量电阻器对地的绝缘电阻是否符合要求；

(3) 拧紧各接线螺栓及四周的底脚螺栓。

3. 桥式起重机的常见故障现象、可能原因及对应的处理方法

(1) 故障现象：主接触器 KM 吸合后，过电流继电器 KA1～KA5 立即动作。其产生的可能原因及处理方法如下：

产生的可能原因	处 理 方 法
凸轮控制器 SA1、SA2、SA3 电路有接地情况	不能用通电法判断故障点，应断开总电源开关 QS 后，先观察接线端子板、凸轮控制器接线端子和连接导线有无接地情况，如果未发现异常，再将凸轮控制器手柄放在零位，并将连接各电动机的 V3 号导线拆开
相关电动机 M1～M5 绕组有接地情况	查找接地部位及原因并处理
电磁抱闸 YB1～YB6 线圈有接地情况或接线端子板有接地情况	用兆欧表检查电磁抱闸 YB1～YB6 线圈接地或接线端子板接地情况，如有接地，进行修复或更换新的电磁抱闸，或更换接线端子板

(2) 故障现象：凸轮控制器在工作过程中卡住或转不到位。其产生的可能原因及处理方法如下：

产生的可能原因	处 理 方 法
凸轮控制器动触点卡在静触点下面；定位机构松动	应打开凸轮控制器防护罩，仔细观察情况，并调整好触点或定位机构

(3) 故障现象：转动凸轮控制器后，电动机启动运转，但不能输出额定功率且转速明

显减慢。其产生的可能原因及处理方法如下：

产生的可能原因	处 理 方 法
线路压降太大，供电质量差	测量电源电压，检查凸轮控制器的触点是否接触良好，机械部分是否有问题，提高供电的可靠性
制动器未完全松开	查找未完全松开的原因并处理
转子电路中的附加电阻未完全切除	查找故障原因并加以处理
电磁抱闸或减速机构有卡阻现象	采用合适的方法处理电磁抱闸或减速机构

(4) 故障现象：合上电源总开关 QS 并按下启动按钮 SB1 后，主接触器 KM 不吸合。其产生的可能原因及处理方法如下：

产生的可能原因	处 理 方 法
线路无电	观察在控制室内的有关电器元件的动作情况是否正常，查找无电的真正原因，并处理产生故障的元器件
熔断器 FU2 熔断	更换熔断器 FU2 的熔体
紧急事故开关 QS3 或安全开关 SQ6、SQ7、SQ8 未合上或接触不良	检查相关元器件，如有问题，应对应处理
主接触器 KM 线圈断路	更换接触器 KM
凸轮控制器手柄没在零位，零位联锁触点 SA1、SA2、SA3 的触点断路等	切断总电源开关再检查凸轮控制器的电器元件是否断路，并加以排除

(5) 故障现象：制动电磁铁线圈过热。其产生的可能原因及处理方法如下：

产生的可能原因	处 理 方 法
电磁铁线圈电压与供电电压不符	仔细检查电磁铁规格和工作情况，应选择与供电电压相符的电磁铁线圈电压
电磁铁的动、静铁芯间隙过大	将电磁铁的动、静铁芯间隙调整合适
电磁铁过载运行，线圈有局部短路情况	减轻负载，如短路，应处理故障，并更换相关的元器件

(6) 故障现象：制动电磁铁噪声大。其产生的可能原因及处理方法如下：

产生的可能原因	处 理 方 法
交流电磁铁短路环开路	检查铁芯上的短路环，若断裂应拆下重新焊接后再使用
动、静铁芯松动	调整松动的动、静铁芯
铁芯端面不平及变形	修整铁芯端面
电磁铁过载	减轻负载

(7) 故障现象：当电源接通并转动凸轮控制器后，电动机不启动。其产生的可能原因及处理方法如下：

产生的可能原因	处 理 方 法
凸轮控制器主触点接触不良	检查引入控制室的电源是否有问题，若没问题，再切断电源检查凸轮控制器主触点是否导通
滑线与集电环接触不良	检查滑线与集电环的接触是否良好，如接触不良，应处理以排除故障
电动机定子绕组或转子绕组断路	重新绕线并嵌线，以排除断路故障
电磁抱闸线圈断路或制动器不能放松	检查电磁抱闸部分，针对性地修复、调整或更换电磁抱闸线圈或电动机

(8) 故障现象：凸轮控制器在转动过程中火花过大。其产生的可能原因及处理方法如下：

产生的可能原因	处 理 方 法
动、静触点接触不良	修复动、静触点
被控负载容量过大	应核对负载情况，并调整到合适容量

(9) 故障现象：合上开关，操作电路的熔断器熔断。其产生的可能原因及处理方法如下：

产生的可能原因	处 理 方 法
操作电路中与保护机构相连接的一相接地	检查绝缘并处理接地现象

(10) 故障现象：控制器合上后，电动机仅能作一个方向转动。其产生的可能原因及处理方法如下：

产生的可能原因	处 理 方 法
一相断电，电动机发出响声	查找断电原因并处理
转子电路断线	检查转子电路并修复
集电环出现故障	检修集电环
控制器动、静触点接触不良或未接触	修理或更换控制器触点
限位开关故障	修理或更换限位开关
线路上无电压	查找无电压的原因并处理

(11) 故障现象：限位开关的杠杆动作时，相应的电动机不断电。其产生的可能原因及处理方法如下：

产生的可能原因	处 理 方 法
限位开关电路出现短路现象	查找短路原因并处理
接到控制器的导线次序错乱	重新按线路图接线

(12) 故障现象：控制器手柄转不动或转不到位。其产生的可能原因及处理方法如下：

产生的可能原因	处 理 方 法
定位机构有故障	修理定位机构以排除故障
动、静触点位置不对	调整动、静触点到合适位置

(13) 故障现象：控制器触点冒火冒烟。其产生的可能原因及处理方法如下：

产生的可能原因	处 理 方 法
触点接触不良	调整触点压力或修复触点
控制器过载	减轻负载或更换控制器

(14) 故障现象：起重机运行中接触器短时断电。其产生的可能原因及处理方法如下：

产生的可能原因	处 理 方 法
接触器的联锁触点压力不足	调整触点压力

注意：检修必须在起重机停止工作而且在切断电源时进行，禁止通电操作。

三、活动回顾与拓展

结合实物(模型或模拟设备)，进一步熟悉桥式起重机的日常维修内容和常见故障现象、产生的可能原因及处理方法。

习　题

1. 判断题(在你认为正确说法的题后括号内打“√”，错误说法的题后括号内打“×”)

(1) 桥式起重机用的三相交流电动机与一般生产机械传动用的交流电动机不同。(　　)

(2) 桥式起重机上由于采用了各种电气制动，因此不必采用电磁抱闸进行机械制动。(　　)

(3) 桥式起重机上与电动机配套使用的变阻器仅仅是为了限制启动电流。(　　)

(4) 桥式起重机上的小车平移传动电动机可以使用频敏变阻器。(　　)

(5) 任何一台桥式起重机都可以采用凸轮控制器进行控制。(　　)

2. 单项选择题（将你认为正确选项的题号字母写在题后的括号内）

(1) 桥式起重机主钩行程开关的作用是(　　)。

A. 保护主钩上升的极限　　B. 保护主钩下降的极限

C. 保护主钩升降的极限　　D. 以上说法都不对

(2) 桥式起重机上的小车平移传动电动机，通常配用频敏变阻器，其作用是(　　)。

A. 保证货物平稳提升　　B. 有利于物体在空中平稳移动

D. 保证货物的平稳下降　　D. 以上说法都不对

(3) 桥式起重机中电动机的短路保护，通常采用(　　)。

A. 过电流继电器　　B. 熔断器

C. 欠电流继电器　　　　　　　　D. 热继电器

(4) PQR10A 控制屏组成的控制器中，当主令控制器的手柄置于“J”位时(　　)。

A. 提升货物　　　　　　　　　　B. 下放货物

D. 电动机可靠稳定地闸住　　　　D. 电动机进行回馈制动

(5) PQR10A 控制屏组成的控制器中，当主令控制器的手柄置于下降“J”、“1”、“2”位时(　　)。

A. 电动机处于正转电动状态　　　　B. 电动机处于回馈制动状态

C. 电动机处于倒拉反接制动状态　　D. 电动机处于反转电动状态

(6) 桥式起重机中所用的电磁制动器，其工作情况为(　　)。

A. 通电时电磁抱闸将电动机抱住　　B. 断电时电磁抱闸将电动机抱住

C. 以上两种情况都不是

3. 问答题

(1) 桥式起重机由哪几部分组成？它们的主要作用是什么？

(2) 桥式起重机对电力拖动的要求有哪些？

(3) 起重机为何不采用熔断器和热继电器分别实现短路和过载保护？

(4) 凸轮控制器的触点有哪些作用？各作用在什么电路中？

(5) 凸轮控制器和主令控制器有何区别？各有什么用途？

(6) 凸轮控制器控制线路有哪些保护环节？

(7) 桥式起重机中，主钩升降机构的电动机转子电路中，一段常串电阻的作用是什么？

(8) 起重机上采用了各种电气控制，为什么还要采用电磁抱闸进行机械制动？

(9) 桥式起重机为什么在启动前各控制手柄都要置于零位？不设置这一保护环节有何后果？

(10) 桥式起重机为什么多选用绕线转子异步电动机拖动？

电气控制线路的设计

任务一　电气控制线路的设计

活动 1　电气控制线路设计的主要内容、方法和步骤

一、活动目标

(1) 理解电气控制线路设计的目的和意义。
(2) 熟悉电气控制线路设计的内容、方法和步骤。

二、活动内容

通过前面几个项目的学习，我们已经熟悉了一些典型的控制技术和典型机床电气控制线路的控制和分析方法，已经能对常见的电气控制线路进行分析。但要提高学生的素质，适应未来工作的需要，仅仅会分析一些常见的电气控制线路还远远不够，还要求学生在掌握常见电气控制线路分析的基础上，领会电气控制线路设计的基本原则和设计内容，学习控制线路设计的一般方法，自己设计出符合实际需要的、简单的电气控制原理图、电器元件布置图及电气安装接线图。

本项目是在前面项目学习的基础上，讲述电气控制线路设计的相关内容。电气控制线路设计的基本任务是根据要求，设计和编制出设备和使用维修过程中所需要的图纸、资料，其中包括电气控制原理图、电器元件布置图、电气安装接线图等图纸，同时还需考虑外购电器设备目录、设备说明书等资料。

本项目以三相异步电动机电力拖动系统为例说明电气控制线路设计的主要内容、设计的基本方法和步骤。

1. 电气控制线路设计的主要内容

电气控制线路的设计主要包括原理设计、工艺设计及环境影响因素等方面的内容。

1) 原理设计

原理设计的步骤如下：

(1) 拟定电气设计任务书。
(2) 确定电力拖动方案及控制方案。

(3) 确定电动机的类型、电压等级、容量及转速，并选择出具体型号。

(4) 设计电气控制原理框图，确定电气控制原理图所包括的主电路、控制电路和辅助电路各部分之间的控制关系。

(5) 设计并绘制电气控制原理图，选择相关技术参数。

(6) 选择电器元件，拟定电气设备和电器元件明细表装置易损件及备用件清单。

(7) 在上述各项完成的基础上，编制出符合设计要求的原理设计说明书。

2) 工艺设计

工艺设计的主要目的是便于实施电气控制设备的制造、安装，实现电气原理设计要求的各项技术指标，为设备的安装、调试及维修提供必要的图纸资料，在正确的原理设计前提下，系统的可靠性、抗干扰性、可维修性以及结构合理性等都与电气工艺设计相关。电气工艺设计的主要内容包括总装配图、总接线图、元器件布置图以及电气安装接线图等电气控制设备的总体配置。

工艺设计步骤如下：

(1) 电气设备总体布置设计。电气设备由元器件组成，每一器件根据各自的作用都有一定的安装位置。有些元器件安装在控制柜中(如接触器、继电器等)，有些元器件安装在机械设备的相应部位上(如传感器、行程开关等)，还有些元器件则要安装在面板或操作台上(如各种控制按钮、指示灯、显示器、指示仪表等)。由于各种电器的安装位置不同，在构成一个完整的电气控制线路或系统时必须划分为部件、组件等，同时还要考虑部件、组件间的电气连接问题。总体布置设计是否合理，将直接影响到电气控制装置的制造、装配、运输、调试、操作、维护及运行。

(2) 根据已设计完成的电气控制原理图及选定的电器元件，设计电气设备的总体配置，绘制电气控制线路的总装配图及总接线图。其中总装配图和总接线图应能反映出电动机、执行电器元件、电气箱各组件、操作板布置、电源进线的走向以及相关检测元件的具体分布状况和各部分之间的接线关系与连接方式。这部分设计资料可为机械电气设备总体装配的调试、日常维护、故障处理提供参考依据。

(3) 按照电气控制原理图划分的组件，对总原理图进行分区编号，绘制各组件原理电路图，列出各部分组件的元件目录表，并根据总图编号标出各组件相应的进出线号。

(4) 根据各组件的原理电路及选定的元件目录表，设计各组件的装配图，其中包括电器元件布置图和电气安装接线图，它们主要反映各电器元件的安装方式和接线方式。这部分资料是各组件电路的装配和生产管理的依据。

(5) 根据组件的安装要求，绘制相关零件图纸，标明安装、使用的技术要求。这部分资料是在进行个别零件的机械加工和对外协作加工时，需要提供和留作参考的技术资料。

(6) 设计电气箱。根据组件的尺寸及安装要求，确定电气箱结构与外形尺寸，设计安装支架，标明安装尺寸、安装方式以及各组件的连接方式、通风散热和开门方式。在这一部分的设计中，应使整体布局合理、美观、操作维护方便。

(7) 根据总原理图、总装配图及各组件原理图等将资料进行汇总，分别列出外购件清单、标准件清单以及主要材料消耗额。这部分是采购、配料和成本核算所必须具备的技术资料。

(8) 在完成好上述各项的基础上，编写出符合要求的工艺设计说明书。

3) 环境影响因素

由于电气控制设备或元器件都安装在一定的环境中，环境条件必然会对设备工作可靠性、使用寿命造成很大影响，在电气控制线路的设计中必须予以考虑。适当调整设计参数，有利于减少设备故障率，延长电器使用寿命。影响电气设备可靠工作的环境因素主要有气候、机械振动和电磁场等。

(1) 气候环境。气候环境与地理条件密切相关，影响电气设备的气候环境主要包括温度、湿度、气压、风沙等。

① 温度。一般规定：电气设备的环境最高温度不超过+40℃，24 小时周期内平均温度不超过+35℃；最低温度不低于−5℃。过高的环境温度的主要影响有：电气设备散热变差，设备本身温度升高，使得元器件负载能力下降，寿命缩短；高温加剧氧化反应，造成设备绝缘结构、表面防护层加速老化等。因此，设计时，必须对高温环境所使用的功率器件、发热元件降级使用，考虑强制的冷却措施。但是，过低的环境温度会使空气的相对湿度增大，材料收缩变脆，润滑变差。对于电气设备来说，在运行时总要将一部分能量变成热能，使得设备内的温度高于环境温度。因此，有些设备低温环境下要预热；有些长期不用的电气设备适时地进行开机去湿，如电动机等。

② 湿度。温度与湿度结合往往会产生很大的破坏作用。湿度高会在物体表面附着一层水膜，大大降低产品的绝缘电阻，导致产品的电气绝缘性能降低，加剧化学腐蚀和其他微生物的繁殖。而湿度过低容易产生静电荷积聚，静电对电子元器件会产生很大的影响。用于湿热气候区域的电气设备在设计时应考虑元器件的密封和保护层的选用。

③ 气压。气压对电气设备的影响主要是指低气压。海拔较高的区域气压低，空气稀薄，使空气绝缘强度下降，灭弧困难。因此，用于低气压区域的电气设备在设计时应使绝缘间距加宽。

④ 风沙、灰尘。电器元件的触点积有沙尘会使触点的接触电阻增大，元器件表面的沙尘会磨损防护层，导电的尘埃易造成绝缘漏电和短路故障。设计中应注意控制箱、柜的密封、冷却与防护的协调关系。同时，设计时，还应考虑散热和防护措施。

(2) 机械环境。机械环境主要是指机械振动环境，不同环境的振源频带相差较大，设计时应综合考虑以下几方面的因素：

① 提高元器件、组件和装置的抗振能力；

② 在振源与敏感元件、部件之间采取抗振措施。

(3) 电磁场。电磁干扰对电气设备工作可靠性影响很大，严重时会使系统不能正常工作。可以采取如下措施来削弱电磁干扰的影响：

① 抑制噪声源；

② 阻断干扰对敏感元器件的干扰能力；

③ 精选元器件、滤波、屏蔽、接地、隔离等；

④ 正确布局线路。

2. 电气控制线路设计的基本方法

电气控制线路的设计方法有两种：经验设计法和逻辑设计法。

1) 经验设计法

经验设计法又称一般设计法或分析设计法，是指根据生产机械设备的工艺要求，选择典型的基本控制环节(单元电路)或经过考验的成熟电路，按各部分的联锁条件组合起来并加以补充或修改，综合形成满足控制要求的完整的电气控制线路。当找不到现成的典型环节时，可根据控制要求边分析边设计，将主令信号经过适当的组合与变换，在一定条件下得到执行元件所需要的工作信号。在设计过程中，要随时增减元器件和改变触点的数量，以满足拖动系统的工作条件和控制要求，经过反复修改得到理想的控制线路。由于这种设计方法是以熟练掌握各种电气控制线路的基本环节和具备一定的阅读分析电气控制线路的经验为基础的，所以又称为经验设计法。经验设计法的特点是无固定的设计程序，设计方法简单，容易被初学者掌握。对于具有一定工作经验的电气人员来说，也能较快地完成设计任务，因此在电气设计中被普遍采用。其缺点是设计方案不一定是最佳方案，当经验不足或考虑不周时，会影响线路工作的可靠性。

对于一般不太复杂的(继电接触式)电气控制线路都可以按照经验设计法进行设计。该方法易于掌握和使用，但在设计的过程中需要反复修改设计草图，以得到最佳设计方案，因此设计速度慢，且必要时还需对整个电气控制线路进行模拟试验。这种设计方法的基本步骤如下：

(1) 主电路设计：主要考虑电动机对启动、正反转、制动和调速的要求。

(2) 控制电路设计：主要考虑如何满足电动机各种运转功能对生产工艺的要求，包括基本控制线路和控制线路特殊部分的设计、参量选择和确定控制原则。

(3) 联锁保护环节设计：主要考虑如何完善整个控制线路的设计，包括各种联锁环节以及短路、过载、过流、失压等保护环节。

(4) 线路的综合审查：反复审查所设计的控制线路是否满足设计原则和生产工艺要求。在条件允许的情况下，进行模拟试车，逐步完善整个电气控制线路的设计，直到满足生产工艺要求。

2) 逻辑设计法

所谓逻辑设计，是利用逻辑代数来进行电路设计的，即根据生产机械的拖动要求及工艺要求，将执行元件需要的工作信号以及主令电器(指控制按钮、行程开关等手动电器)的接通与断开状态看成逻辑变量，并根据控制要求将它们之间的关系用逻辑函数关系式来表达，然后再运用逻辑函数基本公式和运算规律进行简化，使之成为需要的“与或”关系式。根据最简式，画出对应的电路结构图，最后再做进一步的检查和完善，即能获得需要的控制线路。采用逻辑设计法能获得理想、经济的方案，所用元件数量少，各元件能充分发挥作用，当给定条件变化时，能指出电路相应变化的内在规律，在设计复杂控制线路时，更能显示出它的优点。任何控制线路，控制对象与控制条件之间都可以用逻辑函数式来表示，所以逻辑法不仅能用于线路设计，也可以用于线路简化和读图分析。逻辑代数读图法的优点是各控制元件的关系一目了然，不会读错或遗漏。

一般当系统较复杂时才采用逻辑设计法，在目前条件下，较复杂的系统应采用可编程序控制器(PLC)控制，而这种控制另有设计方法，故逻辑设计法本书不作详细介绍。

3. 电气控制线路设计的步骤

1) 拟定设计任务书

电气设计任务书是整个电气控制线路设计的依据，拟定电气设计任务书，应聚集电气、机械工艺和机械结构三方面的人员，制订出一份合理的设计任务书。

对电气设计任务书的要求是，能反映所设计的机械设备的型号、用途、工艺过程、技术性能和使用环境等。除此之外，还应说明以下技术要求：

(1) 用户所使用的电源种类、电压等级、频率及容量要求等；

(2) 电动机的数量、用途、负载特性、调速范围以及对转向、启动和制动等的要求；

(3) 电气保护、联锁条件、动作程序等自动控制要求；

(4) 控制精度、生产效率、目标成本、经费限额、验收标准及方式等的要求。

2) 电力拖动方案确定的原则和控制方式

电力拖动方案与控制方式的确定是电气控制线路各部分设计内容的基础和前提条件。

电力拖动方案是指依据生产工艺过程要求，综合生产机械设备的结构，运动部件的数量、运动要求、负载特性、调速要求以及经济要求等因素，来选择电动机的类型、数量、拖动方式以及电动机的各种控制特性要求。电力拖动方案是电气控制原理图设计及电器元件选择的依据。

3) 电动机的选择

在确定好电力拖动的方案后，就可以选择电动机的类型、数量、结构形式以及容量、额定电压、额定转速等。电动机的选择应遵循以下基本原则：

(1) 电动机的机械特性应满足生产机械的要求，要与负载特性相适应，以确保在一定负载下运行时有较稳定的转速、一定的调速范围以及良好的启动和制动性能。

(2) 电动机在运行过程中，应使其额定功率能得到充分发挥，即温升接近而又不会超过电动机自身所允许的额定温升。

(3) 电动机的结构形式应能满足生产机械提出的安装要求，适应周围环境的工作条件。

(4) 根据电动机所带负载和工作方式，正确、合理地选择电动机的容量。

正确、合理地选择电动机的容量具有非常重要的意义。选择电动机容量时可以从以下四方面进行考虑：

① 对于工作制是恒定负载长期运行的电动机，其容量的选择应能保证电动机的额定功率大于或等于负载所需要的功率。

② 对于工作制是变动负载长期运行的电动机，其容量的选择应能保证当负载变到最大时，电动机仍能给出所需要的功率，同时电动机的温升不超过允许值。

③ 对于工作制是短时运行的电动机，其容量选择应按照电动机的过载能力来选择。

④ 对于工作制是重复短时运行的电动机，其容量的选择原则上按照电动机在一个工作循环内的平均功耗来选择。

(5) 电动机电压的选择应根据安装使用地点的电源电压来确定，常用的有交流 380 V、220 V。

(6) 在无特殊要求的场合，均选用交流电动机。

4) 电气控制方案的确定

在几种电路结构及控制形式均能满足相同的控制技术指标的情况下，究竟选择哪一种控制方案，就要综合考虑各个控制方案的性能、设备投资、使用周期、维护检修、发展等方面的因素。

确定电气控制方案应遵循以下原则：

(1) 控制方式应考虑设备的通用性及专业化。对于专业机械设备，由于工作程序比较固定，而且很少改变原有工作过程，对此，可采用继电接触式控制系统，控制线路在结构上一般接成“固定”式的；而对于要求较复杂的控制设备或者要求经常变换工作过程和加工对象的机械设备，可采用 PLC 控制系统。

(2) 控制系统的控制方式力求在经济、安全可靠的前提下，能最大限度地满足生产工艺过程的要求；此外，控制方案的确定还应考虑采用联锁、限位保护、故障报警、信号指示等。

(3) 设计出符合实际要求的电气控制原理图，编制电器元件目录清单。

(4) 设计出电气设备制造、安装、调试及维修所必需的相关施工图，并以此为依据列出相关设备、元器件等的数目、定额清单。

(5) 在完成上述各项的基础上，编写电气控制方案说明书。

三、活动回顾与拓展

进一步熟悉电气原理设计的主要内容、基本方法和基本步骤，掌握各阶段说明书的编写规范。

活动 2　电气控制线路设计的基本要求

一、活动目标

(1) 熟悉生产机械设备和生产工艺对电气控制线路的要求。
(2) 熟悉设计满足生产工艺要求的电气控制线路的方法。
(3) 掌握满足生产工艺和生产机械要求的可靠性和安全性措施。

二、活动内容

当生产机械设备的电力拖动方案和控制方案确定好以后，就可以开始进行电气控制线路图的设计了。在设计过程中，要有良好的团队协作精神，取人之长，补己之短，开阔思路、总结经验。设计出满足生产工艺要求的最合理的设计方案。

电气控制线路的设计一般应遵循以下原则。

1. 最大限度地满足生产机械设备和生产工艺对电气控制线路的要求

电气控制线路是为整个生产机械设备及其工艺过程服务的，因此，在设计之前首先要弄清楚生产机械需满足的生产工艺要求，对生产机械的整个工作情况做一个全面细致的了解，在尽可能的情况下深入现场调查、探讨、收集资料，并结合相关技术人员及现场操作人员的经验，为设计出合格的电气控制线路奠定基础。

2. 在满足生产工艺要求的前提下，应设计出既能满足生产工艺要求，又能使控制线路简单、经济的电气控制线路图

其具体方法及要求如下：

(1) 尽可能选用符合设计要求和标准的、常用的且经过实践考验的典型控制环节和基本电气控制线路。

(2) 尽可能减少电器元件数量，并尽可能选用同系列、同型号的电器元件，以便于维护和减少备用品的数量。

(3) 尽可能地减少电器元件触点数量。分析图 5-1 可知，图 5-1(a)设计不合理；图 5-1(b)节省了一个 KM1 辅助动合触点，通过两个线圈共用同一个触点来实现，设计合理。

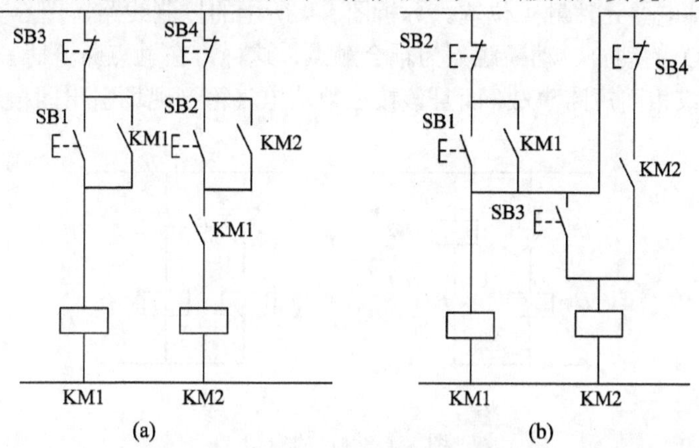

图 5-1　减少电器元件触点数量

在满足生产工艺要求的前提下，使用的电器元件越少，电气控制线路中所涉及的触点数量也越少，因而控制线路就越简单。这样在降低了故障率的同时也减少了检查维护强度和成本，同时也提高了控制线路的工作可靠性。

常用的减少触点数目的方法如下：

① 合并同类触点。在图 5-2 中，图(a)和图(b)实现的控制功能相同，但图(a)比图(b)多了一对中间继电器 K2 的触点。合并同类触点时必须保证所用接触器或继电器触点的容量应大于两个线圈电流之和。

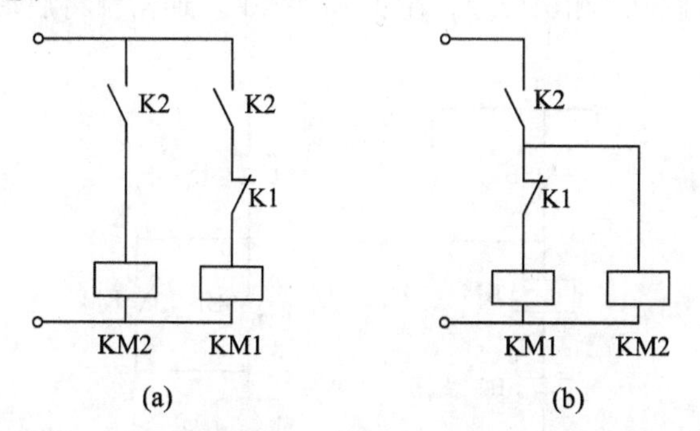

图 5-2　同类触点合并

② 使用中间继电器。可使用具有转换触点的中间继电器将两对触点合并成一对转换触点，如图 5-3 所示。

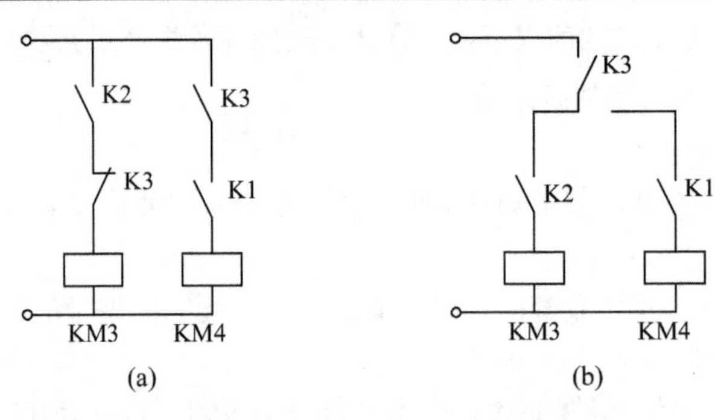

图 5-3　具有转换触点的中间继电器的应用

(4) 合理安排电器元件触点位置。分析图 5-4 所示的控制线路，图 5-4(a)设计不合理，因为行程开关 SQ 的动合、动断触点为耦合触点，这样，在触点断开时，如有电弧飞溅，会造成电源短路或相间短路事故，而且该接法须从电气箱到现场引出四根连接线。图 5-4(b)接法就较为合理。

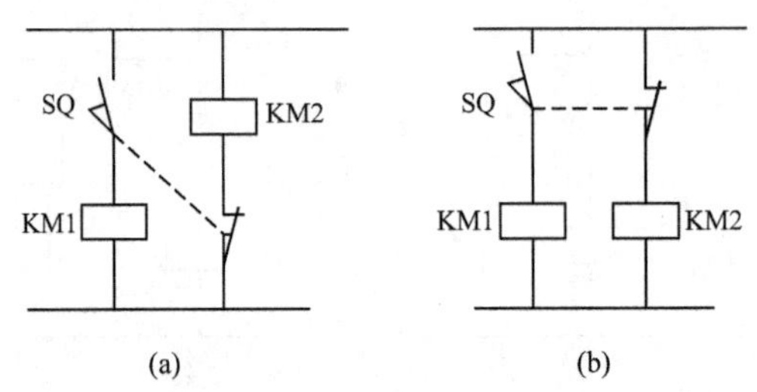

图 5-4　触点的安排

(5) 尽量减少连接导线的数量和缩短连接导线的长度。在设计电气控制线路时，应根据实际环境情况，合理考虑并安排各种电气设备和电器元件的位置及实际连线，以保证各种电气设备和电器元件之间的连接导线的数量最少，导线的长度最短。

分析图 5-5 所示的控制线路，仅从控制线路上考虑，图(a)和图(b)区别不大，但若考虑实际接线，因为按钮装在操作台或电气控制柜的门上，接触器装在电气控制柜内，按图(a)的接法从电气控制柜到操作台需引四根导线。而(b)图是将启动按钮和停止按钮直接相连，这样保证了两个按钮之间的连接导线最短，而且从电气控制柜到操作台只需引出三根导线。由此可见，图(a)不合理，而图(b)合理。在实际接线中，通常都将启动按钮和停止按钮直接连接。

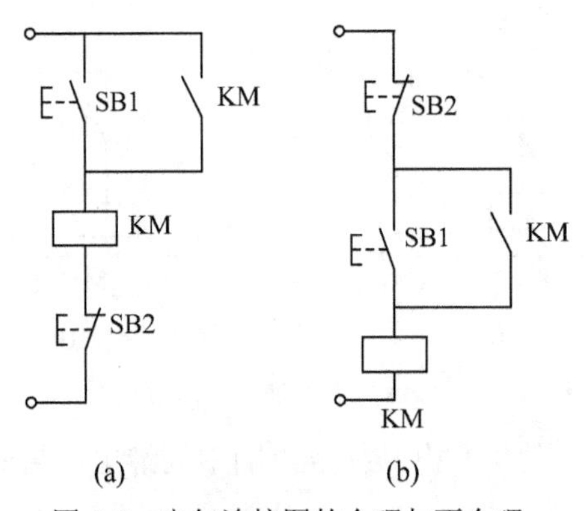

图 5-5　电气连接图的合理与不合理

(6) 控制线路在工作时，除必要的电器元件必须通电外，其余的尽量不通电，以延长触点的使用寿命和节约电能。分析图 5-6(a)所示的电路，在接触器 KM2 通电后，接触器 KM1 和继电器 KT 就不起作用，故没必要继续通电。若改成图 5-6(b)，在接触器 KM2 通电后，通过 KM2 的联锁触点切断了接触器 KM1 和时间继电器 KT 的电源，节约了电能，延长了电器元件的使用寿命。

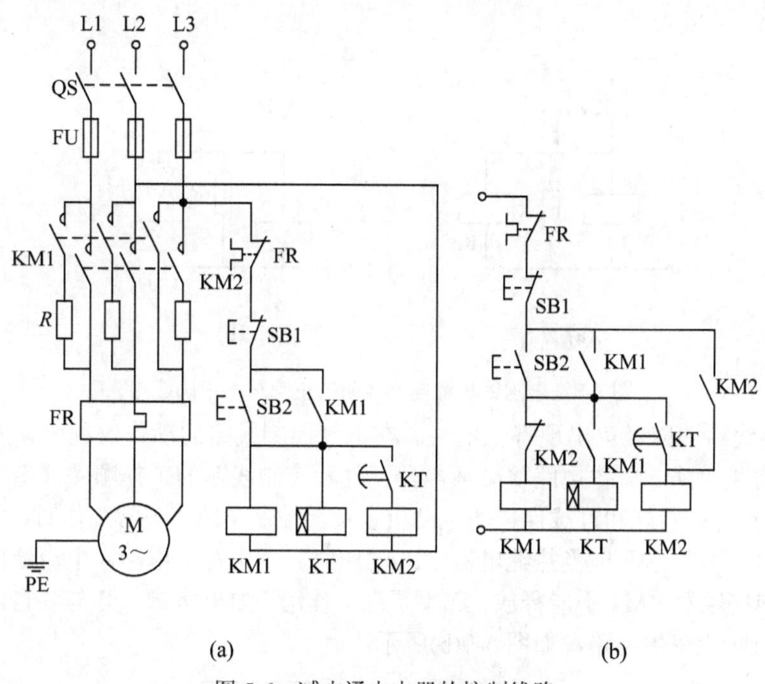

图 5-6　减少通电电器的控制线路

3. 保证电气控制线路工作的可靠性

保证电气控制线路工作的可靠性，最主要的工作是选择可靠的电器元件，同时，还要遵循以下原则：

(1) 正确连接电器元件的线圈。

① 在交流电气控制线路中不允许串联接入两个电器元件的线圈，如图 5-7(a)是不正确的。这主要是因为每个线圈上所分配到的电压与线圈的阻抗成正比，而两个电器元件(如 KM1 和 KM2)不可能同时动作。在图中，若接触器 KM2 先吸合，则接触器 KM2 线圈的电感明显增加，其阻抗比未吸合的接触器 KM1 线圈的阻抗大，因而在接触器 KM2 线圈上的压降增大，使接触器 KM1 的线圈端电压减小，以至于接触器 KM1 的线圈电压达不到动作值，导致接触器 KM1 线圈电流增大，有可能将线圈烧毁。因此，若需要两个电器元件同时工作，其线圈应并联连接，如图 5-7(b)所示。

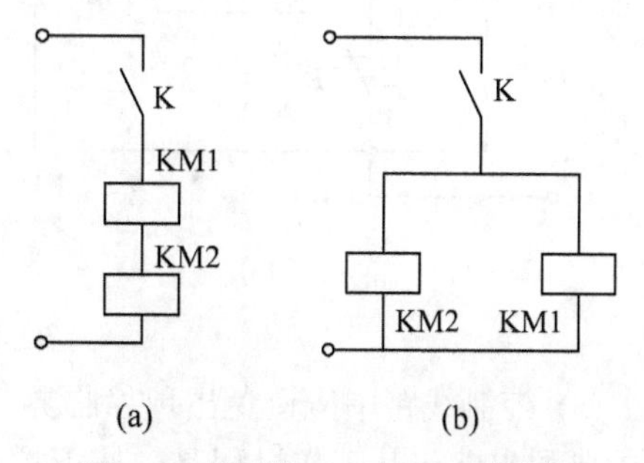

图 5-7　线圈的正确与不正确连接

② 两电感量相差悬殊的直流电压线圈不能直接并联。分析图 5-8 所示的电路，在图(a)

中，YB 为电感量较大的电磁铁线圈，KV 为电感量较小的电压继电器 KV 的线圈，当接触器 KM1 触点断开时，由于电磁铁 YB 线圈电感量较大，产生的感应电动势加在电压继电器 KV 的线圈上，流经 KV 线圈上的电流有可能达到其动作值，从而使电压继电器 KV 重新吸合动作，过一段时间，电压继电器 KV 又释放，如此反复，有可能烧坏电压继电器 KV 的线圈。为此，应在电压继电器 KV 的线圈电路中单独加一接触器 KM1 的辅助动合触点，如图 5-8(b)所示。

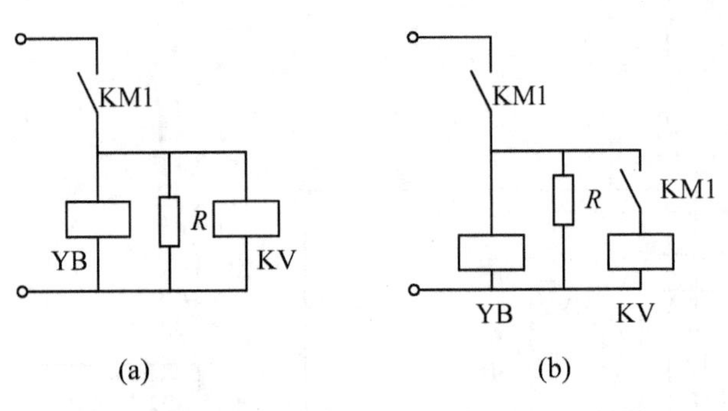

图 5-8　电磁铁与继电器线圈的正确与不正确连接

(2) 控制线路中应避免出现寄生电路。在电气控制线路的动作过程中，发生意外接通的电路称为寄生电路。寄生电路将破坏电器元件和控制线路的工作顺序或造成误动作。图 5-9(a)是一个具有指示灯和过载保护的电动机正反转控制电路。正常工作时，能完成正反转启动、停止和信号指示。但当热继电器 FR 动作时，产生寄生电路，电流流向如图中虚线所示，使正向接触器 KM1 不能释放，起不了保护作用。如果将指示灯与各自对应接触器线圈并联，便可防止寄生电路，如图 5-9(b)所示。

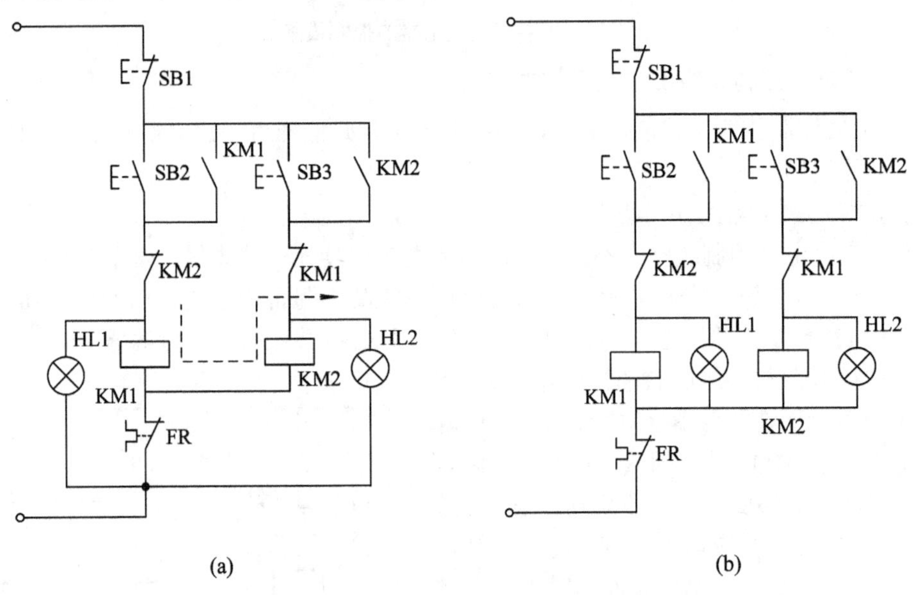

图 5-9　防止寄生电路

(3) 控制线路中应避免出现“临界竞争现象”的产生。图 5-10 为一个产生临界竞争现象的典型电路。其工作过程是：按下按钮 SB2 后，接触器 KM1 和时间继电器 KT 都通电，

电动机 M1 启动运转，延时时间到，电动机 M1 停转而 M2 运转，导致电动机时停时转。

产生上述异常现象的主要原因在于图 5-10 电路设计不可靠，存在临界竞争现象。KT 延时时间到，其延时动断触点总是由于机械运动先断开，而延时动合触点后闭合，当延时动断触点先断开后，KT 线圈立即断电，但由于衔铁复位需要时间，因此延时动合触点有时因受到某些干扰来不及闭合，而一旦闭合不上，接触器 KM2 就不能通电，M2 就不能运转。若将时间继电器 KT 延时动断触点换成接触器 KM2 动断触点以后，线路工作就可靠了。改进后的电路如图 5-11 所示。

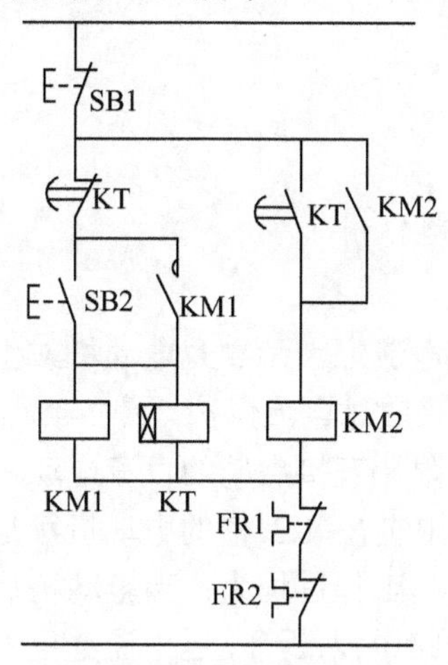

图 5-10　典型的临界竞争电路

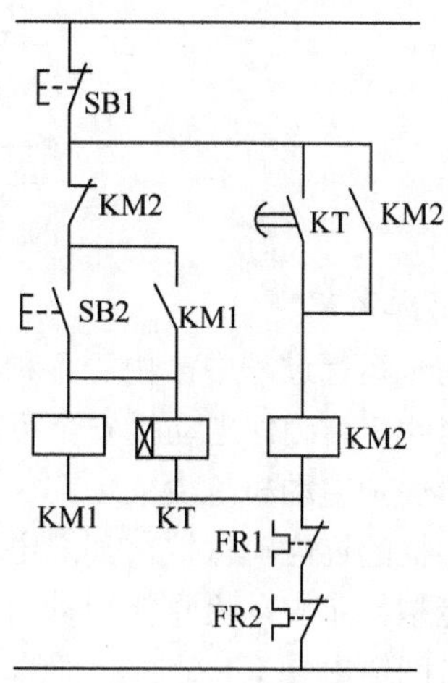

图 5-11　改进后的电路

(4) 在频繁操作的可逆线路中，正反转接触器之间要有电气和机械双重联锁。

(5) 设计的电气控制线路应能适应所在电网的情况，并据此来决定电动机的启动方式是采用直接启动还是采用降压启动。

(6) 尽可能使用同一性质的电源种类。由于电源有交直流两大类，接触器和继电器等也有交直流之分，为了防止交直流同用时造成短路事故，应尽可能采用同一性质的电源。

(7) 在设计电气控制线路时，应充分发挥触点的接通和分断能力。如果想提高触点的接通能力，则可用多触点并联的方法；如果想提高触点的分断能力，则可用多触点串联的方法。

4. 保证电气控制线路工作的安全性措施

电气控制线路应具有完善的保护环节，以确保整个生产过程中设备的安全运行，从而消除在工作不正常或误操作时所产生的不利影响，避免事故的发生。在电气控制线路中常设有如下保护环节。

1) 短路保护

在电路发生短路时，强大的短路电流往往会引起各种电气设备和电器元件的绝缘损坏及机械损坏。为此，当电路发生短路故障时，应迅速而可靠地切断电源，图 5-12 采用的是用熔断器实现短路保护的电路。当电动机容量较小时，控制电路不需另设熔断器，主电路中熔断器也可以用作控制电路的短路保护；当电动机容量较大时，在控制电路中必须单独设置短路保护，如熔断器 FU2，也可采用低压断路器实现短路保护，此时它既可以实现短路保护，又可以实现过载保护。当线路出现短路或过载故障时，低压断路器动作，故障处理后重新合上开关，则线路重新运行。

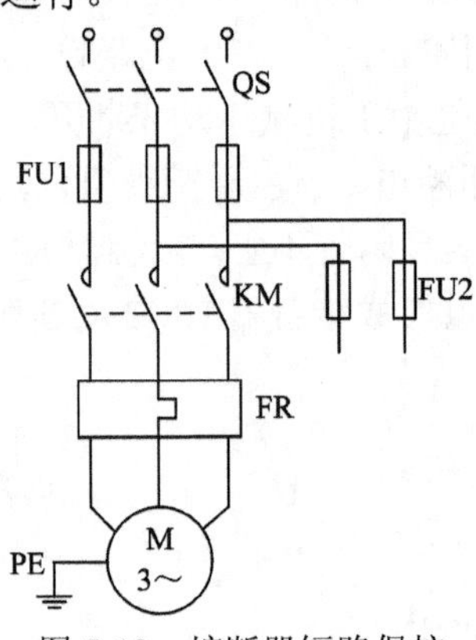

图 5-12　熔断器短路保护

2) 过电流保护

在电动机运行过程中，由于各种原因，使电动机电流增大，导致电动机或生产机械设备损坏。因此，为确保电动机安全可靠地运行，必须采取过电流保护。图 5-13(a)是采用过电流继电器保护电动机过流的电路，该线路通常用在限制直接启动的直流电动机和绕线转子异步电动机的过电流保护，其继电器的动作值一般整定在 1.2 倍的电动机额定电流。图 5-13(b)是笼型异步电动机直接启动时的过电流保护，其工作过程为：当电动机启动时，通电延时型时间继电器 KT 延时断开的动合触点(在主电路中)未断开，过电流继电器的线圈没有接入电路中，这时，虽启动电流很大，但过电流继电器不起作用。当启动结束后，KT 的延时动断触点因延时时间到而断开，过电流继电器实现对电动机的正常运行时起过电流保护的作用。

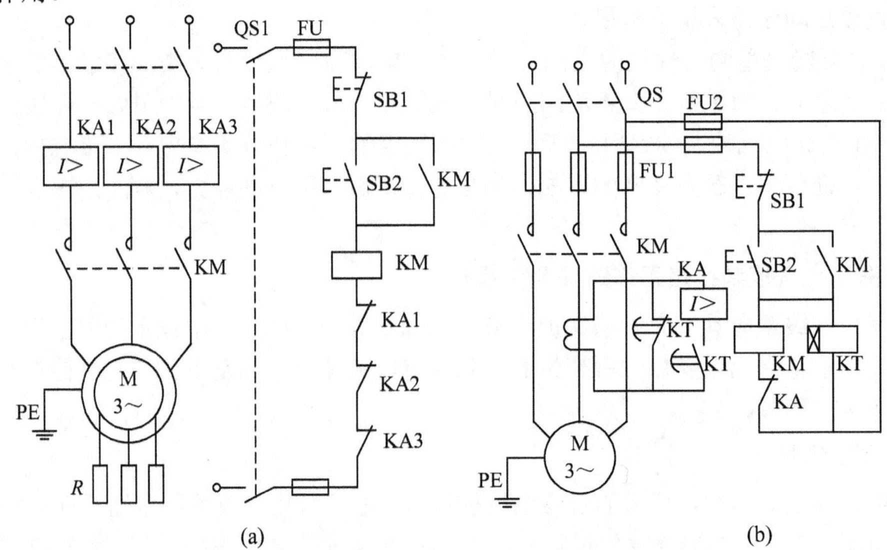

图 5-13　电动机的过电流保护电气控制原理图

(a) 直流或绕线转子异步电动机；(b) 三相笼型异步电动机

3) 过载保护

如果电动机长期过载运行，其绕组的温升将超过允许值，从而损坏或烧毁电动机定子

绕组，此时应设置过载保护。过载保护多采用热继电器作为保护元件，与熔断器或过流继电器配合使用实现各自的保护功能。在图5-14所示的电路中，图(a)适用于保护电动机出现三相均匀过载；图(b)适用于电动机有任一相断线或三相均衡过载的保护，但当三相电源出现严重不均衡或电动机内部短路、绝缘不良等现象致使某一相电流高于其他两相时，则图(a)和图(b)就不能可靠地进行保护；对此常采用图(c)来实现三相保护，同时图(c)也能对电动机的各种过载情况实现可靠保护。

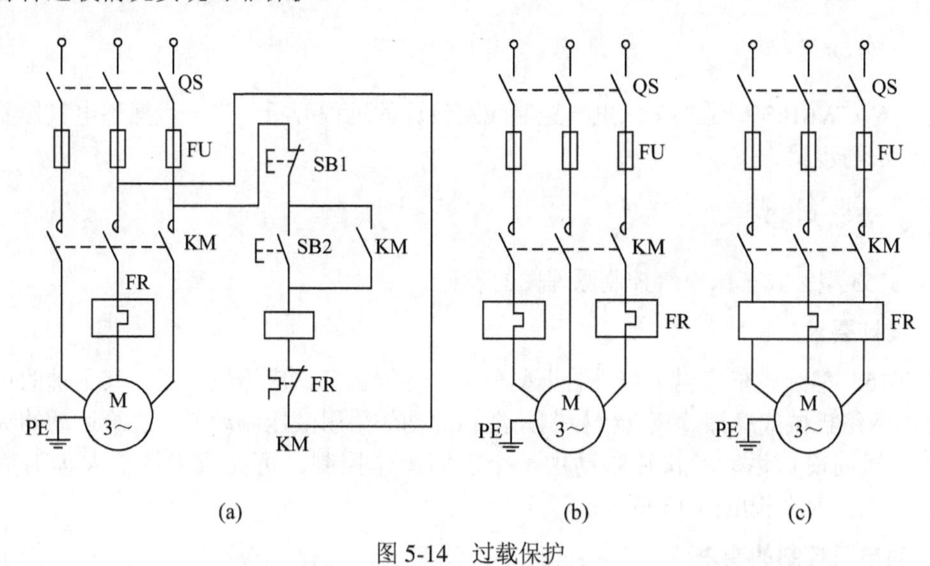

图5-14　过载保护

(a) 三相均衡过载；(b) 一相断线或三相均衡过载；(c) 不均衡过载

4) 失压保护和欠压保护

失压保护和欠压保护在项目二的任务三三相笼型异步电动机全压启动中已讲过，在此不再赘述。

5) 弱磁保护

直流并励电动机和复励电动机在励磁磁场减弱或消失时，会引起电动机的“飞车”现象，此时，有必要在控制线路中采用弱磁保护环节。一般用弱磁继电器，其吸合值一般整定为额定励磁电流的0.8倍(见附录一的直流电动机电气控制线路)。

6) 其他保护

对于做直线运动的生产机械常设有极限保护环节，如上、下极限保护，前、后极限保护等，一般用行程开关的动断触点来实现。另外，还有温度、水位、欠压等保护环节，以满足不同生产工艺的要求。

三、活动回顾与拓展

在理解本节所学内容的基础上，对涉及的各种电路图做进一步的分析，以明确满足电气控制线路设计的基本原则。

注：电器元件布置图及电气安装接线图的设计方法已在项目二的任务一中讲过，这里不再赘述。

任务二　电气控制线路设计举例

活动　CW6163 型卧式车床电气控制线路设计

一、活动目标

通过对 CW6163 型卧式车床电气控制线路设计的过程分析，进一步熟悉电气控制线路设计的方法与步骤。

二、活动内容

CW6163 型卧式车床电气控制原理图的设计。

1. 设计要求

CW6163 型卧式车床属于普通的小型车床，性能优良，应用较广泛。其主轴的正、反转运行由两组机械式摩擦片离合器控制，主轴的动作采用液压制动器，进给运动的纵向左右运动、横向前后运动及快速移动由一个手柄操作控制。可完成工件最大车削直径为 630 mm，工件最大长度为 1500 mm。

2. 对电气控制的要求

(1) 根据工件的最大长度要求，为减少辅助工作时间，要求配备一台主轴电动机和一台刀架快速移动电动机，主轴运动的起、停要求两地控制操作。

(2) 车削时产生的高温，可由一台普通冷却泵电动机加以控制。

(3) 根据整个生产线状况，要求配备一套局部照明装置及必要的工作状态指示灯。

3. 电动机的选择

根据设计要求，可知需配备三台电动机：主轴电动机 M1、冷却泵电动机 M2 和快速移动电动机 M3。通常电动机的选择在机械设计时确定。

(1) 主轴电动机 M1 确定为 Y160M—4(11 kW、380 V、22.6 A、1460 r/min)。

(2) 冷却泵电动机 M2 确定为 JCB—22(0.125 kW、0.43 A、2790 r/min)。

(3) 快速移动电动机 M3 确定为 Y90S—4(1.1 kW、2.7 A、1400 r/min)。

4. 电气控制线路图的设计

1) 主电路设计

CW6163 型卧式车床电气控制原理图如图 5-15 所示。

(1) 主轴电动机 M1。M1【2】的功率超过 10 kW，但是由于车削在设备启动以后才进行，并且主轴的正反转通过机械方式进行，所以 M1 采用单向直接启动控制方式，用接触器 KM 进行控制。在设计时还应考虑到过载保护，并采用电流表 PA 监视车削量，就可得到图 5-15 中控制 M1 的主电路。从该图中可看到主轴电动机 M1 未设置短路保护，它的短路保护可由机床的前一级配电箱中的熔断器提供。

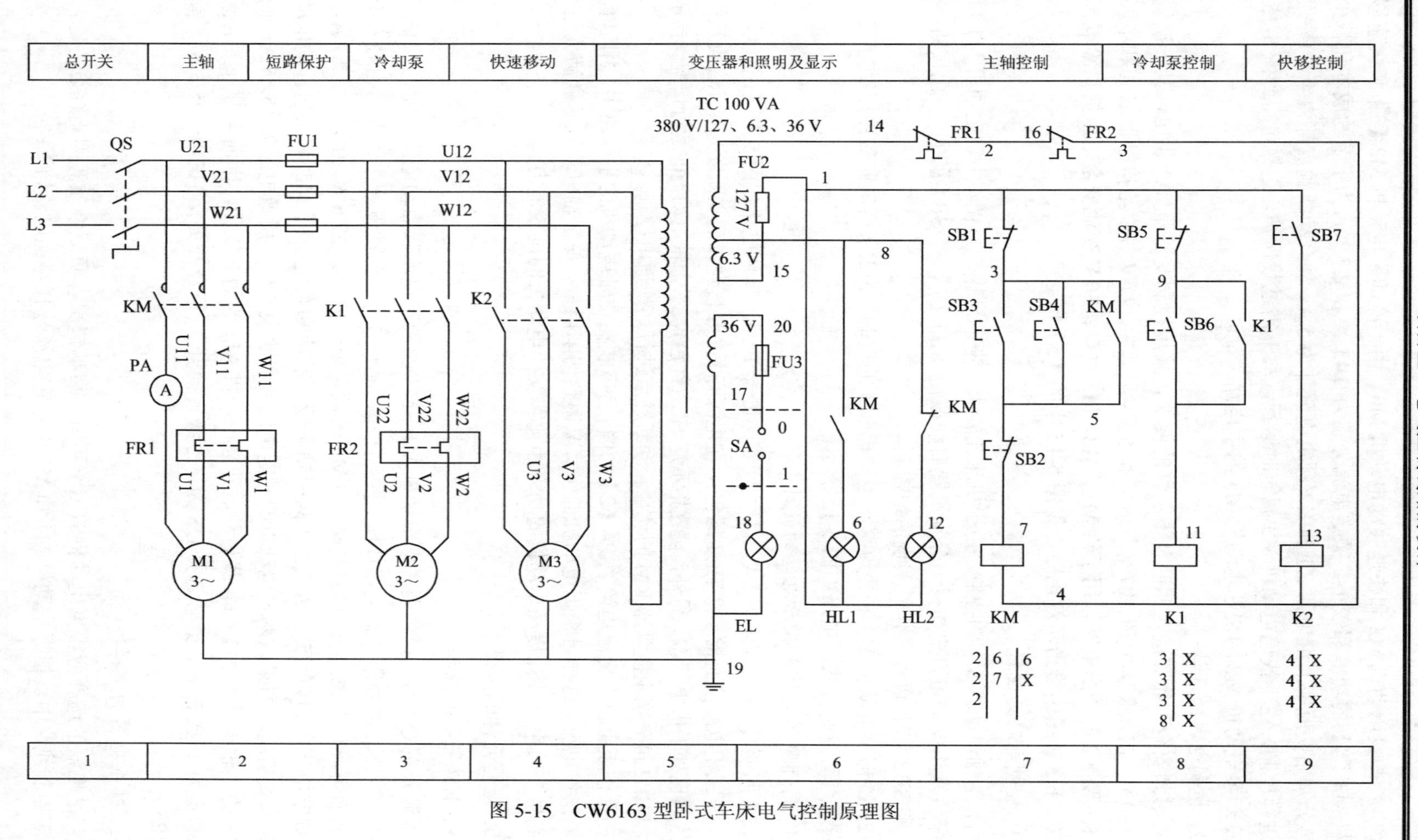

图 5-15　CW6163 型卧式车床电气控制原理图

(2) 冷却泵电动机M2和快速移动电动机M3。由于冷却泵电动机M2【3】和快速移动电动机M3【4】的功率都较小，额定电流分别为0.43 A和2.7 A，为了节约成本和减少体积，可分别用交流中间继电器K1和K2(额定电流都为5 A，动合动断触点都为4对)替代接触器进行控制。由于快速电动机M3属短时运行，故不需过载保护，这样可得到图5-15中控制冷却泵电动机M2和快速电动机M3的主电路。

2) 控制电源的设计

考虑到安全可靠和满足照明及指示灯的要求，采用控制变压器TC供电，其一次侧为交流380 V，二次侧为交流127 V、36 V和6.3 V。其中127 V提供给接触器KM和中间继电器K1及K2的线圈电路，用于给M1、M2、M3供电；36 V交流安全电压提供给局部照明电路；6.3 V提供给指示灯电路，见图5-15中的【5】区。

3) 控制电路的设计

(1) 主轴电动机M1的控制。由于机床比较大，考虑到操作方便，主轴电动机M1可在机床床头操作板上和刀架拖板上分别设置启动按钮SB3【7】和SB4【7】、停止按钮SB1【7】和SB2【7】进行操作，实现两地控制。

(2) 冷却泵电动机M2和快速移动电动机M3的控制。M2采用单向启停控制方式，而M3采用点动控制方式，电路如图5-15所示。

4) 局部照明与信号指示电路的设计

设置照明灯EL、灯开关SA和照明回路熔断器FU3，具体电路如图5-15【6】区所示。

可设三相电源接通指示灯HL2(绿色)，在电源开关QS接通以后立即发光显示，表示机床电气线路已处于供电状态。另外，设置指示灯HL1(红色)表示主轴电动机的运行情况。指示灯HL1和HL2可分别由接触器KM的动合和动断触点进行切换通电控制。

在操作板上设有交流电流表PA【2】，并将它串联在主轴电动机的主回路中，用以指示机床的工作电流。这样可根据电动机工作情况调整切削用量，使主轴电动机尽量满载运行，以提高生产效率，并能提高电动机的功率因数和发挥电动机的过载能力。

5. 电器元件的选择

1) 电源开关的选择

电源开关QS的选择主要考虑电动机M1～M3的额定电流和启动电流，而在控制变压器TC二次侧的接触器及继电器线圈、照明灯和指示灯在TC一次侧产生的电流相对来说较小，因而可不作考虑。已知M1、M2和M3的额定电流分别为22.6 A、0.43 A、2.7 A，易算得额定电流之和为25.73 A。由于只有功率较小的冷却泵电动机M2和快速移动电动机M3为满载启动，如果这两台电动机的额定电流之和放大5倍，所通电流为15.65 A，而功率最大的主轴电动机M1为轻载启动，并且电动机M3为短时工作，因而电源开关的额定电流确定为25 A左右。具体选择QS为：三级转换开关(组合开关)，HZ10—25/3型，额定电流25 A。

2) 热继电器的选择

热继电器的选择应根据电动机的工作环境、启动情况、负载性质等因素综合考虑，在本车床控制线路中，根据电动机M1和M2的额定电流选择热继电器如下：

FR1 应选用 JR0—40 型热继电器。热元件额定电流为 25 A，额定电流调节范围为16～25 A，工作时调整在 22.6 A。

FR2 也应选用 JR0—40 型热继电器，但热元件额定电流为 0.64 A，电流调节范围为0.40～0.64 A，整定在 0.43 A。

3) 接触器的选择

选择接触器主要依据电源种类(交流与直流)、负载回路的电压、主触点额定电流、辅助触点的种类、数量和触点的额定电流、额定操作频率等。

在该机床设计的控制线路中，接触器 KM 主要对主轴电动机 M1 进行控制，因主轴电动机 M1 的额定电流为 22.6 A，控制电路电压为 127 V，需三对主触点(两对辅助动合触点，一对辅助动断触点)，所以接触器 KM 应选用 CJ10—40 型接触器，主触点额定电流为 40 A，线圈电压为 127 V。

4) 中间继电器的选择

冷却泵电动机 M2 和快速移动电动机 M3 的额定电流都较小，分别为 0.43 A 和 2.7 A，所以 K1 和 K2 都可以选用普通的 JZ7—44 型交流中间继电器代替接触器进行控制，每个中间继电器各有 4 对动合触点和 4 对动断触点，额定电流为 5 A，线圈电压为 127 V。

5) 熔断器的选择

根据熔断器的额定电压、额定电流和熔体的额定电流等进行熔断器的选择。本设计中的熔断器有三个：FU1、FU2 和 FU3。在此主要讲述熔断器 FU1 的选择。

FU1 主要对冷却泵电动机 M2 和快速移动电动机 M3 进行短路保护，M2 和 M3 的额定电流分别为 0.43 A、2.7 A。由此可得，熔断器 FU1 熔体的额定电流为

$$I_{\mathrm{FU1}} \geqslant (1.5 \sim 2.5) I_{\mathrm{Nmax}} + \sum I_N$$

计算可得 $I_{\mathrm{FU1}} \geqslant 7.18$ A，因此，FU1 选择 RL1—15 型熔断器，熔体为 10 A。

至于熔断器 FU2 和 FU3 的选择将同控制变压器的选择结合进行。

6) 按钮的选择

按钮均选择 LA—18 型，其中三个启动按钮 SB3、SB4 和 SB6 的颜色为黑色，三个停止按钮 SB1、SB2 和 SB5 的颜色为红色，点动按钮 SB7 的颜色为绿色。

7) 照明灯及灯开关的选择

照明灯 EL 和灯开关 SA 成套购置，EL 可选用 JC2 型，交流 36 V、40 W。

8) 指示灯的选择

指示灯 HL1 和 HL2 都选 ZSD—0 型，电压为 6.3 V，电流为 0.25 A，分别为红色和绿色。

9) 电流表 PA 的选择

电流表 PA 可选用 62T2 型，电流范围为 0～50 A。

10) 控制变压器的选择

控制变压器可实现高低压电路隔离，保证控制电路中的电器元件同电网电压不直接连接，提高了安全性。常用控制变压器一次侧电压一般为交流 380 V 和 220 V，二次侧电压

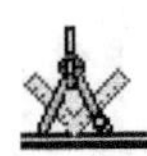

一般为交流 6.3 V、12 V、24 V、36 V 和 127 V。控制变压器具体选用时要考虑所需电压的种类，同时要进行容量的计算(计算从略)。

因此，本设计中控制变压器 TC 可选用 BK 100 VA，380 V、220 V/127 V、36 V、6.3 V。易算得 KM、K1 和 K2 线圈电流及 HL1、HL2 电流之和小于 2 A，EL 的电流也小于 2 A，故熔断器 FU2 和 FU3 均选 RL1—15 型，熔体为 2 A。

基于以上选择，可在电气控制原理图上作出电器元件目录表，如表 5-1 所示。

表 5-1　CW6163 型卧式车床电器元件目录表

序号	符　号	名　称	型　号	规　格	数量
1	M1	三相笼型异步电动机	Y160M—4	11 kW，380 V，22.6 A，1460 r/min	1
2	M2	冷却泵电动机	JCB—22	0.125 kW，0.43 A，2790 r/min	1
3	M3	三相笼型异步电动机	Y90S—4	1.1 kW，2.7 A，1400 r/min	1
4	QS	三极转换开关	HZ10—25/3	三极，500 V，25 A	
5	KM	交流接触器	CJ10—40	40 A，线圈电压 127 V	1
6	K1、K2	交流中间继电器	JZ7—44	5 A，线圈电压 127 V	2
7	FR1	热继电器	JR0—40	热元件额定电流 25 A，整定电流 22.6 A	1
8	FR2	热继电器	JR0—40	热元件额定电流 0.64 A，整定电流 0.3 A	1
9	FU1	熔断器	RL1—15	500 V，熔体 10 A	3
10	FU2、FU3	熔断器	RL—15	500 V，熔体 2 A	2
11	TC	控制变压器	BK—100	100 VA，380 V/127 V、36 V、6.3 V	1
12	SB3、SB4、SB6	控制按钮	LA—18	5 A，黑色	3
13	SB1、SB2、SB5	控制按钮	LA—18	5 A，红色	3
14	SB7	控制按钮	LA—18	5 A，绿色	1
15	HL1、HL2	指示灯	ZSD—0	6.3 V，绿色 1，红色 1	2
16	EL、SA	照明灯及灯开关		36 V，40 W	各 1
17	PA	交流电流表	62T2	0～50 A，直接接入	1

依据电气控制原理图的布置原则，并结合 CW6163 型卧式车床的电气控制原理图的控制顺序对电器元件进行合理布局。

6. 电器元件布置图和电气安装接线图的设计或绘制

具体的设计方法详见项目二，在此不再赘述。

该机床的电气安装接线图见图 5-16，它反映了电气设备、元器件间的接线情况。

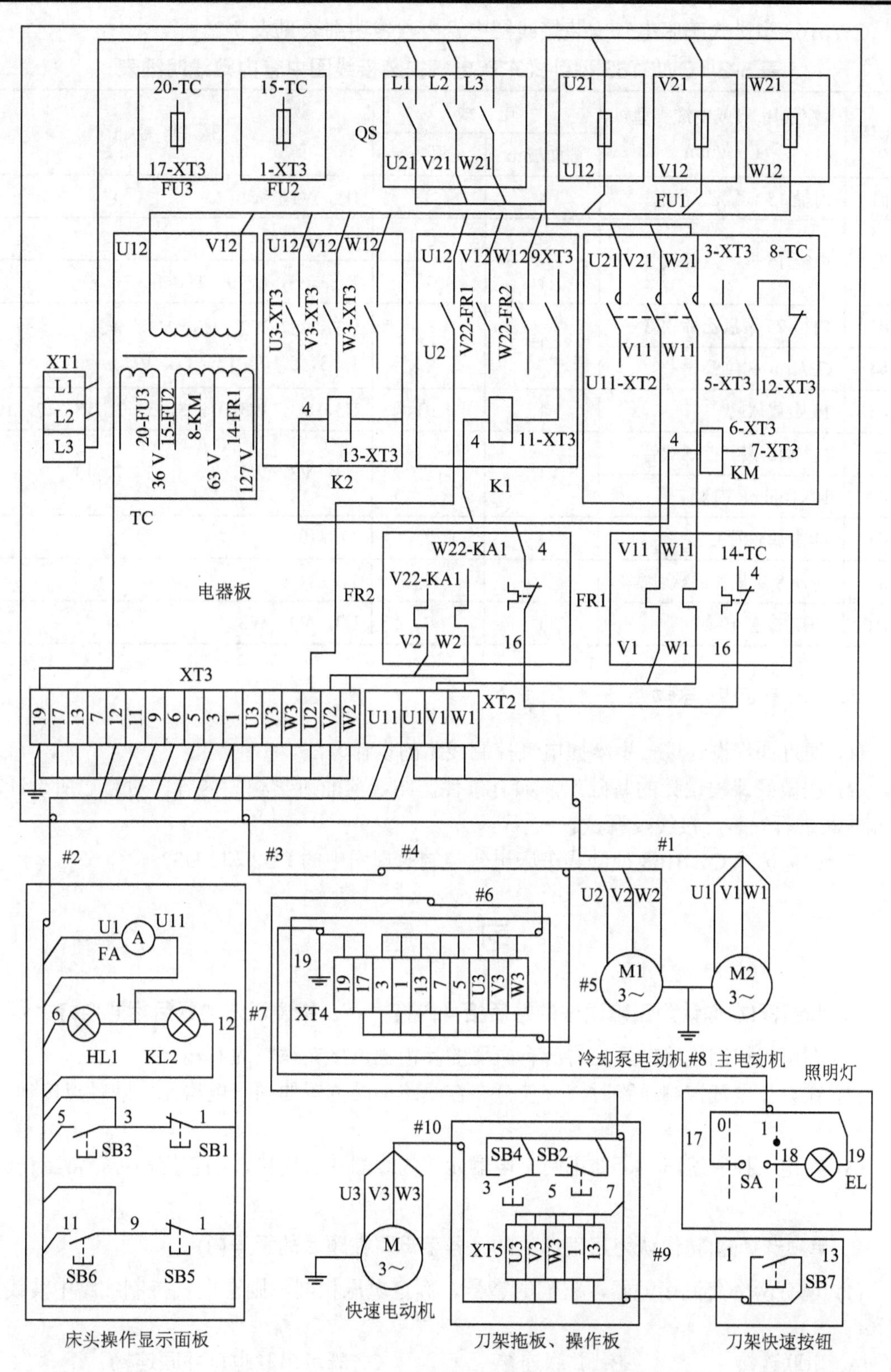

图 5-16　CW6163 型卧式车床电气安装接线图

CW6163 型卧式车床电气安装接线图中管内敷线明细表见表 5-2。

表 5-2　CW6163 型卧式车床电气安装接线图中管内敷线明细表

<table>
<tr><th rowspan="2">代号</th><th rowspan="2">穿线用管(或电缆类型)
内径/mm</th><th colspan="2">电　线</th><th rowspan="2">接 线 号</th></tr>
<tr><th>截面/mm²</th><th>根数</th></tr>
<tr><td>#1</td><td>内径 15 聚氯乙烯软管</td><td>4</td><td>3</td><td>U1，V1，W1</td></tr>
<tr><td rowspan="2">#2</td><td rowspan="2">内径 15 聚氯乙烯软管</td><td>4</td><td>2</td><td>U1，U11</td></tr>
<tr><td>1</td><td>7</td><td>1，3，5，6，9，11，12</td></tr>
<tr><td>#3</td><td>内径 25 聚氯乙烯软管</td><td rowspan="2">1</td><td rowspan="2">13</td><td rowspan="2">U2，V2，W2，U3，V3，W3
1，3，5，7，13，17，19</td></tr>
<tr><td>#4</td><td>G3/4(in)螺纹管</td></tr>
<tr><td>#5</td><td>15 金属软管</td><td>1</td><td>10</td><td>U3，V3，W3，1，3，5，7，13，17，19</td></tr>
<tr><td>#6</td><td>内径 15 聚氯乙烯软管</td><td rowspan="2">1</td><td rowspan="2">8</td><td rowspan="2">U3，V3，W3，1，3，5，7，13</td></tr>
<tr><td>#7</td><td>18×16 mm² 铝管</td></tr>
<tr><td>#8</td><td>11 金属软管</td><td>1</td><td>2</td><td>17，19</td></tr>
<tr><td>#9</td><td>内径 8 聚氯乙烯软管</td><td>1</td><td>2</td><td>1，13</td></tr>
<tr><td>#10</td><td>YHZ 橡套电缆</td><td>1</td><td>3</td><td>U3，V3，W3</td></tr>
</table>

三、活动回顾与拓展

(1) 通过课程设计进一步掌握电气控制线路的设计方法。

(2) 在做好课程设计的基础上，如有条件，结合前面所学相关内容，对自己所设计的控制线路进行安装、接线及调试。

(3) 如何选择 CW6163 型卧式车床电气控制原理图中的 FU2 和 FU3?

习　题

1．判断题(在你认为正确说法的题后括号内打“√”，错误说法的题后括号内打“×”)

(1) 在电气控制线路中，应将所有电器的互锁触点接在线圈的右端。(　　)

(2) 在设计电气控制线路时，应使分布在线路不同位置的同一电器元件的触点接到电源的同一相上。(　　)

(3) 在电气控制线路中，如果两个电器元件的线圈并联连接，则它们都可正常工作。(　　)

2. 单项选择题(将你认为正确选项的题号字母写在题后的括号内)

(1) 现有两个交流接触器，它们的型号、额定电压相同，则在电气控制线路中其线圈应该(　　)。

A. 串联连接　　　B. 并联连接　　　C. 既可串联也可并联连接

(2) 现有两个交流接触器，它们的型号、额定电压相同，则在电气控制线路中如果将

线圈串联连接，在通电时(　　)。

A. 都不能吸合　　　　B. 有一个吸合，另一个可能烧毁　　C. 都能正常工作

(3) 电气控制线路在正常工作或发生事故的情况下，发生意外接通的电路称为(　　)。

A. 振荡电路　　　　B. 寄生电路　　　　C. 自锁电路　　　D. 上述都不对

(4) 电压等级相同，电感较大的电磁阀与电压继电器在电路中(　　)。

A. 可以直接并联　　　　　　　　　　B. 不可以直接并联

C. 不能画在同一个控制电路中　　　　D. 只能串联

3. 问答题

(1) 电气控制线路设计应遵循哪些原则？设计内容包含哪些方面？

(2) 如何根据设计要求选择拖动方案与控制方式？

(3) 正确选择电动机容量有何重要意义？

(4) 经验设计法的内容是什么？如何应用经验设计法设计电路？

(5) 在电气控制线路中，常用的保护环节有哪些类型？各种保护的作用是什么？

典型机床电气控制线路实训

实 训 说 明

1. 实训内容

(1) 用通电试验方法发现故障现象，进行故障分析，并在电气控制原理图中用虚线标出最小故障范围。

(2) 根据电气控制原理图排除各种机床主电路或控制电路中人为设置的两个电气“自然”故障点。

2. 电气故障的设置原则

(1) 人为设置的故障点，必须是模拟机床在使用过程中，由于受到振动、受潮、高温、异物侵入、电动机负载及线路长期过载运行、启动频繁、安装质量低劣和调整不当等原因造成的“自然”故障。

(2) 切忌改动线路、换线、更换电器元件等由于人为原因造成的非“自然”的故障点。

(3) 故障点的设置，应做到隐蔽且设置方便，除简单控制线路外，两处故障一般不宜设置在单独支路或单一回路中。

(4) 对于设置一个以上故障点的线路，其故障现象应尽可能不要相互掩盖。学生在检查时，若思路清楚，但检修到规定时间的 2/3 还不能查出一个故障点时，老师可作适当的提示。

(5) 尽量不设置容易造成人身或设备事故的故障点，若确有必要，老师必须在现场密切注意学生的检修动态，随时做好采取应急措施的准备。

(6) 设置的故障点，必须与学生应该具备的修复能力相适应。

3. 实训步骤

(1) 先熟悉该机床的电气控制原理图，再进行正确的通电试车操作。

(2) 熟悉电器元件的安装位置，明确各电器元件的作用。

(3) 老师或同组人员设置人为的“自然”故障点，由学生检查并排除故障。

4. 实训要求

(1) 学生应根据故障现象，先在电气控制原理图中正确标出最小故障范围的线段，然

后采用正确的检查和排故方法，并在规定时间内排除故障。

(2) 排除故障时，必须修复故障点，不得采用更换电器元件、借用触点及改动线路的方法，否则，视作不能排除故障点。

(3) 检修时，严禁扩大故障范围或产生新的故障，不得损坏电器元件。

5. 操作注意事项

应在指导老师指导下操作设备，安全第一。设备通电后，严禁在电器侧随意扳动电器元件。进行排故训练时，尽量采用不带电检修。若带电检修，则必须有指导老师在现场监护。

必须安装好各电动机、支架接地线，设备下方垫好绝缘橡胶垫，厚度不小于 8 mm，操作前要仔细查看各接线端，有无松动或脱落，以免通电后发生意外或损坏电器元件和电气设备。

在操作中若发出不正常声响，应立即断电，查明故障原因待修。故障噪声主要来自电动机缺相运行，接触器、继电器吸合不正常等，同时注意以下事项：

(1) 发现熔体熔断，在找出故障后，才可更换为同规格熔体。

(2) 在维修设置故障中不要随便互换接线端子处的号码管。

(3) 操作时用力不要过大，速度不宜过快，操作不宜过于频繁。

(4) 实训结束后，应拔出电源插头，将各开关置分断位。

(5) 做好实训记录。

6. 教学演示及故障设置说明

在学习了机床电气控制课程后，针对某一机床的电气控制线路，首先应说明机床中主要手柄操作与相应开关动作间的关系，而后采取原理分析与实物操作相结合的“实践式”现场教学或演示，这样可获得良好的教学效果。

设故障排故训练，是一种实践性极强的技能训练，典型机床模拟装置提供了全方位、真实的排故训练方式，既能达到预期效果，又极为经济。

设备可以通过人为设置故障来模仿实际机床的电气故障，采用“触点”绝缘、设置假线、导线头绝缘等方式，形成电气故障。训练者在通电运行明确故障后，进行分析，在切断电源的无电状态下，使用万用表检测直至排除电气故障，从而掌握电气控制线路维修的基本要领，实际设故形式可以多样，可按教学对象而定。

7. 设备维护说明

(1) 操作中，若发出较大噪音，要及时处理，比如接触器发出较大嗡嗡声，一般的处理方法是将该接触器拆下，修复后使用或更换为新接触器。

(2) 设备经过一定次数的排故训练后，可能出现导线过短的情况，一般可按原理图进行第二次连接，即可重复使用。

(3) 更换电器配件或新电器元件时，应按原型号配置。

(4) 电动机在使用一段时间后，需加少量润滑油，做好电动机保养工作。

(5) 当主轴电动机运行时，按下停止按钮后，主轴电动机有时会出现正反振荡现象，解决办法通常是打开速度继电器后盖，调整弹簧，重新试车，直到振荡现象消除。

实训一　C6140 普通车床实训

1. 故障检查方法与步骤

下面举几个例子说明故障检查的方法和步骤。

首先根据故障现象在电气控制原理图上标出可能的最小故障范围，然后根据具体情况做出相应的检查处理。

故障现象 1：接触器 KM1 不吸合，主轴电动机不工作。

检查处理过程如下：

(1) 接通电源开关 QS，观察电路中各电器元件有无发热、焦味、异常声响等现象，如果有异常现象发生，应立即切断电源，重点检查异常部位，采取相应的措施。

(2) 将万用表打到交流 500～750 V 挡，测量 2—0 间的电压正常时应为 220 V，以判断熔断器 FU3 是否有故障。

(3) 用万用表的交流 500～750 V 挡分别测量 2—3、2—4、2—5、2—6 点的电压值，检查停止按钮 SB1、启动按钮 SB2、热继电器 FR1、FR2 的动断触点以及接触器 KM1 的线圈是否有故障。

(4) 切断电源开关 QS，将万用表的 $R\times1$ 电阻挡的表笔接到 5—0 两点，分别按启动按钮 SB2 及接触器 KM1 的触点架使之闭合，检查按钮 SB2 的触点、接触器 KM1 的自锁触点是否有接触不良、接线松脱、断线、虚接及错接情况。

(5) 在断电的情况下，用万用表 $R\times1$ 电阻挡分别测量 2—3、3—4、4—5 点的电阻值，用 $R\times10$ 电阻挡测量 6—0 点的电阻值，分别检查 FR1、FR2、SB2 和接触器线圈是否有故障。

故障检查及检修中的技术要求和注意事项如下：

(1) 通电操作时应做好安全防护，穿绝缘鞋，身体各部位不得碰触车床，并在老师的监护下操作。

(2) 正确使用仪表，各点测试时表笔的位置要准确，不能与相临点碰撞，以防发生短路事故。使用万用表的欧姆挡时，一定要在断电的情况下进行。

(3) 发现故障部位后，必须用不同方法复查，准确无误后，才可修理或更换有故障的元件。更换时要采用原型号规格的元器件。

故障现象 2：C6140 普通车床电动机因缺相不能运转。

检查处理过程如下：

(1) 启动机床主轴电动机 M1，接触器 KM1 吸合后，电动机 M1 不能运转，监听电动机有无嗡嗡声，外壳有无微微振动的感觉，如有即为缺相运行，此时应立即停车。

(2) 用万用表的交流 500～750 V 挡测量电源开关 QS 的三相进出线之间的电压(在

380(1 ± 10%)V 的范围内)，以判断电源开关 QS 是否有故障。

(3) 拆除电动机 M1 的接线，启动车床。

(4) 在主电路图中，用万用表的交流 500～750 V 挡检查交流接触器 KM1 主触点的三相进出线之间的电压(正常情况下在 380(1 ± 10%)V 的范围内)，以判断接触器 KM1 主触点是否有故障。

(5) 若以上无误，则切断电源，拆开电动机定子绕组的三角形接线端子，用兆欧表检查电动机的三相定子绕组，主要检查各相间的绝缘及各相对地的绝缘是否符合要求。

故障检查和检修中的技术要求及注意事项如下：

(1) 若电动机有嗡嗡声，则说明电动机缺相运行；若电动机不运行，则说明可能电源无电。

(2) 电源开关 QS 的电源进线若缺相则应检查电源，而且出现缺相时应检查电源开关 QS。

(3) 若接触器 KM1 主触点进线电源缺相，则说明电动机 M1 主电路有断路；若出现缺相，则说明接触器 KM1 主触点损坏，应更换接触器 KM1 主触点或更换接触器 KM1。

(4) 通电操作时，必须注意安全。正确选择仪表的功能、挡位和测试位置，防止仪表指针与相邻点接触造成短路或损坏万用表。

故障现象 3：C6140 普通车床在运行中自动停车。

检查处理过程如下：

(1) 检查热继电器 FR1 是否动作，观察停止按钮是否弹出。

(2) 过数分钟待热继电器的温度降低后，按红色停止按钮使热继电器复位。

(3) 启动车床。

(4) 根据热继电器 FR1 的动作情况将钳形电流表卡在电动机 M1 的三相电源的进线上，检查三相定子电流是否平衡。

(5) 根据电流的大小采取相应的解决措施。

故障检查和检修中的技术要求及注意事项如下：

(1) 若电动机的电流等于或大于额定电流的 120%，则电动机为过载运行，此时应减小负载。

(2) 若减小负载后电流仍很大，超过额定电流，则应检查电动机或机械传动部分是否有故障。

(3) 若电动机的电流接近额定电流值时 FR1 动作，这是由于电动机启动时间过长，环境温度过高，机床振动造成热继电器误动作。

(4) 若电动机的电流小于额定电流，可能是热继电器的整定值偏移或过小，此时应重新校验，调整热继电器的动作值。

(5) 钳形电流表的挡位应选用大于额定电流值 2～3 倍的挡位。

2. 电气故障设置图及故障设置一览表

图 6-1 所示为 C6140 普通车床电气故障设置图，表 6-1 所示为该车床故障设置一览表。

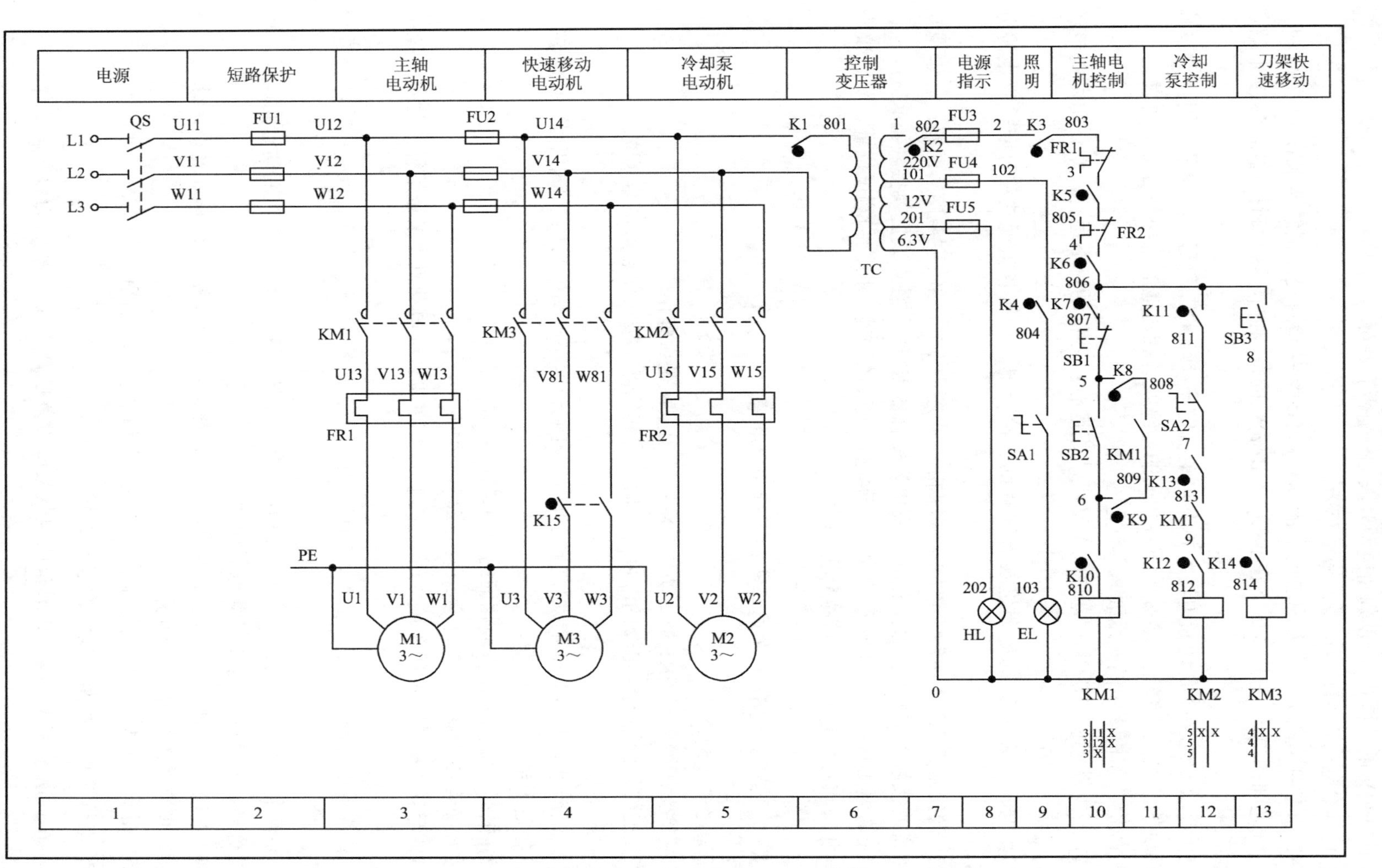

图 6-1 C6140 普通车床电气故障设置图

表 6-1　C6140 普通车床故障设置一览表

故障开关	故 障 现 象	故障产生的可能后果
K1	机床不能启动	主轴、冷却泵和快速启动电动机都不能启动，信号和照明灯都不亮
K2	信号灯不亮	其他均正常
K3	机床不能启动	主轴、冷却泵和快速移动电动机都不能正常启动
K4	照明灯不亮	其他均正常
K5	机床不能启动	主轴、冷却泵和快速移动电动机都不能正常启动
K6	冷却泵、快速移动电动机不能启动	主轴电动机能工作
K7	主轴电动机不能启动	冷却泵、快速移动电动机都能正常工作
K8	主轴只能点动	按下 SB_2，主轴只能点动
K9	主轴电动机不能启动	按下 SB_2，无任何反应
K10	主轴电动机不能启动	按下 SB_2，无任何反应
K11	冷却泵电动机不能启动	按下 SA_2，无任何反应
K12	冷却泵电动机不能启动	按下 SA_2，无任何反应
K13	冷却泵电动机不能启动	按下 SA_2，无任何反应
K14	快速电动机不能启动	按下 SB_3，无任何反应
K15	快速电动机不能工作	按下 SB_3，KM_3 动作，但电动机不转

实训二　Z3040B 摇臂钻床实训

1. Z3040B 摇臂钻床电气模拟装置的试运行操作

1) 准备工作

(1) 查看装置背面各电器元件上的接线是否紧固，各熔断器是否安装良好。

(2) 独立安装好接地线，设备下方垫好绝缘垫，将各开关置分断位。

(3) 接通三相电源。

2) 操作试运行

(1) 使装置中漏电保护部分接触器先吸合，再合上行程开关 QS。

(2) 按下按钮 SB3，接触器 KM 线圈通电并吸合，电源指示灯亮，说明钻床电源已接通，同时主轴箱夹紧指示灯亮，说明电磁阀 YV 没有通电。

(3) 转动开关 SA6，冷却泵电动机工作，相应指示灯亮；转动 SA3，照明灯亮。

(4) 十字开关手柄向右，主轴电动机 M2 旋转，手柄回到中间，主轴电动机 M2 即断电。

(5) 十字开关手柄向上，摇臂升降电动机 M4 正转，相应指示灯亮；再把 SQ2 置于“上夹”位置，这是模拟实际中摇臂松开操作，然后再把十字开关手柄扳回中间，摇臂升降电动机 M4 应立即反转，对应指示灯亮；最后把行程开关 SQ2 置于中间位置，摇臂升降电动机 M4 停转，这是模拟摇臂上升到指定高度后夹紧操作。以上即为摇臂上升和夹紧工作的自动循环过程。实际钻床中，行程开关 SQ2 能自行动作，模拟装置中靠手动模拟。摇臂下降与夹紧的自动循环与上述过程类似(十字开关向下，行程开关 SQ2 置“下夹”)。行程开关 SQ1 起摇臂升降的终端保护作用。

(6) 按下按钮 SB1，立柱夹紧松开电动机 M3 正转，立柱夹紧，对应指示灯亮；松开按钮 SB1，立柱夹紧松开电动机 M3 即断电。

(7) 按下按钮 SB2，立柱夹紧松开电动机 M3 反转，立柱放松，相应指示灯亮，同时 K 吸合并自锁，主轴箱放松，相应指示灯亮。松开按钮，立柱夹紧松开电动机 M3 即断电，但中间继电器 K 仍吸合，主轴箱放松指示灯始终亮。要使主轴箱夹紧，可再按一下按钮 SB1。

以上的(6)、(7)即为立柱和主轴箱的夹紧、松开控制(两者有电气上的联锁)。

(8) 按下按钮 SB4，机床电源即被切断。

2. 电气故障设置图及故障设置一览表

图 6-2 所示为 Z3040B 摇臂钻床电气故障设置图，表 6-2 所示为该钻床故障设置一览表。

表 6-2 Z3040B 摇臂钻床故障设置一览表

故障开关	故障现象	故障产生的可能后果
K1	钻床不能启动	电源能接通，冷却泵电动机能启动，其他控制失灵
K2	钻床不能启动	电源能接通，冷却泵电动机能启动，其他控制失灵
K3	钻床不能启动	电源能接通，冷却泵电动机能启动，其他控制失灵
K4	主轴电动机不能启动	电源能接通，冷却泵电动机能启动，其他控制失灵
K5	主轴电动机不能启动	电源能接通，冷却泵电动机能启动，主轴电动机不能启动
K6	摇臂不能上升	摇臂升降电动机能反向启动，摇臂不能上升
K7	摇臂不能上升	摇臂升降电动机能反向启动，摇臂也能下降，但摇臂不能上升
K8	摇臂不能下降	摇臂升降电动机能正向启动，摇臂不能下降
K9	摇臂不能下降	摇臂升降电动机不能启动
K10	摇臂不能下降	摇臂升降电动机能正向启动
K11	立柱不能夹紧	按下按钮 SB1，接触器 KM2 不吸合，立柱不能夹紧
K12	立柱不能夹紧	按下按钮 SB2，接触器 KM3 不吸合，立柱不能夹紧
K13	立柱不能夹紧	按钮 SB1 或 SB2 失灵，立柱不能夹紧
K14	立柱自行松开	通电后，立柱自行松开
K15	立柱不能松开	接触器 KM2 出现熔焊，立柱不能松开
K16	立柱不能松开	触器 KM3 出现熔焊，立柱不能松开
K17	主轴箱不能保持松开	按下立柱放松按钮，KM3 吸合，立柱松紧电动机反转，中间继电器 K、电磁阀 YU 吸合，主轴箱松开，松开按钮，K、YU 释放，主轴箱夹紧
K18	主轴箱不能松开	按下立柱放松按钮，KM3 吸合，立柱松紧电动机反转，中间继电器 K、电磁阀 YU 不动作，主轴箱不能松开
K19	主轴箱不能松开	按下立柱放松按钮，KM3 吸合，立柱松紧电动机反转，中间继电器 K、电磁阀 YU 不动作，主轴箱不能松开
K20	主轴箱不能松开	按下立柱放松按钮，KM3 吸合，立柱松紧电动机反转，中间继电器 K 吸合，电磁阀 YU 不动作，主轴箱不能松开
K21	主轴箱不能松开	按下立柱放松按钮，KM3 吸合，立柱松紧电动机反转，中间继电器 K 吸合，电磁阀 YU 不动作，主轴箱不能松开
K22	机床不能启动	按下 SB3，电源开关 KM 不动作，电源无法接通
K23	电源开关 KM 不能保持	按下 SB3，KM 吸合，松开 SB3，KM 释放，机床断电
K24	冷却泵电动机不能启动	按下 SA6，KM6 吸合，松开 SA6，KM6 释放，插头 XS1 有故障
K25	照明灯不亮	接触器 KM 辅助触点接触不良，照明灯不亮

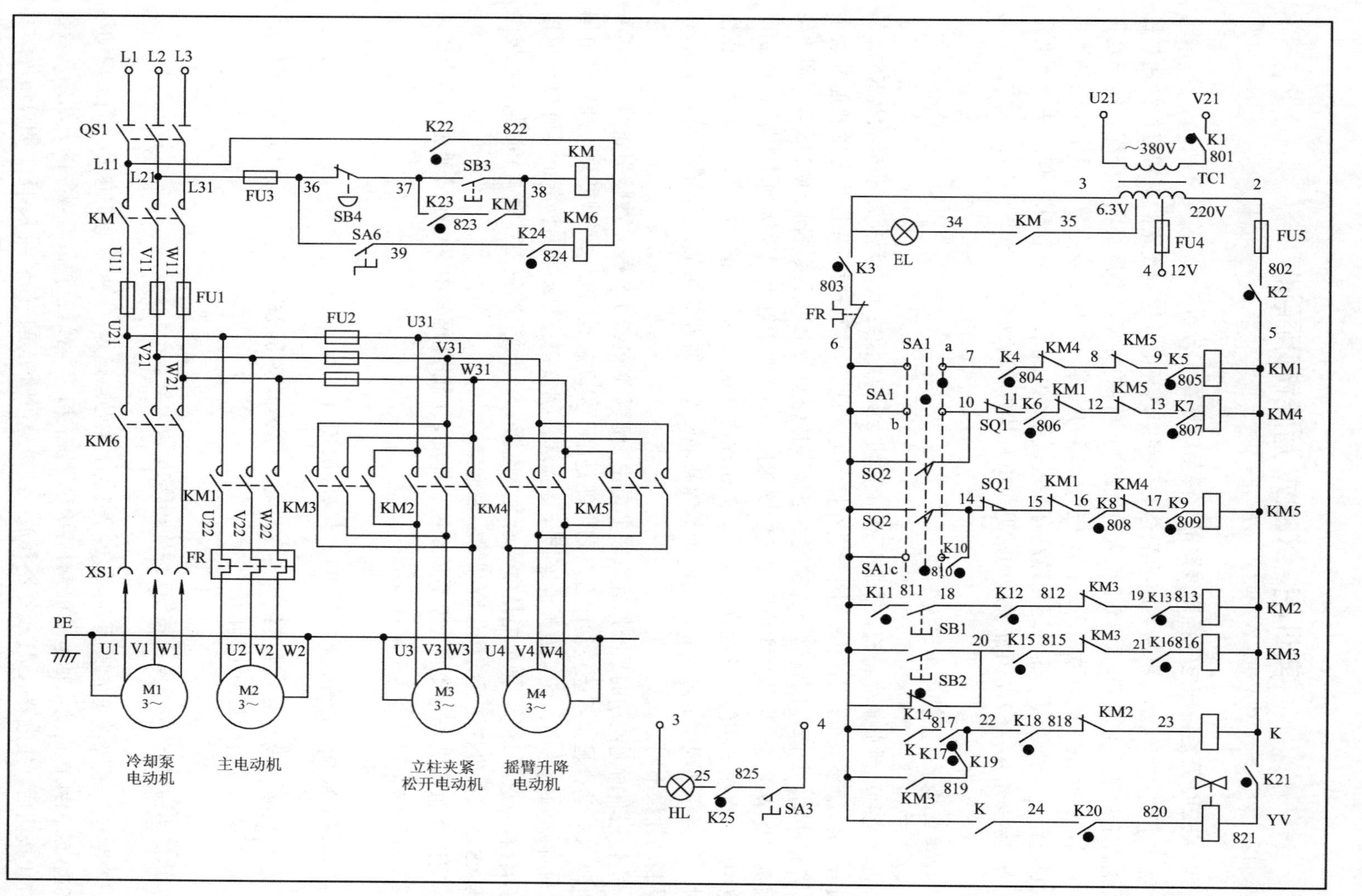

图 6-2　Z3040B 型摇臂钻床电气故障设置图

实训三　X62W 万能铣床实训

3. X62W 万能铣床电气控制线路的故障与维修案例分析

铣床电气控制线路与机械系统的配合十分密切，其电气控制线路的正常工作往往与机械系统的正常工作分不开，这就是铣床电气控制线路的特点。熟悉机电部分配合情况是正确判断是电气还是机械故障，迅速排除电气故障的关键。这就要求电气人员不仅要熟悉电气控制线路的工作原理，而且还要熟悉有关机械系统的工作原理及铣床操作方法。下面通过几个案例来介绍 X62W 万能铣床的常见故障及其排除方法。

故障现象 1：主轴停车时无制动。

主轴无制动时要首先检查，在按下停止按钮 SB1 或 SB2 后，反接制动接触器 KM2 是否吸合，KM2 不吸合，则故障原因一定在控制电路部分，检查时可先操作主轴变速冲动手柄，若有冲动，故障范围就缩小到速度继电器和按钮支路上。若接触器 KM2 吸合，则故障原因就较复杂。其一可能是主电路中接触器 KM2 的三对主触点、反接制动电阻器 *R* 制动支路中至少有缺一相的故障存在；其二可能是速度继电器 KS 的动合触点过早断开。在检查时，只要仔细观察故障现象，这两种故障就能区别，前者是完全没有制动作用，而后者则是制动效果不明显。

主轴停车时无制动的故障原因，较多是由于速度继电器 KS 发生故障引起的。若速度继电器 KS 动合触点不能正常闭合，则可能是由于推动触点的胶木摆杆断裂，速度继电器 KS 轴伸端圆销扭弯、磨损或弹性连接元件损坏，螺丝销钉松动或打滑等。若速度继电器 KS 动合触点过早断开，则可能是由于速度继电器 KS 动触点的反力弹簧调节过紧，速度继电器 KS 的永久磁铁转子的磁性衰减等原因造成的。

应该注意，机床电气的故障不是千篇一律的，所以在维修中不可生搬硬套，而应该采用理论与实践相结合的灵活处理方法。

故障现象 2：主轴停车后产生短时反向旋转。

这一故障一般是由于速度继电器 KS 触点弹簧调整得过松，使触点分断过迟引起的，只要重新调整反力弹簧便可消除。

故障现象 3：按下停止按钮后主轴电动机不停转。

产生这一故障的可能原因有：接触器 KM1 主触点熔焊；反接制动时缺相运行；启动按钮 SB3 或 SB4 在启动主轴电动机 M1 后绝缘被击穿。区分这三种故障现象的方法是，若按下停止按钮后，接触器 KM1 衔铁不释放，则故障可断定是由接触器 KM1 主触点熔焊引起的；若按下停止按钮后，接触器的动作顺序正确，即接触器 KM1 能释放，接触器 KM2 能

吸合，同时伴有嗡嗡声或转速过低，则可断定是制动时主电路有缺相故障存在；若制动时接触器动作顺序正确，电动机也能进行反接制动，但松开停止按钮后，电动机又再次自行启动，则可断定故障是由启动按钮绝缘被击穿引起的。

故障现象 4：工作台不能做向上进给运动。

由于铣床电气控制线路与机械系统的配合密切以及工作台向上进给运动的控制是处于多回路线路之中的，因此，不宜采用按部就班地逐步检查的方法。在检查时，可先依次进行快速进给、进给变速冲动或圆工作台向前进给、向左进给及向后进给的控制，来逐步缩小故障的范围(一般可从中间环节的控制开始)，然后再逐个检查故障范围内的元器件、触点、导线及接点，以查出故障点。在检查时，还必须考虑到由于机械磨损或移位使操作失灵等因素，若发现此类故障现象，应与机修钳工互相配合进行修理。

例如，假设故障点在图 6-3 图幅区【20】上的行程开关 SQ4—1，由于安装螺钉松动而移动位置，造成操纵手柄虽然到位，但触点 SQ4—1(18—24)仍不能闭合。在检查时，若进行进给变速冲动控制正常后，也就说明向上进给回路中，线路 11—21—22—17 是完好的，再通过向左进给控制正常，又能排除线路 17—18 和 24—25—0 存在故障的可能性。这样就将故障的范围缩小到 18—SQ4—1—24 的范围内。再经过仔细检查或测量，就能很快找出故障点。

故障现象 5：工作台不能做纵向进给运动。

应先检查横向或垂直进给是否正常，如果正常，说明进给电动机 M2、主电路、接触器 KM3、KM4 及纵向进给相关的公共支路都正常，此时应重点检查图 6-2 图幅区【17】上的行程开关 SQ6(11—15)、SQ4—2 及 SQ3—2，即线号为 11—15—16—17 支路，因为只要三对动断触点中有一对不能闭合、有一根线头脱落就会使纵向不能进给。然后再检查进给变速冲动是否正常，如果也正常，则故障的范围已缩小在 SQ6(11—15)及 SQ1—1、SQ2—1 上，但一般 SQ1—1、SQ2—1 两对动合触点同时发生故障的可能性甚小，而 SQ6(11—15)由于进给变速时，常因用力过猛而容易损坏，所以可先检查 SQ6(11—15)触点，直至找到故障点并予以排除。

故障现象 6：工作台各个方面都不能进给。

可先进行进给变速冲动或圆工作台控制，如果正常，则故障可能在开关 SA3—1 及引接线 17、18 号上。若进给变速也不能工作，要注意接触器 KM3 是否吸合。如果 KM3 不能吸合，则故障可能发生在控制电路的电源部分，即 11—15—16—18—20 号线路及 0 号线上。若接触器 KM3 能吸合，则应着重检查主电路，包括电动机的接线及绕组是否存在故障。

故障现象 7：工作台不能快速进给。

常见的故障原因是牵引电磁铁 YA 电路不通，多数是由线头脱落、线圈损坏或机械卡死引起的。如果按下控制按钮SB5或SB6后接触器KM5不吸合，则故障在控制电路部分；若接触器KM5能吸合，且牵引电磁铁YA也吸合正常，则故障大多是由于杠杆卡死或离合器摩擦片间隙调整不当引起的，应与机修钳工配合进行修理。需强调的是在检查11—15—16—17支路和11—21—22—17支路时，一定要把SA3组合开关扳到中间空挡位置，否则，由于这两条支路是并联的，将检查不出故障点。

2. X62W万能铣床模拟装置的安装与试运行操作

1) 准备工作

(1) 查看各电器元件上的接线是否紧固，各熔断器是否安装良好。

(2) 独立安装好接地线，设备下方垫好绝缘垫，将各开关置分断位置。

(3) 接通三相电源。

2) 操作试运行

接通电源后，各开关均应置分断位置。参看电气控制原理图，按下列步骤进行铣床电气模拟操作运行：

(1) 按下主控电源板的启动按钮，合上电源开关QS。

(2) SA5置左位(或右位)，主轴电动机M1“正转”(或“反转”)的指示灯亮，说明主轴电动机M1运转的转向正确。

(3) 旋转SA4开关，“照明”灯亮。转动SA1开关，“冷却泵电动机”工作，指示灯亮。

(4) 按下按钮SB3(或按钮SB1)，主轴电动机M1启动(或反接制动)；按下按钮SB4(或按钮SB2)，主轴电动机M1启动(或反接制动)。注意：不要频繁操作“启动”与“停止”，以免电器过热而损坏。

(5) 进行主轴电动机M1变速冲动操作。实际铣床的变速是通过变速手柄的操作，瞬间压动冲动行程开关SQ7，使主轴电动机M1产生微转，从而能使齿轮较好实现换挡啮合。

本模板要用手动操作冲动行程开关SQ7，模仿机械的瞬间压动效果：采用迅速的“点动”操作，使主轴电动机M1通电后，立即停转，形成微动或抖动。操作要迅速，以免出现“连续”运转现象。如果出现“连续”运转时间较长，会使制动电阻器R发烫，此时应拉下电源开关QS，重新送电操作。

(6) 主轴电动机M1停转后，可转动SA5转换开关，按“启动”按钮SB3或SB4，使电动机换向。

(7) 进行进给电动机控制操作(SA3开关状态：SA3—1闭合、SA3—3闭合，SA3—2断开)。实际铣床中的进给电动机M2用于驱动工作台横向(前、后)、升降(上、下)和纵向(左、右)移动的动力源，均通过机械离合器来实现控制“状态”的选择，电动机只作正、反转控制，机械“状态”手柄与电气开关的动作对应关系如下：

铣床工作台的横向、升降控制是由十字复式操作手柄控制的，既控制离合器，又控制相应开关。

工作台向后、向上运动——行程开关SQ4压下，电动机M2反转；

工作台向前、向下运动——行程开关SQ3压下，电动机M2正转。

模板操作：按动行程开关SQ4，进给电动机M2反转；按动行程开关SQ3，进给电动机M2正转。

工作台纵向(左、右)进给运动控制(SA3 开关状态同上)。

实际机床专用一“纵向”操作手柄，既控制相应离合器，又压动对应的行程开关 SQ1 和 SQ2，使工作台实现了纵向的左右运动。

模板操作：将十字开关 SA3 扳到左边，进给电动机 M2 正转；将十字开关 SA3 扳到右边，进给电动机 M2 反转。

(8) 进行工作台快速移动操作。在实际铣床中，按动按钮 SB5 或 SB6，电磁铁 YA 动作，改变机械传动链中间传动装置，实现各方向的快速移动。

(9) 模板操作：按下 SB5 或 SB6 按钮，接触器 KM5 吸合，相应指示灯亮。

(10) 进行进给变速冲动(功能与主轴冲动相同，便于换挡时齿轮的啮合)操作。实际铣床中变速冲动的实现：在变速手柄操作中，通过联动机构瞬时带动“冲动行程开关 SQ6”，使进给电动机产生瞬动来实现连续冲动。

模拟“冲动”操作，按行程开关 SQ6，主轴电动机 M2 转动，操作时应迅速压下与放松开关，以模仿瞬动压下效果。

(11) 进行圆工作台回转运动控制。将圆工作台转换开关 SA3 扳到所需位置，此时，SA3—1、SA3—3 触点断开，SA3—2 触点接通。在启动主轴电动机 M1 后，进给电动机 M2 正转，实际中即为圆工作台转动(此时工作台全部操作手柄扳在零位，即行程开关 SQ1～SQ4 均不压下)。

3. 电气故障设置图及故障设置一览表

图 6-3 所示为 X62W 万能铣床电气故障设置图，表 6-3 所示为该铣床电气故障设置一览表。

表 6-3　X62W 万能铣床电气故障设置一览表

故障开关	故 障 现 象	故障的可能结果
K1	主轴无变速冲动	主轴电动机的正、反转及停止制动均正常
K2	正反转、进给均不能动作	照明指示灯、冷却泵电动机均能工作
K3	按 SB1 停止时无制动	SB2 制动正常
K4	主轴电动机无制动	按 SB1、SB2 停止时主轴均无制动
K5	主轴电动机不能启动	主轴电动机不能启动，按下 SQ7 主轴可以冲动
K6	主轴不能启动	主轴不能启动，按下 SQ7 主轴可以冲动
K7	进给电动机不能启动	主轴能启动，进给电动机不能启动
K8	进给电动机不能启动	主轴能启动，进给电动机不能启动
K9	进给电动机不能启动	主轴能启动，进给电动机不能启动
K10	冷却泵电动机不能启动	

续表

故障开关	故 障 现 象	故障的可能结果
K11	进给变速无冲动，圆形工作台不能工作	非圆工作台工作正常
K12	工作台不能左右进给	向上(或向后)、向下(或向前)进给正常，进给变速无冲动
K13	工作台不能左右进给不能冲动、非圆不能工作	向上(或向后)、向下(或向前)进给正常
K14	各方向进给不工作	圆工作台工作正常、冲动正常工作
K15	工作台不能向左进给	非圆工作台工作时，不能向左进给，其他方向进给正常
K16	进给电动机不能正转	圆工作台不能工作；非圆工作台工作时，不能向左、向上或向后进给、无冲动
K17	工作台不能向上或向后进给	非圆工作台工作时，不能向上或向后进给，其他方向进给正常
K18	圆形工作台不能工作	非圆工作台工作正常，能进给冲动
K19	圆形工作台不能工作	非圆工作台工作正常，能进给冲动
K20	工作台不能向右进给	非圆工作台工作时，不能向右进给，其他工作正常
K21	不能上下(或前后)进给，不能快进、无冲动	圆工作台不能工作，非圆工作台工作时，能左右进给，不能快进，不能上下(或前后)进给
K22	不能上下(或前后)进给、不能冲动、圆工作台不工作	非圆工作台工作时，能左右进给，左右进给时能快进；不能上下(或前后)进给
K23	不能向下(或向前)进给	非圆工作台工作时，不能向下或向前进给，其他工作正常
K24	进给电动机不能反转	圆工作台工作正常；有冲动，非圆工作台工作时，不能向右、向下或向前进给
K25	只能一次快进操作	进给电动机启动后，按 SB5 不能快进，按 SB6 能快进
K26	只能一次快进操作	进给电动机启动后，按 SB5 能快进，按 SB6 不能快进
K27	不能快进	进给电动机启动后，不能快进
K28	电磁阀不动作	进给电动机启动后，按下 SB5(或 SB6)，KM5 吸合，电磁阀 YA 不动作
K29	进给电动机不转	进给操作时，KM3 或 KM4 能动作，但进给电动机不转

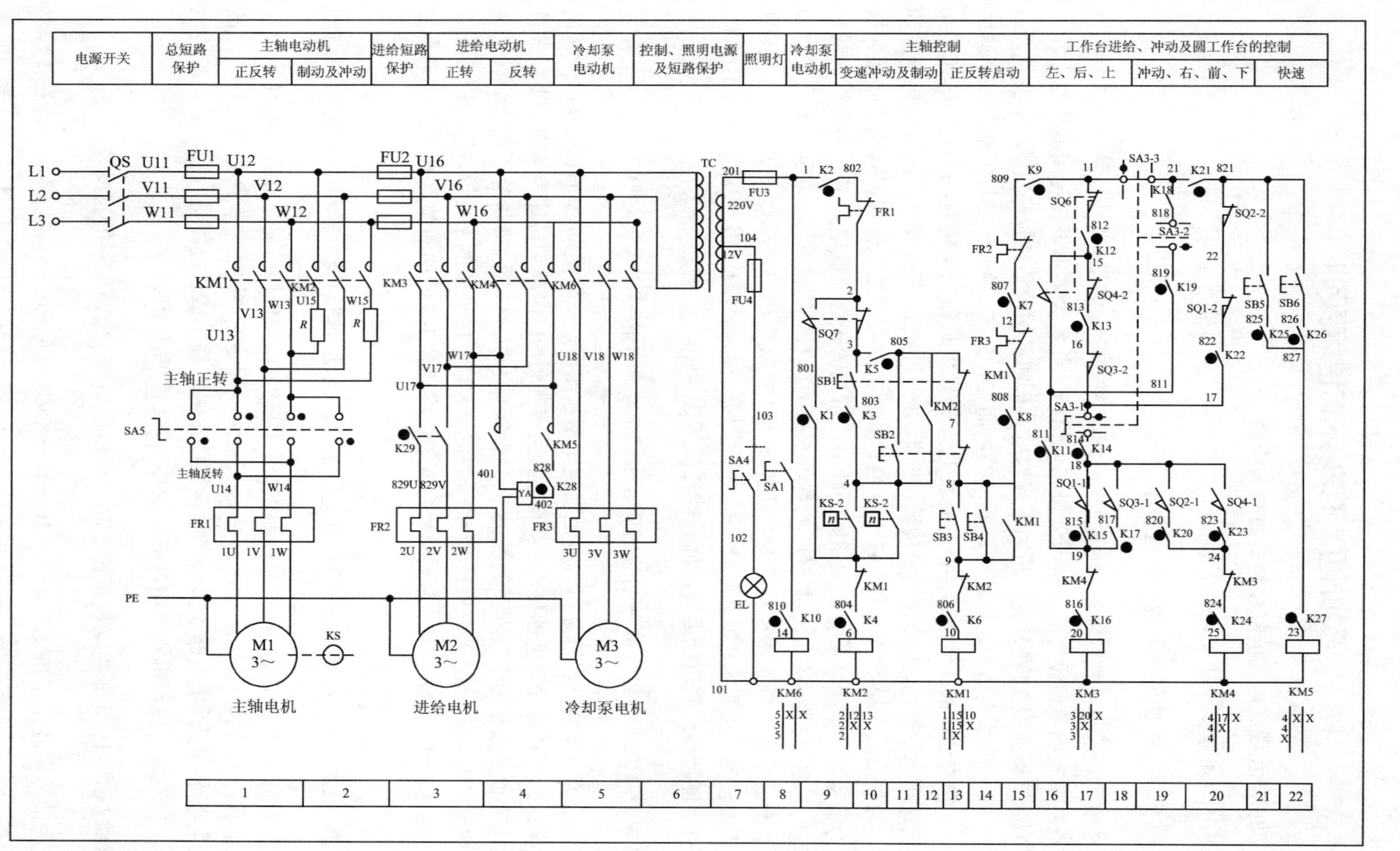

图 6-3　X62W 万能铣床电气故障设置图

实训四　T68卧式镗床实训

1. T68卧式镗床电气控制线路的故障与维修

在此仅以常见故障作分析和说明。

故障现象1：主轴的转速与转速指示牌不符。

这种故障一般有两种现象：一种是主轴的实际转速比标牌指示数增加一倍或减少一半；另一种是电动机的转速没有高速挡或者没有低速挡。前者大多由于安装调整不当引起，因为T68型卧式镗床有18种转速，是采用双速电动机和机械滑移齿轮来实现的。变速后，1、2、4、6、……挡是电动机以低速运转驱动的，而3、5、7、9……挡是电动机以高速运转驱动的。主轴电动机的高低速转换是靠行程开关SQ7的通断来实现的，行程开关SQ7安装在主轴调速手柄的旁边，主轴调速机构转动时推动一个撞钉，撞钉推动簧片使行程开关SQ7通或断，如果安装调整不当，使SQ7动作恰恰相反，则会发生主轴的实际转速比标牌指示数增加一倍或减少一半。后者的故障原因较多，常见的是时间继电器KT不动作，或行程开关SQ7安装的位置移动，造成SQ7始终处于接通或断开的状态等。若KT不动作或SQ7始终处于断开状态，则主轴电动机M1只有低速；若SQ7始终处于接通状态，则M1只有高速。但要注意，如果KT虽然吸合，但由于机械卡住或触点损坏，使动合触点不能闭合，则M1也不能转换到高速挡运转，而只能在低速挡运转。

故障现象2：主轴变速手柄拉出后，主轴电动机不能冲动。

这一故障一般有两种现象：一种是变速手柄拉出后，主轴电动机M1仍以原来转向和转速旋转；另一种是变速手柄拉出后，M1能反接制动，但制动到转速为零时，不能进行低速冲动。前者多数是由于行程开关SQ3的动合触点SQ3(4—9)因质量等原因绝缘被击穿造成的，而后者则由于行程开关SQ3和SQ5的位置移动、触点接触不良等，使行程开关的对应触点SQ3(3—13)、SQ5(14—15)不能闭合或速度继电器KS的动断触点KS(13—15)不能闭合所致。

故障现象3：主轴电动机M1不能进行正反转点动、制动及主轴和进给变速冲动控制。

这种故障往往出现在相关控制电路的公共回路上。如果伴随着不能进行低速运行，则故障可能在控制线路13—20—21—0中，其故障原因是在该线路中有断路点，否则，故障可能在主电路的制动电阻器R及该条主电路的电源引线上或连接线上有断路点。若主电路仅断开一相电源，电动机还会伴有缺相运行时发出的嗡嗡声。

故障现象4：主轴电动机正转点动、反转点动都正常，但不能正反转。

这种故障可能在控制线路4—9—10—11—KM3线圈—0中，其故障原因是在该线路中

有断开点。

故障现象 5：主轴电动机正转、反转均不能自锁。

这种故障可能在 4—KM3(4—17)动合—17 中。

故障现象 6：主轴电动机不能制动。

这种故障的可能原因有：

(1) 速度继电器损坏；

(2) SB1 中的动合触点接触不良；

(3) 3、13、14、16 号线中有脱落或断开；

(4) KM2(14—16)、KM1(18—19)触点不通。

故障现象 7：主轴电动机点动、低速正反转及低速反接制动均正常，但高、低速转向相反，且当主轴电动机高速运行时，不能停机。

这种故障可能的原因是误将三相电源在主轴电动机高速和低速运行时都接成同相序所致，处理方法是把 U2、V2、W2 中任两相对调即可。

故障现象 8：不能快速进给。

这种故障可能在 2—24—25—26—KM6 线圈—0 中，故障原因是该线路中有断路。

2. T68 卧式镗床电气模拟装置的试运行操作

1) 准备工作

(1) 查看装置背面各电器元件上的接线是否紧固，各熔断器是否安装良好。

(2) 独立安装好接地线，设备下方垫好绝缘垫，将各开关置分断位。

(3) 接通三相电源。

2) 操作试运行

(1) 使装置中漏电保护部分接触器先吸合，再合上电源开关 QS，电源指示灯亮。

(2) 确认主轴变速开关 SQ3、SQ5 及进给变速转换开关 SQ4、SQ6 分别处于“主轴运行”位(中间位置)，然后对主轴电动机、快速进给电动机进行电气模拟操作。必要时也可先试操作“主轴变速冲动”和“进给变速冲动”。

(3) 主轴电动机低速正向运转。

条件：SQ7(11—12)断(实际中 SQ7 与速度选择手柄联动)。

操作：按下启动按钮 SB2，中间继电器 K1 吸合并自锁，KM3、KM1、KM4 吸合，主轴电动机 M1“△”接法低速运行。按 SB1，主轴电动机制动停转。

(4) 主轴电动机高速正向运行。

条件：SQ7(11—12)通(实际中 SQ7 与速度选择手柄联动)。

操作：按下启动按钮 SB2，中间继电器 K1 吸合并自锁，KM3、KT、KM1、KM4 相继吸合，使主轴电动机 M1 接成“△”低速运行；延时后，KT(13—20)断，KM4 释放，同时

KT(13—22)闭合，KM5 通电吸合，使 M1 换接成 YY 高速运行。按下停止按钮 SB1，主轴电动机制动停转。

主轴电动机的反向低速、高速操作可按 SB3，参与的电器有 K2、KT、KM3、KM2、KM4、KM5，可参照上面(3)、(4)步进行操作。

(5) 主轴电动机正反向点动操作。按 SB4 可实现电动机的正向点动，参与的电器有 KM1、KM4；按 SB5 可实现电动机的反向点动，参与的电器有 KM2、KM4。

(6) 主轴电动机反接制动操作。当按下 SB2，主轴电动机 M1 正向低速运行时，KS(13—18)闭合，KS(13—15)断开。在按下 SB1 后，K1、KM3 释放，KM1 释放，KM4 释放，SB1 按到底后，KM4 又吸合，KM2 吸合，主轴电动机 M1 在串入电阻下反接制动，转速下降至 KS(13—18)断，KS(13—15)闭合时，KM2 失电释放，制动结束。

当按下 SB2，主轴电动机 M1 高速正向运行时，K1、KM3、KT、KM1、KM5 为吸合状态，速度继电器的触点 KS(13—18)闭合，触点 KS(13—15)断。

在按下 SB1 后，K1、KM3、KT、KM1 释放，而 KM2 吸合，同时 KM5 释放，KM4 吸合，电动机工作于“Δ”下，并串入电阻反接制动至停止。

在按下 SB3，电动机工作于低速反转或高速反转时，可参照上述分析进行制动操作分析。

(7) 主轴变速与进给变速时主轴电动机瞬动模拟操作。

① 主轴变速(主轴电动机运行或停止均可)操作。

操作：将 SQ3、SQ5 置“主轴变速”位，此时主轴电动机工作于间隙的启动和制动，获得低速旋转，便于齿轮啮合。电器状态为：KM4 吸合，KM1、KM2 交替吸合。将此开关复位，变速停止。

注：实际镗床中，变速时，“变速机械手柄”与 SQ3、SQ5 有机械联系，变速时带动 SQ3、SQ5 动作，而后复位。

② 进给变速操作(主轴电动机运行或停止均可)。

操作：将 SQ4、SQ6 置“主轴进给变速”位，电气控制与效果同上。

注：实际镗床中，进给变速时，“进给变速机械手柄”与 SQ4、SQ6 开关有机械联系，变速时带动 SQ4、SQ6 动作，而后复位。

(8) 主轴箱、工作台或主轴的快速移动操作。主轴箱、工作台或主轴均由快进电动机 M2 拖动，电动机只工作于正转或反转，由行程开关 SQ9、SQ8 完成电气控制。

注：实际机床中，SQ9、SQ8 均由“快速移动机械手柄”连动，电动机只工作于正转或反转，拖动均由机械离合器完成。

(9) SQ1、SQ2 为互锁开关，主轴运行时，同时压动，电动机即为停转；压动其中任一个，电动机不会停转。

特别说明：装置初次试运行时，可能会出现主轴电动机 M1 正转、反转均不能停机的现象，这是由于电源相序接反引起的，此时马上切断电源，把电源相序调换即可。

3. 电气故障设置图及故障设置一览表

图 6-4 所示为 T68 卧式镗床电气故障设置图，表 6-4 所示为该镗床电气故障设置一览表。

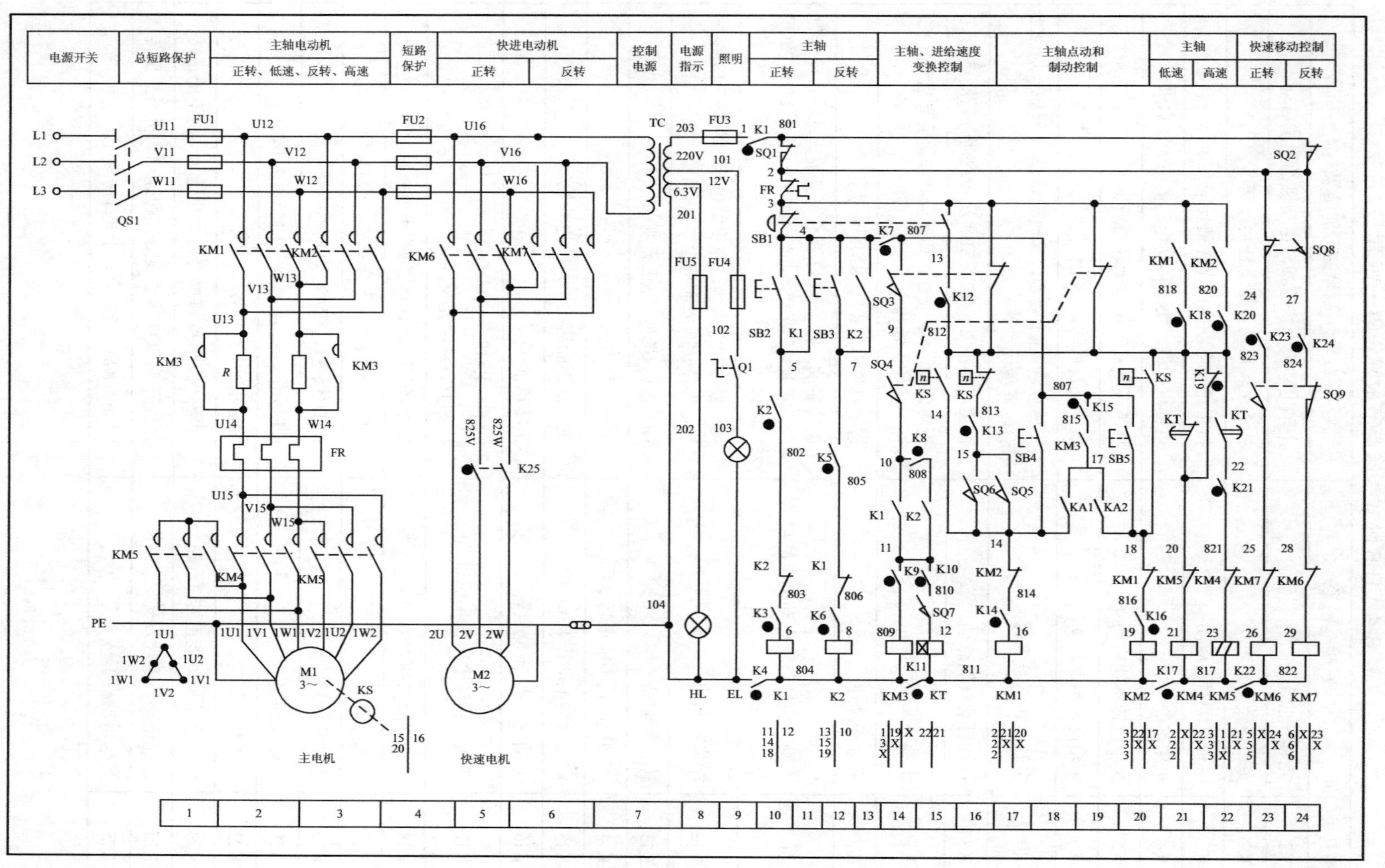

图 6-4　T68卧式镗床电气故障设置图

表 6-4　T68 卧式镗床电气故障设置一览表

故障开关	故 障 现 象	故障的可能结果
K1	机床不能启动	主轴电动机、快速移动电动机都无法启动
K2	主轴正转不能启动	按下正转启动按钮无任何反应
K3	主轴正转不能启动	按下正转启动按钮无任何反应
K4	机床不能启动	主轴电动机、快速移动电动机都无法启动
K5	主轴反转不能启动	按下反转启动按钮无任何反应
K6	主轴反转不能启动	按下反转启动按钮无任何反应
K7	主轴正转不能启动	正转启动，K1 吸合，其他无动作；反转启动，K2 吸合，其他无动作
K8	反转启动只能点动	正转启动正常，按下 SB3 反转启动时只能点动
K9	主轴不能启动	正转启动，K1 吸合，其他无动作；反转启动，K2 吸合，其他无动作
K10	主轴无高速	选择高速时，KT、KM5 无动作
K11	主轴、快速移动电动机不能启动	正转启动，K1、KM3 吸合，其他无动作；反转启动，K2、KM3 吸合，其他无动作；按下 SQ8、SQ9 无任何反应
K12	停止无制动	接触器 KM2 吸合，速度继电器 KS(13—18)接触良好，但停止时无制动
K13	停止无制动	按下按钮 SB5，停止无制动
K14	主轴电动机不能正转	反转正常
K15	主轴只能电动控制	正、反不能启动，只能电动控制
K16	主轴电动机 不能反转	正转正常
K17	主轴、快速电动机不能启动	KM4、KM5 不能吸合； 按 SQ8、SQ9 无反应
K18	主轴正转只能点动	KM4(低速)、KM5(高速)不能保持
K19	主轴无高速	KT 动作，KM4 不会释放，KM5 不能吸合
K20	主轴反转只能点动	KM4(低速)、KM5(高速)不能保持
K21	主轴无高速	KT 动作，KM4 释放，KM5 不能吸合
K22	不能快速移动	主轴正常
K23	快速电动机不能正转	行程开关 SQ9 接触良好，快速电动机不能正转
K24	快速电动机不能反转	行程开关 SQ8 接触良好，快速电动机不能反转
K25	快速电动机不转	KM6、KM7 能吸合，但电动机不转

附　录

附录一　变频器及直流电动机的相关内容

一、变频器的认识

1. 变频器的用途

变频器是利用半导体器件的通断作用将工频电源变换为另一频率的电能控制设备。为了产生可变的电压和频率，变频设备首先要把工频电源的交流电变换为直流电，再把直流电变换为交流电。在变频器中，产生变化电压或频率的主要装置是逆变器。用于电动机控制的变频器，既可以改变电压，又可以改变频率，而用于荧光灯的变频器主要用于调节电源供电的频率。

2. 变频器的基本构成

变频器主要由主电路和控制电路两大部分组成。主电路通常包含两个主要部分，即整流器和逆变器。其中，整流器将输入的交流电转换为直流电，逆变器将直流电再转换成所需频率的交流电；除此之外，变频器还有可能包含变压器和电池。其中，变压器用来改变电压并可以隔离输入、输出的电路，电池用来补偿变频器内部线路上的能量损失。目前市场上常用的变频器，其结构基本类似，如附图 1 所示。

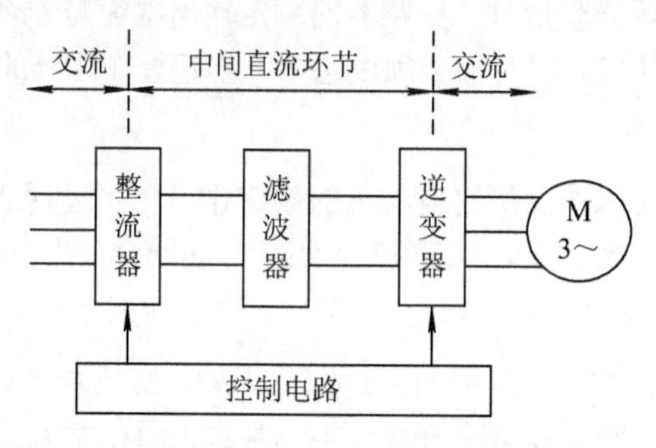

附图 1　变频器的基本构成

3. 变频器控制电路及基本功能

变频器的控制电路是变频器的核心部分，包括主控制电路、信号检测电路、门极(基极)驱动电路、外部接口电路以及保护电路等几个部分。控制电路的优劣决定了变频器性能的优劣。控制电路的主要作用是将检测电路得到的各种信号送至运算电路，使运算电路根据要求为变频器主电路提供必要的门极(基极)驱动信号，并对变频器以及异步电动机提供必要的保护。此外，控制电路还通过 A/D、D/A 等外部接口电路接收/发送多种形式的外部信号和给出系统内部工作状态，以便使变频器能够和外部设备配合进行各种高性能的控制。

变频器的种类很多，其结构也有所不同，但大多数变频器都有类似的硬件结构，它们的主要区别只在于控制电路和检测电路以及控制算法不同而已。

一般的三相变频器的整流电路由三相全波整流桥组成。它的主要作用是对工频的外部电源进行整流，并给逆变电路和控制电路提供所需要的直流电源。整流电路按其控制方式可以是直流电压源也可以是直流电流源。

直流中间电路的作用是对整流电流的输出进行平滑，以保证逆变电路和控制电源能够得到质量较高的直流电源。当整流电路是电压源时，直流中间电路的主要元器件是大容量的电解电容；而当整流电路是电流源时，平滑电路则主要由大容量电感组成。此外，由于电动机制动的需要，在直流中间电路中有时还包括制动电阻以及其他辅助电路。

逆变电路是变频器最主要的部分之一。它的主要作用是在控制电路的控制下将平滑电路输出的直流电源转换为频率和电压都任意可调的交流电源。逆变电路的输出就是变频器的输出，它被用来实现对异步电动机的调速控制。

4. 变频器的规格

1) 变频器的容量

大多数变频器的容量均以所适用的电动机的功率、变频器的输出视在功率和变频器的输出电流来表征。额定容量是指额定输出电流与额定输出电压下的三相视在功率。其中，最重要的是额定电流，它是指变频器连续运行时允许输出的电流。

至于变频器所使用的电动机的功率(kW)，是以标准的4极电动机为对象，在变频器的额定输出电流限度内，可以拖动的电动机的功率。如果是6极以上的异步电动机，同样的功率下，主要是由于功率因数的降低，其额定电流较4极异步电动机大，因此，变频器的容量应该相应扩大，以使变频器的电流不超出其允许值。

由此可见，选择变频器容量时，变频器的额定输出电流是一个关键量。因此，采用4极以上电动机或者多电动机并联时，必须以总电流不超过变频器的额定输出电流为原则。

2) 变频器的输出电压

变频器的输出电压可以按照所用电动机的额定输出电压进行选择或适当调整。我国常用交流电动机的额定电压为220 V和380 V，还有一些场合采用高压交流电动机。

3) 变频器的输出频率

变频器的输出频率有50 Hz、60 Hz、120 Hz、240 Hz或者更高。以在额定转速以下范围内调速运转为目的，大容量通用变频器几乎都具有50 Hz或60 Hz的输出频率。最高输出频率超过工频的变频器为小容量，大容量通用变频器几乎都属于此类。

4) 变频器的保护结构

变频器运行时，内部产生的热量大，考虑到散热的经济性，除了小容量变频器外，几乎都采用开启式结构，并用风扇进行强制冷却。变频器设置场所在室外或工作环境恶劣时，最好装在对立盘上，采用具有冷却用热交换装置的全封闭式结构。对于小容量变频器，如处于粉尘或油雾多、棉绒多的环境中，也要采用全封闭式结构。

5) 变频器不停机选用件

如果生产过程不允许停机，可以选择变频器不停机选用件。这样可使电动机不停止就能达到从电网切换到变频器侧的目的，即切换电网后，使自由运转中的电动机与变频器同步后，再使变频器输出功率。还有一种瞬停再启动功能控制器，即电动机在瞬间停电中，变频器可以开始工作。

6) 变频器的瞬时过载能力

由于主回路半导体开关器件的过载能力较差，考虑到成本问题，通用变频器的电流瞬时过载能力常常设计为每分钟150%额定电流或每分钟120%额定电流。与标准异步电动机(过载能力通常为200%左右)相比较，变频器的过载能力较小。因此，在变频器传动的情况下，异步电动机的过载能力常常不能得到充分的发挥。此外，如果考虑到通用电动机散热能力的变化，在不同转速下，电动机的转矩过载能力还应有所变化。

5. 变频器的应用

变频器除了可以用来改变交流电源的频率之外，还可以用来改变交流电动机的转速和转矩。在该应用环境下，最典型的变频器结构是三相二级电压源变频器。该变频器通过半导体开关和脉冲宽度调制(PWM)来控制各相电压。

另外，变频器还用在航空航天领域中。例如，飞机上的电力设备通常需要400 Hz的交流电，而地面上使用的交流电一般为50 Hz或60 Hz。因此，当飞机停在地面上时，需要使用变频器将地面上的50 Hz或60 Hz的交流电变为400 Hz的交流电供飞机使用。

6. 变频器的安装环境

变频器属于电子器件装置，对安装环境要求比较苛刻，在其说明书中都有详细说明。在特殊情况下，若确实无法满足这些要求，必须尽量采用相应抑制措施，比如定期检查变频器的空气滤清器及冷却风扇。对于特殊的高寒场合，为防止微处理器因温度过低不能正常工作，应采取设置空气加热器等必要措施。

1) 物理环境

(1) 环境温度和湿度。变频器内部是大功率的电子元件，极易受到周围环境的影响，因此要求安装场所的温度应保持在 −10～40℃，相对湿度在 90%以下，无结霜状态。若安装在配电盘内，则必须采取必要的措施(如使用电风扇等)，以保证工作温度不高于 40℃。如果环境温度太高且温度变化较大，变频器内部易出现结霜现象，其绝缘性能就会大大降低，甚至可能引发短路事故。必要时，可以在箱中放置干燥剂。

(2) 空气质量。变频器不能安装在有腐蚀性气体、导电尘埃和微粒的场所。如果使用环境的腐蚀性气体浓度大，不仅会腐蚀元器件的引线、印制电路板等，而且还会加速塑料器件的老化，降低绝缘性能。在这种情况下，应把控制箱制成封闭式结构，并进行换气。

(3) 标高和振动。变频器应安装在海拔1000 m以下，周围振动在0.5 G以下。装有变频器的控制柜受到机械振动和冲击时，会引起电气接触不良。这时除了提高控制柜的机械强度、远离振动源和冲击源外，还应使用抗振橡皮垫固定控制柜内外电磁开关之类产生振动的元件。

变频器的安装地点还应注意避免阳光直射，应有防止铁屑、水滴等物落入变频器内的措施。在控制箱中，变频器一般应安装在箱体上部，并严格遵守产品说明书中的安装要求，必须垂直安装，而且必须保留变频器上下左右一定的散热空间。绝对不允许把发热元件或易发热的元件紧靠变频器的底部安装。此外，为了防止异物掉进或卡在变频器的出风口而阻塞风道，最好在变频器的出风口上方加装保护网罩。

2) 电气环境

(1) 防止电磁波干扰。如果变频器周围存在干扰源，它们将通过辐射或电源线侵入变频器的内部，引起控制回路误动作，造成工作不正常或停机，严重时甚至损坏变频器。减少电磁干扰的具体方法有：

① 在变频器周围所有继电器、接触器的控制线圈上，加装防止冲击电压的吸收装置，如 RC 浪涌吸收器，且接线长度不能超过 20 cm。

② 尽量缩短控制回路的配线距离，并使其与主回路分离。

③ 变频器控制回路配线绞合节距应在 15 mm 以上，并与主回路保持 10 cm 以上的间距。

④ 变频器距离电动机很远(超过 100 m)时，一方面可加大导线截面面积，保证线路压降在 2%以内，同时应加装变频器输出电抗器，用来补偿因长距离导线产生的分布电容的充电电流。

⑤ 变频器接地端子应按规定进行接地，必须在专用接地点可靠接地，不能同电焊、动力接地混用。

⑥ 在变频器输入端安装无线电噪声滤波器，以减少输入高次谐波，从而可降低从电源线到电子设备的噪声影响；同时在变频器的输出端也安装无线电噪声滤波器，以降低其输出端的线路噪声。

变频器在工作中由于整流和变频，周围产生了很多的干扰电磁波，这些高频电磁波对附近的仪器、仪表有一定的干扰。因此，柜内仪表和电子系统应该选用金属外壳，以屏蔽变频器对仪表的干扰。所有的元器件均应可靠接地，除此之外，各电器元件、仪器及仪表之间的连线应选用屏蔽控制电缆，且屏蔽层应接地。如果处理不好电磁干扰，往往会使整个系统无法工作，导致控制单元失灵或损坏。

(2) 防止输入端过电压。变频器电源输入端往往有过电压保护，但是，如果输入端高电压作用时间长，会使变频器输入端损坏。因此，在实际运用中，要核实输入变频器的电压(单相还是三相)和变频器的额定电压值，特别是电源电压极不稳定时要有稳压设备，否则会造成严重后果。

3) 接地与防雷

变频器正确接地是提高控制系统灵敏度、抑制噪声的重要手段。变频器接地端子 E(G)和接地电阻越小越好，接地导线截面积应不小于 2 mm^2，长度应控制在 20 m 以内。变频器的接地必须与动力设备接地点分开，单独接地。信号输入线的屏蔽层应接至 E(G)上，另一端绝不能接于地端，否则会引起信号变化波动，使系统振荡不止。

雷击或感应雷击形成的冲击电压，有时也会造成变频器的损坏。此外，当电源系统一次侧带有真空断路器时，短路开闭会产生较高的冲击电压。为防止因冲击电压造成过电压损坏，通常需要在变频器的输入端加压敏电阻等吸收器件。真空断路器应增加 RC 浪涌吸收器。若变压器一次侧有真空断路器，应在控制时序上，保证真空断路器动作前先将变频

器断开。

在变频器中，一般都设有雷电吸收网络，主要防止瞬间的雷电侵入，使变频器损坏。但在实际工作中，特别是电源线架空引入的情况下，单靠变频器的雷电吸收网络是不能满足要求的。在雷电活跃地区，这一问题尤为重要。如果电源是架空进线，可在进线处装设变频专用避雷器(选件)，或者按规范要求在离变频器 20 m 处做专用保护接地；如果电源是电缆引入，则应做好控制室的防雷系统，以防雷电窜入破坏设备。

还要注意变频器与驱动电动机之间的距离一般不超过 50 m，若需更长的距离，则应降低载波频率或增加输出电抗器(选件)。

4) *冷却系统*

冷却系统主要包括散热片和冷却风扇。其中冷却风扇寿命较短，临近使用寿命时，风扇产生振动，噪声增大最后停转，变频器出现 IPM 过热跳闸。冷却风扇的寿命受限于轴承，大约为 10 000～35 000 h。当变频器连续运转时，每 2～3 年需要更换一次风扇或轴承。为了延长风扇的寿命，一些产品的风扇只在变频器运转时而不是电源开启时运行。

7. 变频器的外部配置

1) *选择合适的外部常规配件*

在输入电源侧选用相应的熔断器，以避免因内部短路对整流器件的损坏。变额器的型号确定后，若在变频器内部整流电路前没有保护硅器件的快速熔断器，则变频器与电源之间应配置符合要求的熔断器和隔离开关。最好还要加装由交流接触器构成的电源通断控制，其好处是：一方面当电源突然断电时，可以自动将变频器与电源脱开，以免来电时变频器自行投入工作；另一方面当变频器因故障而跳闸时，可通过接触器使变频器与电源脱开。

2) *选择变频器的引入和引出电缆*

根据变频器的功率选择合适截面的(三芯或四芯)屏蔽动力电缆。尤其是从变频器到电动机之间的动力电缆一定要选用屏蔽结构的，且要尽可能短，这样可降低电磁辐射和容性漏电流。当电缆长度超过变频器所允许的输出电缆长度时，电缆的杂散电容将影响变频器的正常工作，为此要配置输出电抗器。对于控制电缆，尤其是 I/O 信号电缆也要用屏蔽结构的。对于变频器的外部元件与变频器之间的连接电缆，其长度不得超过 10 m。

3) *在输入侧安装交流电抗器或电磁兼容性(EMC)滤波器*

根据变频器安装场所的其他设备对电网品质的要求，若变频器工作时已影响到这些设备的正常运行，可在变频器输入侧安装交流电抗器或 EMC 滤波器，以抑制由功率器件通断引起的电磁干扰。若与变频器连接的电网的变压器中性点不接地，则不能选用 EMC 滤波器。当变频器用 500 V 以上电压驱动电动机时，需在输出侧配置 du/dt 滤波器，以抑制逆变输出电压尖峰和电压的变化，有利于保护电动机，同时也可降低容性漏电流和电动机电缆的高频辐射，还能削弱电动机中由于高次谐波电流引起的附加转矩，改善电动机的运行特性。

8. 变频器的应用与日常维护

目前通用变频器大多是采用新型半导体材料制成的控制动力设备的电子产品，因此，或是受温度、湿度、振动等周围环境的影响，或是由于时间漂移等原因，都有可能发生各种故障。为了防患于未然，保持最佳的使用效果，日常维护尤为重要。

1) 变频器维护时的注意事项

(1) 进行维护时，操作者必须明确变频器的输入电源情况。

(2) 切断电源后，变频器主电路的电解电容器里仍有可能充有残留电压，必须等待和确认放净电容器里的残留电压后，才可进行操作。切断电源后等待5～10 min，充电指示灯熄灭，再用万用表测量直流滤波电容电压小于36 V后，才可对变频器进行维修、检查。

(3) 直接测量变频器输出电压时，必须使用整流式交流电压表。使用其他一般电压表或数字电压表测量高脉冲电压时，容易产生误动作或显示不准确。

2) 变频器的日常检查内容

使用变频器时，应每天注意观察并记录下列事项：环境情况，冷却系统工作情况，周围振动情况，变频器与周围发热情况等。

3) 变频器的定期检查内容

(1) 是否受环境影响发生螺钉松动或锈蚀现象，若有则立即拧紧或更换。

(2) 变频器内部或散热板上是否落入异物，若有则立即用压缩空气吹掉异物。

(3) 变频器印制电路板上各插件是否良好接触，认真确认各插件的连接情况。

(4) 冷却风扇、电解电容器、接触器等性能是否良好，要及时调换不良器件。

变频器主要易损件及其维修方法如附表1所示。

附表1　变频器主要易损件及其维修方法

主要部件	寿　命	现　象	维修方法
电解电容器	2年	容量减少	更换
冷却风扇	1年	旋转不灵	更换
功率模块	—	烧坏	更换
整流块	—	烧坏	更换
吸收电容器	1年	容量减少	更换
控制电路板	3年	工作不良	更换
制动电阻器	1年	阻值变化	更换

以上所列主要部件的使用寿命为变频器在额定状态下连续运行时的数据，由于使用环境不同，实际使用寿命有可能还要短一些。

4) 变频器使用注意事项

变频器不是在任何情况下都能正常使用，因此用户有必要对负载、环境要求和变频器有更多了解。

(1) 负载类型和变频器的选择。电动机带动的负载不一样，对变频器的要求也不一样。

① 最普通的负载——风机和水泵：风机和水泵对变频器的要求最为简单，只要变频器容量等于电动机容量即可(空压机、深水泵、快速变化的音乐喷泉需加大容量)。

② 起重机类负载：这类负载的特点是启动时冲击很大，要求变频器有一定余量。同时，在重物下放时，会有能量回馈，因此要使用制动单元或采用共用母线方式。

③ 不均匀负载：负载有时轻，有时重，此时应按照重负载的情况来选择变频器容量，例如轧钢机、粉碎机、搅拌机等。

④ 大惯性负载：如离心机、冲床、水泥厂的旋转窑，此类负载惯性很大，因此启动时可能会振荡，电动机减速时有能量回馈。应该用容量稍大的变频器来加快启动，避免振荡。配合制动单元消除回馈电能。

(2) 对于长期低速转动，由于电动机发热量较高，风扇冷却能力降低，因此必须采用加大减速比的方式或改用 6 极电动机以降低转速，使电动机运转在较高频率附近。

(3) 变频器安装地点必须符合标准环境的要求，否则易引起故障或缩短使用寿命；变频器与驱动电动机之间的距离一般不超过 50 m，若需更长的距离则需降低载波频率或增加输出电抗器选件才能正常运转。

9. 变频器本身故障的自诊断及预防功能

新型变频器内部都增加了完善的自诊断及故障防范功能，大幅度提高了变频器的可靠性。

如果使用矢量控制变频器中的“全领域自动转矩补偿功能”，其中的“启动转矩不足”、“环境条件变化造成出力下降”等故障原因，将得到很好的克服。该功能是利用变频器内部的微型计算机的高速运算，计算出当前时刻所需要的转矩，迅速对输出电压进行修正和补偿，以抵消因外部条件变化而造成的变频器输出转矩的变化。

此外，完善变频器的软件，可以在变频器的内部设置各种故障防止措施，并能在故障化解后，仍能保持继续运行，对自由停车过程中的电动机进行再启动；对内部故障自动复位并保持连续运行；负载转矩过大时，能自动调整运行曲线，能够对机械系统的异常转矩进行检测。

10. 变频器的故障原因及维护方法

变频器由电源回路、主回路、IPM 驱动及保护回路、冷却风扇等部件组成，其结构多为单元化或模块化形式。由于使用方法不正确或运行环境不合理，很容易造成变频器误动作而发生故障，无法达到预期的运行效果。为防患于未然，应事先对故障原因进行认真分析。

1) 电源异常

电源异常大致分为缺相、低电压和停电三种，有时也会出现它们的混合形式。这些异常现象的主要原因是输电线路因风、雪、雷击造成的，同时因地域和季节有很大差异，有时也可能是因为同一供电系统内出现对地短路及相间短路造成的。这类异常现象除造成电压波动外，有些电网或自行发电的单位也会出现频率波动，并且这些现象有时在短时间内重复出现。为保证设备的正常运行，对变频器供电电源也提出了相应要求。

如果附近有直接启动的电动机和电磁炉等设备，为防止这些设备投入时造成电压降低，其电源应和变频器的电源分离，以减小相互影响。

对于要求瞬时停电后仍能继续运行的设备，应着重考虑电动机负载的降速比例。当变频器和外部控制回路都采用瞬间 UPS(不间断电源)停电补偿方式时，失压回复后，可通过测速发电机测速来防止在加速中的过电流。

对于要求必须连续运行的设备，应对变频器加装自动切换的不停电电源装置。像带有二极管输入及使用单相控制电源的变频器，虽然在缺相状态也能继续工作，但整流器中个别器件电流过大，而且电容器的脉冲电流过大，若长期运行将对变频器的寿命及可靠性造成不良影响，应及早检查处理。

造成变频器故障的原因是多方面的，只有在实践中不断摸索总结，才能及时消除各种各样的故障。

2) 主电路常见故障现象分析

主电路主要由三相或单相整流桥、平滑电容器、滤波电容器、IPM 逆变桥、限流电阻、接触器等元件组成，其中常见故障大多是由电解电容引起的。电解电容的寿命取决于加在其两端的直流电压和内部温度，由于在电路设计时已经选定了电容器的型号，所以内部温度对电解电容器的寿命起着决定作用。电解电容器会直接影响到变频器的使用寿命，一般温度每上升 10℃，寿命就减少一半。因此，安装时要考虑环境温度，运行时要减少脉动电流。采用改善功率因数的交流或直流电抗器可以减少脉动电流，从而延长电解电容器的寿命。

在电容器维护时，通常用比较容易测量的静电容量来判断电解电容器的劣化情况，当静电容量低于额定值的 80%，绝缘阻抗在 5 MΩ 以下时，应考虑更换电解电容器。

3) 主电路典型故障现象分析

故障现象：变频器在加速、减速或正常运行时出现过电流跳闸。

首先应区分故障是由于负载原因，还是变频器自身的原因引起的。如果是变频器自身的缘故，则查询在跳闸时电流的历史记录是否超过了变频器的额定电流或热继电器的设定值。如果三相电压和电流是平衡的，则考虑是否有过载或突变，如电动机堵转等。在负载惯性较大时，可适当延长加速时间，此过程对变频器本身并无损坏。若跳闸时的电流在变频器的额定电流或在热继电器的设定范围内，可判断是 IPM 模块或相关部件发生故障。首先可以通过测量变频器的主电路输出端子 U、V、W 分别与直流侧的 P、N 端子之间的正反向电阻是否符合要求，以判断 IPM 模块是否损坏。如果模块未损坏，则是驱动电路出了故障。如果减速时 IPM 模块过流或变频器对地短路跳闸，一般是逆变器的上半桥的模块或其驱动电路故障；而加速时 IPM 模块过流，则是下半桥的模块或其驱动电路部分故障，发生这些故障的原因多是由于外部灰尘进入变频器内部或环境潮湿引起的。

4) 控制电路常见故障分析

控制电路中影响变频器寿命的是电源部分的平滑电容器和 IPM 电路板中的缓冲电容器，因电容器中通过的脉动电流是基本不受主电路负载影响的定值，所以其寿命主要由温度和通电时间决定。由于电容器都焊接在电路板上，通过测量静电容量来判断劣化情况比较困难，一般根据电容器环境温度以及使用时间来推算是否接近其使用寿命。

电源电路板给控制电路、IPM 驱动电路和表面操作显示板以及风扇等提供电源，这些电源一般都是从主电路输出的直流电，通过开关电源再分别整流而得到的。因此，某一路电源短路，除了本电路的整流电路受损外，还可能影响其他部分的电源。例如，由于误操作而使控制电源与公共接地短接，致使电源电路板上开关电源部分损坏；风扇电源的短路导致其他电源断电等。一般通过观察电源电路板就可以发现。

逻辑控制电路板是变频器的核心，它集中了 CPU、MPU、RAM、EEPROM 等大规模

集成电路，具有很高的可靠性，本身出现故障的概率很小，但有时会因开机而使全部控制端子同时闭合，导致变频器出现EEPROM故障，这时只要对EEPROM重新复位就可以了。

IPM电路板包含驱动和缓冲电路，以及过电压、缺相等保护电路。从逻辑控制板来的PWM信号，通过光耦合将电压驱动信号输入IPM模块，因而在检测模块的同时，还应测量IPM模块上的光耦。

11. 变频器的常见故障现象及处理方法

变频器在运行中会出现一些故障，其常见的故障原因分析如下。

1) 过电流跳闸的原因分析

(1) 故障现象：重新启动时，一加速就跳闸。其产生的可能原因及处理方法如下：

产生的可能原因	处 理 方 法
负载侧短路	检查短路原因，并予以排除
负载过大，工作机械卡住	减小负载，查找机械卡住原因
电动机的启动转矩过小，拖动系统转不起来	设法增大启动转矩
逆变管损坏	更换逆变管

(2) 故障现象：重新启动时不跳闸，在运行过程中跳闸。其产生的可能原因及处理方法如下：

产生的可能原因	处 理 方 法
同负载惯量(GD^2)相比，升、降速时间设定太短	重新设定升、降速时间到合适值
热继电器整定位不当，动作电流设定值太小，引起误动作	重新整定电流设定值

2) 电压跳闸的原因分析

(1) 故障现象：过电压跳闸。其产生的可能原因及处理方法如下：

产生的可能原因	处 理 方 法
输入电源电压过高	降低输入的电源电压到合适值
放电支路发生故障，实际不放电	检查放电支路，并予以排除
同负载惯量(GD^2)相比，降速时间设定太短	重新设定降速时间到合适值
变频器负载侧能量回馈过大，降速过程中，再生制动的放电单元工作不理想	若来不及放电，可增加外接制动电阻和制动单元

(2) 故障现象：欠电压跳闸。其产生的可能原因及处理方法如下：

产生的可能原因	处 理 方 法
输入电源电压过低	提高电源电压到合适值
电源容量过小(接有电焊机、大电动机等)	增大电源容量到合适值
电源侧接触器不良	检查或更换接触器
变频器整流桥故障	查找并处理整流桥故障
电源缺相	查找缺相原因并予以排除

3) 电动机不转的原因分析

(1) 故障现象：功能预置不当。其产生的可能原因及处理方法如下：

产生的可能原因	处理方法
上限频率与最高频率或基本频率和最高频率设定矛盾	重新设定相关频率，使其相匹配
使用外接给定时，未对“键盘给定/外接给定”的选择进行预置	对“键盘给定/外接给定”的选择进行预置

(2) 故障现象：机械卡住或启动转矩小。其产生的可能原因及处理方法如下：

产生的可能原因	处理方法
有机械卡住情况	查找卡住原因，并处理
电动机的启动转矩小	增大启动转矩
变频器的电路故障	检查变频器电路

二、直流电动机电气控制线路分析

1. 直流电动机启动、正反转控制的相关知识

1) 直流电动机的启动控制

直流电动机启动控制的要求与交流电动机类似，即在保证足够大的启动转矩下，尽可能地减小启动电流，通常采用以时间为变化参量分级启动，启动级数不宜超过三级。他励、并励直流电动机在启动控制时必须在施加电枢电压前，先接上额定的励磁电压，至少是同时。其原因之一是为了保证启动过程中产生足够大的反电动势以减小启动电流；其二是为了保证产生足够大的启动转矩，加速启动过程；其三是为了避免由于励磁磁通为零时而产生“飞车”事故。

2) 直流电动机的正、反转控制

改变直流电动机转向有两种方法；一是保持电动机励磁绕组端电压的极性不变，改变电枢绕组端电压的极性；二是保持电枢绕组端电压极性不变，改变电动机励磁绕组端电压的极性。上述两种方法都可以改变电动机的旋转方向，但是如果两者的电压极性同时改变，则电动机的旋转方向维持不变。当采用改变电枢绕组端电压极性的方法时，因主电路电流较大，故接触器的容量也较大，并要求采用灭弧能力强的直流接触器，这将给使用带来不便。因此，对于大电流系统采用改变直流电动机励磁电流的极性来改变转向更合理，因为电动机的励磁电流仅为电枢电流的2%～5%，这样使用的接触器容量小得多。但为了避免在改变励磁电流方向过程中，因励磁电流为零而产生“飞车”现象，要求改变励磁的同时要切断电枢回路的电源。另外，考虑到励磁回路的电感量很大，触点断开时容易产生很高的自感电动势，故需加装吸收装置。在直流电动机正、反转控制线路中，通常要设有制动和联锁电路，以确保在电动机停转后，再反向启动，以免直接反向产生过大的电流冲击。

2. 直流电动机电气控制线路分析

直流电动机虽有他励、并励、串励和复励之分，但在控制线路上差别不大。按时间原则控制分级启动应用最广泛，其他原则应用较少，制动方式多采用以转速(电动势)为变化参量控制。

附图 2 为并励直流电动机以时间为变化参量控制启动，以电动势为变化参量控制反接制动的控制线路。电路中设两级启动电阻和一级反接制动电阻，启动电阻分别由接触器 KM2、KM3 的动合触点控制接入或切除，反接制动电阻由接触器 KM1 的动合触点控制接入或切除，要求在启动时迅速切除反接制动电阻；反接时，将反接制动电阻接入电路中，以限制反接制动电流，直至转速接近于零时，切除反接制动电阻以便反向启动。

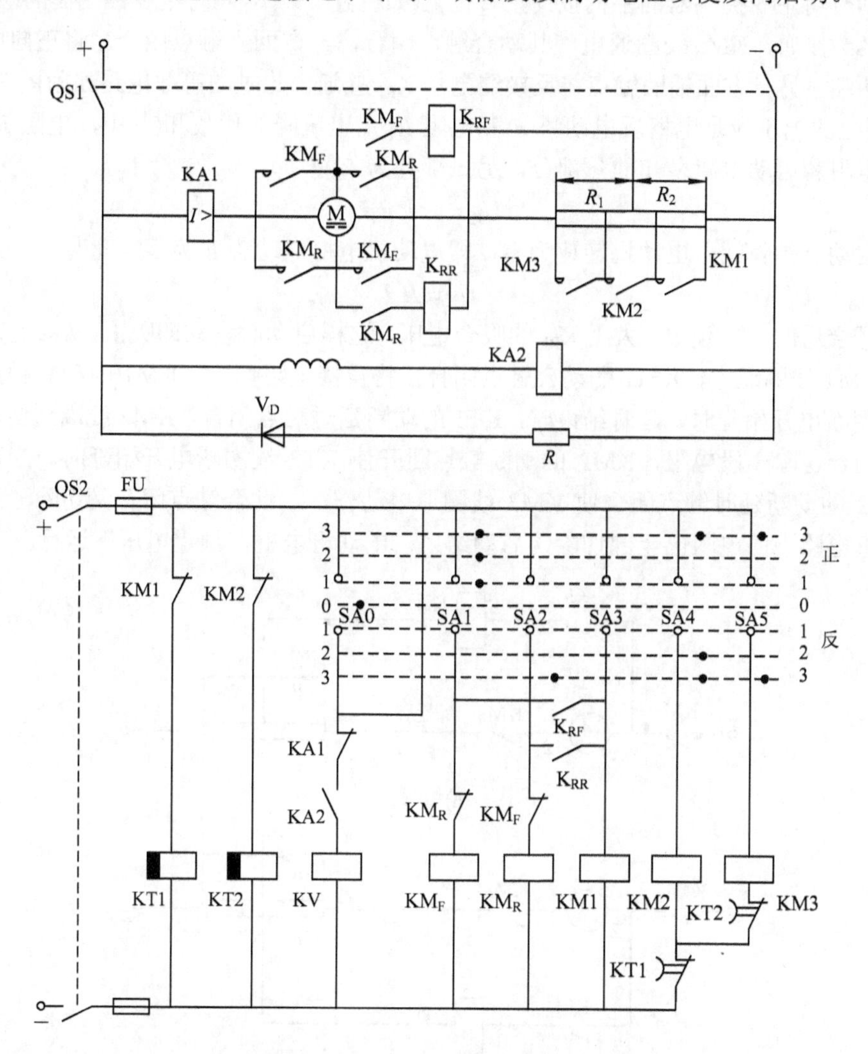

附图 2　并励直流电动机电气控制原理图

图中，KM_F、KM_R 分别为直流电动机正、反转时的接触器；K_{RF}、K_{RR} 分别为直流电动机正、反转时电枢电动势的反接继电器；KA1 为过电流继电器，用于过电流保护；KA2 为用于弱磁保护的弱磁继电器，防止由于磁场减弱或消失时，引起电动机“飞车”，它的吸合值一般整定为额定励磁电流的0.8倍；电阻 R 和二极管 V_D 构成吸收回路。

线路的工作过程分析如下：

1) 电动机启动前

启动前将主令控制器SA的手柄置于“0”位，触点SA0接通，合上电源开关QS1、QS2，若电动机励磁绕组工作正常，KA2达到吸和值而动作，其动合触点闭合使零位继电器KV线圈接通并自锁，同时断电延时型时间继电器KT1、KT2线圈均得电，KT1、KT2的延时动断触点瞬时打开，为电动机启动做好准备。

2) 电动机的启动过程

启动时将主令控制器的手柄扳向正转位置(如位置“3”)，此时主令控制器的触点SA1、SA4、SA5接通，KM_F 线圈通电，其动合触点闭合，一方面主触点闭合，将正向电源接到电动机两端，另一方面辅助触点将反接继电器 K_{RF} 接通，此时的等效电路如附图3(a)所示。K_{RF} 线圈上的电压应是电枢反电动势 E 和电阻 R_1 上电压降的代数和(其中，电阻 R_1 是取反接制动电阻和启动电阻之和的一部分，另一部分为 R_2)，即

$$U_K = E + R_1 I$$

在启动开始瞬间，电动机转速为零，即电动机电枢电动势 E 为零，此时

$$U_K = R_1 I$$

选择合适的 R_1，使 $R_1 I$ 大于 K_{RF} 的吸合电压，这样启动时它立即吸上，K_{RF} 的动合触点闭合，KM1线圈通电，KM1的动合触点闭合，将反接电阻切除。KM1的动断触点断开使KT1线圈断电开始延时，延时结束时，KT1的动断延时触点闭合，KM2线圈通电动作，动合触点闭合切除一段电阻，KM2的动断触点断开使KT2线圈断电开始延时。当延时结束时，KT2的动断延时触点闭合使KM3线圈通电动作，其动合触点闭合又切除一段电阻，此时电枢电路中的电阻已全部切除，启动结束，电动机电枢在额定电压下运行。

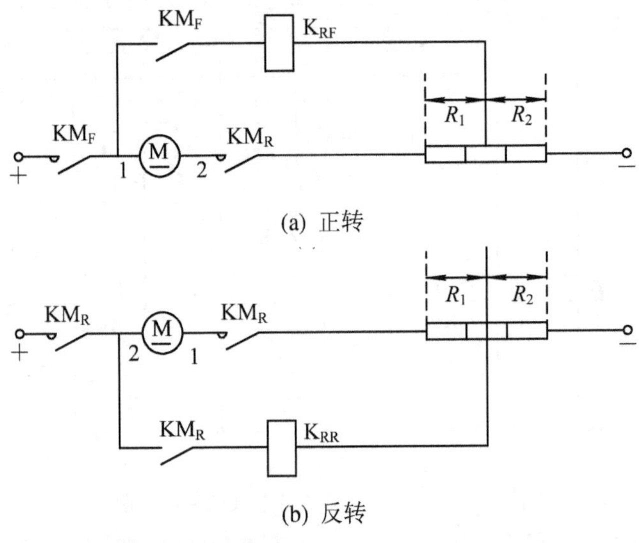

附图3　并励直流电动机正、反转等效电路图

3) 电动机的反接过程

反接时，将主令控制器的手柄从“正”位扳向“反”位(如扳向反向“3”)，在过“0”

位的瞬间，KM_F、KM1、KM2、KM3 线圈均断电，由于 KM1、KM2 的动断触点闭合使 KT1、KT2 线圈通电，KT1、KT2 的动断触点打开。当主令控制器的手柄扳到“反”位时，主令控制器的触点 SA2、SA4、SA5 均接通，接触器 KM_R 线圈通电动作，一方面将电动机接入反向电源，另一方面使反接继电器 K_{RR} 线圈通电，其等效电路如附图 3(b)所示。由于电动机的机械惯性，转速 n 和电枢反电动势 E 的大小和方向都来不及变化，此时反电动势 E 的方向与电阻压降方向相反，反接继电器 K_{RR} 的线圈电压为

$$U_K = -E + R_1 I$$

可见，此时 U_K 很小，不足以使反接继电器 K_{RR} 动作，它的动合触点不闭合，KM1 线圈不通电，保证了在制动过程中，电枢电路加全部电阻。

随着电动机转速的降低，反电动势逐渐减小，K_{RR} 线圈电压 U_K 逐渐增加。当电动机转速接近于零时，U_K 接近于 R_1I，继电器 K_{RR} 动作，K_{RR} 的动合触点闭合，接通接触器 KM1 线圈，切除反接制动电阻，电动机反向启动。其中，各电器的动作情况与正转时类似，请读者自行分析。

反接继电器 K_{RF} 和 K_{RR} 线圈一端连接在电枢上，另一端连接在电枢电路外加电阻 R_1 与 R_2 之间，如附图 3 所示。R_1 与 R_2 之和是外加电阻总值，它是根据限制启动电流和反接电流的要求决定的。

反接过程中的注意事项如下：

(1) 在反接过程中，应使反接继电器不吸合，在反接瞬间，令反接继电器的电压为零。

(2) 在额定转速时，E 接近于外加电压。

(3) 在启动时，要求反接继电器立即吸合。

(4) 在启动瞬间启动电流主要由外加电阻决定。

(5) 为了使反接继电器在启动时可以可靠吸合，通常吸合电压取上述值的 80%，作为反接继电器实际整定的吸合电压，即

$$U_D = 0.8 \times \frac{U}{2} = 0.4U$$

4) 电动机的调速控制

如果将主令控制器的手柄置到“1”位或“2”位，电枢电路中的启动电阻在电动机启动完毕时将有两段或一段不被切除，电源电压将有一部分降落到电阻上，相当于电动机电枢电压降低，电动机转速降低，实现了电动机在不同转速下的运行。

5) 电动机保护环节的实现

(1) 当电路中的电流达到预定值时，过电流继电器 KA1 动作，动断触点断开，零压继电器 KV 线圈断电，所有接触器均断电释放，电动机停车，实现了过电流保护。

(2) 当电动机出现弱磁或励磁消失时，继电器 KA2 动作，动合触点断开，零位继电器 KV 线圈断电，所以接触器均释放，实现了弱磁保护。

(3) 本线路的失压保护由零位继电器 KV 实现。

本控制线路适用于要求迅速反转的场合，对于不要求反转或不经常反转(有些生产机械正常工作时不要求反转，只是在检修和处理事故或调整时才需要反转)，而要求准确停车的场合，可以采用能耗制动。

附录二　电气图中的图形符号

符号名称及说明	图形符号	符号名称及说明	图形符号
直流电	或	三相绕线转子感应电动机	M 3～
交流电		他励式直流电动机	M
交直流电		并励式直流电动机	M
导线的连接	或	永磁式直流测速发电机	TG
导线的多线连接	或	熔断器	
导线不连接		插头	
接地		单极刀开关	或
单相自耦变压器		三极刀开关	
星形连接的三相自耦变压器		具有动合触点但无自动复位的旋转开关	
电流互感器		三相低压断路器	
三相笼型感应电动机	M 3～	手动三极开关	
动合(常开)触点	或	控制按钮动合触点(启动按钮)	
动断(常闭)触点		控制按钮动断触点(停止按钮)	
先断后合的转换触点		行程或限位开关动合触点	
行程或限位开关动断触点		断电延时型时间继电器线圈	

续表

符号名称及说明	图形符号	符号名称及说明	图形符号
接触器线圈		通电延时型 时间继电器线圈	
接触器无触点		欠电压继电器线圈	U<
接触器辅助动合(常开)触点		过电流继电器线圈	I >
接触器辅助动断(常闭)触点		热继电器热元件	
继电器动合(常开)触点		热继电器的动断触点	
继电器动断(常闭)触点		主令控制器的触点	
通电延时 动合(常开)触点		电磁铁/电磁吸盘	
通电延时 动断(常闭)触点		电磁制动器	
断电延时 动合(常开)触点		电铃	
断电延时 动断(常闭)触点		扬声器(电喇叭)	
时间继电器瞬动线圈/中间继电器线圈	或		

注：本表摘自GB4728—1985。

附录三　电气设备或元件用文字符号

文字符号	名　　称	文字符号	名　　称
M	电动机	SR	转数传感器
G	旋转发电机，振荡器	ST	温度传感器
GB	蓄电池	T	变压器
GF	旋转或静止变压器	TA	电流互感器
GS	电源装置	TC	控制变压器
B	光电池	TM	动力变压器
	测力计	TS	磁稳压器
	石英转换器	TV	电压互感器
	扩音器(话筒)	U	鉴别器，解调器，变频器，编码器
	拾音器		交换器
	扬声器		逆变器
	旋转变压器	C	电容器
BP	压力变换器	D	数字集成电路和器件延长线，双稳态元件，
BQ	位置变换器		单稳态元件，寄存器，磁芯存储器，磁带或
BR	转速变换器(测速发电机)		磁盘记录器
BT	温度变换器	EH	发热器件
BV	速度变换器	EL	照明灯
A	激光器	EV	空气调节器
	微波发射器	F	保护器件，过电压放电器件，避雷器
	调节器	FA	瞬时动作限流保护器件
AD	晶体管放大器	FR	延时动作限流保护器件
AJ	集成电路放大器	FS	延时和瞬时动作限流保护器件
AM	磁放大器	FU	熔断器
AV	电子管放大器	FV	限电压保护器件
AP	印制电路板	H	信号器件
AT	抽屉柜	HA	音响信号器件

续表

文字符号	名　　称	文字符号	名　　称
Q	动力电路的机械开关器件	HL	光信号器件，指示灯
QF	断路器	K	继电器
QM	电动机的保护开关	KA	电流继电器
QS	隔离开关或刀开关	KL	锁扣接触器式继电器，双稳态继电器
R	固定或可调电阻器	KM	接触器
RP	电位器	KP	极化继电器
RS	测量分流表	KR	舌簧继电器
RT	热敏电阻	KT	时间继电器
RV	压敏电阻	L	电感器，电抗器
S	控制、监视、信号电路开关器件	N	模拟器件，运算放大器
SA	选择开关或控制开关		模拟/数字混合器件
SB	按钮	P	测量设备，试验设备信号发生器
SL	液体标高传感器		电报译码器
SP	压力传感器	V	电子管，气体放电管，二极管，晶体管，硅
SQ	位置传感器(包括接近传感器)		可控整流器
VC	控制电路电源的整流桥	PA	安培表
W	导线，电缆，汇流条，波导管方向耦	PC	脉冲计时器
	合器，偶极天线，抛物型天线	PJ	电度表
X	接线座，插头，插座	PS	记录仪
XB	连接片	PT	时钟，操作时间表
XJ	试验插孔	PV	电压表
XP	插头	PE	保护接地
XS	插座	YC	电磁离合器
XT	接线端子板	YH	电磁卡盘，电磁吸盘
Y	电动器件	YV	电磁阀
YA	电磁铁	Z	电磁平衡网络，压伸器，晶体滤波器，补偿
YB	电磁制动器		器，限制器，终端装置，混合变压器

注：本表摘自GB7159—1987。其中单字母表示电气设备、装置和元器件大类，共23种；双字母表示大类的字母与另一个进一步细化说明的字母组合表示具体的器件。

参 考 文 献

[1] 张运波，等. 工厂电气控制技术. 北京：高等教育出版社，2006.
[2] 余雷声，等. 电气控制与 PLC 应用. 北京：机械工业出版社，2006.
[3] 许翏. 电机与电气控制技术. 北京：机械工业出版社，2007.
[4] 房金菁，等. 电气控制. 济南：山东科学技术出版社，2005.
[5] 王炳实，等. 机床电气控制. 北京：机械工业出版社，2006.
[6] 田淑珍，等. 工厂电气控制设备及技能训练. 北京：机械工业出版社，2007.
[7] 刘行川，等. 简明电工手册. 福州：福建科学技术出版社，2003.
[8] 许翏. 工厂电气控制设备. 北京：机械工业出版社，2003.
[9] 李伟. 机床电器与 PLC. 西安：西安电子科技大学出版社，2006.
[10] 史军刚. 电气控制技术. 西安：西安电子科技大学出版社，2006.
[11] 袁维义，等. 电工技能实训. 北京：电子工业出版社，2003.
[12] 张小慧，等. 电工实训. 北京：机械工业出版社，2002.
[13] 张桂金. 电气控制线路故障分析与处理. 西安：西安电子科技大学出版社，2009.